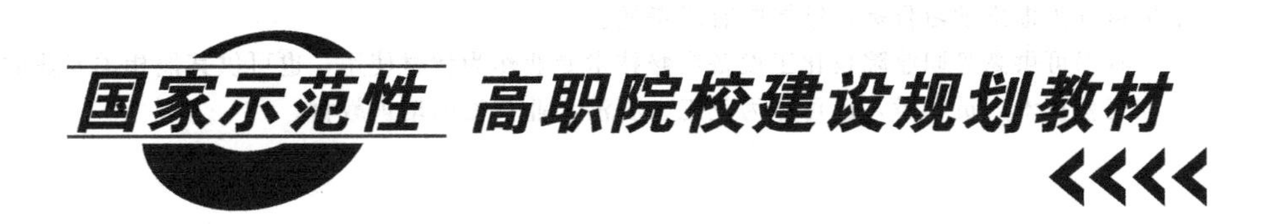

化工设备制造技术

王春林　庞春虎　主　编
廖东太　贾汝民　副主编
胡相斌　主　审

化学工业出版社
·北京·

本教材以一台典型的化工设备制造工艺流程为主线贯穿于全书，依据压力容器制造必须掌握的核心能力设置了相应的教学项目。每一个项目既是一个独立的工作点，又是容器制造质量检查的停止点。根据每个项目所具备的能力整合了教学内容，设置知识点将理论知识和实践技能有机地结合在一起，做到工学结合，边学边进行技能训练。为了便于学生学习，每个项目开头提出学习目标，结尾配有思考题。

本书可供高等职业院校化工设备维修技术专业作为教材使用，也可供其他相关专业的师生和工程技术人员参考，还可作为化工、石油企业员工的培训教材。

图书在版编目（CIP）数据

化工设备制造技术/王春林，庞春虎主编．—北京：化学工业出版社，2009.4（2023.8重印）
国家示范性高职院校建设规划教材
ISBN 978-7-122-04912-4

Ⅰ.化… Ⅱ.①王…②庞… Ⅲ.化工设备-生产工艺-高等学校：技术学院-教材 Ⅳ.TQ050.6

中国版本图书馆 CIP 数据核字（2009）第 024409 号

责任编辑：高　钰　王金生　　　　装帧设计：尹琳琳
责任校对：洪雅姝

出版发行：化学工业出版社（北京市东城区青年湖南街 13 号　邮政编码 100011）
印　　装：天津盛通数码科技有限公司
787mm×1092mm　1/16　印张 17¾　字数 470 千字　　2023 年 8 月北京第 1 版第 8 次印刷

购书咨询：010-64518888　　　　售后服务：010-64518899
网　　址：http://www.cip.com.cn
凡购买本书，如有缺损质量问题，本社销售中心负责调换。

定　　价：49.00 元

版权所有　违者必究

前　言

化工设备制造技术课程是化工设备维修技术专业的一门核心课程，它主要面向化工、石油建设安装单位，培养化工设备制造、安装方面的高级应用型人才。

根据国家首批由中央财政支持建设的示范性专业“化工设备维修技术”对人才的需求和专业课程体系建设的要求，2007 年 11 月，全国化工教学指导委员会在兰州召开了“全国石油化工行业高职高专院校课程体系及教材建设研讨会”。有关高职高专院校、科研院所和化学工业出版社等共计 23 个单位的 83 名代表参加了会议，与会代表就示范性院校建设中相关专业的培养目标、课程体系、教材建设等课题进行了充分的研讨。会议确定，《化工设备制造技术》教材由兰州石化职业技术学院、河北化工医药职业技术学院、辽宁石化职业技术学院、兰州天华化工机械自动化研究院联合编写。

本教材以一台典型的化工设备制造工艺流程为主线贯穿于全书，依据压力容器制造必须掌握的核心能力设置了相应的教学项目。每一个项目既是一个独立的工作点，又是容器制造质量检查的停止点。根据每个项目所具备的能力整合了教学内容，设置知识点将理论知识和实践技能有机地结合在一起，从而把典型的化工设备制造工艺流程全面清晰地展现给学生，以便学生能解决现场实际问题，做到工学结合，边学边进行技能训练。本书紧密结合现场实际情况，同时将最新国家标准、规程和压力容器质量管理的思想融汇在教材中。为了便于学生学习，每个项目开头提出学习目标，结尾配有思考题。

本教材由兰州石化职业技术学院王春林编写绪论、项目一、项目四、项目六；兰州天华化工机械自动化研究院廖东太编写项目二、项目三、项目五；兰州石化职业技术学院贾汝民编写项目七；河北化工医药职业技术学院庞春虎编写项目八、项目十二、项目十三；兰州天华化工机械自动化研究院马鹏举编写项目九；兰州石化职业技术学院王建勋编写项目十、项目十一；辽宁石油化工职业技术学院崔大庆编写项目十四、项目十五、项目十六、项目十七；兰州天华化工机械自动化研究院李长禧编写项目十八。本书除供高等职业院校化工设备维修技术专业作为教材使用外，还可供其他相关专业的师生和工程技术人员参考，也可作为石油化工企业员工的培训教材。

本书由王春林、庞春虎任主编，廖东太、贾汝民任副主编，由兰州石化职业技术学院胡相斌主审。另外，兰州天华化工机械及自动化研究院对本书的编写给予了大力的支持。在此对全体编审稿人员以及所有对本书的出版给予支持和帮助的同志，表示衷心的感谢！

本书编写过程中参阅了近几年出版的相关教材和专著以及大量的标准规范，主要参考文献列于书后。在此对有关作者一并表示感谢！

由于编者水平所限，书中疏漏与不足之处在所难免，请同行专家及广大读者批评指正。

编　者

2009 年 1 月

目　　录

绪　论　化工设备制造技术概述 …… 1
一、化工设备制造工艺过程的特点 …… 2
二、压力容器制造工艺过程 …… 3
项目一　制造压力容器的材料 …… 5
一、材料管理常用术语 …… 5
二、压力容器材料的类别与品种 …… 8
三、材料的代用 …… 17
四、压力容器材料的验收与复验 …… 18
【思考题】 …… 20
项目二　施工图纸的确认和工艺汇审 …… 21
一、压力容器施工图纸的识读 …… 21
二、压力容器施工图纸的确认 …… 28
三、压力容器施工图纸的工艺汇审 …… 30
【思考题】 …… 41
【相关技能】 …… 41
施工图纸的识读实训 …… 41
项目三　号料、划线和排样 …… 45
一、放样展开 …… 45
二、号料、划线 …… 51
三、选料、排样 …… 54
四、钢板划线找正技能 …… 57
【思考题】 …… 58
【相关技能】 …… 58
排板技能实训 …… 58
项目四　压力容器材料的切割及坡口加工 …… 61
一、机械切割 …… 61
二、氧-乙炔切割 …… 63
三、等离子切割 …… 69
四、碳弧气刨 …… 72
五、焊缝坡口的边缘加工 …… 74
【思考题】 …… 76
【相关技能】 …… 76
一、手工氧气切割技能实训 …… 76
二、空气等离子切割技能实训 …… 78
项目五　筒体的卷制 …… 81
一、筒体的变形度 …… 81

二、卷板机的结构及工作原理 …… 83
三、筒体的卷板和校圆工艺 …… 86
【思考题】 …… 90
【相关技能】 …… 90
筒体卷板工艺过程参观实训 …… 90
项目六　封头及零部件的成形 …… 93
一、封头的冲压 …… 93
二、封头的旋压 …… 96
三、封头的外协加工与质量检验 …… 99
四、人孔及接管的制造 …… 101
【思考题】 …… 105
【相关技能】 …… 105
封头外协工艺卡的制定实训 …… 105
项目七　压力容器的组装 …… 110
一、组装技术要求 …… 110
二、组装工艺 …… 112
三、三氧化硫蒸发器的组装 …… 116
【思考题】 …… 119
【相关技能】 …… 122
管壳式换热器的组装实训 …… 122
项目八　压力容器焊接的基本知识 …… 125
一、焊接原理 …… 125
二、焊条 …… 132
三、焊条电弧焊工艺 …… 138
【思考题】 …… 145
【相关技能】 …… 145
钢板I形坡口平对接双面焊实训 …… 145
项目九　压力容器的焊接 …… 148
一、材料的焊接性 …… 148
二、焊接工艺评定 …… 149
三、化工设备常用材料的焊接 …… 160
四、容器焊接热处理 …… 167
【思考题】 …… 169
项目十　焊接应力与变形 …… 170
一、焊接应力与变形的产生 …… 170
二、焊接应力 …… 171
三、焊接变形 …… 174
【思考题】 …… 179
项目十一　其他焊接方法简介 …… 180
一、埋弧焊 …… 180
二、气体保护焊 …… 184
三、电渣焊 …… 188
【思考题】 …… 190

项目十二　设备质量检验……191
一、质量检验的基本要求……191
二、常见焊接缺陷……192
三、焊缝分类及检验要求……193
四、焊接接头的破坏性试验……194
五、无损检测……195
六、压力试验与致密性试验……196
【思考题】……197
【相关技能】……198
压力容器的水压试验……198
项目十三　典型设备的制造与安装……201
一、球罐的制造与安装……201
二、塔设备的制造与安装……208
三、列管式固定管板换热器的制造与安装……213
【思考题】……219
项目十四　射线检测……220
一、射线检测原理……220
二、射线检测工艺……225
【思考题】……227
【相关技能】……228
X射线检验实训……228
项目十五　超声波检测……230
一、超声波检测原理与特点……230
二、超声波检测方法……231
三、影响显示波形的因素……234
四、焊缝的超声波检测工艺……235
【思考题】……240
【相关技能】……240
容器焊缝超声波检测技能训练……240
项目十六　磁粉检测……244
一、磁粉检测的原理和特点……244
二、磁粉检测的方法……245
三、焊缝的磁粉检验……247
四、磁粉检测操作……248
【思考题】……250
【相关技能】……250
磁粉检验技能实训……250
项目十七　渗透检测……253
一、渗透检测原理、方法及特点……253
二、渗透检测工艺……254
【思考题】……256
【相关技能】……256
渗透检测技能训练……256

项目十八　压力容器的质量管理和质量保证体系…………………………………………………… 259
　　一、我国的压力容器法规体系框架……………………………………………………………… 259
　　二、压力容器的质量管理和质量保证体系的建立…………………………………………… 262
　　三、质量保证体系的主要控制系统……………………………………………………………… 266
　　【思考题】 ………………………………………………………………………………………… 272
参考文献………………………………………………………………………………………………… 273

绪论 XULUN 化工设备制造技术概述

在化工、炼油、制药等生产中，要用到大量的工艺设备，如：塔器、反应器、换热器、蒸发器、反应釜、加热炉、储罐、传质设备、普通分离设备以及离子交换设备等。这些工艺设备在生产过程中盛装的介质具有高温、高压、高真空、易燃、易爆的特性，或是有腐蚀性甚至是有毒性的气体或液体。不同的设备其结构特点不同、工艺参数不同，且完成的物理或化学过程的步骤也不同。一般把这些在工作时其本身零部件之间没有或很少有相对运动的设备统称为化工设备，如图 0-1 所示。

图 0-1　化工设备

化工设备在生产过程中的特点：

① 具有连续运转的安全可靠性；

② 在一定操作条件下（如温度、压力等）有足够的机械强度；

③ 具有优良的耐腐蚀性能；

④ 具有良好的密封性能；

⑤ 高效率、低耗能。

化工设备虽然种类繁多、形式各样，但它们的基本结构不外乎都是一个密闭的壳体或装有内件的密闭壳体。装有不同内件的壳体构成不同的设备，以实现不同的物理或化学过程。从结构上讲，化工设备实质上是一个装有不同内件的容器。按所承受的压力大小分为常压容器和压力容器两大类。压力容器和常压容器相比，不仅在结构上有较大差别，而且在使用和制造要求上也有较大区别。化工设备制造实质上就是压力容器的制造。

一、化工设备制造工艺过程的特点

（1）设备的外形尺寸庞大

随着石油化工生产装置的大型化，化工设备相应的也向大型化发展。一般的压力容器直径在2～6m左右，壁厚在30～60mm，质量在30～100t之间。大型设备质量就更大，例如国产板焊结构的加氢反应器直径为3000mm，壁厚128mm，单台质量为265t；锻焊结构加氢反应器直径为4200mm，壁厚281mm，单台质量为961t。其制造技术要求高，施工周期长，运输、安装难度大。

（2）压力容器的制造方法受安装条件的限制

压力容器大部分是单件非标设备，很难形成批量。制造难度大、质量要求高。根据压力容器结构特点、制造技术和运输条件不同，制造方法分为整体制造和分段制造。不受运输条件限制的压力容器在制造厂整体制造，然后运到现场进行安装；受运输条件限制的压力容器在制造厂分段制造，运到现场组装成整体再进行安装。

（3）压力容器制造使用的材料种类繁多

容器采用的材料有碳素钢、低合金钢、耐热钢、不锈钢、低温钢、抗氢钢和特殊合金钢等材料，品种越来越多，对钢材的品质要求越来越严。高强度钢的大量使用，要求焊接过程采用相应的工艺措施，如焊前预热、焊接保温、焊后热处理等。

（4）焊接是压力容器制造的主要手段

焊接是压力容器质量的重要控制环节。在压力容器的焊接中，焊条电弧焊的比例正在降低，埋弧自动焊、二氧化碳气体保护焊、氩弧焊的比例正在加大。自动焊接技术和焊接机器人的使用使大型容器的焊接实现了自动化。等离子堆焊、多丝、大宽度带极堆焊，电渣焊等焊接方法，已在压力容器制造上得到广泛应用。

（5）压力容器制造须取得相应资质

制造压力容器的企业，必须取得国家质量技术监督局或地方质量监督部门认可的资质，按照技术监督部门批准的容器制造许可证的等级来生产压力容器，未经批准或超过批准范围生产压力容器都是非法的。容器制造许可证每隔四年要进行换证审核，达不到要求的要取消容器制造许可证。

（6）制造压力容器应具备必要的条件

制造压力容器的硬性件条件是，必须具有专业的生产厂房、材料库、加工设备和施工机具。软性件条件是，必须有一支经验丰富的技术管理、技术施工人员队伍和完善的压力容器质量保障体系，以及与之相配套的管理措施和制度。

（7）压力容器制造实行国家法规和技术标准的法制化管理

由于压力容器的特殊性，国家对压力容器实行法制化管理。20世纪80年代初国家就颁布了压力容器设计、制造、使用和管理的各项法规和技术标准，制造过程必须受这些法规、标准的约束。

（8）压力容器制造依靠社会化分工协作

随着压力容器趋向大型化，使制造企业需要有大型厂房，并配有大吨位的行车、大型卷板机、大型水压机、大型热处理炉和各种类型的焊接变位机等。具备上述设备，已成为提升制造压力容器能力的关键因素。一个制造企业购置所有的加工设备需要花大量的资金，而大部分设备又长时间处于闲置状态，势必造成巨大的浪费。因此，专业化生产和社会化分工协作，是提升制造能力和制造水平的最佳方式。

二、压力容器制造工艺过程

(一) 压力容器的组成

压力容器由筒体、封头、接管、人孔、内件、支座等附件组成。如某厂的脱硫滤液罐，如图 0-2 所示。

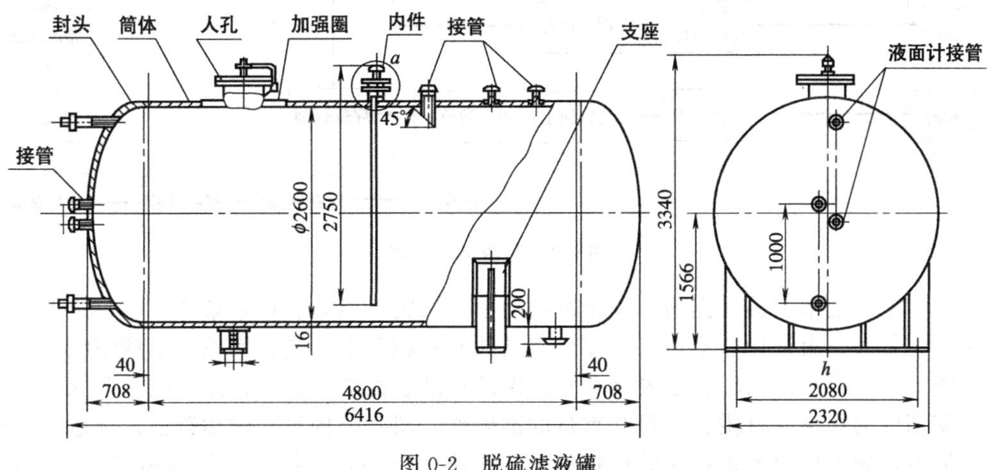

图 0-2 脱硫滤液罐

筒体通常用钢板卷焊，当筒体较长时由多个筒节组焊而成。小直径的筒节用无缝钢管制作，大直径的筒节用多块钢板组焊而成。厚壁高压容器可以采用锻焊结构、缠绕式筒体。

封头有椭圆形、球形、蝶形、锥形和平板盖等多种形式。小直径的封头可以采用与无缝钢管配套的管子封头。大直径的封头采用冲压或旋压的方法来制造。超大直径的封头采用分瓣冲压然后组焊的方法来制造。

接管、人孔是压力容器上的主要部件。较大直径的开孔要进行开孔补强。接管与筒体的连接，采用角接接头或 T 形接头。一般情况，接管和人孔为受压元件，其制造要求与筒体相同。

容器内部的所有构件统称为内件。如塔器设备的塔盘、换热器内的管束、反应器内的搅拌机构、储罐内的加热盘管等。有的内件是受压元件，其制造要求在《压力容器安全技术监察规程》中都有规定。

支座有多种形式。立式容器常采用裙式、圆筒式、立柱式、悬挂式支座；卧式容器常采用鞍式支座或悬挂式支座。

压力容器的主要受压元件包括筒体、封头（端盖）、人孔盖、人孔法兰、人孔接管、膨胀节、设备法兰、球罐的球壳板、换热器的管板和换热管、M36 以上设备的主螺柱及公称直径大于等于 250mm 的接管和管法兰。

(二) 压力容器制造的工艺流程

压力容器制造工艺流程是容器制造的一个工艺路线，制造单位的各个部门应按工艺流程进行压力容器的生产。将压力容器制造的各个工序，按先后顺序排列出的工艺图形，称为工艺流程图。下面就以图 0-2 所示脱硫滤液罐为例说明压力容器的制造工艺流程图（见图 0-3）。

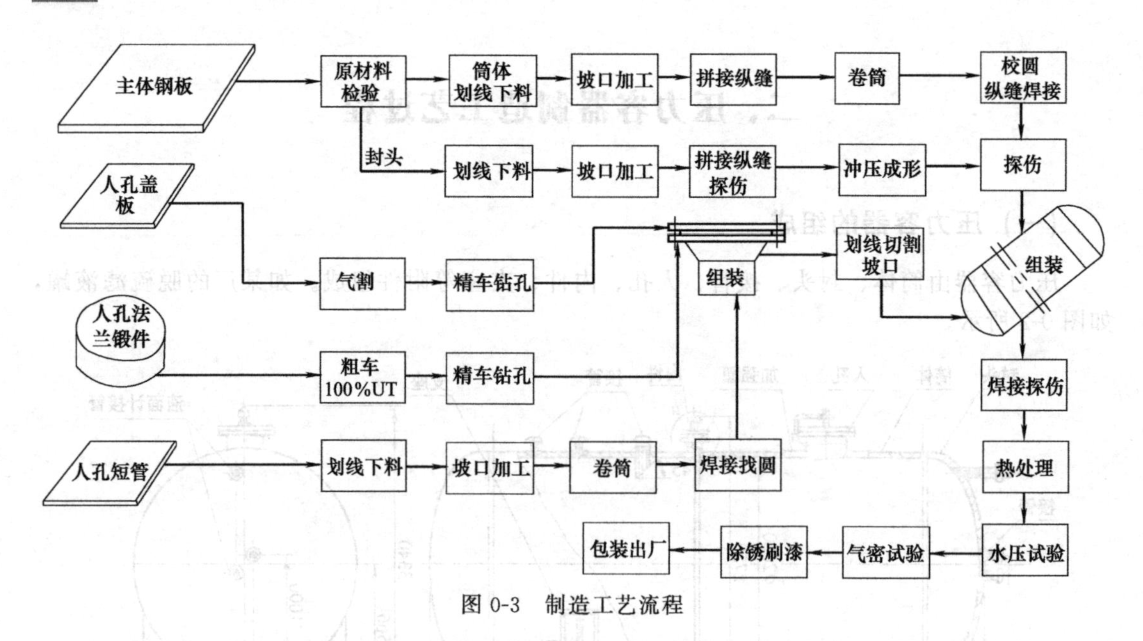

图 0-3　制造工艺流程

首先，施工技术人员根据施工图纸及制造单位的施工能力和运输条件，确定压力容器的制造深度。其次，由设计、制造工程技术人员共同对施工图纸进行审核。审核图纸是为了解决施工图中可能存在的问题。主要环节是：图纸批准手续的合法性；图纸技术要求标准的规范性；零部件的规格、材质、数量和重量的准确性；图样结构尺寸的相符性；制造工艺的可行性。最后，确定压力容器所用的材料品种、规格及配件，并按现行技术标准规范的要求，确定压力容器制造所要采用的工艺和技术措施。

在施工前对制造压力容器的原材料进行验收和复验。材料合格后，按工艺工程师制定的工艺过程进行制造。其制造过程可以分为原材料的检验、划线、切割，受压元件的成形、焊接、组装、无损检验、水压试验和气密性试验、除锈刷漆等。

制造压力容器的材料

【学习目标】 掌握钢板、钢管、锻件的分类、特点、应用场合以及各自遵循的技术标准。了解材料管理方面的相关知识。

【知识点】 压力容器用钢的基本知识，材料代用的原则及程序，压力容器材料的验收与复验要点及程序。

材料的性能与质量是保证压力容器质量的先决条件，而正确选择材料并采用合理的加工方法则是保证压力容器质量的必要条件。从事压力容器制造的人员，必须具备较全面、综合的材料知识，并且熟悉压力容器的法规、标准。

一、材料管理常用术语

在压力容器材料的管理中，除了反映材料各种性能指标的术语外，在订货、审验材料质量证明书及根据材料的技术标准对它进行检验和复验时，还需要掌握一些有关的术语。

（一）交货状态

交货状态分为制造和热处理两种情况，它是指生产厂家向用户提供钢材的最终塑性变形或最终热处理的状态。

1. 制造状态

不经过热处理，直接将热轧（锻）或冷拉（轧）后成形的钢材交付用户，就是热轧（锻）或冷拉（轧）状态，即为制造状态。

2. 热处理状态

钢材成形后再经过某种热处理，如退火、正火、高温回火、调质、固溶化等方法处理后再交货，称为退火状态交货或正火状态交货，统称为热处理状态交货。

3. 交货状态的选用依据

采用何种状态交货，是根据钢材所遵循的国家标准或冶金行业标准来决定，也可以根据用户的要求决定交货状态。如：奥氏体不锈钢必须在固溶状态交货；低温压力容器钢板必须在正火状态交货；合金钢螺栓材料应在调质状态交货等。钢材可以按不同状态交货，此时其性能有差异。例如，一台三氧化硫蒸发器的壳体材料为 Q345R（16MnR），可以热轧状态交货，也可以正火状态交货。但 GB 150—1998《钢制压力容器》标准中规定，对厚度大于 30mm 的 20R、厚度大于 30mm 的 Q345R 的钢板作容器壳体时，必须在正火状态下交货。因此在订购三氧化硫蒸发器的壳体材料时，应提出正火状态作为交货条件。

（二）批和批号

材料管理中的“批”有两种含义。一种是指交货批，另一种是指检验批。

1. 交货批

交货批是根据合同规定的数量交付用户的交货单位，在数量上是没有限制的。即用户与材料生产厂家一次签订钢材的总数量为一个交货批。

2. 检验批

检验批是指材料出厂前用户验收时的检验单位，其数量是根据钢材的质量和可靠性要求而有所不同，在各种钢材的技术标准中予以规定。

一个检验批由同一牌号、同一炉（罐）号、同一品种、同一尺寸、同一交货状态组成，每批钢材质量不得大于60t。钢材所遵循的技术标准不同时，检验批的数量也有所不同。

一台三氧化硫蒸发器的壳体为Q345R，厚度为32mm。按GB 713—2008（原GB 6654—1996）标准，当钢板厚度在6～16mm时，每批质量不大于15t；钢板厚度大于16mm时，每批质量不大于25t。三氧化硫蒸发器壳体材料的一个检验批的数量为25t。按GB 8163—87生产的输送流体用无缝钢管，对每一个检验批钢管的根数做出限制。外径≤76mm、壁厚小于3mm的400根为一批；外径大于351mm的50根为一批；其他尺寸的钢管200根为一批。

在材料的检验和验收时，依据钢材的标准，按“批”数制备检验试样的数量，再根据标准的检验项目，每一批制备一套试样。以三氧化硫蒸发器的壳体Q345R钢板为例，每批钢板的检验项目、取样数量、取样方法及试验方法都按GB 713—2008标准执行，其中化学分析、拉伸、冷弯各取一个试样，夏比（V形缺口）冲击取三个试样。如要求做低温冲击时，还要再取三件试样；如要求做高温拉伸试验，则制备高温拉伸试样一件。三氧化硫蒸发器管束用的20钢钢管，检验项目包括拉伸试验和冲击试验，要在钢管上各取两件试样，并且还要取压扁试验试样和扩口试验试样各一个。

（三）保证条件

保证条件是指在钢材生产过程中，必须达到国家标准规定的各项技术性能指标。每一种钢材出厂，都必须达到相应标准（技术条件）规定的技术性能指标。这些指标规定在出厂或用户在钢材验收时，应对标准规定的项目进行检验并保证符合标准的规定。钢材的保证条件包括化学成分、力学性能、工艺性能、耐腐蚀性能、宏观或微观组织等几个方面，每一方面可能包括若干不同的项目。对不同的钢材，保证条件的项目和内容则各不相同。保证条件又可分为基本保证条件和协议保证条件。

1. 基本保证条件

无论用户是否在合同中注明，生产厂都要按照标准对这些项目进行检验并保证符合标准所规定的指标。

如化学成分、力学性能、尺寸偏差、表面质量以及探伤、水压实验、压扁或扩口等工艺性能实验，均属必保条件。对压力容器用碳钢和低合金钢厚钢板中的碳、硅、锰、磷、硫以及作为合金成分的其他元素都必须保证在规定范围内。力学性能则必须保证包括抗拉强度、屈服点、延伸率、常温冲击值等项目指标，除此之外还必须作冷弯试验。对锅炉用碳素钢和低合金钢板，除上述各个项目外，还要求做时效冲击试验。对低温压力容器用钢板的冲击试验则要求在低温下进行。以上各例说明钢材的各项保证条件是按照各自遵循的技术标准加以确定的，是各不相同的。

2. 协议保证条件

这类保证条件通常也在标准中列出文字条款，由于所要求的条件对一般用户或一般用途并无必要，或者按一般工艺条件难以达到标准，生产厂必须采用某些特殊工艺才能符合要求。有的用户可能对标准中基本保证条件提出更加严格的要求（如成分、力学性能、尺寸偏差等）或增加检验项目（如钢管椭圆度、壁厚不均等）。也有一些项目在标准中没有具体规定，此时需要在订货时由供需双方共同协商，然后再用文字的形式反映到合同中去。对于这些外加的条件称为协议保证条件。

例如，《压力容器安全技术监察规程》第十五条规定：用于制造压力容器壳体并且厚度大于或等于 12mm 的碳素钢和低合金钢钢板（不包括多层压力容器的层板），凡符合下列条件之一的，应当逐张进行超声检测。

(1) 盛装介质毒性程度为极度、高度危害的压力容器。

(2) 盛装介质为液化石油气并且硫化氢含量大于 100mg/L 的压力容器。

(3) 设计压力大于等于 10MPa 的压力容器。

(4) 压力容器产品标准中规定逐张进行超声检测的钢板。

GB 150 规定温度低于－20℃的低温容器钢板，当厚度大于 20mm 时，应逐张进行超声波探伤。但各种钢板的标准中，超声波探伤只作为协议保证条件。因此当用户在订购用于这类容器的钢板时应向供方提出要求并写进合同中，在材料质量证明书中，必须反映出这项检验的结果。输送流体用无缝钢管用于胀接连接时，为了保证胀接的可靠性，要求作扩口试验，这项工艺性能也是协议保证条件。由于协议保证条件增加了检验项目和提高了要求，因此提高了产品的可靠性。

(四) 质量证明书

1. 质量证明书的定义

质量证明书是钢材生产厂对该批钢材检验结果的确认和书面证明文件。也是用户验收、复验和使用的依据，并作为容器产品技术档案的一项内容。

2. 质量证明书的内容

质量证明书的内容包括：钢材的名称、牌号、规格、供货状态、交货件数、质量、炉（罐）号、批号、实测的化学成分、应该保证的力学性能、工艺性能、其他检验项目的试验数据和检验结果以及该钢材所依据的技术标准代号等。

质量证明书通常是以交货批为单位提供给用户。一张质量证明书中可能包括几个批号，应分别列出每个批号的实测数据和检验结果。当一批钢材分给不同用户时，各个用户应持有原始质量证明书的复印件作为依据。

(五) 标志移植

GB 150 规定，在压力容器的受压元件上应做出材料识别标记，并要求在受压元件的加工过程中对标记进行跟踪，以保证所使用的每一块钢材都是符合设计要求的合格钢材。按设计标准选择压力容器的钢材，并使这些验收合格的钢材用到产品上去，是钢材管理工作的一项重要内容。给钢材做上一个识别标记，并在制造过程中对标记进行追踪，就是一种行之有效的管理手段。

1. 标记

给钢材做上一个识别标记，在进行分割或加工前后，将识别标记进行原样复制到被分割的部分上，保证每一块材料上都有标记。GB 150 规定，在压力容器的受压元件上应做出材料识别标记，并要求在受压元件的加工过程中对标记进行跟踪。

受压元件加工过程中的标记不一定用硬印标记，可用不易擦去的油漆标记。在完工产品上，应采用带圆角的低应力钢印，避免尖锐刻痕引起过大的应力集中。但对不锈钢压力容器及低温压力容器不允许采用硬印标记。

2. 标志的方法

（1）打印　在材料指定的部位用油漆喷印或打钢印的办法标以各种符号或代号。钢板常采用这种方法，但对不锈钢板只能喷印，不能打钢印。

（2）涂色　涂色适用于各种管材、棒材或型材，通常在其端部截面涂上表明其牌号的颜色。不锈钢焊条也是在它的端部用颜色表示其牌号。

（3）挂牌　对成箱、成捆或成卷的材料，例如，小规格的钢管、薄板、焊丝或其他材料，采用拴挂标牌的办法，以标明材料的牌号、规格、标准代号、生产厂名等。

二、压力容器材料的类别与品种

压力容器使用的钢材形式可分为板材、管材、型材和锻件等几大类，其中应用最多的是钢板、钢管和锻件。按其性质、用途和质量要求的不同，分别有各自的技术标准，每一项标准可能包括若干种不同的牌号。在钢材的使用与管理工作中，有时会碰到形式上完全相同的钢号，但由于所遵循的技术标准不同，应视为两种不同类别的钢材，因为钢材的选用、订货、验收与复验是以这种牌号钢材所遵循的技术标准为依据。

（一）钢板

钢板的主要用途是做压力容器的壳体、封头、辅助构件等。在制造容器过程中，钢板要经过下料、机械加工、卷板、冲压、焊接、热处理等工序，故要求钢板具有较高的强度、良好的塑性、韧性、冷弯性能和焊接性能。

压力容器所用钢板，按脱氧方式可分为沸腾钢和镇静钢；按厚度可分为薄板和厚板；按热处理状态可为热轧钢板、冷轧钢板和热处理钢板等。

1. 碳素钢板

（1）特点及性能

碳素钢板是指含碳量小于0.25%的铁碳合金，含有少量的硫、磷、硅、氧、氮等元素。它们的性能特点是强度低，塑性、韧性、冷加工工艺性能好，并具有良好的焊接性，且价格低廉。

（2）技术标准

薄钢板遵循GB 912—89《碳素结构钢和低合金钢热轧薄板及带钢》标准。厚钢板遵循GB 3274—88《碳素结构钢和低合金结构热轧厚板和带钢》标准。GB 150—1998《钢制压力容器》规定：压力容器受压元件中允许使用的Q235系列碳素钢钢板中，仅有Q235-B、Q235-C两个牌号。

（3）应用范围

Q235-B、Q235-C用于常压或低压容器的主体材料，也可做垫板、支座等零部件材料。GB 150—1998《钢制压力容器》标准规定了碳素结构钢Q235-B、Q235-C的使用范围。

2. 压力容器用钢板

（1）特点及性能

压力容器用钢是在优质低碳钢的基础上严格控制硫、磷的含量，并加入总量一般不超过5%的合金元素构成的专用钢板，在钢号的尾部加“R”来表示。容器用钢的牌号及化学成分见表1-1。

容器用钢具有优良的综合力学性能，其强度、韧性、耐腐蚀性、低温和高温性能等均优于相同含碳量的碳素钢，适于用通常的方法进行焊接。容器采用低合金钢，不仅可以减薄容器的壁厚、减轻重量、节约钢材，而且还能解决大型压力容器在制造、检验、运输、安装中因壁太厚所带来的各种困难。

表 1-1　容器用钢的牌号及化学成分

牌号	化学成分(质量分数)/%										
	C	Si	Mn	Cr	Ni	Mo	Nb	V	P	S	Alt
Q245R	≤0.20	≤0.35	0.50～1.00						≤0.025	≤0.015	≥0.020
Q345R	≤0.20	≤0.55	1.20～1.60						≤0.025	≤0.015	≥0.020
Q370R	≤0.18	≤0.55	1.20～1.60				0.015～0.050		≤0.025	≤0.015	
18MnMoNbR	≤0.22	0.15～0.50	1.20～1.60			0.45～0.65	0.025～0.050		≤0.020	≤0.010	
13MnNiMoR	≤0.15	0.15～0.50	1.20～1.60	0.20～0.40	0.60～1.00	0.20～0.40	0.005～0.020		≤0.020	≤0.010	
15CrMoR	0.12～0.18	0.15～0.40	0.40～0.70	0.80～1.20		0.45～0.60			≤0.025	≤0.010	
14Cr1MoR	0.05～0.17	0.50～0.80	0.40～0.65	1.15～1.50		0.45～0.65			≤0.020	≤0.010	
12Cr2Mo1R	0.08～0.15	≤0.50	0.30～0.60	2.00～2.50		0.90～1.10			≤0.020	≤0.010	
12Cr1MoVR	0.08～0.15	0.15～0.40	0.40～0.70	0.90～1.20		0.25～0.35		0.15～0.30	≤0.025	≤0.010	

注：1. 如果钢中加入 Nb、Ti、V 等微量元素，Alt 含量的下限不适用。
2. 经供需双方协议，并在合同中注明，C 含量下限可不作要求。
3. 厚度大于 60mm 的钢板，Mn 含量上限可至 1.20%。

(2) 技术标准

GB 713—2008《锅炉及压力容器用钢板》将原 GB 713—1997、GB 6654—1996 合并进行了修改。于 2008 年 9 月开始实施，原标准 GB 713—1997 和 GB 6654—1996 作废。新标准规定了锅炉和压力容器用钢板的尺寸、外形、技术要求、试验方法、检验规则、包装、标志、质量证明书。适用于锅炉及其附件和中常压力容器的受压元件用于厚度为 3～200mm 的钢板。

新标准和旧标准相比主要有下以下变化：

① 更换了标准名称和钢号的表示方法；

② 扩大了钢板的厚度和宽度范围；

③ 取消了 15MnVR 和 15MnVNR，纳入了 14Cr1MoR 和 12Cr2Mo1R；

④ 20R 和 20g 合并为 Q245R，16MnR 和 16Mng、19Mng 合并为 Q345R，13MnNiMoNbR 和 13MnNiMoNbg 合并为 13MnNiMoR；

⑤ 降低了各钢号中的 S、P 含量；

⑥ 提高了各钢号的 V 型冲击功指标；

⑦ 取消了 20g、16Mng 实效冲击。

标准中各种钢号的硫、磷含量比较低，大部分钢板的冲击试验温度为 0℃。标准的技术指标已处于国际先进水平。

(3) 应用范围

Q245R 用来制作小型的中低压容器。屈服强度 350MPa 级的高强度钢，其塑性、韧性和低温冲击韧性好，并具有良好的焊接性能和工艺性能，是压力容器制造中使用最多的钢种。一般在热轧状态交货，而中、厚板在正火状态下交货。常用来制作工作温度在－20～475℃的中低压容器和小型高压容器及液化石油气、氧气和氮气的球形储罐。

屈服强度为400MPa级的高强度钢。在热轧状态下具有良好的综合力学性能，但塑性和低温冲击韧性低于Q345R（16MnR），正火后可显著改善冲击韧性，强度略有下降。故厚度在25mm以上的钢板，在正火状态下使用，常用来制造工作温度在－20～475℃的压力容器和球形容器。

屈服强度为500MPa级的低合金高强度钢。钢中加入钼，使固溶强化作用明显，可提高碳化物的稳定性和热强度，防止产生热脆性和回火脆性，但会使钢的脆硬性增加。铌可以细化晶粒起到沉淀强化的作用，提高钢的热强度，降低时效敏感性，提高钢的热强度。

18MnMoNbR的塑性、韧性相对低，有较高的缺口敏感性和时效敏感性。故焊接性差，焊接工艺要求严格。一般在正火＋回火状态下使用。主要用于制作高压容器承压壳体，如氨合成塔和尿素塔等。

3. 低温压力容器用钢

当温度降低到某一数值时，钢的塑性、韧性会显著下降而呈现脆性，这一温度称为该种钢材的脆性转变温度。压力容器在低于脆性转变温度的条件下工作时，如果存在缺陷、残余应力、应力集中等因素而引起较高局部应力，那么容器就可能在没有出现明显塑性变形的情况下发生脆性破裂而酿成灾难性事故。

（1）特点及性能

低温压力容器用钢是在－20℃以下工作的压力容器专用钢板，牌号是在钢号的尾部加“DR”。含碳量严格控制在0.2%以下，通过加入锰和镍来提高钢的低温韧性，加入钒、钛、稀土等细化晶粒的合金元素来保证低温容器钢的韧性。低温容器用钢硫的含量控制在0.020%～0.025%之间，磷的含量控制在0.025%～0.030%之间。

（2）技术标准

低温用钢的标准代号为GB 3531—1996《低温压力容器用低合金钢钢板》，标准规定了低温容器低合金钢钢板的尺寸、外形、技术要求、试验方法、检验规则、包装、标志和质量证明书及使用温度范围－20～－70℃，厚度范围6～100mm。

（3）应用范围

工作温度在－20℃以下的液化乙烯、液化天然气、液氮和液氢的储存和运输上述介质所用容器均属低温压力容器。这些压力容器及其相连接的管道、配件、设施及结构易发生低温脆性断裂，应采用低温用钢。

4. 中温抗氢钢板

（1）特点及性能

从抗氢钢的合金成分看，是在优质低碳钢的基础上加入铬和钼构成的。铬在高温下会使金属的表面形成致密氧化铬膜，防止下层的金属继续氧化，提高钢的抗氧化能力。在高温下原子的活动能力增强，再结晶温度会使金属软化。钼可以阻碍原子的活动能力，钢中加入1%的钼，可提高再结晶温度115℃，能有效地提高金属的高温热强度。碳与铬形成碳化铬，会降低固溶体铬的有效浓度，对抗高温氧化不利，所以抗氢钢中碳的含量小于0.20%。抗氢钢具有良好的抗氧化能力和高温热强度，同时可以抵抗原油中硫化物及高压氢的腐蚀，是重要的中温压力容器用钢。

（2）技术标准

我国已有不少钢铁生产厂家生产中温抗氢钢：15CrMoR、14Cr1MoR、12Cr2Mo1R，其标准是按GB 713—2007生产。交货状态为回火、探伤、正火。由于受我国冶金工业水平的限制，还没有专门的中温抗氢钢的标准。压力容器制造中所使用的这类钢板有一部分是从国外进口。实际使用时，要按压力容器标准附录A的有关规定和相当于该钢号进口国的技术标准检验和验收。

(3) 应用范围

中温抗氢钢是一种高韧性的压力容器用钢，在350～550℃时具有良好的热强性和焊接性，特别适宜制造中温压力容器，如加氢反应器和各类压力容器设备、气罐、油罐、油气输送船等。

5. 不锈钢板

(1) 特点及性能

压力容器常用的铁素体不锈钢有0Cr13和1Cr17等，它们具有较高的强度、塑性、韧性和良好的切削加工性能。在室温的稀硝酸以及弱有机酸中有一定的耐腐蚀性，但不耐硫酸、盐酸、热磷酸等介质的腐蚀。

压力容器常用的奥氏体不锈钢有0Cr18Ni9、0Cr18Ni10Ti、00Cr19Ni10三种。钢牌号前的“0”及“00”表示为低碳级（$0.03\% < C \leqslant 0.08\%$）和超低碳级（$0.01\% < C \leqslant 0.030\%$）不锈钢，这类钢是以降低含碳量的办法来解决它的抗晶间腐蚀问题。

0Cr18Ni9：具有良好的塑性、韧性、冷加工性，在氧化性酸和大气、水、蒸汽等介质中耐腐蚀性亦佳；但长期在水及蒸汽中工作时，有晶间腐蚀倾向，并且在氯化物溶液中易发生应力腐蚀开裂。0Cr18Ni9也可以作为－196℃级的低温钢使用，在高于这个温度时可以不要求做低温冲击试验。

0Cr18Ni10Ti具有较高的抗晶间腐蚀能力，可在－196～600℃温度范围内长期使用。

压力容器常用的奥氏体-铁素体双相不锈钢有00Cr18Ni5Mo3Si2，具有耐应力腐蚀和小孔腐蚀的性能，适用于制造介质中含氯离子的设备。

(2) 技术标准

压力容器用不锈钢板遵循的冶炼标准为GB 3280—92《不锈钢冷轧钢板》和GB 4237—92《不锈钢热轧钢板》。前者为板厚小于4mm的薄板，后者为板厚大于4mm的热轧板。这两个标准包括了铁素体、奥氏体及其他不同组织特征牌号的不锈钢板。但在GB 150《钢制压力容器》标准中被采用的仅有0Cr13、0Cr18Ni9、0Cr18Ni10Ti、0Cr17Ni12Mo2、0Cr19Ni13Mo3、00Cr17Ni14Mo2、00Cr19Ni13Mo3、00Cr18Ni15Mo3Si2等8个牌号。

(3) 应用范围

铁素体不锈钢强度较低，但具有良好的抗高温氧化性且抵抗大气和酸腐蚀的能力较强，用于受力不大的耐酸容器和设备。

马氏体不锈钢强度、硬度高，耐磨性好，可用于耐大气、稀硝酸腐蚀的设备。奥氏体不锈钢可耐强酸腐蚀，塑性、韧性和焊接性好，既可耐高温又可耐低温，广泛应用在石油、化工的耐腐蚀的管道、容器设备上。

6. 复合板

复合板是在普通金属材料上包覆一层特殊的材料来代替贵重材料的双金属钢板，它由基层和复层组成。基层用普通金属材料，复层用贵重金属。基层与介质不接触，主要起承载作用，通常为碳素钢和低合金钢。复层与介质直接接触，要求与介质有良好的相容性，通常为不锈钢、钛等耐腐蚀材料，其厚度一般为基层厚度的1/10～1/3。

复合钢板的制造常采用爆炸焊接技术。它以炸药为能源，通过炸药爆炸产生的脉冲载荷，推动一种材料（复层）高速倾斜碰撞另一种材料（基层），由瞬间产生的高温高压实现两种金属的冶金结合，通常只要是可塑性金属，均可实现两种材料的焊接。由于爆炸焊接技术的成熟，复层的材料可以实现多样性。

常用的复层钢板可分为不锈钢复合板、钛钢复合板、镍钢复合板、铜钢复合板、铝钢复合板及其他金属复合材料。

(1) 特点及性能

在化工设备制造中，采用不锈钢复合钢板、钛钢复合板已趋于成熟。复合材料可以用来制造一台完整的压力容器。从筒体、封头到管板以及设备上的接管，都可采用复合材料。如尿素合成塔、真空制盐蒸发室、聚酯反应釜等。使用钛复合板比使用纯钛板会降低工程造价30%～40% 。用复合板制造耐腐蚀压力容器，可大量节省昂贵的耐腐蚀材料，从而降低压力容器的制造成本。复合板的焊接比一般钢板复杂，焊接接头往往是耐腐蚀的薄弱环节，因此壁厚较薄、直径较小的压力容器最好不用复合板。

(2) 技术标准

不锈钢复合钢板与钛钢复合板现行的技术标准代号分别为 GB 13238—87 和 GB/T 17102—1997。压力容器推荐使用复层的不锈钢牌号为 0Cr13、0Cr19Ni9、00Cr17Ni14M02等；基层则有 Q235、20R、Q345R 等。由于这种钢板的特殊性，其化学成分分别按复层和基层钢号所遵循的技术标准检验，而力学性能则以基层为准，还要增加界面贴合率、界面剪切强度、复层厚度、基层材料厚度，逐张进行超声波探伤等项目的检验。

(二) 钢板的规格

钢板规格是对钢板的长、宽、高尺寸而言，分别用厚度、宽度和长度表示。每一类别的钢板，都将其规格限定在一定范围内。在每一类别的钢板标准中都有具体规定，用户只能在标准所规定的规格范围内选择订货。

1. 钢板的厚度

钢板按厚度分为薄板和厚板两大类。

(1) 薄板

薄板是用冷轧或热轧方法生产的厚度在 0.2～4mm 之间的钢板。薄钢板的宽度在 500～1400mm 之间，根据不同的用途，采用不同材质钢坯轧制而成。薄钢板除轧制后直接交货之外，还可经过酸洗、镀锌和镀锡之后交货。

(2) 中厚板

中厚板简称厚板，是指厚度在 4mm 以上的钢板。在实际工作中，常将厚度小于 20mm 的钢板称为中板；20mm＜厚度＜60mm 的钢板称为厚板；厚度＞60mm 的钢板则需在专门的特厚板轧机上轧制，故称特厚板。厚钢板的宽度在 0.6～3.0m 之间。

2. 钢板的宽度和长度

钢板的宽度和长度决定了容器筒体或封头组装时拼接焊缝的数量和位置。显然大尺寸的钢板可以减少焊缝的数量，从而减少焊接工作量。有一些高温、高压设备，其壁厚达到几十毫米甚至上百毫米以上，制作这些设备的材料价格昂贵，通常都是采用“量体裁衣”的办法专料专用，按所需尺寸订货。

目前，我国板厚小于 12mm 的钢板已成卷供货。下料时将成卷的钢板按卷紧的反方向拉开，钢板自重产生的反变形即可将钢板展平，然后按所需长度进行下料切割。若钢板不平，则用矫形机矫平。

3. 钢板的规格标准

钢板尺寸系列的国家标准为 GB 709—88《热轧钢板和带钢的尺寸、外形、重量及允许偏差》，钢板厚度、宽度、长度及允许偏差均按这个标准的规定执行。

4. 钢板的公差

钢板的宽度和长度都限定为正偏差，即钢板的实际宽度和长度都大于名义尺寸。由于钢厂生产的钢板无法保证是足够准确的矩形，因此，每一张钢板在使用时，都要用几何的方法划线、找正，使其成为一块规则的矩形板料。但钢板出厂时长度和宽度都有正偏差，所以，经过找正后的钢板，仍能保证得到所需的名义尺寸，多余料被切割掉。

钢板厚度的下偏差则为负值，厚度的测定应选择距钢板边缘不小于 20mm 及距离顶角小于 100mm 处。钢板的厚度和公差见表 1-2，宽度允许偏差见表 1-3，长度允许偏差见表 1-4。

表 1-2 钢板的厚度和公差 单位：mm

公称厚度	负偏差	下列宽度的厚度允许正偏差										
		>1000~1200	>1200~1500	>1500~1700	>1700~1800	>1800~2000	>2000~2300	>2300~2500	>2500~2600	>2600~2800	>2800~3000	>3000~3200
>13~25	0.8	0.2	0.2	0.3	0.4	0.6	0.8	0.8	1.0	1.1	1.2	
>25~30	0.9	0.2	0.2	0.3	0.4	0.6	0.8	0.9	1.0	1.1	1.2	
>30~34	1.0	0.2	0.3	0.3	0.4	0.6	0.8	0.9	1.0	1.2	1.3	
>34~40	1.1	0.3	0.4	0.5	0.6	0.7	0.9	1.0	1.1	1.3	1.4	
>40~50	1.2	0.4	0.5	0.6	0.7	0.8	1.0	1.1	1.2	1.4	1.5	
>50~60	1.3	0.6	0.7	0.8	0.9	1.0	1.1	1.1	1.2	1.3	1.5	
>60~80	1.8			1.0	1.0	1.0	1.0	1.1	1.2	1.2	1.3	1.3
>80~100	2.0			1.2	1.2	1.2	1.2	1.3	1.3	1.3	1.4	1.4
>100~150	2.2			1.3	1.3	1.3	1.4	1.5	1.5	1.6	1.6	1.6
>150~200	2.6			1.5	1.5	1.5	1.6	1.7	1.7	1.7	1.8	1.8

表 1-3 钢板的宽度允许偏差 单位：mm

公称厚度	宽度	宽度允许偏差
≤4	≤800	+6
	>800	+10
>4~16	≤1500	+10
	>1500	+15
>16~60	所有宽度	+30
>60	所有宽度	+35

表 1-4 钢板的长度允许偏差 单位：mm

公称厚度	钢板长度	允许偏差
≤4	≤1500	+10
	>1500	+15
>4~16	≤2000	+10
	>2000~6000	+25

（三）钢管

1. 钢管分类

（1）按加工工艺分类

① 无缝钢管。无缝钢管是用钢锭或实心管坯经穿孔制成毛管，然后经热轧、冷轧或冷

拔制成。热轧无缝钢管分为一般钢管，低、中压锅炉钢管，高压锅炉钢管、合金钢管、不锈钢管、石油裂化管、地质钢管和其他钢管等。冷轧无缝钢管除可分为上述各种钢管外，还分为碳素薄壁钢管、合金薄壁钢管、不锈薄壁钢管、异型钢管。

② 有缝焊接钢管（也叫焊管）。有缝焊接钢管是用钢板或钢带卷成管形以对缝或螺旋缝焊接而成。在制造方法上，按焊缝形式分为直缝焊管和螺旋焊管。直缝焊管承压能力较低，只应用于水、煤气、采暖、供汽等系统的管道上。螺旋焊管是用带钢卷制并用电弧焊或高频焊的方法制造而成，它比直缝焊管的承压能力高。生产焊接钢管的设备与工艺比制造无缝管简单得多，因而价格也便宜。对使用温度为 0～200℃、设计压力不大于 0.6MPa 且输送非易燃无毒介质时可供使用，如原油输送管道及供热的蒸汽和热水管道等。 而生产装置中的工艺管道是处于操作状态下，其工作条件要求有较高的安全可靠性，必须选用无缝管。

(2) 按标准分类

① 输送流体用无缝钢管。标准代号为 GB 8163—1999，其热轧管的直径系列从 32～630mm 共有 48 种，冷拔（轧）管直径系列从 6～200mm 共有 69 种，但常用的规格只有十几种。轧制这类钢管的材料，在标准中列有 10、20、16Mn、09MnV 等 4 种，但在《钢制压力容器》标准中，供选用的只有 10、20 两个钢号。这是一种使用非常广泛的钢管，容器开孔处与法兰连接的短管大多选用它，其他工艺管道亦可选用。

② 石油裂化用钢管。这是按 GB 9948—88 标准生产的无缝钢管，主要供炼油厂管式加热炉的辐射室炉管、热油管道及高温介质换热器等场合使用。GB 9948—88 标准包括很多钢号，列入《钢制压力容器》标准中使用的只有 10、20、12CrMo、15CrMo 等 4 种。需要指出按 GB 8163 及 GB 9948 分别生产的 10、20 号钢管和按 GB 9948 生产的 10、20 号钢管应视为两种不同类别，尽管它们的钢号完全相同。

③ 高压锅炉用无缝钢管。标准代号为 GB 5310—1995，这是一种供制造锅炉设备及管道用的高压（超高压）无缝钢管，但在标准中列出的 12Cr1MoV 也可以用于有抗氢腐蚀要求的石油化工设备及管道上。

④ 化肥设备用高压无缝钢管。这是一种适用于工作压力为 9.8～31.4MPa，工作温度为 −40～400℃的化工设备和管道用的无缝钢管，其现行的标准代号为 GB 6479—2000。这个标准所包括的 9 个钢号（含 10 钢）均已列入《钢制压力容器》标准中。在 GB 8163—1999 输送流体用无缝钢管和 GB 9948—88 石油裂化用钢管中也有 10 钢。除此之外，未列入《钢制压力容器》标准中的其他类别无缝钢管标准中也有 10 钢。如果单纯从钢号看，都是属于优质碳素钢轧制的无缝钢管，但由于遵循的技术条件不同，是完全不同类别的钢管。

⑤ 不锈钢无缝钢管。流体输送用不锈钢无缝钢管，标准代号为 GB/T 14975—2002，广泛用于化工、石油、轻纺、医疗、食品、机械等工业的耐腐蚀管道和结构件及零件的不锈钢制成的热轧（挤、扩）和冷拔（轧）无缝钢管。

2. 钢管的规格

钢管在设计、制造、安装和使用时，常用公称直径和公称压力来表示。钢管的规格是对其尺寸及尺寸允许偏差而言。在各种钢管的类别标准中，规定了钢管的尺寸规格范围和允许偏差。

(1) 公称直径

公称直径是为了设计制造、安装检修方便而规定的标准直径。同一公称直径的钢管和管路配件均能相互连接，具有互换性。公称直径既不是钢管的外径，也不是钢管的内径，而是供参考用的一个方便的圆整数，与加工尺寸仅呈不严格的关系。公称直径用 DN 表示，后面的数字表示公称直径的数值，单位是毫米。

表1-5表示钢管的公称直径系列。例如：DN150表示钢管的公称直径是150mm，而钢管的外径是159mm。如在设计中确定采用DN50钢管，其无缝钢管的外经为57mm，与其连接的法兰、阀门及其他配件的外经均为57mm。又如焊接钢管按厚度分为薄壁钢管、普通钢管和加厚钢管，其公称直径近似普通钢管的内径，仅是一个名义尺寸。显然每一公称直径，对应一个外径，其内径数值随厚度不同而不同。无缝钢管和有缝钢管公称直径相同，而钢管外径大多不相同。

表1-5 钢管和管路配件的公称直径系列 单位：mm

序号	公称直径 DN	外径De						
		焊接钢管	无缝钢管	螺旋管	UPVC管	铝塑管	铸铁排水管	高密度聚乙烯管
1	15	21.3				20		
2	20	26.8	28			25		
3	25	33.5	32			32		
4	32	42.3	38			40		
5	40	48	48			50		
6	50	60	57		50	63	50	50
7	65	75.5	76			75		75
8	80	88.5	89		75	90	75	
9	100	114	108		110	110	100	110
10	125	140	133				125	
11	150	165	159		160		150	160
12	200		219	219	200		200	200
13	250		273	273				
14	300		325	325				
15	350		377	377				
16	400		426	426				
17	450		480	480				
18	500		530	530				
19	600		630	630				

(2) 公称压力

公称压力是为设计制造和安装维修方便而人为规定的一种标准压力。公称压力与管道系统元件的力学性能和尺寸特性相关，由字母PN及数字组成。如PN40表示公称压力为40MPa。

公称压力共分26个等级。石油化工行业管路系统中常用的有PN 2.5、PN 6、PN 10、PN16、PN25、PN40、PN63、PN100、PN160、PN200、PN250等级。

3. 钢管的直径系列

钢管的规格以外径和壁厚来表达，同一外径可以有几种不同的壁厚以适应不同的使用场合，习惯上以“ϕ外径×壁厚”表示。一般说来，钢管的长度对用户没有特别的意义，生产厂只是按照标准中规定的通常长度范围内供货，只是在大批量使用某种同一长度的管子时，才要求按定尺长度或倍尺长度交货。

尽管无缝钢管直径系列尺寸繁多，但在工程中优先选用的规格是有限的。对制造标准化、系列化的管壳式换热器管束，其管子直径仅有14、25、32、38、45、57mm等6种；对工艺管道或容器接管的管子，优选的规格有25、32、57、89、108、159、219、273、325、377、426mm等十余种。

(四) 压力容器锻件

锻件在石油化工设备中有着广泛的应用。如球形储罐的人孔；以厚壁管形式进行开孔补强用的加强管；换热器所需的各种管板、对焊法兰；催化裂化反应器的整锻筒体；加氢反应器所用的筒节；化肥设备所需的顶盖、底盖、封头等均是压力容器锻件。

1. 锻件标准

标准规定了锻件的技术要求、试验方法及检验规则。根据材料的性质不同，其标准分为JB 4726—2000《压力容器用碳素钢和低合金钢锻件》、JB 4727—2000《低温压力容器用低合金钢锻件》和JB 4728—2000《压力容器用不锈钢锻件》。这三个锻件标准基本涵盖了压力容器使用的所有的材料。锻件标准一方面与压力容器用钢板配套使用，另一方面则应用于锻焊结构压力容器。锻件用钢应采用平炉、电炉或氧气转炉冶炼的镇静钢。压力容器锻件所使用的材料和容器主体材料是配套的，或者根据锻件工况选择，因此锻件材料选用的范围十分广泛。

2. 压力容器锻件级别

标准JB 4726—2000和JB 4728—2000将锻件按使用要求和特性分为Ⅰ、Ⅱ、Ⅲ、Ⅳ四个级别，而标准JB 4727—2000将锻件分为Ⅱ、Ⅲ 、Ⅳ三个级别。锻件级别的数字越大，质量要求越严，可靠性越高。其质量与可靠性是通过检验项目的多寡来保证，而不是通过选择不同的材料来达到，也就是说同一钢号的锻件可以有不同的级别。锻件级别和检验项目见表1-6。在GB 150《钢制压力容器》标准中，对截面尺寸大于300mm的碳钢或低合金钢锻件应选用Ⅲ级或Ⅳ级。

表1-6 锻件级别和检验项目

<table>
<tr><th>锻件级别</th><th>检验项目</th><th>检验数量</th></tr>
<tr><td>Ⅰ</td><td>硬度(HB)</td><td>逐件检查</td></tr>
<tr><td>Ⅱ</td><td>拉伸和冲击(σ_b、σ_s、δ_5、A_{kv})</td><td rowspan="2">同一冶炼炉号、同炉热处理的锻件组成一组，每批抽检一件</td></tr>
<tr><td rowspan="2">Ⅲ</td><td>拉伸和冲击(σ_b、σ_s、δ_5、A_{kv})</td></tr>
<tr><td>超声检测</td><td>逐件检查</td></tr>
<tr><td rowspan="2">Ⅳ</td><td>拉伸和冲击(σ_b、σ_s、δ_5、A_{kv})</td><td>逐件检查</td></tr>
<tr><td>超声检测</td><td>逐件检查</td></tr>
</table>

3. 锻件的热处理

大型锻件的坯料是用平炉、电炉或顶吹纯氧转炉冶炼后的镇静钢钢锭，对中小型锻件可以采用轧材，如用方钢、圆钢或大厚度板材锻造。经热加工后材料的性质会发生变化，为了恢复材料原有的性能，或达到预期的性能，锻后应进行热处理，也就是说锻件都是以热处理状态交货的。对合金钢锻件要进行去氢处理，锻后必须进行长时间的保温退火（即在氢溶解度小、扩散系数大时的温度下长时间保温退火），去氢的目的是为了防止产生“白点”（又称“发裂”）缺陷。材料和锻件截面尺寸不同，热处理状态、力学性能及硬度也不同。

4. 锻件的合格证和标记

锻件生产厂在向用户交付产品时，应提供锻件的合格证，以证明质量的可靠性。合格证应包括下列内容：制造厂名、订货合同号、图号、标准编号、钢号、锻件级别、数量、批号、检验单位、检验人员签章、热处理参数，正火、淬火和回火的温度及保温时间，图样或合同上所规定的特殊要求的检验结果及用户采购说明。

经检验合格的锻件，要在明显或指定部位打印标志。标记应有厂名（或代号）、标准编号、钢号、锻件级别、批号。

三、材料的代用

通常压力容器所用材料都反映在施工图纸中，容器制造单位只要依照图纸规定的材料品种和规格照图施工即可（一般情况不允许改变指定材料）。但目前，由于我国冶金工业水平还不能充分满足石油化工设备用材要求，因此每年还要从国外进口一定数量的钢材，这样常常会出现用国外的钢号代替设计图纸上所选用的国产钢号。另一方面，由于容器制造单位订货、供应不及时，又不能储备各种类别和各种规格的钢材。所以在施工中，经常会出现以现有库存材料来代替图纸要求的材料。

材料的代用，是指容器的主要受压元件的材料代用。在备料和施工中，用别的钢材类别或钢号，甚至是同一钢号但规格不同来代替图纸或有关技术文件规定的钢号及规格。

1. 材料代用的原则

① 代用钢材应符合原设计的各项性能要求，如：强度、塑性、韧性、化学成分、介质、工作温度、工作压力、耐腐性和抗氧化性等。同时还应保证代用后结构的连续性。

② 代用钢材应保证制造加工工艺（尤其是冷热加工成形）的要求。保障冷加工成形、焊接工艺、焊接材料、焊后热处理和工厂设备所能承受的加工能力。

③ 代用钢材与原设计使用的钢材在依据的标准之间的差异。这种差异反映在性能项目及指标的不同和检验率不同等方面。

④ 企业首次采用国外钢材，应进行各项工艺评定试验，保证各项技术要求后方可代用。

⑤ 材料代用后引起的经济损失尽可能的小。

总之，代用钢材的技术要求或实物性能水平不能低于被代用钢材，对一些在性能项目或检验率方面要求略低的代用钢材，通过增加检验项目或检验率来进行代用。在考虑上述因素后，再结合现场实际情况及各种钢材标准的相近性和差异来决定使用何种代用钢材。

2. 材料代用的程序

① 凡受压元件的材料代用，先由制造部门或材料供应部门填写材料代用申请单，注明用何种材料代用哪项工程及哪台设备的某号零件的某种材料，再经材料代用单位的技术部门（包括设计和工艺部门）同意，将代用材料的质量证明书或复验报告报主管负责人审核批准。

② 压力容器的材料代用必须征得原设计单位的同意，经原设计单位有关设计人员审查会签后，办理代用手续方为有效。

③ 在锅炉、压力容器出厂质量证明书和施工图上应注明代用材料的材质、规格和部位。

《压力容器安全技术监察规程》27条规定：压力容器制造或现场组焊单位对主要受压元件的材料代用，原则上应事先取得原设计单位出具的设计更改批准文件，对改动部位应在竣工图上做详细记载。对制造单位有使用经验且代用材料性能优于被代用材料时（仅限Q345R、20R、Q235系列钢板，16Mn、10、20锻件或钢管的相互代用），如制造单位有相应的设计资格，可由制造单位设计部门批准代用并承担相应责任，同时须向原设计单位备案。原设计单位有异议时，应及时向制造单位反馈意见。

四、压力容器材料的验收与复验

（一）受压元件材料的验收

材料的验收，是材料到货入库前对材料质量进行检查的一项措施。压力容器制造单位应当通过对材料的抽查复验或对材料供货单位进行考察、评审、追踪等方法，确保所使用的材料符合相应标准或设计文件的要求。在材料进厂时应当审核材料质量证明书和材料标志，符合规定后方可投料使用。材料在没有验收时，必须放在验收区，待验收合格后才能分类入库。材料的验收工作包括以下几个方面。

1. 技术文件的审核

技术文件主要包括：订货合同、材料的质量证明书等。

（1）合同的验收

确认所检的材料与订货合同要求一致。

（2）质量证明书验收

质量证明书是生产厂对该批材料质量证明的书面文件。用户应检查质量证明书的检验项目是否齐全。检验项目包括化学成分、力学性能、工艺性能等。如超声波检测、水压试验对管材、晶粒度的测定，晶间腐蚀倾向试验等，以及双方协议所要求的检验项目。质量证明书的检验项目齐全，数据在标准规定指标范围内，就认为这份质量证明书是合格的。

当技术文件齐全时，应检查合同、质量证明书和实物是否相符，然后按企业的规定编上验收编号，连同技术文件一起交材料工程师审核。只有当质量证明书的内容完整且与实物相符时，才能按相关技术标准进行入厂验收。如质量证明书上的炉（罐）号能与实物相符，但质量证明书内容不完整时，原则上可以拒收。在特殊情况下，填写缺项试验的申请单，并对该项进行检验和测定。按标准规定逐项审核对质量证明书中已有的各项数据逐项审核是否在标准规定的范围内，如有超标项目，也应该按有关制度进行复查。对缺一到两项检验项目的材料可以进行补检，合格后再进行入厂验收。

2. 实物的核对验收

（1）材料重量和数量的核对

材料验收人员应携带质量证明书到实物存放现场，验证实物的重量和数量是否与质量证明书上的重量和数量相符，如果不符，则要查明原因以免混料。

（2）标志的核对验收

每种材料都在规定的位置上有材料的牌号、规格、技术标准的标志。若标准不清或无任何标志，原则上可以拒收。

① 实物上的出厂标记应与证明书一致。这种一致性不仅指牌号和规格，更为重要的是炉（罐）号或批号要一致。

② 外观质量和尺寸的核对。原材料的表面存在缺陷和尺寸偏差太大等质量问题，会给制造、检验、安装、运行带来不便和隐患。材料的外观质量和尺寸偏差，应按材料的技术标准进行验收。如：钢板的表面不允许有裂纹、气泡、加杂、结疤、折叠和较大的划痕。尺寸偏差必须在公差范围之内。

③ 检验确认。经以上内容核对无误并检验合格后就认为这批材料验收完毕，按本单位管理制度所编制的代号在质量证明书上和实物上编定一个“检号”，并在实物上用钢印或其他方式打上这个检号和材料检验人员代号的确认标记，表明这批材料已经完成验收程序并认

定合格，可转大仓库保管待用。在钢材上所标记的这个检号在以后的所有周转环节中将始终保留着，如使用某张钢板或某根钢管的一部分时，将遵循标记移植制度，使这个检号标记能延伸保留下来，即先将标记移植在所使用的部分上然后再截取。因此在一台完工的压力容器上，任何一个受压元件要使用的任何一块材料上都可以找到它的检号标记，通过这个标记就可以追踪查找到它的质量证明书，从而可以获知它的钢号、批号、各项质量指标及供货状态等一系列信息。标记移植是整个材料控制系统的一个重要的保证措施。

（二）压力容器材料的复验

由于压力容器的特殊性，则要求对材料进行复验。尽管材料出厂时经检验合格，但出厂抽验率是有限的，即对总体质量的代表性有差距，特别是对大厚钢板差距更大。因而产品性能的不一致性更为突出，除在标准中对不同厚度分别定出不同的力学性能指标外，要求用户在一定条件下再进行复验作为一种补充措施。

1. 压力容器材料复验的内容

复验试验项目与数量按有关技术标准进行。如 GB 713—2008 规定，每批钢板的检验项目、取样数量及试验方法应符合表 1-7 的规定。

表 1-7　检验项目、取样数量及试验方法

序号	检验项目	取样数量/个	取样方法	取样方向	试验方法
1	化学成分	1/每炉	GB/T 20066		GB/T 223 或 GB/T 4336
2	拉伸试验	1	GB/T 2975	横向	GB/T 228
3	Z 向拉伸	3	GB/T 5313		GB/T 5313
4	弯曲试验	1	GB/T 2975	横向	GB/T 232
5	冲击试验	3	GB/T 2975	横向	GB/T 229
6	高温拉伸	1/每炉	GB/T 2975	横向	GBT 4338
7	落锤试验		GB/T 6803		GB/T 6803
8	超声波检测	逐张			GB/T 2970 或 JB/T 4730.3
9	尺寸、外形	逐张			符合精度要求的适宜量具
10	表面	逐张			目视

检验规则如下。

① 钢板的质量由供方质量技术监督部门进行检查和验收。

② 钢板应成批验收，每批钢板由同一牌号、同一炉号、同一厚度、同一轧制或热处理制度的钢板组成，每批质量不大于 30t。

③ 对长期生产质量稳定的钢厂，提出申请报告并附出厂检验数据，由国家特种设备安全监察机构审查合格批准后，按批准扩大的批交货。

④ 根据需方要求，经供需双方协议，厚度大于 16 mm 的钢板可逐轧制坯进行力学性能检验。

钢板检验结果有任一项不符合标准的要求，都要进行复验。

⑤ 力学性能试验取样位置按 GB/T 2975 的规定，对于厚度大于 40mm 的钢板，冲击试样的轴线应位于厚度四分之一处。

⑥ 根据需方要求，经供需双方协议，冲击试样的轴线应位于厚度二分之一处。

⑦ 夏比（V 形缺口）冲击试验结果不符合规定值时，应从同一张钢板上再取 3 个试样进行复验，前后两组 6 个试样的平均值不得低于规定值，允许有 2 个试样小于规定值，但其

中小于规定值70%的试样只允许有1个。

三氧化硫蒸发器的容器类别为Ⅲ类，壳程工作压力为1.6PMa，壳程介质为30%的发烟硫酸（中度危害的腐蚀性介质），管程为水蒸气，蒸发器的壳程材料为Q345R、厚度为32mm。我们对主要受压元件壳程材料进行复验。

壳程材料为Q345R，这批材料分2个批号，制造单位经验收合格，在投料前根据相关规定，应对这批材料进行复验。根据有关制度应作如下工作。

① 根据GB 150标准的规定，厚度大于30mm的Q345R钢板，应在正火下使用，审查这批钢板是否符合要求的供货状态。

② 根据同一标准的规定，这批钢板应逐张作超声波检验，探伤标准为ZBJ2400《压力容器用钢板超声波探伤》，质量等级应达到Ⅲ级的要求。

③ 根据GB 713—2008的规定，每一批应抽取化学分析、拉伸、冷弯的试样各一个，夏比（V形缺口）冲击试样3个。上述材料包括2个批号，因此相应地在各批号上共抽取2套试样，交理化检验部门化验测试，并将分析数据填好送返质量检查部门。试样截取的方法与部位依照GB 2975—82《钢材力学艺性能试验取样规定》和GB 222—84《钢的化学分析用试样采取法》的有关条款执行。

④ 根据返回的试验报告，对所测定的数据进行评审，是否符合本钢板标准所要数值。如全部指标合格，才能认定这批材料具备投入制造Ⅲ类压力容器材料的条件。如有某项指标不合格，则需再取试样复验，譬如冲击试验结果达不到标准要求，应从同一张钢板上再取3个试样进行试验，前后两组6个试样的平均值不得低于规定值，允许有两个试样小于规定值，但其中小于规定值70%的试样只允许有一个。否则就判这批材料复验不合格，可降低级别，使用于Ⅰ、Ⅱ类容器或其他非受压元件上。

【思考题】

1. 为什么说化工设备的制造就是压力容器的制造？
2. 简述压力容器的制造工艺流程？
3. 压力容器的材料在分割前，为什么要进行标志移植？标志移植的方法有哪些？
4. 交货状态选择的依据是什么？
5. 什么是检验批？检验批与交货批有什么区别？
6. 容器用钢板有哪些类型？各有什么特点？遵循什么技术标准？
7. 常用钢管有哪些类型？各有什么特点？遵循什么技术标准？
8. 钢板宽度和长度的偏差为什么是正偏差？
9. 容器锻件遵循的标准是什么？如何分级？如何保证锻件的可靠性和质量？
10. 容器用材代用的原则和程序有哪些？
11. 材料的复验有哪些内容？

施工图纸的确认和工艺汇审

【学习目标】 掌握压力容器施工图纸的识读方法，能熟练的阅读各种施工图纸。熟悉压力容器施工图纸的确认程序和施工图纸的工艺汇审内容，了解施工图纸工艺汇审后要做的技术准备工作。

【知识点】 压力容器施工图纸的识读，施工图纸的工艺汇审内容和汇审后要做的技术准备工作。

一、压力容器施工图纸的识读

利用投影原理在图纸等载体上表示出设备或零部件图形及其相关说明的图称为图样。设备图样是设备信息的载体，它准确地表达了设备的结构形状、大小尺寸、采用的材料种类和设计、制造及检验验收技术要求等。图纸是工程界的“工程语言”，具有严格的规范和要求。压力容器的图纸是严格按照国家标准要求绘制的。能够正确认识和理解设备图纸所表达的技术内容和要求，是对从事压力容器制造人员的基本要求。

（一）压力容器施工图纸的种类

1. 总装配图

压力容器整体设备或部件都是由多个零件装配而成的。按其实际装配关系绘制的图叫做装配图。表达一台完整设备的装配图叫做总装配图，简称总装图或总图。图 2-1 所示为一台三氧化硫蒸发器的总装图。一张完整的总装图应包括如下内容。

（1）一组视图

为完整、准确、清晰地表达设备或部件的主体结构形状、工作原理、零件之间的装配关系，按制图标准的一般表达方法和特殊表达方法绘制的单组完整视图。如三氧化硫蒸发器总装图中的主视图和左视图，如图 2-2 所示。

（2）必要尺寸

根据装配图的作用和由装配图拆画零件图的需要，所要标出的设备或部件的必须尺寸，主要包括总体尺寸、安装尺寸、装配尺寸、规格尺寸及定位尺寸等其他重要尺寸。

（3）技术要求

在装配图中，用文字和符号说明设备或部件在设计过程中所遵循的规范、标准，以及在制造、装配、检验、试验、安装、调试、使用和维修时所要遵循的规范、标准及所要达到的要求。三氧化硫蒸发器总装图中的技术要求如图 2-3 所示。

（4）标题栏、零件编号和明细表

标题栏是由名称及代号区、签字区、更改区和其他区组成的栏目。根据 GB/T 14689—93《技术制图图纸幅面和格式》的规定，每张图纸上都必须画出标题栏。标题栏的位置应位于图纸的右下角。

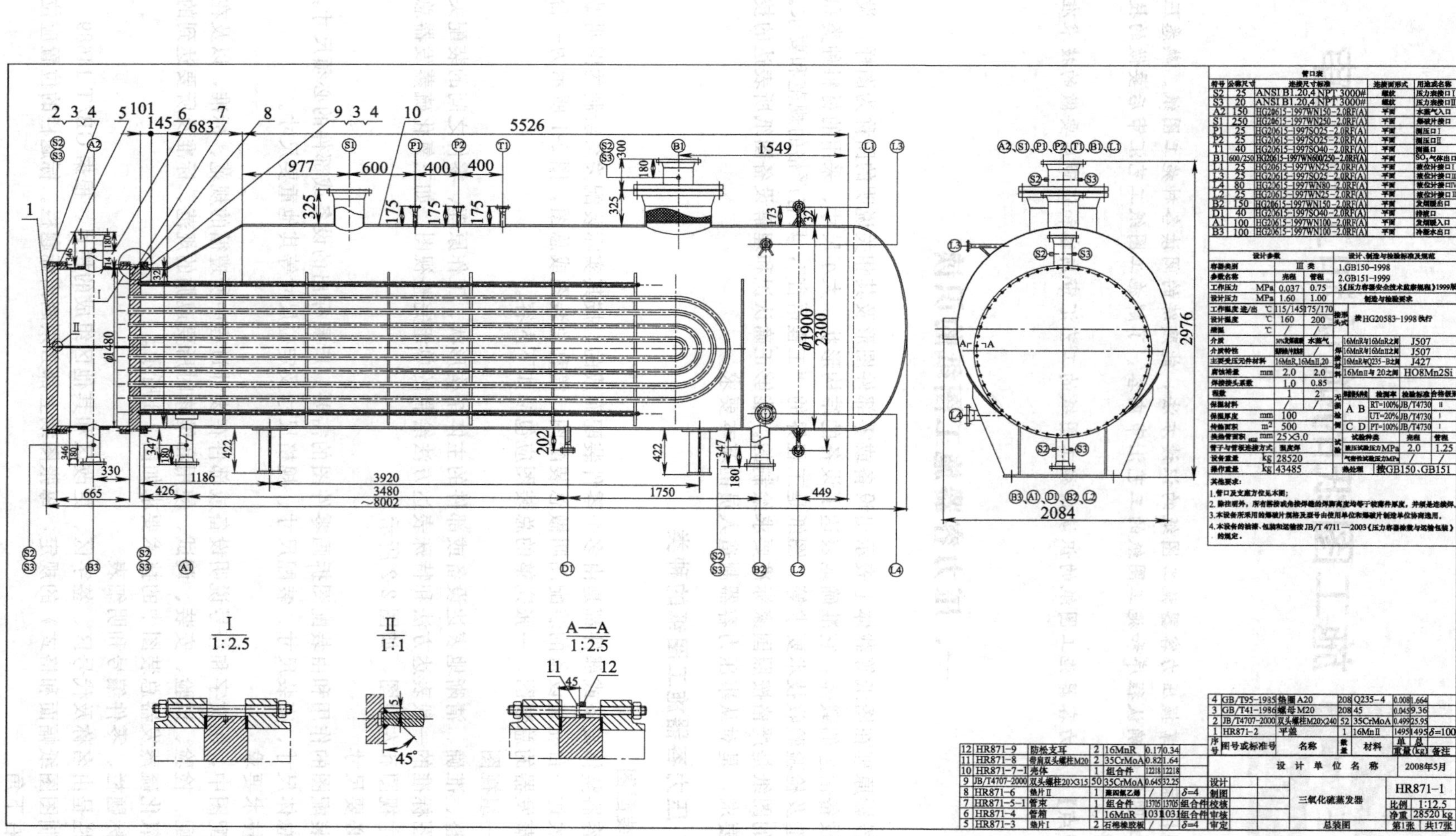

图 2-1 三氧化硫蒸发器的总装图

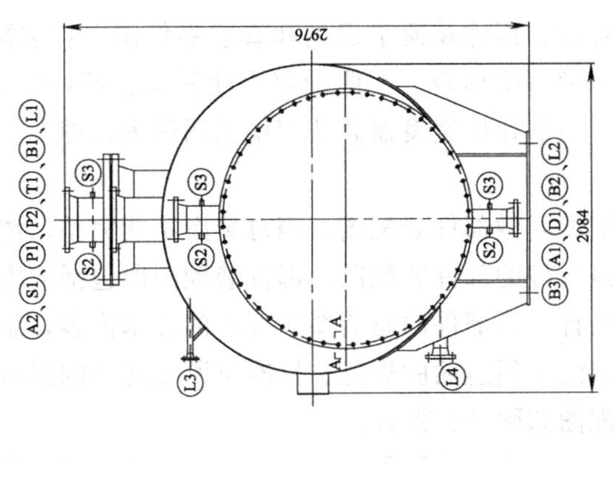
2976
2084
A2、S1、P1、P2、T1、B1、L1
B3、A1、D1、B2、L2
S2
S3
L3
L4
A
A

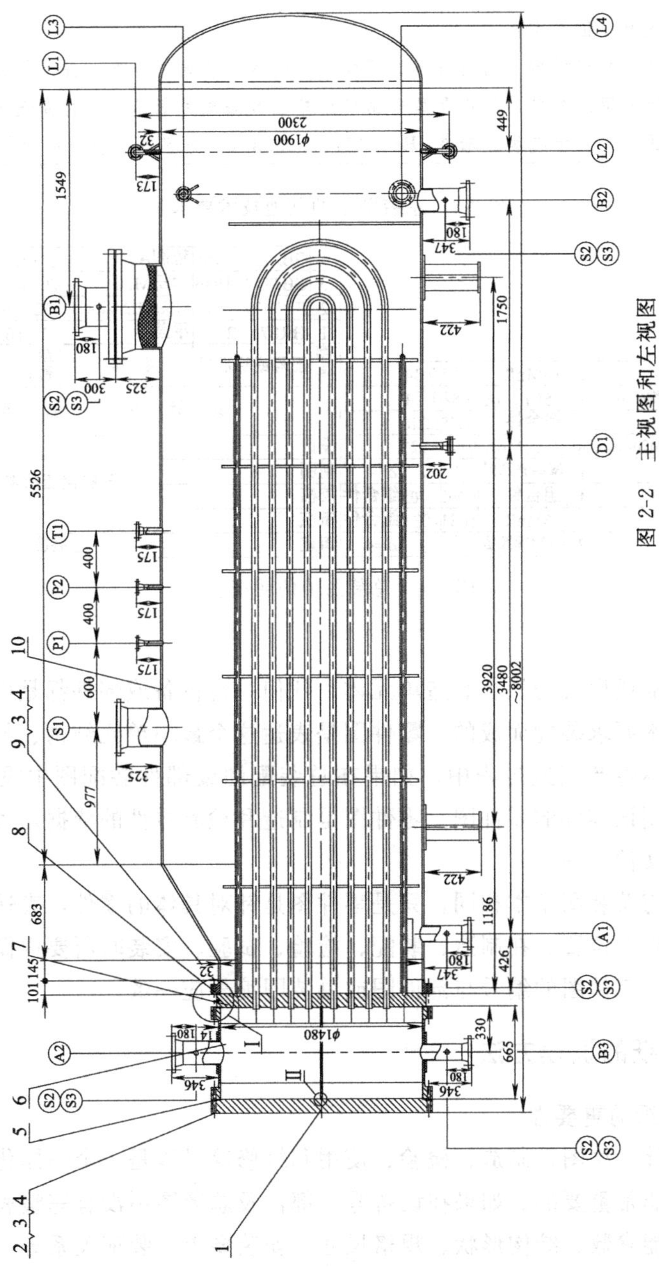
L3
L1
L2
L4
B1
B2
S2
S3
D1
T1
P2
P1
S1
A1
A2
B3
10
9
8
7
6
5
4
3
2
1
I
II
2300
φ1900
φ1480
1549
5526
449
1750
3920
3480
~8002
1186
426
665
330
683
977
600
400
400
325
300
180
173
32
422
202
175
347
346
14
101
145

图 2-2　主视图和左视图

为了便于识别装配图中各零、部件及便于识别和管理零件图，在装配图中必须对其零、部件进行编号，并按编号顺序编写明细表。在明细表中注明零、部件的件号、规格、数量、材质及部件图号或标准号等。三氧化硫蒸发器总装图中的明细表如图 2-4 所示。

2. 部件装配图

表达设备某个部件的装配图叫做部件装配图。当总装图不能完整、清晰、明确地表达某个部件时，就需要另外绘制该部件的部件装配图。部件装配图所包括的内容与总装图的内容基本相同，但部件装配图只是针对该部件的总装图所要求的技术内容，是对部件在加工、装配、检验、试验和调试时提出的必须遵循的规范、标准及所要达到的要求。三氧化硫蒸发器总装图中件 7 管束部件的装配图如图 2-5 所示。

其他要求：

1. 管口及支座方位见本图。
2. 除注明外，所有搭接或角接焊缝的焊脚高度均等于较薄件厚度，并须是连续焊。
3. 本设备所采用的爆破片规格及型号由使用单位和爆破片制造单位协商选用。
4. 本设备的油漆、包装和运输按 JB/T 4711—2003《压力容器涂敷与运输包装》的规定。

图 2-3 总装图中的其他技术要求

序号	图号或标准号	名称	数量	材料	单	总	备注
					重量(kg)		
12	HR871-9	防松支耳	2	16MnR	0.17	0.34	
11	HR871-8	带肩双头螺柱M20	2	35CrMoA	0.82	1.64	
10	HR871-7-1	壳体	1	组合件	12218	12218	
9	JB/T4707-2000	双头螺柱M20×315	50	35CrMoA	0.645	32.25	
8	HR871-6	垫片Ⅱ	1	聚四氟乙烯	/	/	δ=4
7	HR871-5-1	管束	1	组合件	13705	13705	组合件
6	HR871-4	管箱	1	16MnR	1031	1031	组合件
5	HR871-3	垫片Ⅰ	2	石棉橡胶板	/	/	δ=4
4	GB/T95-1985	垫圈A20	208	Q235-A	0.008	1.664	
3	GB/T41-1986	螺母M20	208	45	0.045	9.36	
2	JB/T4707-2000	双头螺柱M20×240	52	35CrMoA	0.499	25.95	
1	HR871-2	平盖	1	16MnⅡ	1495	1495	δ=100

			设计单位名称		2008年5月
设计			三氧化硫蒸发器	HR871-1	
制图					
校核				比例	1:12.5
审核				净重	28520 kg
审定			总装图	第1张	共17张

图 2-4 总装图中的明细表

3. 零件图

零件是组成机器或设备的最小制造单元体。任何一台设备或部件都是由若干个零件按一定的装配关系及技术要求装配而成的。零件图是表达这个最小单元结构、规格、材料和技术要求的图样。在实际生产制造过程中，如果在总装配图或部件装配图中没有表达清楚的零件，都需要单独绘制该零件的零件图。零件图是制造和检验零件的依据，也是组装和维修时所需要的主要技术文件之一。

零件图的内容与总装图基本相同，只是零件图是针对具体的零件，表达零件的形状、各部分的结构尺寸和相对位置。在制造、装配、检验、试验、安装时所要遵循的规范、标准及所要达到的要求等。零件图的编号与部件图或总装图编号应一致。

（二）施工图纸的识读方法

1. 识读施工图纸的重要性

压力容器的设计、绘图、制造、检验、使用和维修等过程是一个一体化的协调过程。装配图和零件图都是非常重要的。如果在设备零、部件及总装图中没有完整表达清楚某个零件的名称、用途、性能参数、结构形状、规格尺寸、安装要求、装配关系等，那么在制造、检验、装配等环节中就会遇到问题。同样，从事压力容器制造的人员如果没有很好地读懂图纸，那么在算料、下料、加工、组装及检验等过程中就会遇到很多问题和困难。

2. 识读设备施工图纸的目的

① 搞清设备的名称、用途、性能参数、结构形状、规格尺寸、安装要求、各零部件的装配关系、工作原理和制造顺序等。

② 明确各部件和各零件的名称、数量、材料、作用、结构形状和相互之间的装配关系。

③ 了解各部件和各零件的加工制造要求、装配要求和材料要求等技术要求。

3. 识读施工图纸的方法和步骤

对如图 2-1 所示的三氧化硫蒸发器的总装图，看图的方法和步骤如下。

(1) 概括了解

粗略浏览图 2-1，从读标题栏、明细表、设计技术规格数据表和其他技术要求等相关资料中概括了解图纸所表达的设备名称，各零部件的名称、数量和材料，以及标准件与外购件的规格、标准和数量等。

例如，在大致读图 2-1 后，了解到该图所表达的是某厂所要使用的三氧化硫蒸发器。其结构为 U 形管式再沸器，由 12 个零部件组成，图中绘制了一个主视图和一个左视图。从明细表中可以看出各零部件的标准号或图号、名称、数量、材料及重量等。

(2) 大致分析

分析管束部件视图（见图 2-5）和壳体部件视图（见图 2-6）的表达方案，弄清全图采用了哪些表达方法，以及为什么要用这些表达方法，找出各视图间的投影关系和各视图表达的重点内容。

例如，通过分析图 2-1 后，了解到该图主视图是沿设备长度方向轴向剖切，反应了设备管束、管箱与壳体之间的装配关系和工作原理，重点表达了设备结构形状、规格尺寸、长度尺寸和接管形状、尺寸和相对位置等。左视图是从设备左侧向右看的轮廓视图，主要表达了设备的外观形状、高度尺寸、宽度尺寸和接管方位等。

(3) 深入理解

在大致了解了设备装配图和零部件图的基础上，仔细阅读明细表、技术要求、设计技术规格数据表、管口表及局部剖视图等，进一步理解图纸所表达的内容和提出的加工、装配、检验和试验的要求及对原材料和某些过程的特殊要求等。

例如，从图 2-1 总装图的“管口表”中知道，S2 管口的公称尺寸是 25mm，连接面形式是螺纹连接，用途是压力表接口；从管束部件图 2-5 的“拉杆定距管结构”局部视图了解到，管束支承板之间是用拉杆、定距管和端部螺母紧固来连接的，并且拉杆端部是用 2 个螺母来锁紧的；从壳体部件图 2-6 的“技术要求第 3 条”知道，壳体所用的 Q345R 钢板应符合 GB 713—2008 的要求。

(4) 归纳总结

将上述读图内容有机地联系起来，加深理解和分析，归纳总结出整个设备的结构特点、工作原理、装配关系和性能要求，并分解出各零部件的材料、规格、形状、位置、功能、装配关系和拆装顺序等，透彻研究图纸中的技术要求和全部尺寸，进一步了解设备的设计意图和装配工艺，为下一步进行图纸工艺汇审做好准备。

通过对三氧化硫蒸发器的总装图、壳体部件图和管束及管箱部件图、平盖和管板等零件图的识读，我们对三氧化硫蒸发器的结构特点、工作原理、装配关系有了进一步的理解，获取了以下信息。

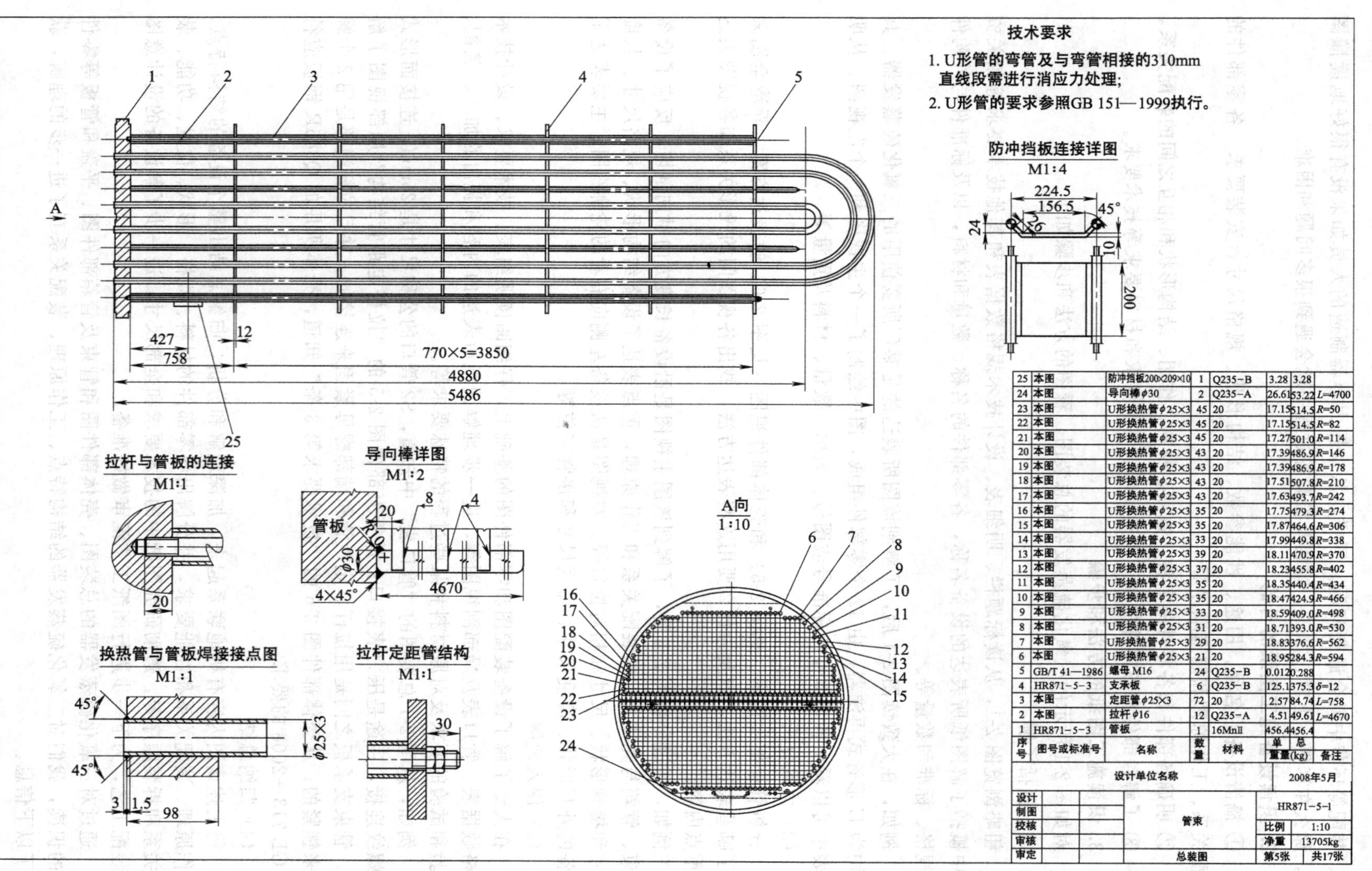

序号	图号或标准号	名称	数量	材料	单重(kg)	总重(kg)	备注
25	本图	防冲挡板200×209×10	1	Q235-B	3.28	3.28	
24	本图	导向棒ϕ30	2	Q235-A	26.61	53.22	L=4700
23	本图	U形换热管ϕ25×3	45	20	17.15	514.5	R=50
22	本图	U形换热管ϕ25×3	45	20	17.15	514.5	R=82
21	本图	U形换热管ϕ25×3	45	20	17.27	501.0	R=114
20	本图	U形换热管ϕ25×3	43	20	17.39	486.9	R=146
19	本图	U形换热管ϕ25×3	43	20	17.39	486.9	R=178
18	本图	U形换热管ϕ25×3	43	20	17.51	507.8	R=210
17	本图	U形换热管ϕ25×3	43	20	17.63	493.7	R=242
16	本图	U形换热管ϕ25×3	35	20	17.75	479.3	R=274
15	本图	U形换热管ϕ25×3	35	20	17.87	464.6	R=306
14	本图	U形换热管ϕ25×3	33	20	17.99	449.8	R=338
13	本图	U形换热管ϕ25×3	39	20	18.11	470.9	R=370
12	本图	U形换热管ϕ25×3	37	20	18.23	455.8	R=402
11	本图	U形换热管ϕ25×3	35	20	18.35	440.4	R=434
10	本图	U形换热管ϕ25×3	35	20	18.47	424.9	R=466
9	本图	U形换热管ϕ25×3	33	20	18.59	409.0	R=498
8	本图	U形换热管ϕ25×3	31	20	18.71	393.0	R=530
7	本图	U形换热管ϕ25×3	29	20	18.83	376.6	R=562
6	本图	U形换热管ϕ25×3	21	20	18.95	284.3	R=594
5	GB/T 41—1986	螺母M16	24	Q235-B	0.012	0.288	
4	HR871-5-3	支承板	6	Q235-B	125.1	375.3	δ=12
3	本图	定距管ϕ25×3	72	20	2.57	84.74	L=758
2	本图	拉杆ϕ16	12	Q235-A	4.51	49.61	L=4670
1	HR871-5-3	管板	1	16MnII	456.4	456.4	

图 2-5 管束部件图

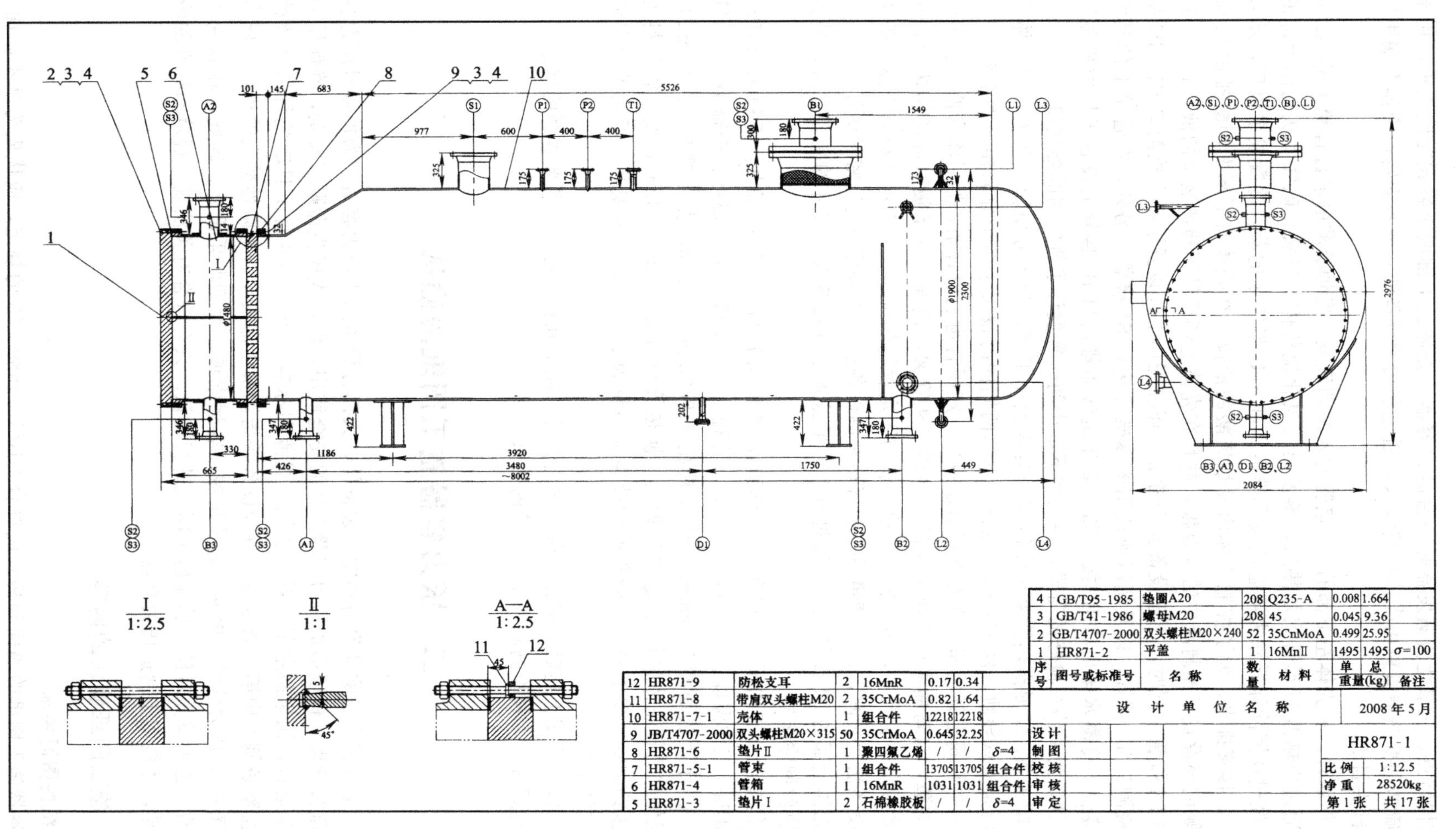

I 1:2.5
II 1:1
A—A 1:2.5
4 GB/T95-1985 垫圈A20 208 Q235-A 0.008 1.664
3 GB/T41-1986 螺母M20 208 45 0.045 9.36
2 GB/T4707-2000 双头螺柱M20×240 52 35CnMoA 0.499 25.95
1 HR871-2 平盖 1 16MnII 1495 1495 σ=100
序号 图号或标准号 名称 数量 材料 单 总 重量(kg) 备注
12 HR871-9 防松支耳 2 16MnR 0.17 0.34
11 HR871-8 带肩双头螺柱M20 2 35CrMoA 0.82 1.64
10 HR871-7-1 壳体 1 组合件 12218 12218
9 JB/T4707-2000 双头螺柱M20×315 50 35CrMoA 0.645 32.25
8 HR871-6 垫片II 1 聚四氟乙烯 / / δ=4
7 HR871-5-1 管束 1 组合件 13705 13705 组合件
6 HR871-4 管箱 1 16MnR 1031 1031 组合件
5 HR871-3 垫片I 2 石棉橡胶板 / / δ=4
设计 制图 校核 审核 审定
设计单位名称
2008年5月
HR871-1
比例 1:12.5
净重 28520kg
第1张 共17张

图 2-6 壳体部件图

① 结构特点。三氧化硫蒸发器是一台卧式容器，壳体由下部两个鞍式支座支承，用于加热发烟硫酸的换热器管束由壳体左端装入，通过左端的设备法兰密封固定，壳体右端用标准椭圆形封头封闭。

② 工作原理。从壳体左下部的 A1 接管通入发烟硫酸，发烟硫酸由来自管箱上部 A2 接管的蒸汽通过换热器 U 形管束加热后，蒸发出三氧化硫气体，三氧化硫气体从壳体上部的 B1 接管口经过丝网除沫器除去液态硫酸后排出。进入 U 形管束的蒸汽冷凝成水以后，从管箱下部的 B3 接管排出。为了控制壳体内发烟硫酸的液位，在壳体右下部发烟酸排出口 B2 接管的左侧内部设置了控制液位的隔液板，并且在壳体上还设计了检测液位的液位计口 L1、L2、L3 和 L4 接管。同时，出于设备安全考虑，还在壳体上部设置了压力检测口 P1、P2 接管，温度检测口 T1 接管，以及超压泄放用的爆破片接口 S1 接管。另外，在管箱上的蒸汽进口 A2 接管、冷凝水排出口 B3 接管和三氧化硫气体排出口 B1 接管上设置了压力检测口 S2、S3 接管。为了停车检修的需要，在壳体下部中间位置设计了排空用的排液口。

③ 装配关系。U 形换热管束从壳体左端装入壳体下部，为了方便管束装入，在壳体下部设置了两条支承导轨（件 10-45），在管束下部两侧同时设置了两个导向棒（件 7-24）。U 形管束是由左侧固定管板和 6 件支承板通过拉杆、定距管组装成管架，然后将弯曲半径不同的 U 形换热管，自弯曲半径从小到大的顺序逐层从管架右侧通过支承板对应的换热管管孔穿到固定管板上的管孔中，最后将逐个换热管与固定管板焊接而成。固定管板与壳体设备法兰及管箱设备法兰之间，以及管箱平盖和管箱左侧设备法兰之间都是通过密封垫片和螺柱紧固连接。壳体上部的 B1 接管设计成通过可拆的平盖来改变接管规格尺寸的变径方式，是为了便于更换丝网除沫器。

④ 性能参数。工作压力：壳程 0.037MPa，管程 0.75MPa。设计压力：壳程 1.6MPa，管程 1.0MPa。工作温度：壳程 115～145℃，管程 175～170℃。设计温度：壳程 160℃，管程 200℃。设计换热面积为 500m^2。壳体规格 ϕ1900mm×32mm，管箱规格 ϕ1480mm×14mm，壳体和管箱主体材料为 Q345R 钢板。换热管规格是 ϕ25mm×3mm，换热管材料为 10＃低中压锅炉管。要求壳程和管程的设计腐蚀裕量为 2.0mm，设备安装以后的外保温的保温层厚度为 100mm。

另外，施工总图上还对三氧化硫蒸发器的设计、制造和检验提出了所要遵循的标准、规范及具体对焊接、无损检测和水压试验等的要求。

二、压力容器施工图纸的确认

我们知道化工设备除动设备和常压设备外，大部分设备属于压力容器。为加强对压力容器制造的监督管理，保证锅炉压力容器产品的安全使用，保障人民生命财产安全，确保压力容器的安全运行，国家制定了一系列法规、规范和标准。2003 年 6 月 1 日起施行的《特种设备安全监察条例》中第二条规定：特种设备是指涉及生命安全、危险性较大的锅炉、压力容器（含气瓶）、压力管道、电梯、起重机械、客运索道、大型游乐设施。因此，在制造压力容器之前，必须首先对压力容器施工图纸进行确认。只有符合有关法规、规范和标准的图纸才能接受，才能用于制造压力容器。

（一）施工图纸确认的内容

1. 图纸的图面要求

压力容器施工图纸的幅面和格式应符合 GB/T 14689—93 的规定，应优先为基本幅面，必要时也可以是标准规定的加长幅面。三氧化硫蒸发器总图就是加长幅面的施工图。

所有图样的图面应清晰，视图应完整，图框格式、标题栏、比例、字体和线形等应符合标准的要求。零部件图样齐全，图面布置、各种尺寸、管口符号、管口方位及材料和数量等应表示清晰、正确。

2. 图纸的有效性

用于制造压力容器的图纸必须是经过图纸设计单位的设计审批程序后晒制的蓝图。压力容器的设计总图（蓝图）上必须加盖设计资格印章，复印总装图及复印章无效。设计资格印章上的单位名称必须与图纸上的设计单位名称一致。设计资格印章失效的图纸和已经加盖竣工图章的图纸不得用于制造压力容器。

设计总图（即总装图）上应有设计、校核、审核（审定）人员的签字。在第Ⅲ类中压反应容器和储存容器、高压容器和移动式压力容器的总图上，应有压力容器技术负责人的批准签字。某些第Ⅲ类压力容器除提供全套图纸以外，还应向制造单位提供相应的设计强度计算书。

设计总图上划分的容器类别应在本单位取得的压力容器制造许可证范围之内，不能接受制造许可证范围以外的压力容器图纸。

3. 技术内容的正确性

总装图上“技术特性表”中的设计参数：工作温度、工作压力、设计温度、设计压力、焊接接头系数和介质名称等应齐全无遗漏。水压试验压力、气密性试验压力应与设计压力和设计温度相对应。

水压力试验的试验种类及容器类别划分，必须符合《压力容器安全技术监察规程》的规定。无损检测比例及合格级别应与焊接接头系数相一致，并符合《压力容器安全技术监察规程》的规定。

主要受压元件的材料，应该是《压力容器安全技术监察规程》及 GB 150、GB 151、GB 12337 等规范、标准允许使用的材料，并与介质的化学特性具有相容性。对主要受压元件的材料检验、复验要求及焊后热处理要求都应符合相应的规范、国标和行业标准的规定。技术要求中所提出的焊接材料应是 JB/T 4709《压力容器焊接工艺规程》中推荐的材料，且与介质的化学特性具有相容性。对规范、标准允许使用的材料范围以外的新材料必须经过国家有关部门的批准，并具有完整的材料检验、试验、焊接工艺评定等方面的技术说明。

安全阀、爆破片和快开式安全连锁装置等安全附件的设计和选用应符合《压力容器安全技术监察规程》的规定。

4. 技术内容的先进性

总装图上的“设计、制造、检验要求”或“制造技术协议”中的技术要求；总装图和部件图中明细表的零件、标准件和外购件的材料标准或制造、检验、验收标准应是最新的国家或行业标准。

设备的结构形式，主要受压元件和密封元件的材料，应是同行业推荐的新结构、新材料。

5. 图纸内容的一致性

零部件之间及零部件与主体之间的相互位置、装配关系和连接尺寸应明确，无矛盾。总装图或部件图中的件号与明细表中的零件编号要一致；管口符号与管口表中的符号要一致；管口表中的管口标准、规格尺寸和密封面形式与明细表中的相应内容要一致；明细表中注明的零件的材料牌号、数量和重量等与零件图中所注明的相应内容要一致。零件图所提出的加工、装配、检验和试验的要求不得与总装图的要求相矛盾等。

6. 制造工艺的可行性

根据本单位现有的制造工装能力、机械设备水平、通用工艺标准、作业指导书、焊接工艺评定、库存或采购材料情况、热处理条件和人员资格条件等，审查将要制造的压力容器施工图纸及其技术要求实施和满足的可行性，确定合理的工艺方案和加工方法，确保最终制造完成的压力容器产品达到图纸及其技术文件的要求，符合《压力容器安全技术监察规程》的规定。

（二）压力容器施工图纸的确认程序

压力容器施工图纸的确认程序如下：

① 营销部门对接受到的压力容器蓝图及其技术文件进行初步核对，确认图纸数量和份数无误后转交给制造单位的工艺部门。

② 工艺部门负责人组织各专业技术人员，对压力容器的蓝图及其技术文件按上述要求进行逐条确认。

③ 对图面不符合要求的图纸及无效的图纸应及时退回营销部门，由营销部门负责向压力容器的委托单位索要有效的图纸和符合要求的图纸。

④ 当发现图纸中的相关确认内容不全或图面表达内容及技术内容有疑点或差错时，工艺人员应将所有问题汇总后填写在“审图记录表”上，通过营销部门反馈给委托单位，由委托单位进行相应的修改、补充或完善。

⑤ 当委托单位对“审图记录表”中需要修改、补充或完善的内容回复以后，工艺部门应再次核实，符合要求后进行下一步确认工作。

⑥ 符合要求后的图纸由工艺人员在压力容器的总装图（蓝图）和主要受压元件的零件图（蓝图）上加盖制造单位的工艺确认章。

⑦ 经工艺责任工程师再次审核合格后，在工艺确认章的签名栏和日期栏签署姓名（或盖章）及确认日期。

⑧ 经过确认合格后的图纸才可以用于施工。因此确认合格后的图纸才能叫做施工图。在施工图上由工艺人员负责编制压力容器产品编号，并在所有施工图样上注明产品编号、件号和数量及制造注意事项等内容。

⑨ 工艺人员下发施工图至各有关部门。

各有关部门在接到压力容器的施工图后，首先对施工图纸上与本部门有关的技术内容和技术要求进行考量，判断本部门能否完成或达到这些技术要求。例如，考察在原材料、制造工艺装备、检验和检测手段、焊接材料、焊接工艺评定、热处理、压力试验、表面处理及吊装和运输等方面有没有条件。如果现有条件满足不了制造该施工图所绘制的压力容器产品的要求，那么在准备投料生产之前，本部门还应解决哪些问题。各部门在对施工图进行细致分析（研读）的基础上，提出初步解决问题的方法或建议，为压力容器施工图纸的工艺汇审做好准备。

三、压力容器施工图纸的工艺汇审

在各部门对压力容器施工图纸研读之后，由压力容器质量保证工程师组织各部门负责人或各专业责任工程师对施工图进行制造工艺性审查，对施工图纸中存在的问题进行汇总，经过协商和讨论提出相应的处理意见，并保证制造的压力容器产品在符合《压力容器安全技术监察规程》、技术标准和图纸技术要求的前提下具有最佳的制造工艺性和技术经济性。

（一）图纸的汇审部门

参加施工图纸的工艺汇审部门应是与压力容器主要制造过程有关的所有部门，根据制造厂的规模大小和人员编制的不同，参加施工图纸汇审的部门主要是以下几个部门：

原材料管理部门、原材料采购部门、制造工艺部门、焊接工艺及管理部门、加工制造部门、过程检验部门、无损检测部门、对外协作部门、对外营销部门、其他管理部门。其他管理部门包括理化检验部门、锻造和热处理部门、计量部门和设备管理部门、产品档案管理部门、财务部门和设计部门等。

每个部门都要派技术负责人或代表参加。参加人员要做好工艺汇审会议的记录，尤其是要把由本部门负责解决的问题记录好，会议之后要尽快安排处理，并把处理方案或处理结果及时汇总到压力容器质量保证工程师手里。压力容器质量保证工程师根据工艺汇审会议所提出问题的处理情况及处理结果，做出投料制造的指令。

（二）施工图纸的汇审内容

在质保工程师主持下，各有关部门在研读施工图的基础上，针对本部门负责的内容提出施工图纸中是否有需要修改、完善的内容，为了完成制造任务还有哪些问题需要解决。例如，在原材料、制造工艺装备、检验和检测手段、焊接材料、焊接工艺评定、热处理、压力试验、表面处理及吊装和运输等方面有没有条件，如果现有条件不能满足，那么在准备投料生产之前，本部门还应解决哪些问题，这些问题如何解决，需要多长时间才能解决，是否影响交货期，是否需要对外协作等。

1. 与原材料有关的汇审内容

审查本厂现有库存材料与施工图纸中的材料规格、材质和验收标准是否一致，以及库存数量是否足够。如果不够时应及时与到会的营销、工艺、采购、焊接和无损检测等部门负责人进行沟通，决定是采购材料还是用库存相当的材料进行代用，并向图纸设计单位办理材料代用手续。

如果要采购材料，那么需要落实采购所需材料的规格、材质和验收标准、采购数量及材料到货日期等。另外，还应考虑材料的产地、检验和复验及无损检测的要求等。

2. 与制造工艺有关的汇审内容

审查本厂现有的通用工艺能否满足产品施工图纸的要求，现有的工装设备能力（车床加工精度、车床加工直径、加工高度和允许载重、刨边机加工长度、卷板机卷筒长度和卷筒厚度、封头及膨胀节冲压胎具规格、热处理炉的大小、车间天车起吊吨位和起吊高度、压力试验机具的压力等级和胀管机具的能力等）是否足够。如果本厂现有的通用工艺和工装设备无法满足产品施工图样要求时，需制订新的制造工艺方案，编制新的制造工艺流程图，同时可能还需要设计工艺模具，设计特殊加工工装，编制必要的外协、外购计划等。

当执行本厂通用工艺需要对施工图中的技术要求进行修改或调整时，应向委托单位或原设计单位提出对产品施工图样中或“制造技术协议”中的技术条款进行修改的书面申请。例如，施工图中要求容器封头为整体冲压成形，而现有封头胎具为球片胎具，则能否将容器封头改为球瓣拼接成形，就需要向委托单位或原设计单位提出书面申请。

3. 与焊接工艺有关的汇审内容

审查施工图纸要求的焊接材料、焊接方法和焊后热处理要求是否符合 JB/T 4709《钢制压力容器焊接规程》或图纸设计规范及标准的要求。按这些要求审查施工图纸需要哪些焊接工艺评定，这些评定本厂是否都已覆盖，是否有成熟的焊接工艺和焊接工艺指导书。审查施工图纸中各零部件的焊接材料、焊接方法及焊接位置需要哪些焊工资格，这些焊工资格本厂焊工是否齐全。审查施工图纸要求的焊接材料、焊接设备和焊后热处理装备本厂是否具备。

当本厂现有焊接工艺评定不能覆盖产品施工图纸受压元件的焊接结构时，需提出对缺项编制焊接工艺指导书，并进行焊接工艺评定的说明。焊接工艺评定需要哪些牌号和规格尺寸的材料，在本厂是否有库存，如果没有库存则要及时向材料责任工程师提出，并与采购部门负责人进行沟通和协商，预计出一个完成焊接工艺评定的日期，与营销、工艺、车间等部门负责人共同讨论，达成一个合理的压力容器生产进度计划。否则，焊接工艺评定工作很可能影响压力容器的交货期。

当本厂焊工资格不全时，应及时提出焊工培训和取证计划，对培训人员、人员数量和取得焊工资格证的时间进行确定，否则也会影响压力容器的交货期。当施工图纸要求的焊接材料、焊接设备和焊后热处理装备本厂不齐备时，应及时提出焊接材料采购计划、焊接设备采购计划及焊后热处理协作计划等。

4. 与过程检验有关的汇审内容

审查施工图纸中的特殊部位尺寸、特殊尺寸公差的要求、加工表面粗糙度和位置度偏差的要求是否符合机械设计规范、标准的规定，以及这些要求可不可以进行检测。

审查施工图纸中及其设计规范中要求的零部件的厚度、尺寸公差和位置偏差测量工具是否齐备；筒体圆度、焊缝棱角度和壳体直线度检测量具、样板和配套钢丝线等是否具备；碳钢表面涂覆的油漆漆膜厚度及不锈钢表面的酸洗钝化程度检验、检测仪器、试验药品是否齐备等。审查各种检测器具是否已经过标定，并且在标定的有效日期之内；审查各种检测器具的精度是否符合施工图纸的精度等级要求。

5. 与无损检测有关的汇审内容

审查施工图纸要求及其设计规范要求的零部件的无损检测方法、检测设备和检测仪器及检测合格级别要求是否合理，在本厂范围内能否进行检测，检测人员的资格级别是否符合相应要求。如果某些部位的无损检测方法和要求不合理，则应立即向营销部门负责人提出，并及时向委托单位或原设计单位反映，进行修改或完善。

6. 与其他部门有关的汇审内容

与对外协作部门有关的汇审内容主要有：热处理、力学性能试验和化学成分分析、封头冲压及厚壁筒体的卷制、大型零部件、锻件的加工等对外协作工作能否满足施工图纸的要求，能否按制造进度要求及时完成等。

与对外营销部门有关的汇审内容主要有：施工图纸中需要修改的或完善的问题能否与委托单位或原设计单位沟通、协商和解决，估计协商解决问题需要的时间。例如，材料代用获得同意的可能性及可能审批完的日期等。另外，其他内容如设备的包装、吊装、出厂和运输及安装是否有困难等。

此外，汇审的内容可能还有与设备、计量和设计等部门有关的其他内容。

压力容器施工图纸工艺汇审以后，由工艺员负责填写“压力容器图样审查意见表”，记录下图样中存在的主要问题和相应的处理意见，并交材料、焊接和工艺等主要专业责任工程师会签，第Ⅲ类压力容器的图样审查意见表还需本厂总工程师（或技术负责人）签署意见。

“压力容器图样审查意见表”作为压力容器投料前的关键技术文件，应及时下发至相关各部门，作为下料、加工、焊接、检验、包装或运输的技术依据。

针对图 2-5 管束部件图中缺少对 U 形换热管的订货、验收标准这一问题，在图样审查意见表中的记录及处理意见详见表 2-1。

表 2-1　压力容器图样审查意见表

<table>
<tr><td colspan="2" rowspan="2">设备制造厂</td><td colspan="3" rowspan="2">压力容器图样审查意见表</td><td>第1页</td></tr>
<tr><td>共1页</td></tr>
<tr><td>产品图号</td><td></td><td>产品名称</td><td></td><td>产品编号</td><td></td></tr>
<tr><td colspan="3">图样中存在的问题</td><td colspan="3">相应处理意见</td></tr>
<tr><td colspan="3">HR871-5-1 管束部件图中对件 6～件 U 形换热管的订货、验收标准没有明确？</td><td colspan="3">由营销部门及时联系，请设计者以书面形式提出 U 形换热管的订货、验收标准。</td></tr>
<tr><td colspan="3"></td><td colspan="3"></td></tr>
<tr><td colspan="3"></td><td colspan="3"></td></tr>
<tr><td colspan="3"></td><td colspan="3"></td></tr>
<tr><td colspan="3"></td><td colspan="3"></td></tr>
<tr><td colspan="6">工艺员：　　　　　　　　　年　月　日</td></tr>
<tr><td colspan="3">材料责任工程师意见：
年　月　日</td><td colspan="3">焊接责任工程师意见：
年　月　日</td></tr>
<tr><td colspan="3">工艺责任工程师意见：
年　月　日</td><td colspan="3">总工程师意见：
年　月　日</td></tr>
</table>

（三）施工图纸汇审后的技术准备工作

1. 与原材料有关的技术准备工作

根据原材料的库存情况提出“原材料采购计划表”。对新采购到的原材料要根据有关规范、标准的规定及时进行检查、验收和复验。

按汇审会议纪要编制“材料代用证明书”，经本厂主要相关技术部门会签后交对外营销部门办理审批手续。

2. 与制造工艺有关的技术准备工作

施工图纸工艺汇审后，制造工艺部门负责编制如下的工艺技术文件。

（1）产品用料明细表

“产品用料明细表”是整台压力容器产品零部件所需的板材、管材、锻件和棒料等原材料的汇总表。除注明材料牌号、规格和数量及验收标准外，还应注明钢板的宽度、长度和厚度偏差要求，管材的长度和厚度偏差要求，棒料的长度要求等。特殊要求的还应注明原材料的生产厂家或产地。上述各种要求是采购、验收、领料和发料的依据。当施工图纸中有完整的“产品零件明细表”时，可不再另外编制。

（2）制造工艺流程图

“制造工艺流程图”是利用现有装备条件从保证容器制造质量和具有最佳工艺性的前提出发，按照容器的结构特点和加工、检验及组装的技术要求而编制的加工过程顺序图。除已有“制造工艺流程图”的通用产品外，对新产品或重点产品，应根据情况另外编制简明“制造工艺流程图”。“制造工艺流程图”中应在重要工序和关键工序之后设置检查点和主要控制点（停止点）。它是生产部门安排生产和检验部门实施检验的主要依据。

（3）筒节（封头）拼板排板图和开孔图

“筒节（封头）拼板排板图”是根据容器施工图纸中壳体（封头）的展开尺寸需要，利用现有宽度幅面和长度尺寸的钢板进行合理拼接而绘制的排版图。排版图中注明了壳体（封头）的展开尺寸、拼板数量、每块板的尺寸和相邻两块板纵向焊缝接头错开的尺寸及拼接接头的坡口形式等。“开孔图”是根据施工图纸中壳体（封头）上组对人孔、接管、凸缘和视镜座等零件的需要而切割开孔的说明图。开孔图中注明了开孔的位置、开孔的尺寸和开孔的坡口形式等。当图样比较简单时，可以将拼板排版图和开孔图合并绘制在一起，即合并为“筒节（封头）拼板开孔排板图”。“筒节（封头）拼板排板图”和“开孔图”是指导筒节（封头）下料、组对、开孔、检验及编制制造工艺过程卡和焊接工艺卡的主要技术文件之一。图 2-6 所示三氧化硫蒸发器壳体的“筒节拼板开孔排板图”见图 2-7。

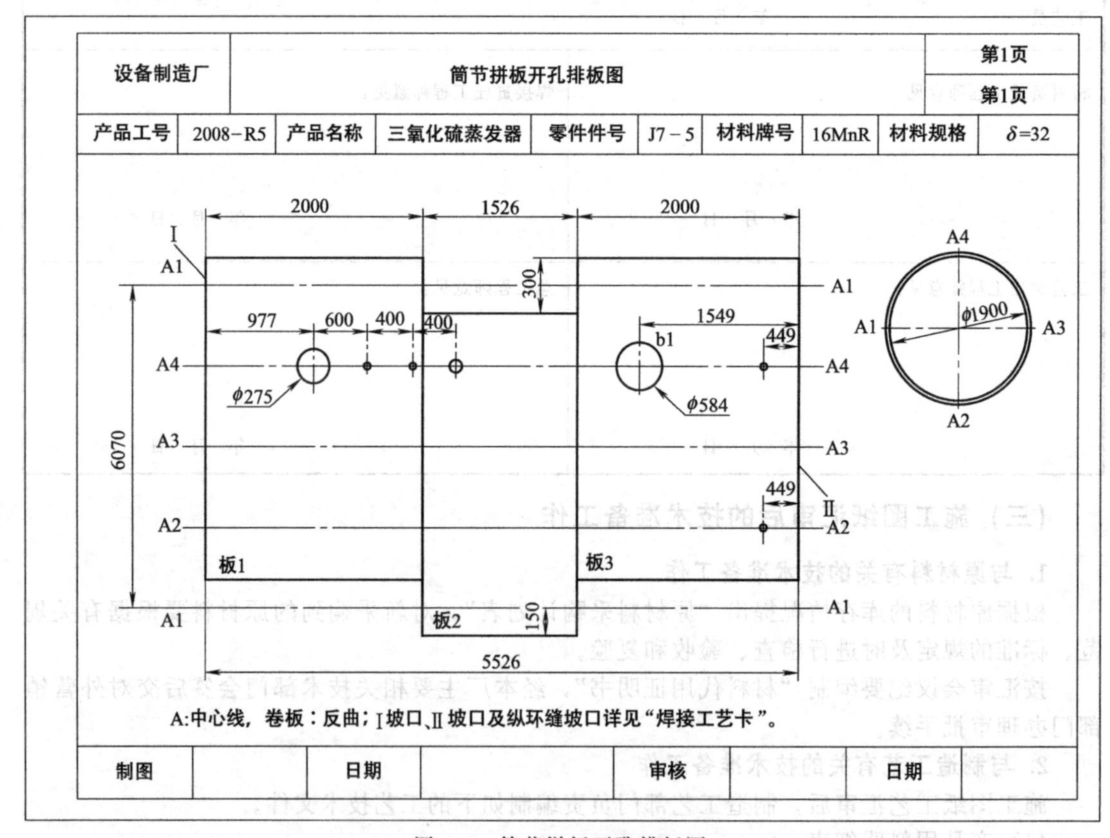

图 2-7　筒节拼板开孔排板图

（4）制造工艺过程卡

“制造工艺过程卡”是针对容器零件加工、部件装配和总体组装直至容器出厂检验等过程，按加工、组装工序编制的指导加工过程、组装过程和质量检查的技术文件，也是记录实施加工、组装和质量检查部门、操作人员和检查人员及实施日期的重要的质量记录文件。

因此，“制造工艺过程卡”应按台进行编制，对主要受压元件应做到一件一卡，由主管工艺员编制，工艺责任工程师审核后发至生产班组，随零部件的加工工序流转。图 2-1 所示三氧化硫蒸发器需要的“制造工艺过程卡目录”见表 2-2，其中变径筒体的“制造工艺过程卡”见表 2-3。每个工序完成后，操作人员、焊工和检查人员除分别填写操作记录、施焊记录和检查记录外，还应在制造工艺过程卡上签名和签署本工序完成日期，从而保证每个零、部件及整台设备质量控制的可追溯性。

表 2-2　制造工艺过程卡目录

设备制造厂	制造工艺过程卡目录		第 1 页 共 1 页
产品零部件名称	工艺卡编号	工艺卡页数	备　注
管箱平盖		2	件 1
管箱法兰		1	件 6-2
管箱筒体		3	件 6-3
补强圈		1	件 6-5
管板		2	件 7-1
U 形换热管		2	件 7-6～23
壳体法兰		1	件 10-1
壳体短节		2	件 10-2
变径筒体		2	件 10-3
筒体		3	件 10-5
法兰		1	件 10-6
接管		2	件 10-7
接管平盖		2	件 10-14
接管法兰		3	件 10-16
接管		2	件 10-17
封头		2	件 10-26
总体组装		3	组合件
编　制：　　日　期：　年　月　日 审　核：　　日　期：　年　月　日			

表 2-3 锥体制造工艺过程卡

设备制造厂		制造工艺过程卡				第1页 共2页	
产品编号	2008-R5	件 号	J10-3	数 量	1 件	容器类别	Ⅲ
零件名称	变径筒体	规 格	ϕ1480/ ϕ1900×32	材 质	Q345R	材代	
领料记录	材料名称		规格			材检号	
	领料者/日期		发料者/日期			审核/日期	

变径筒体示意图

工序号	工序名称	控制点	工艺与要求	设备名称	施工者日期	检查者日期
1	号料		1. 所号材料的材检号、材质和规格应与原材料领料单一致； 2. 碳钢板用白油漆标记，标记内容为： A. 产品编号；B. 件号；C. 材检号；D. 材质；E. 规格。			
2	划线	△	1. 按图样要求样板尺寸进行划线； 2. 准确划出实际用料线、切割线、中心线和检查线，标明筒节序号、弯曲方向及刨边坡口角度，经检验责任工程师检查合格后，打上样冲眼(检查线除外)，方可转入下道工序； 3. 划线控制偏差： A. 展开周长偏差：　±1.0mm； B. 筒节长度偏差：　±1.0mm； C. 两对角线之差：　≤2.0mm。			
3	落料		1. 沿切割线用气割切割落料； 2. 清理熔渣及毛边。			
4	刨坡口		1. 按检查线找正，允许偏差 +0.5 mm； 2. 刨去切割余量至实际用料线； 3. 按图样要求加工坡口(曲线部分用砂轮机打磨)； 4. 清理毛刺。			
编　　制				审　核		年　月　日修订

续表

<table>
<tr><td colspan="3">设备制造厂</td><td colspan="2">制造工艺过程卡</td><td colspan="2">第2页
共2页</td></tr>
<tr><td>工序号</td><td>工序名称</td><td>控制点</td><td>工艺与要求</td><td>设备名称</td><td>施工者/日期</td><td>检查者/日期</td></tr>
<tr><td>5</td><td>拼板</td><td></td><td>1. 在平台上按样板尺寸拼接锥体筒节板；
2. 要求筒节板端面错边量不大于[1.0] mm；焊缝对口错边量不大于[1.0] mm；组对间隙偏差不大于[±1.0] mm；
3. 点焊时所采用的焊条牌号和焊接工艺参数应与连续焊接时相同。</td><td></td><td></td><td></td></tr>
<tr><td>6</td><td>焊接</td><td>△</td><td>1. 执行“焊接工艺卡”，焊前焊缝两边应涂上白垩粉；
2. 要求焊缝余高不得大于[1.5] mm；且焊缝表面不得有超标咬边等缺陷存在。</td><td></td><td></td><td></td></tr>
<tr><td>7</td><td>卷筒</td><td></td><td>1. 卷筒前应对毛坯进行预弯或压头；
2. 卷筒时应采取措施防止机械划伤表面；
3. 卷筒时毛坯要放正，卷好的筒节端面错边量不大于[2.0] mm；
4. 点焊纵缝，点焊时所采用的焊条牌号和焊接工艺参数应与连续焊接时相同；
5. 要求焊缝对口错边量不大于[1.0] mm；组对间隙偏差[±1.5] mm。</td><td></td><td></td><td></td></tr>
<tr><td>8</td><td>施焊纵缝</td><td></td><td>1. 执行“焊接工艺卡”，焊前焊缝两边应涂上白垩粉；
2. 要求焊缝余高不得大于[1.5] mm；且焊缝表面不得有超标咬边等缺陷存在。</td><td></td><td></td><td></td></tr>
<tr><td>9</td><td>校圆</td><td></td><td>校圆至筒节小口圆度不大于[5] mm，筒节大口圆度不大于[8] mm。</td><td></td><td></td><td></td></tr>
<tr><td>10</td><td>检查</td><td>△</td><td>1. 焊缝对口错边量不得大于[3] mm；
2. 棱角度不得大于[5] mm；
3. 筒节圆度不大于[5/8] mm；
4. 不得有死弯和直边等缺陷存在；
5. 对筒节表面的机械划伤部位应进行修磨处理，对划伤深度超过板厚负偏差的部位应进行补焊和修磨。</td><td></td><td></td><td></td></tr>
<tr><td>11</td><td>探伤</td><td>△</td><td>按“无损检测委托票”要求进行探伤检查。</td><td></td><td></td><td></td></tr>
<tr><td colspan="3">编　制</td><td>审　核</td><td colspan="3">年　月　日修订</td></tr>
</table>

（5）外购件清单

外购件指容器上安装、配套的除上述原材料以外的螺栓、螺母、垫圈、密封垫片、视镜玻璃、液位计、安全阀、压力表和阀门等。当一台压力容器产品所需的外购件种类、规格和数量较多时，即使在部件图和总装图明细表中已经注明，但为了便于采购、检验、入库验收和领料出库，还应按施工图纸的要求另外编制“外购件清单”。清单中除注明材料牌号、规格、型号和数量及验收标准外，对特殊要求的还应注明其生产厂家或产地。当施工图纸中所需的外购件数量较少，且只在总装图明细表中注明时可不再另外编制外购件清单。

（6）工艺变更（补充）通知单

当产品制造过程中遇到工艺技术问题，或原设计单位对施工图纸、技术要求提出修改后需要对原制造工艺进行修改时，应及时编制“工艺变更（补充）通知单”（见表 2-4），下发给材料、制造、焊接和检验等相关部门。“工艺变更（补充）通知单”中要明确变更的零部件名称、工序名称、原工序和技术要求、变更后的工序和技术要求等。“工艺变更（补充）通知单”必须经工艺责任工程师审批后才能下发，对关键工序或主要工序的变更还应经过质量保证工程师的同意。

表 2-4　工艺变更（补充）通知单

<table>
<tr><td rowspan="2">设备制造厂</td><td rowspan="2" colspan="2">工艺变更(补充)通知单</td><td>第 1 页</td></tr>
<tr><td>共 1 页</td></tr>
<tr><td>产品编号</td><td>2008-R5</td><td>产品名称</td><td>三氧化硫蒸发器</td></tr>
<tr><td colspan="4">变更内容：

以下空白

编制：　　　　年　月　日</td></tr>
<tr><td colspan="4">审核：　　　　年　月　日</td></tr>
</table>

（7）特殊制造验收规范及施工工艺要求

除已有的制造工艺过程卡、《通用工艺守则》和《通用工艺规程》外，对新产品或有特殊制造工艺要求的容器产品，应根据情况另外编制特殊制造验收规范及施工工艺要求。

（8）产品装箱清单

当有零配件、备件需要装箱发货时，应编制“产品装箱清单”，供装箱发货人员和检验人员核对。“产品装箱清单”须在包装箱中随货附上一份，供用户打开包装箱时核对。

（9）大型设备的包装、吊装和运输方案

目前，随着化工装置规模的大型化发展，单台化工设备及压力容器的规格尺寸和重量也越来越大，这就给设备的包装、吊装和运输都带来了困难。对一般设备的包装、吊装和运输而言，制造厂都有产品搬运、包装、运输和防护的管理制度，不需要另外编制技术文件。但对大型设备，尤其对超高、超宽和超重的设备来说，包装、吊装和运输工作则可能成为完成设备制造合同的难点。因此，需要各部门协商后由制造工艺部门或对外协作部门负责编制大型设备的包装、吊装和运输方案，必要时可委托汽车大件运输单位或铁路相关部门制定。

这些工艺文件编制完成后，须由工艺责任工程师审批。审批后的工艺技术文件要及时下发给材料、制造、检验、焊接和无损检测及营销等部门，作为压力容器制造、焊接、检验、包装和运输的技术依据。

3. 与焊接工艺有关的技术准备工作

施工图纸工艺汇审后，焊接工艺部门根据情况，对本厂首次使用的材料，如没有掌握其焊接性能，则应在焊接工艺评定前做材料的焊接性能试验，然后根据压力容器施工图纸采用的材料种类、接头形式、焊接方法及焊接材料，提出焊接工艺评定的内容，编制“焊接工艺评定指导书”，经焊接责任工程师审核后进行焊接工艺评定工作。焊接工艺评定合格后，由焊接工艺员根据记录和检验结果编制“焊接工艺评定报告”，交焊接责任工程师审核、本厂总工程师批准。

焊接工艺评定完成后，焊接工艺部门需根据“筒节（封头）拼板开孔排版图”和施工图纸要求绘制“压力容器焊缝编号分布图”，并按焊接接头形式和焊缝类别编制相应焊接接头的“焊接工艺卡”。图 2-1 所示三氧化硫蒸发器壳体（件 10）的“压力容器焊缝编号分布图”参见图 2-8，壳体纵焊缝的焊接工艺卡参见图 2-9。

“焊接工艺卡”的内容应包括：

① 接头和坡口形式，装配组对间隙；

② 焊接方法；

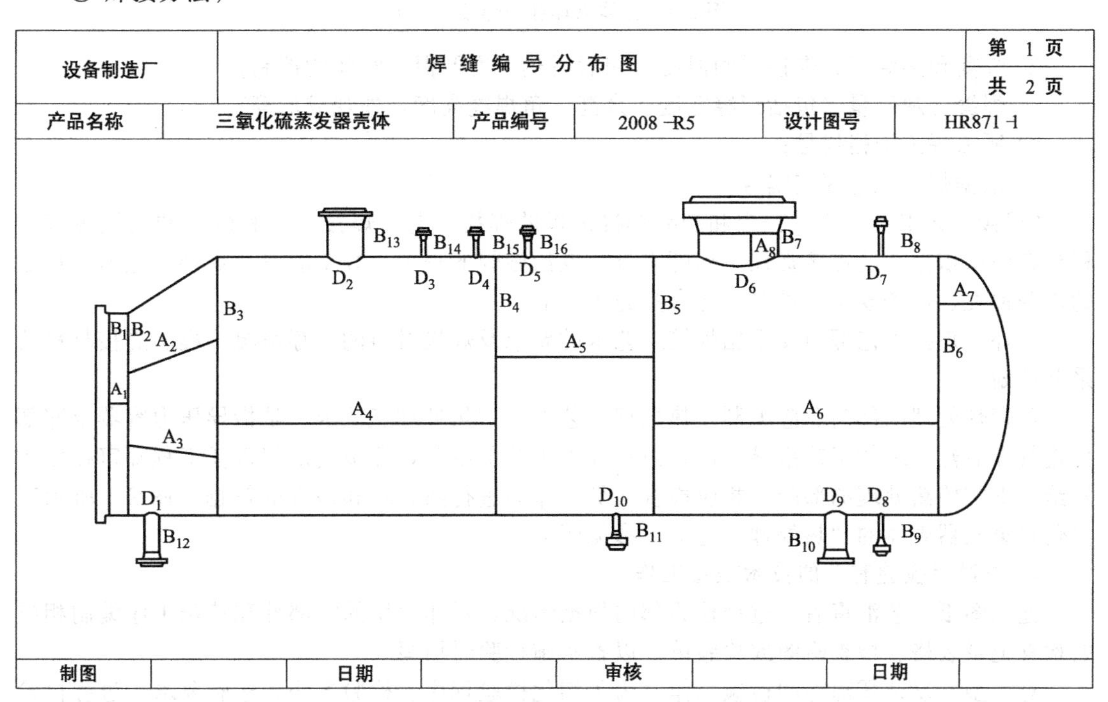

图 2-8 壳体焊缝编号分布图

③ 焊接材料（包括牌号和规格）；

④ 焊接顺序、焊接层次；

⑤ 焊接规范（包括电流、电压、焊接速度等）；

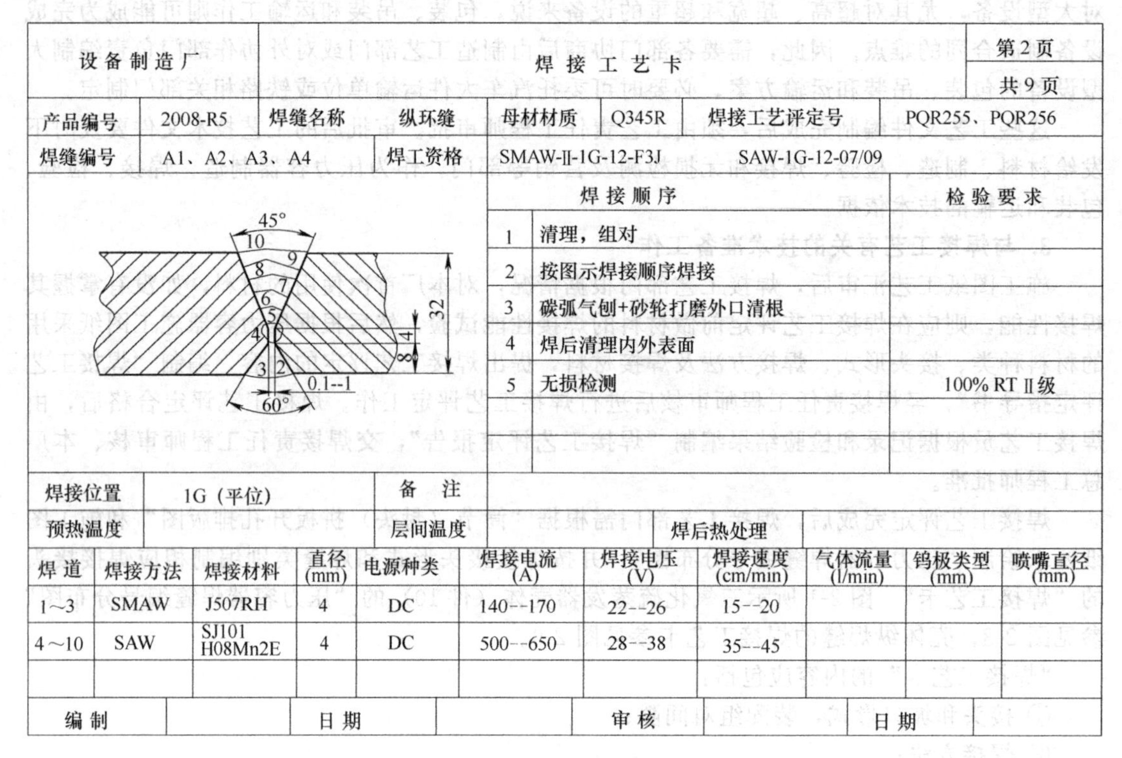

设备制造厂	焊接工艺卡					第2页 共9页
产品编号	2008-R5	焊缝名称	纵环缝	母材材质	Q345R	焊接工艺评定号 PQR255、PQR256
焊缝编号	A1、A2、A3、A4	焊工资格	SMAW-Ⅱ-1G-12-F3J	SAW-1G-12-07/09		

	焊接顺序	检验要求
1	清理，组对	
2	按图示焊接顺序焊接	
3	碳弧气刨+砂轮打磨外口清根	
4	焊后清理内外表面	
5	无损检测	100% RT Ⅱ级

焊接位置	1G（平位）	备注	
预热温度		层间温度	焊后热处理

焊道	焊接方法	焊接材料	直径(mm)	电源种类	焊接电流(A)	焊接电压(V)	焊接速度(cm/min)	气体流量(l/min)	钨极类型(mm)	喷嘴直径(mm)
1~3	SMAW	J507RH	4	DC	140--170	22--26	15--20			
4~10	SAW	SJ101 H08Mn2E	4	DC	500--650	28--38	35--45			

编制		日期		审核		日期	

图 2-9 壳体纵焊缝的焊接工艺卡

⑥ 焊前预热温度、焊接层间温度、焊后后热温度及保温时间的控制；

⑦ 焊缝外观质量（包括焊缝宽度、余高、角焊缝高度，外观成形等）；

⑧ 所需焊工资格代号；

⑨ 依据焊接工艺评定编号。

“焊接工艺卡”为产品施焊和产品焊接试板的焊接工艺、焊接工序和焊材领用及焊接过程检查提供依据，经焊接责任工程师审批后发给施焊的焊工。焊工应按“焊接工艺卡”规定的焊条种类、焊条规格及焊接工艺参数施焊产品。

另外，焊接工艺部门要根据焊接工艺卡的要求及焊接材料的库存情况，提出焊接材料的采购计划。

负责热处理的部门还应编制“热处理工艺卡”。“热处理工艺卡”是指导压力容器及零部件进行焊后热处理的工艺指导文件，由热处理工艺员编制，经负责部门责任工程师审核后下发给负责实施热处理的部门和相应检查人员，作为进行热处理和检查的依据。图 2-1 所示三氧化硫蒸发器壳体的“热处理工艺卡”参见图 2-10。

4. 与过程检验有关的技术准备工作

施工图纸工艺汇审后，过程检验部门根据情况，对非通用的零部件和特殊工序编制相应的检查记录表格、检查附图或检验单，以备实施检验时填写。

对大型、复杂零部件的检验工作，为了细化检验程序、检验方法和检验要求，过程检验部门还需要编制过程检验工艺守则或特别说明，经检验责任工程师审核、批准后执行。

5. 与无损检测有关的技术准备工作

无损检测部门也要对非通用的零部件和特殊工序编制相应的检查记录表格、检查附图或检验单，以备实施检验时填写。对特殊检测方法还应编制无损检测工艺守则，经无损检测责任工程师审核、批准后实施。

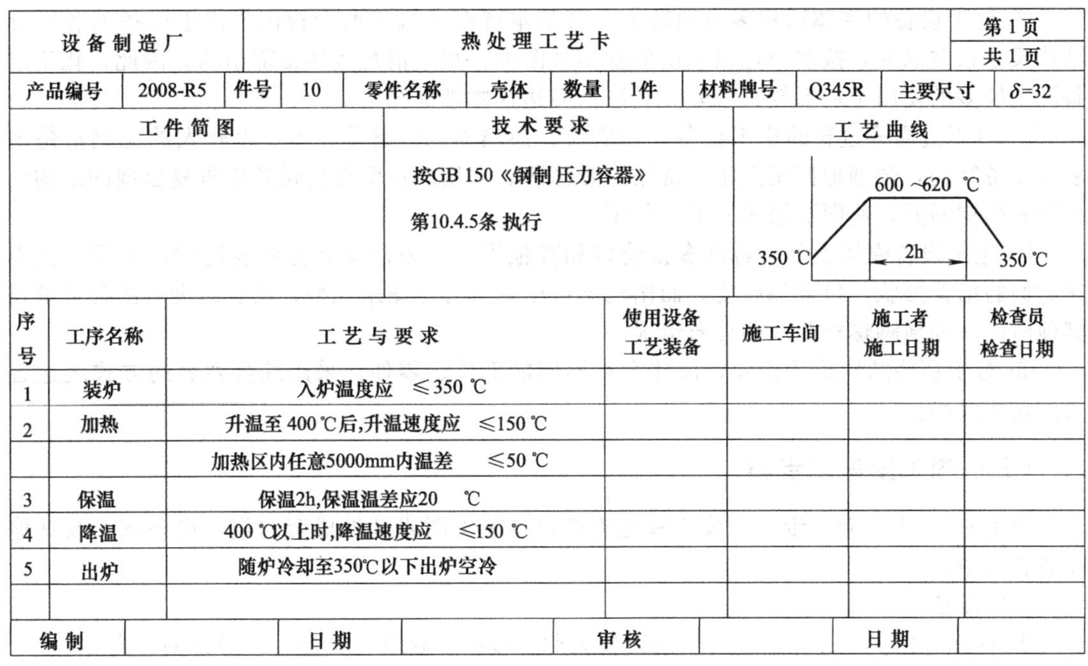

设备制造厂	热处理工艺卡	第1页 共1页

产品编号	2008-R5	件号	10	零件名称	壳体	数量	1件	材料牌号	Q345R	主要尺寸	δ=32

工件简图	技术要求	工艺曲线
	按GB 150《钢制压力容器》 第10.4.5条执行	600 ~620 ℃ 350 ℃ 2h 350 ℃

序号	工序名称	工艺与要求	使用设备 工艺装备	施工车间	施工者 施工日期	检查员 检查日期
1	装炉	入炉温度应 ≤350 ℃				
2	加热	升温至 400 ℃后,升温速度应 ≤150 ℃				
		加热区内任意5000mm内温差 ≤50 ℃				
3	保温	保温2h,保温温差应20 ℃				
4	降温	400 ℃以上时,降温速度应 ≤150 ℃				
5	出炉	随炉冷却至350℃以下出炉空冷				

编制		日期		审核		日期	

图 2-10 壳体热处理工艺卡

【思考题】

1. 如何正确识读化工设备的施工图纸?
2. 为什么要对压力容器的施工图纸进行工艺确认和工艺汇审?
3. 施工图纸的工艺汇审内容有哪些?

【相关技能】

施工图纸的识读实训

(一) 施工图阅读实训的目的

① 了解化工设备的特点、作用和工作原理;

② 了解设备结构和各零部件之间的关系,进而了解整个设备的结构;

③ 熟悉各零部件之间的装配关系和各零部件的装、拆顺序;

④ 熟悉设备在设计、制造、检验和安装等方面的技术要求;

⑤ 掌握所用材料的种类、规格、数量。

阅读化工设备图与阅读机械装配图的方法和步骤基本相同。从概括了解开始,然后分析视图,分析零部件,分析设备的结构。在阅读总装配图的部件时,应结合其部件装配图一同阅读。读图中应注意化工设备图的内容特点和图示特点。

(二) 阅读施工图的注意事项

① 化工设备图除了具有与一般机械图相同的内容外,还有技术特性表、接管管口表、修改表和选用表及图纸目录等内容。

② 化工设备的主体结构多为回转体，其基本视图常采用两个视图。由于设备的各部分结构尺寸相差悬殊，按缩小比例画出的基本视图中，很难清楚表达细部结构。因此，化工设备图中较多的使用了局部放大和夸大画法来表达这些细部结构。

③ 对于过高或过长的化工设备，如塔器、换热器、储罐等，为了以较大的比例清楚地表达设备结构，合理地使用图幅，常用断开画法。即用双点画线将设备中重复出现的结构或相同的结构断开，使图形缩短来简化作图。

④ 化工设备壳体上分布着许多接管口和其他附件。采用旋转方法表达时，主视图仅表达它们的结构形状、位置和高度。而俯视图可用管口方位图来代替，以表达设备的各管口及其他附件（如地脚螺栓等）的分布情况。

⑤ 对于那些结构形状相同，尺寸大小不同的部件、零件，采用综合列表的方式表达各自的尺寸大小。

（三）施工图识读步骤

学生5～6人一套图纸。识读三氧化硫蒸发器施工图或其他成套的化工设备图，或其他设备施工图。

（1）概括了解

① 看标题栏。通过标题栏，了解设备名称、规格、材料、重量、绘图比例等内容。

② 看明细栏、接管表、技术特性表及技术要求。了解设备零部件和接管的名称、数量。对照零部件序号和管口符号在设备图上查找其所在位置。了解设备在设计、制造和检验等方面的要求。

③ 对视图进行分析。了解表达设备所采用的视图数量和表达方法，找出各视图、剖视图等的位置及各自的表达重点。

（2）大致分析

从主视图入手，结合其他基本视图，详细了解设备的形状、结构及其装配关系，知道各接管和零部件的方位。并结合辅助视图了解各局部相应部位的形状和结构的细节。

（3）深入理解

按明细表中的序号，将零部件逐一从视图中找出，了解它们的结构、形状、尺寸，明确它们与主体或其他零部件的装配关系等。对组合件应从其部件装配图中了解其结构。

（4）归纳总结

通过对视图和零部件的分析，全面了解设备的总体结构，并结合技术要求、标准规范，归纳出设备的工作原理和操作过程、结构特点、规格尺寸、各零部件的装配关系、拆装顺序、施工技术要求、施工难点及安装要求等内容，以便制定相应的设备制造的施工方案、制造工艺流程、焊接工艺、热处理措施，以及针对施工难点所采取的相应措施。

（四）实训报告要求

通过施工图纸的识读实训，最后总结出以下内容：

① 设备的名称、设计参数、工作原理、用途、结构形状特点、规格尺寸、各零部件的装配关系、拆装顺序和安装要求等；

② 各部件和各零件的名称、数量、材料、作用、结构形状和装配位置等；

③ 各部件和各零件的加工制造要求、装配要求、材料种类和技术要求等；

④ 通过对设备施工图纸的研读训练，达到会编制设备施工图纸所表达的整台设备的产品用料明细表；

⑤ 收获和体会。

设备施工图纸的识读实训任务单

<table>
<tr><td>项目
编号</td><td>No. 1</td><td>项目
名称</td><td>设备施工图纸的识读</td><td>训练
对象</td><td>学生</td><td>学时</td><td>4</td></tr>
<tr><td>课程
名称</td><td colspan="3">《化工设备制造技术》</td><td>教材</td><td colspan="3">《化工设备制造技术》</td></tr>
<tr><td>目的</td><td colspan="7">1. 了解设备的名称、用途、性能参数、结构形状、规格尺寸、安装要求、各零部件的装配关系、工作原理和拆装顺序等。
2. 明确各部件和各零件的名称、数量、材料、作用、结构形状和装配位置等。
3. 掌握各部件和各零件的加工制造要求、装配要求、材料种类和技术要求等。</td></tr>
<tr><td colspan="8">内　　容
一、识读对象
图纸：SO_3 蒸发器图纸或其他化工设备施工图纸若干套，包括总装图、部件图和零件图。
二、步骤
1. 概括了解
粗略浏览全图，从读标题栏、明细表、设计技术规格数据表和其他技术要求等相关资料中了解图纸所表达的设备名称，各零部件的名称、数量和材料，标准件与外购件的规格、标准和数量等。
2. 大致分析
分析装配图和零部件图的视图表达方案，弄清全图采用了哪些表达方法，为什么要用这些表达方法。找出各视图间的投影关系和各视图的表达重点。
3. 深入理解
仔细阅读装配图和零部件图中的明细表、技术要求、设计技术规格数据表、管口表及局部剖视图等。进一步理解图纸所表达的内容和提出的加工、装配、检验和试验的要求及对原材料和某个过程的特殊要求。
4. 归纳总结
将上述读图内容有机地联系起来，加深理解和分析，归纳总结出整个设备的结构特点、工作原理、装配关系和性能要求。分解出各零部件的材料、规格、形状、位置、功能、装配关系和拆装顺序。
三、考核标准
实训态度和纪律。（20%）
图纸的识读和整体设备的熟练掌握程度。（50%）
实训报告和思考题的完成情况。（30%）</td></tr>
<tr><td>思
考
题</td><td colspan="7">1. 简述设备的工作原理和结构特点？
2. 施工图纸的主要技术要求有哪些？如何实现？</td></tr>
</table>

设备用料明细表的确定实训任务单

<table>
<tr><td>项目编号</td><td>No. 2</td><td>项目名称</td><td>设备用料明细表的确定</td><td>训练对象</td><td>学生</td><td>学时</td><td>4</td></tr>
<tr><td>课程名称</td><td colspan="3">《化工设备制造技术》</td><td>教材</td><td colspan="3">《化工设备制造技术》</td></tr>
<tr><td>目的</td><td colspan="7">通过对前面设备施工图纸的阅读训练，达到会编制设备施工图纸所表达的整台设备的产品用料明细表的目的。</td></tr>
</table>

内　　容

一、确定对象

前面识读的施工图纸若干套，包括总装图、部件图和零件图。

二、步骤

1. 看视图

通过前面对设备施工图的识读，确定设备主体及零部件的直径、厚度、长度和高度及宽度等尺寸，了解设备用材料的规格和尺寸。

2. 读件号

对照各个视图中所标注的零部件件号和明细表中所标注的各零部件的序号、图号或标准号，零部件名称、数量、材料和重量，及备注栏中的尺寸说明，列出所用板材、管材、锻件和棒料等原材料制造的零部件的规格及用量。

在比较严谨的施工图纸中，一般都在图号或标准号栏中注明该零件所用原材料的标准号或部件图号，或者在技术要求中加以说明。通过标准号就能分清原材料是用钢板卷制还是用钢管，是用锻件还是用棒料加工而成。

有部件图号的零部件，应到零部件图号对应的零部件图中查看该零件所用原材料的标准号。

3. 按种类列表

按板材、管材、锻件和棒料等种类，分别列出所有原材料的材料牌号、规格、尺寸、数量。不会展开计算壳体尺寸时，可以按直径、厚度和长度列出，以后再进行统一计算。

三、考核标准

1. 实训过程评价。(20%)

2. 图纸的识读和整体设备的熟练掌握程度。(50%)

3. 实训报告和思考题的完成情况。(30%)

思考题

1. 设备施工图纸上采用了哪些种类的材料？

2. 材料遵循的技术标准是什么？

号料、划线和排样

【学习目标】 了解号料前的备料准备工作内容。学习压力容器主要零部件（筒体、锥体、封头和圆板）的展开计算方法，掌握号料、划线知识，学会展开、排样的基本技能。

【知识点】 压力容器主要零部件（筒体、锥体、封头和圆板）的展开计算方法，号料、划线知识，排样及钢板找正的方法。

压力容器制造单位的生产部门在接到投料制造的指令后，首先由备料车间开始按图纸和工艺技术文件（“产品用料明细表”、“筒节（封头）拼板排板图”和“制造工艺过程卡”）的要求负责零部件毛坯料的准备工作，即备料工作。下料是所有金属结构件制作的第一道工序，而备料、放样展开、号料和划线则是下料工序中的前期工作，所以下料之前需要根据所需零部件的材料种类、材料规格、零部件形状和结构特点进行备料、放样展开、号料和划线。熟悉放样展开是从事化工设备制造人员的基本能力和要求。

一、放样展开

（一）放样展开的概念

将金属结构件的表面或局部，按它的形状和尺寸水平放置或依次摊开在一个平面上的过程叫放样展开。如图 3-1 所示，就是把一段圆管从母线 A1-A1′切割开，向右摊平放置在一平面上的展开过程。其展开图是一个矩形，矩形宽度等于圆管的长度，矩形长度近似等于圆管的外圆周长。根据正投影原理或展开原理所绘出的零部件表面全部或局部的平面图形叫展开图。把零部件图样或其展开图按1∶1的比例划在放样平台、平面图纸、油毡纸或镀锌铁皮上的操作过程就叫放样。放样的目的就是为了制作样板。用样板下料和检查既方便快捷，又可以提高下料效率和检查质量。对各种不规则的展开件可制作适应于该零件形状和尺寸的样板。制作样板的依据就是零部件图样或其放样展开图。放样展开图的准确与否将直接影响用该样板所号零部件的毛坯尺寸，因此放样展开图经检验人员检查确认后才能用于制作样板。

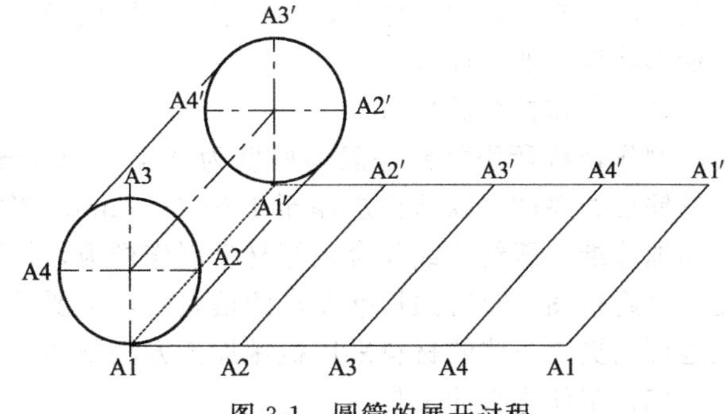

图 3-1 圆管的展开过程

（二）样板的制作方法

制作样板之前，应先选择好放样基准，如零部件的轮廓线、对称线、中心线、互相垂直的两条边或1个平面及1条中心线等，另外还要根据样板的用途选择合适的样板材料。

1. 放样的步骤

(1) 放样准备

① 首先应看清楚、看懂零部件的图样，明确关键基准线或中心线，是否需要展开等；

② 准备好放样划线平台或划线场地，备齐划线需要的各种划线工具。

(2) 划线展开

① 按零部件图样的关键基准线，如中心线、轮廓线或边线位置划线，需要展开的零部件按适宜的展开划线方法进行划线展开；

② 划线的顺序为先划基准线，后划圆弧线或圆周线，最后划所有直线，从而完成零部件的轮廓图或展开图；

③ 划放样展开图的顺序为通过几何作图先划相贯线、实长线和断面实形线，然后用钢板尺将上述线的端点依次划线连接起来，从而作出展开图。

(3) 检查核对

① 检查放样图是否与零部件图样的形状和尺寸一致；检查展开图的中间图形如相贯线图、实长线图或断面实形线图是否符合几何作图规则，尺寸是否一致；对矩形零件或展开图为矩形的放样图还要核对两条对角线尺寸是否相等；

② 检查样板的划线外围是否留有后续的工艺余量或加工余量，如果留有余量要在样板上标记清楚。

2. 样板的制作

(1) 样板种类

根据用途的不同，样板分为号料样板、定位样板和检查样板。号料样板有三种，第一种是供平板零件下料用的，其形状和尺寸与零件的形状和尺寸完全相同；第二种是供折弯、卷曲或冲压等零件用的，其形状和尺寸与该零件展开图的形状和尺寸完全相同；第三种是供型材、半成品或机加工件下料、切口、钻孔或铣槽划线用的，其形状和尺寸与该零件或展开图的局部形状和尺寸相同，只是按基准线定位后用于局部划线操作。定位样板一般是在装配时为了确定零部件之间的相对位置关系，如倾斜角度而制作的斜度样板。用于检查零部件形状和尺寸的样板就是检查样板，如检查筒体圆度和棱角度的内样板和外样板，检查封头内表面曲面形状偏差的内样板等。

(2) 制作样板的材料

制作样板所用材料一般为厚度为0.4～1.0mm的镀锌铁皮，检查样板或定位样板用的镀锌铁皮的厚度可以适当加厚至1.0～2.0mm。当零部件下料数量不多、精度要求不高时，可用油毡纸、塑料片或胶合板等材料制作样板，但当油毡纸等材料制作的样板经多次使用其变形量超过图样及有关标准要求的偏差时，需要重新制作样板。当零部件形状复杂时，其样板也可用更厚一些的材料采用机械加工方法制作。

(3) 制作样板的工具

制作样板常用的工具有计算器、钢卷尺、钢板尺、圆规、划规、地规（长杆划规）、划针、石笔、粉线、样冲、手锤及铁皮剪刀等。

(4) 制作样板的注意事项

如果不制作样板，号料时需要将放样展开图按1∶1的比例划在下料钢板上；如果要制作样板，那就需要将放样图按1∶1的比例划在样板料上，最后用铁皮剪刀沿放样图的轮廓线从样板料上剪下来，并作好标记。制作号料样板和检查样板时要用样冲作出基准线如中心线、对称线及中心圆点或检查线的标记，便于号料时样板定位和检查。锥管的展开样板如图3-2所示。

（三）放样展开的方法

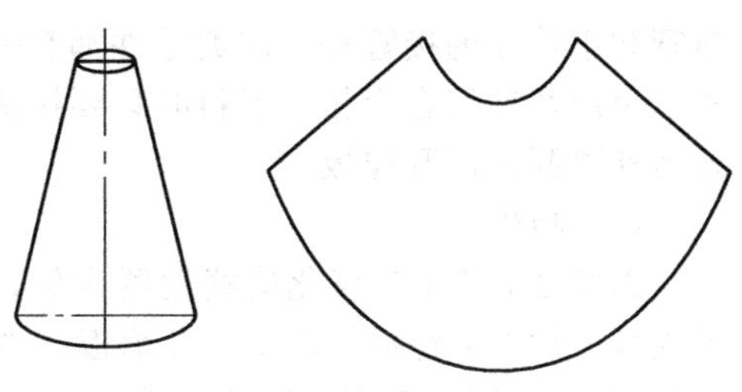
图 3-2 锥管及展开

传统的钣金件放样展开的方法有作图法和计算法。

1. 作图法

作图法是根据零部件施工图纸的规格尺寸用绘图工具如直尺、划规和划针按投影原理和展开原理画出放样图的方法。作图法一般采用平行线法、放射线法和三角形法进行展开、划线，然后下料。这种方法对小尺寸的结构件（如小接管、三通等）而言是十分方便的，但对较大尺寸的容器筒体、锥体来说，由于划线平台或场地的限制用作图法展开就不方便，而且误差较大。

近年来随着计算机技术的发展，借助某些绘图软件可以将展开图快速而准确地完成。例如，借助CAD绘图软件绘制比例为1∶1的平面投影图，再按手工划线的步骤在另外图层绘制展开图，用其中的DIM命令和LIST等命令测量线段的实长，比手工划线即精确又快速。画好放样展开图后可以按1∶1的比例从绘图仪输出图纸，也可以测出画展开图所需的相关线段的长度尺寸，再在样板料上划出放样图。对于大型零件或没有大型绘图仪时，可以把展开图中的关键坐标点打印出来，然后根据坐标点在样板料上或直接在板料上划出展开图。

此外，还可以利用Solidworks软件进行辅助放样。Solidworks软件是近几年在工程设计领域得到广泛使用的三维CAD设计软件。利用其三维造型功能对零部件按实际尺寸进行立体线框造型，然后再利用其尺寸驱动功能进行“智能标注”，对零部件的几何线段进行“标注计算”，依据“标注计算”的结果直接进行平面放样下料，突破了传统作图法、计算法的放样展开模式。其过程简单、快捷、准确，可节省大量的放样时间，尤其对复杂零部件的放样展开，其优势更加明显，是一种新型的利用计算机辅助设计进行放样展开的方法。

还有一些专门为各种钣金构件的放样下料而编制的“钣金展开软件”。在该类软件中每种钣金构件都有对应的立体图、构件图和展开图例，只需根据要求输入相关数据即可得到所需的构件图和展开图，可以自动标注尺寸，并按标准图纸打印输出。具有操作简单、实用等优点。有些软件不需挂靠其他软件，有些软件甚至可以进行坐标标注，并且可调用AutoCAD软件画展开图，可以将展开图文件直接输出生成CAM/NC文件，把NC切割程序文件提交给数控切割机后，由数控切割机直接按展开图进行切割下料。

2. 计算法

计算法是根据零部件施工图纸的规格尺寸，采用立体几何、解析几何等初等数学的知识，通过计算求出所需零部件的实长线、相贯线和断面实形线的尺寸，然后直接在原材料上划线或制作样板的方法。由于压力容器的零部件均是按某种几何关系组成的一定形状的构件，都可以利用其几何形状的函数关系式，通过坐标法分析计算，求得零部件正确的下料尺寸和形状，不需要作图展开，并且比作图法准确、省事、省时。计算法也是一种常用的放样展开方法。

（四）容器零部件的放样展开计算

这里主要根据压力容器零部件的结构特点介绍最常用的几种零部件的放样展开计算方法。

1. 直接下料件

所谓直接下料件是指按照施工图纸上标注的尺寸可以直接在原材料上划线下料的零件。例如，法兰、平盖、管板、折流板、支承板、吊耳、支座筋板和底板、补强圈、加强筋、换热管和小管径的接管等。这类零件都有一定的几何形状，且几何图形单一，如圆形、长方形和三角形及其组合形状。下料时只要按图纸尺寸再加上适当的下料加工余量进行下料，不需要另外再制作展开样板。

(1) 板件

以图 2-1 所示三氧化硫蒸发器为例，可以直接划线下料的零件有：件 1 平盖、件 12 防松支耳、件 7-1 管板、件 7-4 支承板、件 10-21 隔液板、件 10-38 和件 10-10-47 支座的底板及筋板，以及件 45 支承导轨、件 10-14 法兰盖和所有接管法兰及设备法兰锻件等。这些板制或锻制的零件就可以直接按图纸的标注尺寸进行划线下料或锻造，只要在图纸所标注的尺寸基础上考虑下料切割和机械加工的余量即可。注意一点就是考虑外径或外形尺寸的余量要加大下料尺寸，考虑内径或内孔尺寸的余量时要减小尺寸。

(2) 管件

图 2-1 所示三氧化硫蒸发器上可以直接下料的管件有：件 7-3 定距管和件 10 壳体上的所有用钢管下料的接管等。对于换热器管束上的定距管，如果在砂轮机切割下料后不再机械加工，那就不再留加工余量；对于壳体上的直管，下料时还需要进行简单的放样或计算，要增加因壳体相贯线最低点引起的加长尺寸和接管插入壳体内部的长度尺寸。

2. 弯曲成形件

弯曲成形件是由原材料通过卷板机、压弯机和弯管机等加工装备产生弯曲变形而制成的零部件。弯曲成形件是构成容器的主要零件，如壳体圆筒体、圆锥体、短节、卷制接管、卷制人孔体和盘管、U 形管及角钢法兰圈等。

(1) 圆筒体（圆管）

压力容器的壳体多为圆筒体，且筒体两端截面垂直于筒体轴线。这类零件的特点是零件的断面尺寸（如板厚）远小于其轮廓尺寸（直径），放样展开法常因受场地限制或因制作样板误差大而采用计算法展开。展开尺寸以中性层尺寸为计算依据。

圆筒体展开长度尺寸 L 的计算：

薄壁容器壳体的展开公式　　$L=\pi(D_i+\delta)$

厚壁容器壳体的展开公式　　$L=\pi(D_i+\delta+a/2)+b-c-d$

式中　D_i——筒体内径，mm；

δ——筒体板厚度，mm；

b——焊缝横向收缩量，可取 1.0～2.0mm；

c——焊缝坡口组对间隙，按设计图样或有关标准选取；

d——筒体卷制过程中的伸长量，按经验值选取；

$a=(\Delta L-\Delta L_1)/\pi$，$\Delta L$ 为标准或设计规定的筒体周长正偏差，GB 151 规定 $\Delta L=10$mm，ΔL_1 为边缘坡口加工控制正偏差。

筒体的长度尺寸按图样要求尺寸。当筒体的长度大于板料的幅面宽度时，那就需要增加筒节的数量，使若干个筒节组装对接后的总体长度符合筒体的长度尺寸。筒节的长度根据筒节组对环焊缝数量和焊接收缩量适当加长。三氧化硫蒸发器壳体圆筒的展开尺寸参见图 2-7 “筒节拼板开孔排板图”。

(2) 圆锥体（圆锥管）

容器上常见的圆锥体有正圆锥、斜圆锥、正斜圆锥和折边锥体及锥形过渡段等，如图 3-3 所示。折边锥体和锥形过渡段在卷制成锥体后还需要进行冲压（或旋压）翻边，因此在计算展开尺寸和划线放样时还要考虑翻边的尺寸。

正圆锥体是由一根与轴线成一斜角的直线段（母线）绕轴线旋转 360°形成的，所以垂直于轴线的平面都是圆形。如果直线段与轴线相交，即为小端封闭的锥底或锥盖。如果倾斜

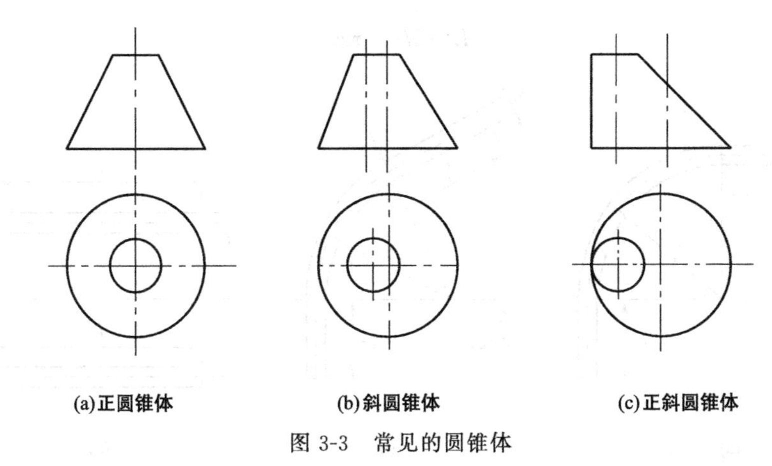

图 3-3　常见的圆锥体

直线段一端或两端带圆滑过渡的平面折线绕轴线旋转 360°，那就形成了折边锥体和锥形过渡段。

正圆锥的展开形状为扇形，如图 3-4 所示。圆锥体的展开尺寸也要按圆锥体中性层的尺寸进行计算和展开，图 3-4 中的扇形 $abcd$ 即为圆锥体的展开图。已知圆锥体大口内径 D_i、壁厚 δ、小口内径 d_i、锥体高度 h（或锥体半锥角 α），则各尺寸的关系如下：

大口中径	$D_m=D_i+\delta$
小口中径	$d_m=d_i+\delta$
锥体高度	$h=(D_m-d_m)/(2\tan\alpha)$
半锥角	$\tan\alpha=(D_m-d_m)/(2h)$
锥体斜长	$l=(D_m-d_m)/(2\sin\alpha)$
大口展开半径	$R=L=D_m/(2\sin\alpha)$
小口展开半径	$r=L-l=d_m/(2\sin\alpha)$
展开扇形圆心角	$\beta=360°\sin\alpha$
展开扇形内圆弧长	$\overset{\frown}{ad}=\pi d_m$
展开扇形外圆弧长	$\overset{\frown}{bc}=\pi D_m$

(3) 弯管

容器上的管件除接管、固定管板式换热器和浮头式换热器的换热管外，多数管件需要弯曲成形，如 U 形换热器的 U 形换热管、平面盘管、圆柱形盘管和弯曲连接管等。弯管的下料长度以弯管的轴线为基准展开计算，还要附加上煨管所需的加工余量。煨管所需加工余量的多少与煨管工艺和煨管胎具有关，为了保险，通常将煨管的余量加的都比较大，每根管的余量从 150～250mm 不等，但最少应不小于 100mm。

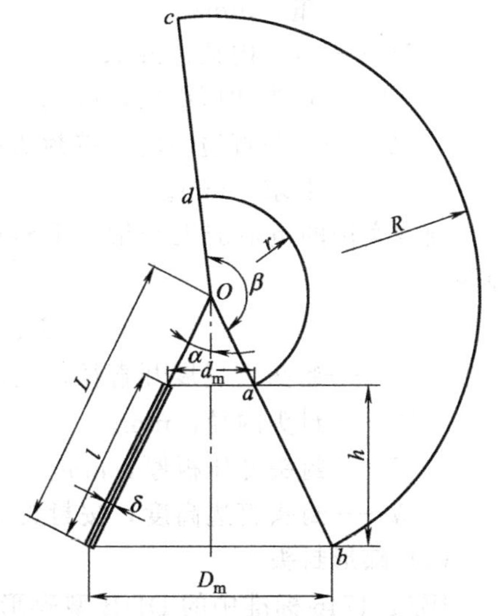

图 3-4　正圆锥的展开尺寸

常见弯管的形状和尺寸如图 3-5 所示。其计算长度 L 为：

90°弯管［见图 3-5（a)］

$$L=l_1+l_2+0.5\pi R$$

任意角弯管［见图 3-5（b)］

$$L=l_1+l_2+\pi R\alpha\div180$$

U 形弯管［见图 3-5（c)］

$$L=2l_1+\pi R$$

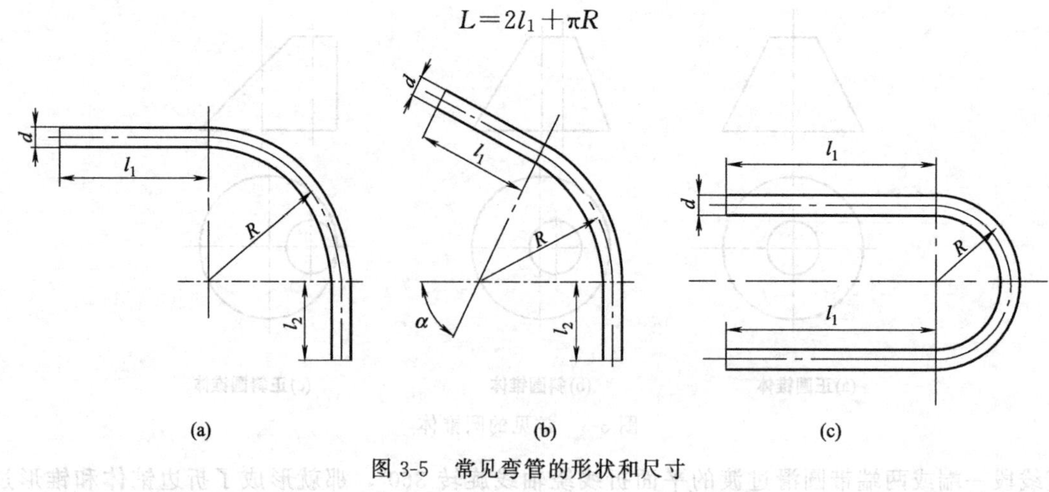

图 3-5 常见弯管的形状和尺寸

3. 冲压（旋压）成形件

压力容器用冲压（旋压）成形件主要有凸形封头、波形膨胀节、圆弧过渡段和翻边泡罩及内筒体接管穿过夹套所需的开孔翻边等。这些冲压（旋压）成形件大都是回转体，主要原材料是板材，采用冲压或旋压方法加工成形。

凸形封头是构成容器的主要零件，常用的凸形封头有标准椭圆形封头、碟形封头、球冠形封头和半球形封头等。封头的壁厚相对于其直径很小，成形过程中壁厚的微小变化也不影响其展开尺寸，因此封头的展开尺寸计算依据是封头的内径和板厚。

（1）椭圆形封头

标准椭圆形封头的长短轴之比为 2：1，高度 $H=0.25D_i$，其理论展开尺寸计算公式为：

$$D_s=1.211(D_i+\delta)+2h$$

但一般冲压或旋压的椭圆形封头都是近似标准的椭圆形封头（见图 3-6），由大半径 $R=0.8D_i$ 和小半径 $r=0.146D_i$ 的三段圆弧组成，高度 $H=0.25D_i$，其圆板的理论展开计算直径为：

$$D_s=1.2066(D_i+\delta)+2h$$

式中 D_s——封头展开计算直径，未计加工余量，mm；

D_i——封头内径，mm；

δ——封头冲压板厚，mm；

h——封头直边高度，按封头标准或图纸要求，mm。

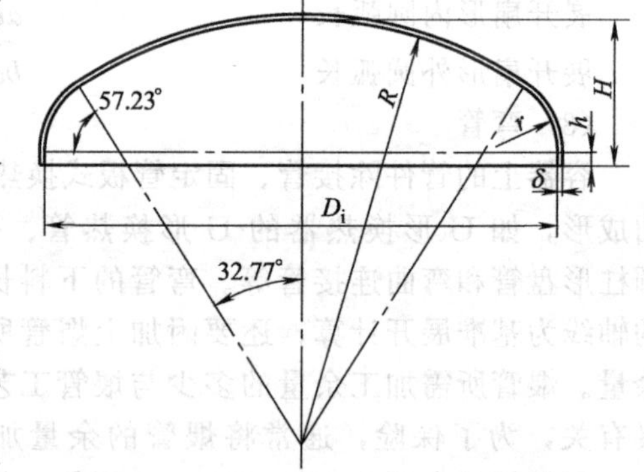

图 3-6 近似标准的椭圆形封头

通常实用的包括加工余量的下料展开计算直径为：

$$D_s=1.2D_i+2h+\delta+30$$

式中 D_s——封头下料展开直径，包含 30mm 加工余量，mm；

D_i——封头内径，mm；

δ——封头冲压板厚，mm；

h——封头直边高度，按封头标准或图纸要求，mm。

（2）碟形封头

JB/T 4746 标准中的 DHB 型碟形封头的大半径 $R=D_i$，小半径 $r=0.1D_i$，高度 $H=$

0.1938D_i，其实用的展开计算直径为：

当 $D_i \leqslant 2000\text{mm}$ 时， $D_s = 1.143D_i + 2h + \delta$

当 $D_i > 2000\text{mm}$ 时， $D_s = 1.123D_i + 2h + \delta$

其中 D_s——封头展开计算直径，未计加工余量，mm；

D_i——封头内径，mm；

h——封头直边高度，按封头或标准图纸要求，mm；

δ——封头壁厚，mm。

二、号料、划线

零部件经过绘制放样展开图、制作好下料样板或计算得出展开尺寸后，接下来的工作就是号料和划线。

（一）号料

1. 号料的定义

号料是根据施工图纸及工艺技术文件要求直接在原材料上标出所号材料用途的操作。也就是说要在原材料上标记上所号的这一块（或一段）材料是用于哪一台设备的哪一个零部件，图纸要求的材料牌号和规格是什么，该原材料在制造厂内的材料检验编号（简称材检号）是什么等内容，便于毛坯料的下料、入库和领料管理及追踪，避免发生材料混用。根据下料人员的习惯，号料的工作也可以在划线完成后进行。

2. 号料的方法及要求

号料前首先估计好所号材料的长短尺寸及面积大小，在远离切割线的中间部位进行标记。标记的字体大小以字体醒目、便于辨认为准。号料工序的要求如下。

① 号料前要核对所号原材料的材质和规格应与施工图纸及工艺技术文件一致，避免因号错材料而造成材料混用，或在检查时发现号错材料而重新号料，浪费时间。

② 号料的标记要清晰，不锈钢和有色金属材料用龙胆紫或记号笔标记，碳钢材料用白油漆或红丹漆标记，标记内容为：产品编号、零件件号、材料牌号、材料规格、材检号。图3-7所示为三氧化硫蒸发器壳体圆筒板1的号料示意图。其中产品编号是2008-R5，零件件号是件10-5，材料牌号是Q345R（16MnR），材料规格是$\delta=32\text{mm}$，材检号是CPVA。

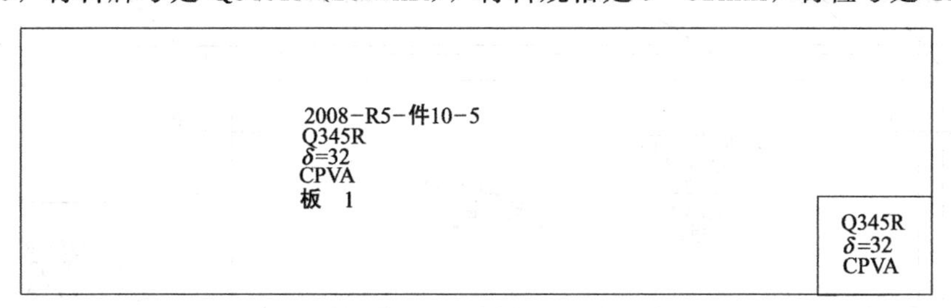

图3-7 蒸发器壳体圆筒板1的号料图

（二）划线

1. 划线的定义

与号料一样，划线也是在原材料或经粗加工的半成品上直接进行的一道操作工序。划线是按零部件的展开尺寸、展开样板或图纸以及工艺技术文件的要求以1∶1的比例直接在材料上划出零件的实际用料线、检查线和下料加工界线的操作。划线是设备制造过程的关键工序，划线的精度直接影响零件的后续加工质量和生产效率。因此，划好线后都要经过严格的检查才能转到下一步下料工序。

2. 划线的种类

划线按使用工具和设备不同分为机械自动划线和手工划线；按划线操作位置不同分为平面划线和立体划线。机械自动划线是由专用设备或计算机及辅助设备来完成的，一般有光电粉末划线、感光划线、电子划线和计算机程序控制划线等。这些专业化的划线工具和设备所划的线虽然精确，但是受划线形状和尺寸、划线场地以及成本等因素的影响，应用还有局限。手工划线在实际工作中应用很广泛，使用的工具与制作样板用的大致相同，通常还有划针盘、划线规、直角尺、吊线锤和水平仪等立体划线用的工具。本项目所述划线是指在原材料下料之前的划线操作，没有包括在壳体、封头和锥体上的开孔划线，以及在设备法兰、接管法兰、换热器管板和折流板等机加工半成品上划螺栓孔及换热管孔等的操作。

3. 划线的操作规则

① 划线时一般不能使用角尺、量角器等精度较低的划线工具，在画角平分线、垂线和等分线时要按几何作图法进行几何划线作图求出。

② 用划针或石笔划线时应紧靠在钢板尺或样板的边沿划线。

③ 用圆规、划规或地规在钢板上划线时，为防止划规定位支腿脚尖滑动，应先在定位圆心点打上样冲眼；为防止划规开度在划线时发生改变，应在划线之前将划规支腿紧固好。

4. 划线的方法及内容

划线按零部件施工图样、展开样板和工艺技术文件如“筒节（封头）拼板开孔排板图”进行。以三氧化硫蒸发器壳体圆筒板 1 的展开划线为例来说明划线的方法及划线内容。如图 3-8 所示，由于钢板原材料在宽度及长度方向上都存在偏差，相邻两板边互相不垂直，不能直接投料来卷制圆筒体，因此首先要对板边进行“找正”。所谓找正就是通过划线在钢板原材料上划出符合尺寸精度要求的矩形，保证板的宽度线与长度线垂直。在找正后的矩形板料上再按筒体展开尺寸进行划线。首先要划出实际用料线，即下料切割并经过边缘加工以后要保证的尺寸线，然后根据切割方法的不同在实际用料线外围放大一定尺寸后划出切割线。往外围放大的尺寸叫切割加工余量，目的是为了保证经过切割和边缘加工后的实际板料尺寸符合图纸要求。当利用整个板的幅面宽度号料时如果两个板边平直，不需切割，则只需要在板材的纵向（长度方向）的两边留出加工余量后直接划出实际用料线，不需要再划切割线。

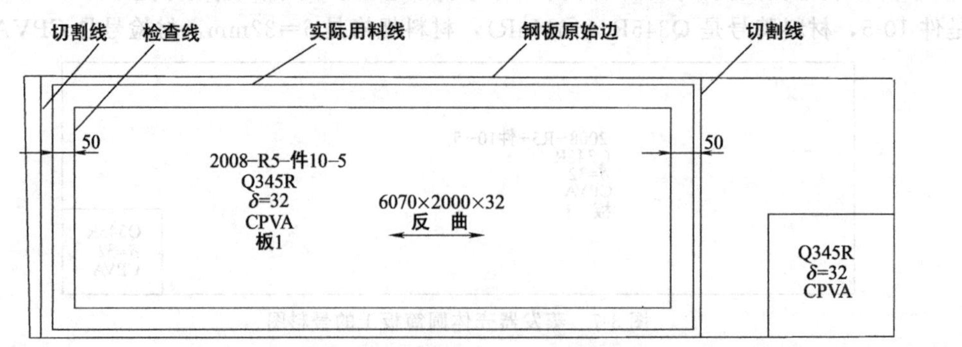

图 3-8 蒸发器壳体圆筒板 1 的划线图

不同切割方法的切割加工余量见表 3-1。切割加工余量为实际用料线至切割线的偏移距离。在划好实际用料线、切割线后，还要在实际用料线的内侧偏移一定距离（一般为 50mm）划一个较小一些的长方形。这个小长方形的 4 条边线叫检查线，供切割下料、边缘加工后检查实际板料尺寸与图纸要求的偏差情况。如果实际板边与检查线平行且间距为划线

表 3-1 不同切割方法的切割加工余量 /mm

板料(管壁)厚度	δ<6	6≤δ≤30	30≤δ≤50	δ>50
自动气割	3	4～5	7～8	～9
手工气割	5	6～7	8～10	～12
手工等离子切割	7	8～10	10～12	～15

所偏移的距离，说明边缘加工是准确的，否则就出现了偏差。划线经过检查合格后在实际用料线的矩形 4 条边的两端（即 90°直角附近）各打上 3～5 个样冲眼，样冲眼距间距为 10～20mm。为了在切割下料时看清楚切割线，要在全部切割线上打上样冲眼，样冲眼间距为 15～30mm。

为了便于筒节与筒节互相组对时中心对中，还要按照施工图或“排版图”的要求确定出该块钢板卷制成圆筒体后组装时所需的 4 条（0°、90°、180°、270°）中心线的位置，并在板料上划出这 4 条中心线。同时，为了在钢板卷制、校圆和热处理等工序完成后还能找到中心线，划线经过检查合格后要在中心线的两端各打上 3～5 个样冲眼，样冲眼距板边及样冲眼间距为 10～20mm，样冲眼的深度不能太深，以肉眼可见为宜，对不能打样冲眼的薄钢板要采取其他办法进行标记。如果不预先在所号板料上标记出中心线，那就要在所有筒节组对、环焊缝焊接工作完成后，在壳体号孔时再根据“筒节（封头）拼板开孔排板图”进行划线标记。

5. 划线的具体要求

① 划线前应首先检查板料的平整度及表面质量，检查板边是否存在重皮、“缺肉”、弯折、斜边及裂纹等缺陷。如果有上述缺陷，则在划线时应考虑避开或使之处于实际用料线之外，以便在下料加工工序中去除。

② 板料上应准确划出实际用料线、切割线、检查线和中心线，其划线尺寸允许下偏差为零，上偏差见表 3-2。管料（换热管除外）应准确划出实际用料线、中心线和切割线，其划线尺寸允许偏差见表 3-3。机加工毛坯板料只划实际用料线和切割线，机加工型材只划切割线。

表 3-2 板料划线允许尺寸偏差 /mm

板 料 长 度	每边长度偏差	两对角线之差
≤2000	+1.0	1.5
2000～4000	+1.5	2.5
>4000	+2.0	4.0

表 3-3 管料划线允许尺寸偏差 /mm

管料长度	≤300	300～2000	>2000
划线允许偏差	0～+1.0	0～+1.5	0～+2.0

③ 需卷圆的筒节、接管还应在板料上标明展开长度尺寸、弯曲方向（正卷或反卷）和边缘加工坡口角度等，相同件号的若干板料还应标明数量和顺序号。

④ 有色金属材料在号料、划线过程中不应与碳钢等黑色金属材料件混放。划线应尽量采用金属铅笔，只有在以后的加工工序中能去除的部分材料上才允许打样冲眼，例如可以在切割线上打样冲眼。钛钢复合板的划线应在基层钢板上进行。

⑤ 号料划线完成后需经检查，确认无误后才能在切割线、实际用料线两端和中心线两

端打上样冲眼。有色金属材料、不锈钢材料和壁厚小于6mm的碳钢材料及有特殊规定不能打冲眼的，在后序作业完成前要注意保护划线标记。

⑥ 划线人员必须严格遵守“先移植后消除”的原则进行材料的标记移植，对无法保留原标记的，划线负责人应先做好记录，号料、划线完成后应及时在划线、切割后的剩余原材料上补上原材料标记。

三、选料、排样

压力容器零部件的备料除根据施工图和技术文件进行正确的展开外，还需注意要选择合适的原材料规格、幅面尺寸及恰当的排样，从而减少拼接，减少边角余料，提高下料的经济性。实际上，根据图纸要求选择合适幅面尺寸的原材料也是工艺部门在绘制“筒节（封头）拼板排板图”时就要考虑的问题。如果原材料的板宽幅面、长度尺寸选择合适，不但能提高材料的利用率，而且会大大减少切割、边缘加工、组对和焊接的工作量，从而降低设备制作成本，提高生产效率。

（一）拼接排板要求

由于压力容器的规格和种类繁多，单就从直径和长度方面来说，小的直径不到150mm，大的直径超过10m，长度从不到1m到50m以上不等。对展开尺寸超过现有材料宽度和长度幅面的容器壳体（包括圆筒体、锥体和封头）而言，只有进行拼接才能制作出来。

拼接排板的原则如下。

① 最充分地使用板料，减少边角余料，提高材料利用率。

② 确定板料的最佳长度应以展开计算尺寸为依据，工艺装备条件许可时圆筒体每一个筒节长度尽可能取钢板的标准定尺长度或宽度，从而使拼焊焊缝的数量尽可能少，最短筒节长度应不小于300mm。

③ 尽可能使筒节展开长度方向与钢板的轧制方向一致。

④ 相邻筒节的A类焊缝的距离或封头、膨胀节的A类焊缝与相邻筒节的A类焊缝的距离应大于筒体厚度的3倍，且不小于100mm。

⑤ 容器内件与筒体相焊的焊缝尽量避开筒体上的纵、环焊缝；接管开孔、接管补强圈和支座、吊耳等的垫板尽可能避开焊缝；卧式容器水平中心线下部20°以下范围内尽可能不设置纵焊缝。

⑥ 封头的板料宜采用整板，如需拼接时各板必须等厚，尽可能选用同一张钢板。封头的毛坯厚度应考虑工艺减薄量，以确保封头成形后的实测最小厚度符合图样和有关技术文件的要求。

⑦ 封头各种不相交的拼焊焊缝中心线间的距离至少应为封头板材厚度的3倍，且不小于100mm。

（二）选料

1. 选料的原则

这里所指的选料是指选择合适的原材料幅面尺寸。选料的原则是：尽量减少拼接，切割余料可用，边角余料要少，材料利用率要高。

2. 板料的选择

在选择板料时尽量选择现有的宽幅面、长幅面的板料。对于压力容器壳体和封头而言，当容器的规格尺寸较大时若选用宽幅面、长幅面的板料，不仅可以减少下料、切割、边缘加工和组装、拼接焊接的工作量，而且可以减少焊接变形，提高容器产品质量，降低产品的总成本，提升容器制造的经济效益。

例如，对图 2-6 所示三氧化硫蒸发器壳体圆筒而言，其展开长度尺寸为 6070mm，圆筒的长度尺寸为 5526mm。钢材市场上能够采购到的厚度为 32mm Q345R 钢板的宽度有 1800mm、2000mm 和 2200mm，而钢板长度都在 7000mm 以上。如果用板宽为 1800mm 的钢板，那就需要 3 张另加一个短节，而短节的长度尺寸最短为 300mm，所以拼接排板的 4 个筒节的宽度分别为 1800mm、1800mm、1626mm 和 300mm。因此，在壳体上就有 3 条拼接环焊缝（不包括与锥体和封头的对接环焊缝），并且在第 3 节筒节下料钢板上就要留下宽度约为 1800－1626＝174mm 的边角余料（未计切割余量，下同）。

如果用板宽为 2000mm 的钢板，那就只需要 3 张，所以拼接排板的 3 个筒节的宽度分别为 2000mm、2000mm、1526mm。因此，在壳体上就有 2 条拼接环焊缝，并且在第 3 节筒节下料钢板上留下宽度约为 2000－1526＝474mm 的边角余料。同样，如果用板宽为 2200mm 的钢板，也需要 3 张，所以拼接排板的 3 个筒节的宽度分别为 2200mm、2200mm、1126mm，因此在壳体上也有 2 条拼接环焊缝，并且在第 3 节筒节下料钢板上就要留下宽度约为 2200－1126＝1074mm 的边角余料。

综合考虑拼接环焊缝的数量和剩余的边角余料的多少，最佳方案是选用板宽为 2000mm 的钢板比较合适（见图 2-7），并且选用的钢板在长度方向上的余料越少越好。

3. 管料的选择

对壳体接管而言，由于长度一般都比较短，不存在拼接的问题，只要按图样要求的标准和规格选用、下料即可；对换热管而言，在钢材市场上销售的各种规格的换热管的长度一般都是常用的尺寸，如 L＝3000mm、L＝6000mm 和 L＝9000mm。如果是不常用的规格和长度，那就需要向钢管厂家提出按订单订货。

就图 2-5 所示管束的换热管来说，不同弯曲半径的换热管的展开长度不等，最小的弯曲半径 R＝50mm，最大的弯曲半径 R＝594mm，其展开长度分别为：L＝4880×2＋157mm＝9917mm 和 L＝4880×2＋1866mm＝11626mm。考虑煨管所需两端合计余量约 500mm 后，下料需要的最短和最长换热管的长度分别为：L＝10400mm 和 L＝12100mm。最长换热管的长度比最短管的要长 1700mm，如果将全部换热管都按 L＝12100mm 订货，则换热管的边角余料太大，浪费严重。因此，最好将换热管按 2～4 种长度订货，以减少换热管的边角余料。如果按 2 种长度订换热管，则可以订 L＝12100mm 长的换热管 340 支，L＝11100mm 长的换热管 350 支，共 690 支，图 2-5 所示管束实际需要 670 支，其中有 20 支作为检验和复验用及运输、煨弯过程中损坏等情况的富余量。

（三）排样

所谓排样就是在现有的板料、管料或型材上，对板厚、管材直径和厚度及型材规格相同的零部件在同时下料时所需要考虑的互相排料、套料以达到提高材料利用率的工作，排样也叫排料。压力容器各零部件展开图的排样是下料前所要仔细考虑的内容。实际上，选料受到原材料市场的限制，而排样则是在现有材料上进行合理套料，优化排料组合，以节省材料和减少拼焊工作量。因此，排样工作的主动权掌握在自己手里。这就要求下料人员精心排样，合理套料，通过各种排样方案的比较，选取拼接加工量最少且最省料的排样方案，从而降低材料消耗，减少拼焊工作量。

1. 单台容器零件的排样

对展开尺寸较小的小型零件的毛坯料，一般应采用整体排样；对展开尺寸超过原材料规格尺寸的大型零件的排样，应在满足上述拼接排板原则的情况下进行排样。另外，排样中还应考虑下料后的余料尽可能完整，可以用于其他的零部件。

对图 2-1 所示的三氧化硫蒸发器的零部件而言，U 形管束的 6 件支承板的材料和厚度相同，可以在同一张板料上排样，如图 3-9 所示。壳体上的圆筒体、封头和锥体及短节的材料和壁厚相同，也可以考虑合理排样的问题，其中壳体筒节 2（板 2）与封头拼接板料的排样如图 3-10 所示。

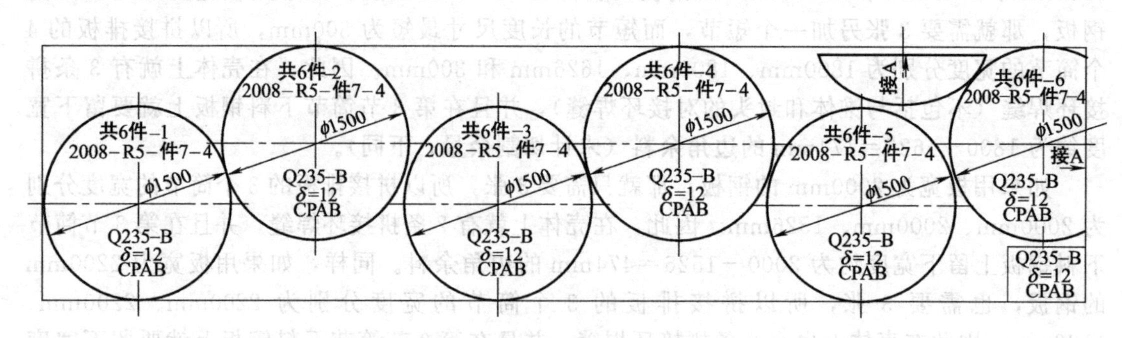

图 3-9　U 形管束支承板排样图

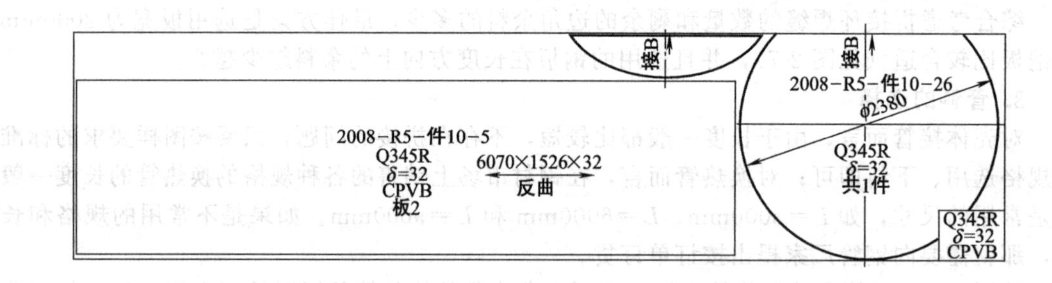

图 3-10　筒节 2 与封头拼接板料排样图

2. 多台成批零件的综合排样

成批生产的压力容器的种类比较多，如液化气钢瓶、乙炔气瓶及各种火车罐车和汽车罐车的罐体等。对这类大批量生产的容器零部件而言，需要的原材料量较大，而能采购到的材料的规格和长度尺寸不可能完全相同，所以排样的工作量就比较大。由于手工排样的效率太低，为了提高排样效率，就需要借助计算机进行辅助排样。

目前已有多种计算机优化排料、下料软件可以应用，如天良板材套料优化软件、FastCUT 全自动优化套排软件和 AutoNEST V9.22 排料软件等。这些软件大多具有如下特点。

① 原材料利用率提升显著。对相似部件紧密组合排料，与人工设计套料方案相比更加合理。

② 大幅提高工作效率。对一个由大量不同规格和形状的部件，可快速给出最优的套料方案。系统具有批量套料功能，可大大提升企业对原材料的套料效率，节约套料时间。

③ 系统操作具有高度的灵活性。通过任务管理模块，操作人员可以定义套料需求，可自定不同长宽之板材，自动挑出最佳排列结果，也可手动排板。在运行环境方面，可以运行于 AutoCAD 环境，也可运行于套料管理器环境下，能一次读入多个 dxf 或 dwg 图形文件。

④ 系统设计比较人性化。系统允许结合富有经验的排料人员的直觉，所有的套料布局图都能够在 AutoCAD 中轻松编辑，直到得到最好的最终套料布局图。

另外，某些软件还支持各种品牌和型号的钣金机床如数控冲床、激光切割机、水射流切割机、等离子切割机等的编程和排料。通过这些软件的使用，将大幅增加设备制造企业的材料利用率，提高生产效率，提升经济效益。

四、钢板划线找正技能

前文已经讲过，化工设备的壳体、锥体和接管等零部件绝大部分都是回转体，而且其中大部分又都是圆筒形。这些圆筒形壳体、接管等的展开形状都是矩形。矩形的相邻两条边互相垂直，而普通原材料板料在定尺、切边或经过开平加工后都存在偏差，其相邻两板边不一定互相垂直，有些板边还存在各种缺陷，不能直接投料来卷制圆筒体，因此首先要对板边进行“找正”。所谓找正就是通过划线在钢板原材料上划出符合尺寸精度要求的矩形，保证板的宽度线与长度线垂直，俗称“找方”。在找正后的矩形板料上再按筒体、接管等的展开尺寸进行划线。

（一）钢板划线找正方法一（划圆法）

如图 3-11 所示，沿钢板长度方向的一边划一直线 AB，在直线 AB 与钢板原始板边之间留出刨边加工余量。如果钢板原始板边比较平直，又无在刨边加工过程中去除不了的缺陷，则直线 AB 可以作为实际用料线，否则直线 AB 只能作为切割线，在找正后还要在直线 AB 内侧另划实际用料线，以下其他各线也同样处理。

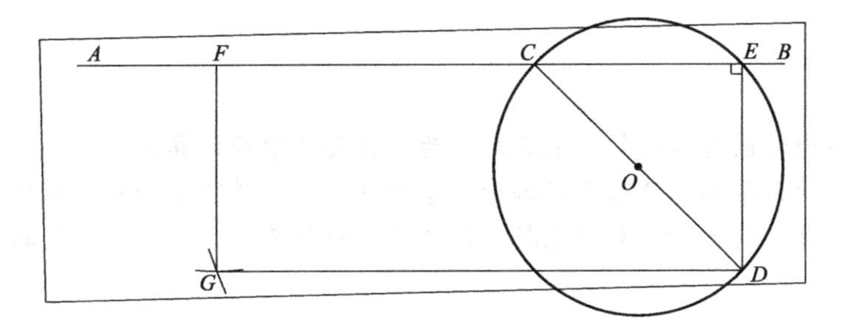

图 3-11　钢板划线找正方法一

在直线 AB 中间部位任取一点 C，在 B 点对应板宽的另一边任取一点 D，连接 CD 两点。然后用钢板尺或钢卷尺量取直线 CD 的中点 O，也可以用划线方法找出直线 CD 的中点 O。以点 O 为圆心，以 CO 或 OD 线段长度为半径划圆，交 AB 线于点 E。划线连接点 D 和点 E，则直线 $DE \perp AB$。

若圆筒形壳体或接管的展开长度为 L，则在直线 AB 上量取点 F，使 $EF=L$。然后以点 F 为圆心、以线段 DE 长度为半径划弧，与以点 E 为圆心、以对角线 DF 为半径的圆弧交于点 G，连接 FG 和 GD，则四边形 $DEFG$ 的四条边互相垂直，即四边形 $DEFG$ 为矩形。

划好矩形 $DEFG$ 后要复核其对应边 $EF=DG$，$FG=ED$，对角线 $DF=EG$。如果这些边长的偏差和对角线之差符合表 3-2 的规定，则说明找正的过程及结果符合要求，否则应重新调整各点的位置，直到满足要求为止。

（二）钢板划线找正方法二（勾股定理法）

利用勾股定理进行找正。如图 3-12 所示，沿钢板长度方向的一边划一直线 AB，B 点靠

图 3-12 钢板划线找正方法二

近钢板一角。在直线 AB 上取一点 C，使 $BC=300$mm，然后以点 B 为圆心、以划规开度等于 400mm 在垂直于直线 AB 方向划弧，与以点 C 为圆心、以划规开度等于 500mm 为半径划圆，两圆弧交于点 D。划线连接点 D 和点 B，则直线 $DB \perp AB$。同理，也可以取 $BC=600$mm，$BD=800$mm，$CD=1000$mm。

如果要将整张板料进行找正，那么延长直线 BA 到板料的另一角，然后用同样的方法划出另一个直角，即在直线 EA 上选一点 F，利用勾股定理法找到点 G，使直线 $EG \perp EB$。找好两个直角后，再分别以点 E 和点 B 为圆心，以板宽允许的宽度或要求的宽度为半径划弧，分别与宽度方向的直角边 BD 和 EG 的延长线交于点 I 和点 H，则四边形 $BEHI$ 就是板料找正后得到的矩形。如果划好矩形 $BEHI$ 后再复核其对应边 $BE=HI$，$EH=BI$，对角线 $BH=EI$，就说明板料已经找正，可以在找正后的矩形内进行下一步划线作业。

【思考题】

1. 压力容器壳体圆筒和接管的展开尺寸为什么要按中径计算？
2. 号料时为什么要标记清晰产品编号、零件件号、材料牌号和材料规格及材检号？
3. 号料前为什么要选料？如何选料才能既节省材料又能减少加工制造的工作量？

【相关技能】

排板技能实训

（一）实训目的

压力容器零部件的备料除根据施工图和技术文件进行正确的展开外，还需要选择合适的原材料规格、幅面尺寸及恰当的排样，从而减少拼接，减少边角余料，提高下料的经济性。本次实训的目的就是要通过对一台固定管板式换热器上各种零部件的尺寸进行展开计算，将相同规格厚度的零部件布置在一定幅面尺寸的板料上的实际操作，从而进一步学习和掌握压力容器零部件的展开、划线和排样知识，提高实际工作的技能。

（二）实训条件

如图 3-13 所示为一台发烟酸换热器的安装图，其规格尺寸为：壳体 DN500×6mm，管箱 DN500×6mm，管箱封头 EHA500×6mm，管箱设备法兰 DN500-0.6（外径 ϕ615/内径

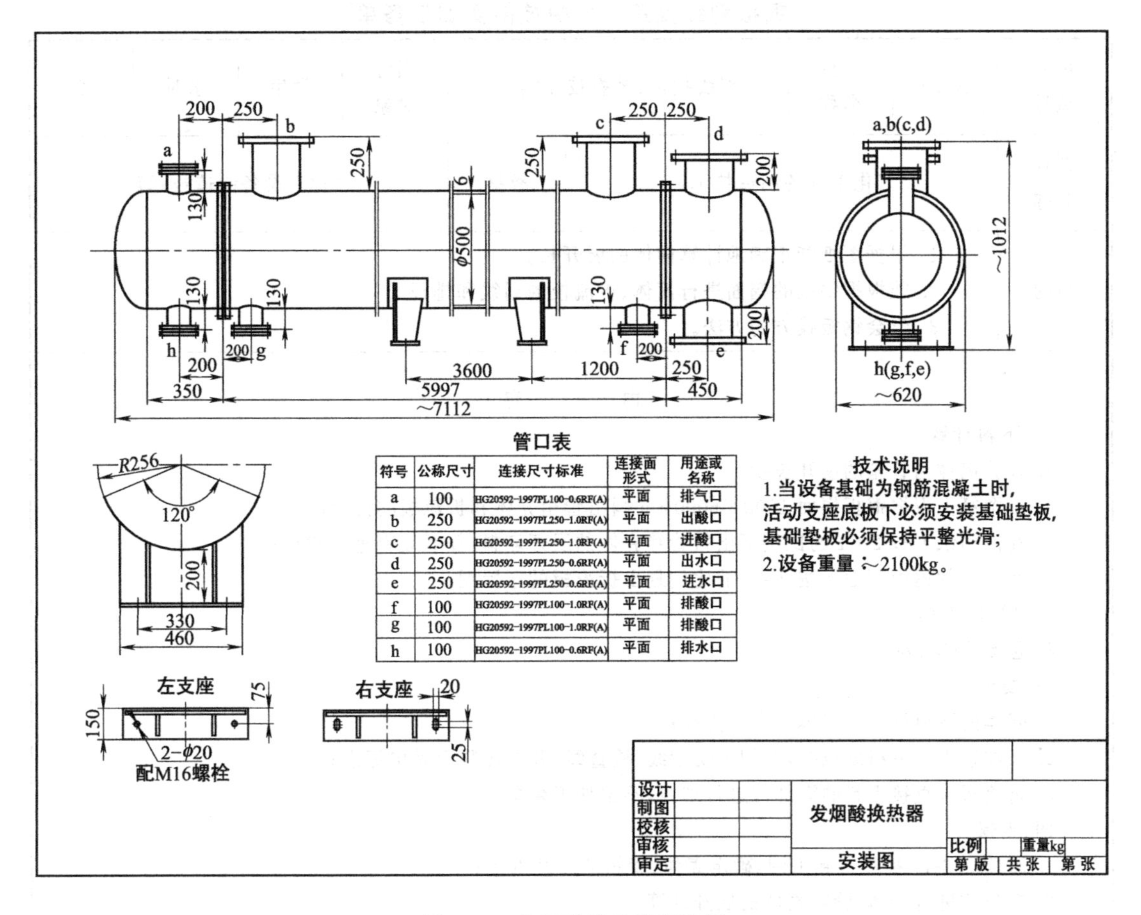

管口表

符号	公称尺寸	连接尺寸标准	连接面形式	用途或名称
a	100	HG20592-1997PL100-0.6RF(A)	平面	排气口
b	250	HG20592-1997PL250-1.0RF(A)	平面	出酸口
c	250	HG20592-1997PL250-1.0RF(A)	平面	进酸口
d	250	HG20592-1997PL250-0.6RF(A)	平面	出水口
e	250	HG20592-1997PL250-0.6RF(A)	平面	进水口
f	100	HG20592-1997PL100-1.0RF(A)	平面	排酸口
g	100	HG20592-1997PL100-1.0RF(A)	平面	排酸口
h	100	HG20592-1997PL100-0.6RF(A)	平面	排水口

图 3-13　发烟酸换热器安装图

ϕ500×32mm)，管板 ϕ615×36mm，两管板上穿有 140 支 ϕ19×2×6000mm 的换热管，壳体中有 19 块 ϕ495×6mm 的折流板作为支承，用 8 支 ϕ12×5750mm 的圆钢连接为整体管架，其余零部件的规格和尺寸均可以从安装图上读出，再无其他内件。所有零部件的材料均为 0Cr18Ni9，所有接管、支座板和支座垫板的厚度均为 6mm。

(三) 实训任务

现有 0Cr18Ni9 钢板的幅面尺寸为 1500×6000×6。换热器壳体和管箱壳体用钢板卷制，折流板按整圆下料，将换热器的壳体、管箱壳体、折流板进行展开计算、划线和排样。

① 对壳体和管箱的展开尺寸进行下料计算。

② 按照钢板的幅面尺寸对壳体管箱和折流板进行排样，并画出排板图。

③ 在油毡纸上进行管箱的展开尺寸找方下料。

(四) 实训报告

① 通过阅读图纸简述换热器的结构及特点。

② 壳体及管箱坯料计算过程。

③ 画出排样图。

④ 划线下料的过程描述。

⑤ 收获体会。

钢板划线找正、排板技能实训任务单

<table>
<tr><td>项目
编号</td><td>No. 3</td><td>项目
名称</td><td colspan="2">划线找正、排板技能实训</td><td>训练
对象</td><td>学生</td><td>学时</td><td>2</td></tr>
<tr><td>课程
名称</td><td colspan="3">《化工设备制造技术》</td><td>教材</td><td colspan="4">《化工设备制造技术》</td></tr>
<tr><td>目的</td><td colspan="8">1. 根据图纸能正确地计算筒体的展开长。
2. 能根据钢板的幅面进行筒体、折流板的划线和排板。
3. 学会钢板找方的方法。</td></tr>
<tr><td colspan="9">内　　容

一、下料计算
1. 计算筒体与管箱的展开长度；
2. 在图纸上根据钢板幅面 1500×6000×6 画出管箱壳体和折流板的排板图；
3. 在油毡纸上按 2∶1 的比例下出料管箱壳体的展开坯料，并对坯料进行找正；
4. 在给定的钢板幅面上按 2∶1 的比例划出折流板的布置图。
二、材料、工具
油毡纸、划规、划针。
三、要求
1. 壳体的下料计算以壳体的中径为准；
2. 在油毡纸上下料划线时，要划出切割线、检查线、并在坯料上做出标志；
3. 折流板按直接下料的零部件进行划线，不留加工余量。
四、步骤
1. 阅读图 3-17 换热器施工图，确定壳体、管箱的展开直径；
2. 按公式进行壳体、管箱壳体的展开计算；
3. 按比例在图纸上画出壳体、管箱壳体的排板图；
4. 在油毡纸上找出一个直角，进行管箱壳体的下料并画出检查线，做出标志；
5. 按折流板排板图在油毡纸上划出折流板的下料切割线。
五、考核标准
1. 实训的过程评价。(20%)
2. 划线找正操作和算料、排料技能的熟练掌握程度。(50%)
3. 实训报告和思考题的完成情况。(30%)</td></tr>
<tr><td>思考题</td><td colspan="8">1. 钢板找正的方法还有哪些(最少举出一种方法)？
2. 算料时如何求出与壳体相接的接管的准确长度？
3. 在零部件号料、划线之前为什么要先进行排料？</td></tr>
</table>

压力容器材料的切割及坡口加工

【学习目标】 了解压力容器常用材料的切割方法及常用焊缝的坡口加工方法。熟悉材料切割的基本原理。学会氧气切割、等离子切割的基本技能。

【知识点】 机械切割、火焰切割、电弧切割的原理及方法，焊缝坡口的加工方法。

材料的切割是压力容器制造过程中的关键工序。切割就是按照所划的切割线从原材料上切割下坯料的过程。熟练掌握各种切割方法，是压力容器制造人员的基本能力和一项重要技能。

三氧化硫蒸发器的壳体为Q345R（16MnR）、板厚32mm；制造材料有板材、管材、锻件和各种型材；下料主要采用氧气切割。

金属切割的方法可分为机械切割、热切割两大类。

一、机械切割

机械切割是常用的一种切割方法，随着火焰切割、电弧切割技术的发展，机械切割的比例正在减少。但仍是压力容器制造中不可缺少的切割方法。机械切割有剪切、锯（条锯、圆片锯、砂轮锯等）切、铣切等。剪切主要用于钢板的切割；锯切主要用于各种型钢、管子的切割、铣切主要用于精密零件和焊缝坡口的切割。下面重点介绍机械切割中的剪切。

（一）剪切原理及特点

1. 原理

机械切割最常用的设备是剪板机。一般剪板机的最大剪切厚度在20mm左右，被剪钢板的抗拉强度为490MPa，最大剪切宽度为3000mm。剪板机的传动方式有机械和液压两种。它的工作原理是利用机械装置对材料施加一个剪切力，当剪切应力超过材料的抗剪切强度时就被切断，从而达到分离材料的目的。

2. 特点

机械切割的特点：操作简单，劳动成本低，切割质量和效率比手工切割有大幅度提高。缺点是切割厚度受到限制，且仅限于各种直线切割。

（二）剪切设备

1. 龙门式斜口剪板机

（1）剪板机的结构

龙门式斜口剪板机是使用最广泛的设备之一，外形如图4-1所示，结构如图4-2所示。它的主要工作部件由两个成一定夹角的剪刃组成。下剪刃水平地固定在剪板机的工作台上，待剪钢板放在其上。上剪刃倾斜地固定在横梁5上，横梁与一套偏心机构3相联，飞轮1和偏心机构之间装有离合器 2。当踩下切割踏板时，电动机转动，通过飞轮 1、离合器 2、偏心轴 3 和连杆 4，推动横梁往下移动。当上刀刃碰到工件 8 时，刀刃两侧的金属首先产生弹性变形，随着上刀刃继续下移，材料将产生塑性变形，直到超过材料的抗剪切强度，工件就被剪断。为了防止切割时工件受剪切力的作用发生翻转或移动，可采用机械式、液压或气动夹具将工件压紧在工作台上。

图 4-1 龙门式剪板机外形图

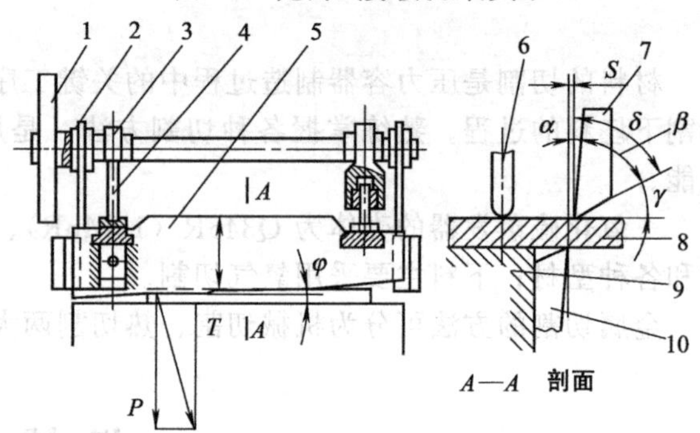

图 4-2 剪板机结构示意图

1—飞轮；2—离合器；3—偏心机构；4—连杆；5—横梁；6—压紧装置；7—上剪刃；8—工件；9—工作台；10—下剪刃

当板料被剪切后，切口处的金属由于剪切时的塑性变形，使上表面向下弯曲，下表面则向下凸出，形成毛刺。由于切口边缘冷态下的塑性变形使其硬度增加、塑性降低，即产生了冷加工硬化现象，对于强度等级高的钢材，这种现象更为明显。切口边缘的硬化范围随着被剪材料厚度的增加而加大，它的存在常成为焊接接头边缘产生裂纹的原因，因此必要时应把切口近旁2～3mm 的硬化区用刨削或其他冷加工方法除去，这也是为什么大厚度、高强度钢板不宜采用机械剪切的原因之一。对具有良好塑性的低碳钢，硬化区的存在会随着焊接过程的热作用而得到消除，切除硬化区的工作就显得不必要了。

(2) 剪刃主要参数

① 剪刃间的间隙。龙门式剪板机两剪刃之间留有间隙 S，如图 4-2 的 A—A 剖面图所示。由于钢板在剪切时首先产生塑性变形，然后发生滑移，最后被切断。如不留间隙，剪切产生塑性变形的金属就会把剪刃挤坏。间隙 S 为被剪钢板厚度的 5%，最大不超过 0.5mm。剪板机的间隙调好后，一般不再做变化。要注意的是剪厚板的剪板机不能剪薄板。

② 上剪刃的倾斜角。为了减少剪板时消耗的功率，上剪刃的倾斜角 ϕ 为 2°～14°。倾斜角 ϕ 不宜过大，否则剪切力的水平分力 T 会增大，且消耗功率也增大。

2. 平口剪板机

平口剪板机的上、下剪刃都是水平的如图 4-3 所示。是斜口剪板机的特殊形式，即上剪刃的倾斜角 $\phi=0$ 时，即为平口剪板机。下剪刃固定在工作台上，上剪刃固定在横梁上，可随横梁一起做上下运动。由于平口剪板机上、下刀剪刃是平行的，剪切时上剪刃同时参与钢板的剪切，工作时受力较大，故需要较大的剪切功率。因此，剪切厚度受到限制，但剪切时间较短，适宜于剪切狭而厚的条钢。剪切后的钢板不会产生弯曲变形比较平直。剪板机的结构与传动方式基本与斜口剪板机相同。

3. 圆盘剪板机

圆盘剪板机的剪切部分是由一对圆形滚刀组成，如图 4-4 所示。剪切时，上、下滚刀作反向转动，材料在两滚刀间，一面剪切，一面给进。所以这种剪板机适宜于剪切长度很长的

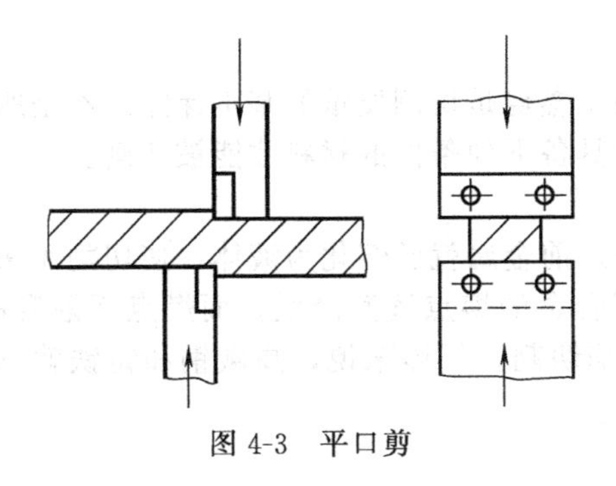

图 4-3 平口剪

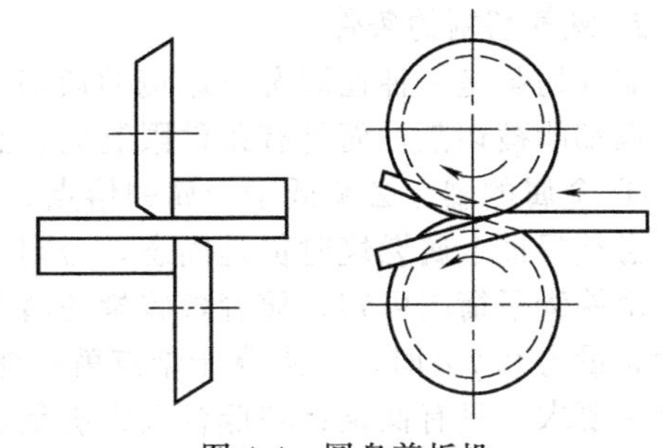

图 4-4 圆盘剪板机

条料。而且剪床操作方便，生产效率高，所以应用较广泛。

剪曲线的剪板机有滚刀斜置式圆盘剪板机和振动式斜口剪板机两种。滚刀斜置式圆盘剪板机又分为单斜滚刀和全斜滚刀两种，单斜滚刀的下滚刀是倾斜的，适用于剪切直线、圆和圆环；全斜滚刀剪床的上、下滚刀都是倾斜的，所以适用于剪切圆、圆环及任意曲线。

4. 砂轮切割

砂轮切割在型钢切割中应用很广泛。砂轮切割是利用砂轮片高速旋转时，与工件摩擦产生热量，使之熔化而形成割缝。为了获得较高的切割效率和较窄的割缝，切割用的砂轮片必须具有很高的圆周速度和较小的厚度。砂轮切割不但能切割圆钢、异型钢管、角钢和扁钢等各种型钢，尤其适宜于切割不锈钢、轴承钢、各种合金钢和淬火钢等材料。目前，应用最广的砂轮切割工具，是可移式砂轮切割机，它是由切割动力头、可转夹钳、中心调整机构及底座等部分组成。切割时将型材装在可转夹钳上，驱动电动机通过皮带传动砂轮片进行切割，用操纵手柄控制切割给进速度。操作时要均匀平稳，不能用力过猛，以免过载或砂轮崩裂。

二、氧-乙炔切割

氧乙炔切割是火焰切割应用最广泛的一种，也称为氧气切割或气割。它的特点是设备结构简单、操作容易。主要用于碳素结构钢、低合金结构钢板的切割下料、焊接坡口的加工，特别适合厚度较大或形状复杂零件坯料的下料切割。将数控技术、光电跟踪技术以及各种高速气割技术应用于火焰切割设备中，氧气切割的工作生产率和切割质量将大大提高，使火焰切割向精密、高速、自动化方向发展。

(一) 氧气割原理

氧气切割的原理是：利用高温下的铁在纯氧气流中剧烈燃烧，铁燃烧时产生的氧化物被切割气流带走，从而达到分离金属的目的。氧气切割的化学反应式为：

$$3Fe+2O_2 \rightarrow Fe_3O_4+Q \text{（放热反应）}$$

1. 氧气切割的过程

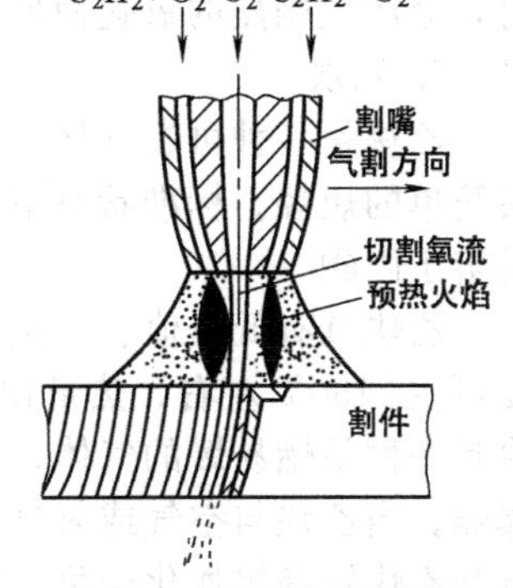

图 4-5 氧气切割过程

氧气切割的过程如图 4-5 所示。

① 点燃氧-乙炔混合气体的预热火焰，将切割金属预热到 1350℃（工件表面发红）。

② 向预热金属喷射纯氧，使高温下的铁在纯氧气流中剧烈燃烧。

③ 高速的纯氧气流将燃烧生成的氧化物从切口中吹掉。

④ 工件燃烧放出的潜热使附近的金属预热，移动割嘴使金属燃烧，切割连续进行。

2. 氧气切割的条件

氧气切割是一种在固态下燃烧的切割方法，固态燃烧是切割质量的基本保障。不是所有的金属都能被切割，而是有条件限制的。必须同时具备下列条件的材料才能被切割。

① 金属的燃点必须低于金属的熔点。

必须保证金属燃烧时仍是固态，否则开始燃烧之前金属就已熔化为液体，使切割无法进行。由铁碳平衡图可知，随着含碳量的增大，铁碳合金的熔点逐渐降低，而燃点逐渐升高。当含碳量为0.7%时，燃点高于熔点就不能采用火焰切割。具体来说，高碳钢和铸铁就不符合这一要求，只有低碳钢和低合金钢满足这个条件。

② 金属氧化物的熔点必须低于金属的熔点。

金属氧化物是铁燃烧的产物，只有液态金属氧化物具有流动性，才能被高速纯氧气流吹走，而金属本身还保持其固体状态。具备这一条件的只有低碳钢和低合金钢，而以铬和镍为主的高合金和有色金属不具备这个条件。如铝的氧化物 Al_2O_3 的熔点为2025℃，高于铝本身的熔点658℃；铬氧化后生成 Cr_2O_3，其熔点高达1990℃，超过钢和铬镍钢的熔点。因此，这些材料也无法采用氧气切割。

③ 金属燃烧时放出的热能足以补偿金属传导及向周围辐射损失的热能。

金属然烧时放出的热量比预热热量大6～8倍时才能维持切割连续进行，才能为切割所需的预热温度提供补充，这是保证切割过程持续快速进行的充分条件。有色金属具有良好的导热性，例如铝的热导率是钢的4倍，燃烧时产生的热会很快向切口的两侧传导而散失，切口处无法保持金属燃烧时所需的温度，这也是有色金属不能使用氧气切割的原因。低碳钢切割时，只有约30%的热能是依靠氧-乙炔火焰燃烧时提供的，其余是铁燃烧时释放的，因此低碳钢不仅切口质量好，而且切割速度快。

(二) 氧气切割气体

1. 氧气

氧气本身不能自燃，它是一种极为活泼的助燃气体，能帮助别的物质燃烧，能与很多元素化合生成氧化物。

工业氧气的制取方法是分离空气。即对空气进行多次压缩、降温，最后被液化，然后利用空气中各组份的沸点不同，再将液态空气通过精馏的方法加以分离，将分离出来的气态氧按不同的压力等级装瓶供使用。

氧气的化合能力随着压力的增加和温度的升高而增加。高压氧和油脂类等易燃物质接触时，会产生剧烈的氧化而使易燃物自行燃烧，甚至发生爆炸，使用时必须注意安全。

2. 乙炔

乙炔是一种可燃气体，分子式为 C_2H_2，是一种无色而带有特殊臭味的碳氢化合物，是最简单的炔烃。标准状态下的密度是1.173kg/m³，沸点为－82.4℃。比空气轻，稍溶于水，易溶于丙酮。

乙炔具有低热值、发热量高、火焰温度高、制取方便等特点。在纯氧中燃烧的火焰，温度可达3150℃左右，热量比较集中，是目前在切割中应用最为广泛的一种可燃性气体。但乙炔是一种易燃易爆的气体，当乙炔压力达0.15MPa，温度达580～600℃时，遇火就会发生爆炸。当乙炔与空气或氧气混合时，爆炸性会大大增加。与铜、银等长期接触也能生成乙炔铜和乙炔银等爆炸化合物。因此，禁止用银或纯铜来制造与乙炔接触的设备或器具。乙炔与氯、次氯酸盐化合会燃烧爆炸，因此乙炔燃烧时禁止用四氯化碳灭火。

乙炔的制取主要利用水分解电石。电石的主要成分是碳化钙，是由生石灰及焦炭为原料在电炉内通过高温化合熔炼而成。其化学反应式为：

$$CaO+3C \longrightarrow CaC_2+CO$$

(三) 氧气切割设备

氧气切割设备由氧气瓶、乙炔气瓶、氧气减压器、乙炔减压器、回火防止器、割炬和胶管组成。

1. 氧气瓶

氧气瓶用来盛装氧气，常用氧气瓶的压力为14.7MPa。为了保证其强度，采用强度级别较高的42Mn2合金钢，并用特殊旋压工艺轧制成一种无缝气瓶，其结构如图4-6所示。氧气瓶的外径为219mm、高度为1370mm、容积为40L。在20℃、0.1MPa条件下的装气量为$6m^3$。按我国《气瓶安全监察规程》规定，氧气瓶外部涂天蓝色油漆，用黑色油漆写上“氧气”两字以作标志。在瓶体上套两个橡胶防振圈，并在瓶体的上方打上检验的钢印标记。氧气瓶在使用过程中每隔3年应检验一次，即检查气瓶的容积、质量，查看气瓶的腐蚀和破裂程度。超期或经检验有问题的不得继续使用。有关气瓶的使用、运输、储存等其他方面应遵循《气瓶安全监察规程》的规定。

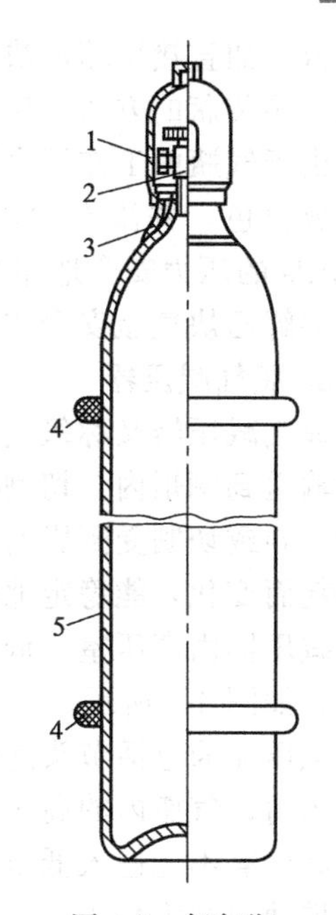

图4-6　氧气瓶
1—瓶帽；2—瓶阀；3—瓶箍；4—防振橡胶圈；5—瓶体

2. 乙炔气瓶

瓶装乙炔已在国内广泛使用，它与移动式乙炔发生器相比，显示出节省能源、减少污染、安全可靠、使用方便等一系列优越性。瓶装乙炔是利用乙炔易溶于某些有机溶剂的特性，又以多孔填料作为溶剂的载体，将乙炔在加压的条件下，充入到乙炔气瓶中。瓶内填有高空隙的填料，溶剂则吸附于众多的微小空隙中。最常用的溶剂是丙酮，常温常压下，一升丙酮可溶解十多升乙炔。在一定的压力范围内，乙炔在丙酮中的溶解度与压力成正比。乙炔钢瓶的容积为40L，可充装乙炔6.3～7.0kg。乙炔气瓶结构如图4-7所示。《乙炔钢瓶安全监督规程》规定，温度在15℃以下的充装压力不得超过1.5MPa，超过15℃时最高限定压力应相

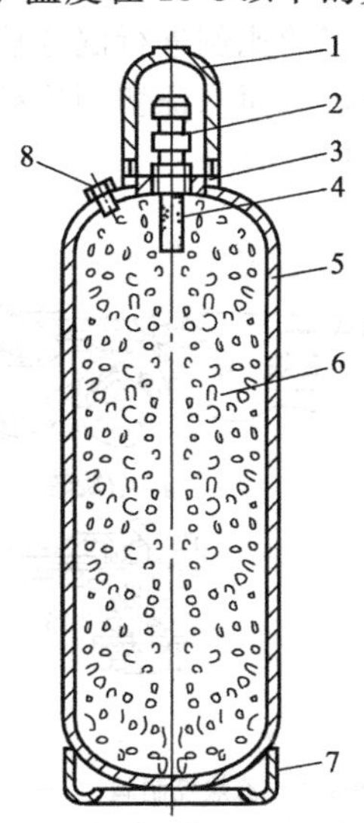

图4-7　乙炔气瓶
1—瓶帽；2—瓶阀；3—瓶口；4—过滤物质；5—瓶体；6—多孔性填料；7—瓶座；8—易熔安全塞

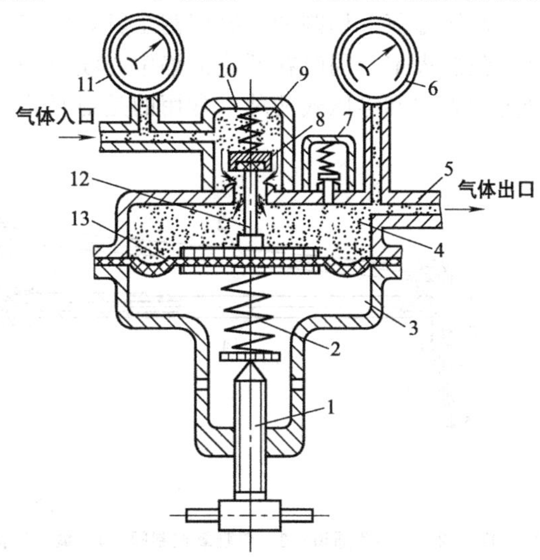

图4-8　氧气减压器
1—调节螺钉；2—调压弹簧；3—外壳；4—低压室；5—出口；6—低压表；7—安全阀；8—减压活门；9—高压室；10—副弹簧；11—高压表；12—传动杆；13—弹性膜片

应降低。如直接压缩乙炔气，其压力不得超过 0.2MPa，否则会引起爆炸。因此，不能采取加压直接装瓶的方法来储存。

由于气瓶的工作压力不高，所以瓶体采用有缝筒体与椭圆封头焊接而成。乙炔瓶体通常被漆成白色，并漆有“乙炔”红色字样。瓶内装有浸满丙酮的多孔性填料，可使乙炔以 1.5MPa 的压力安全地储存在瓶内。有关乙炔气瓶的使用、运输和储存按国家质检总局颁布的《溶解乙炔气瓶安全监察规程》执行。

3. 氧气减压器

氧气减压器又称氧气表，其作用是将氧气瓶内高压气体的压力降低到工作时所需要的压力并输送到割炬内。切割时，氧气瓶内的压力随着用气量的增多会逐渐降低，造成工作压力波动，导致切割受到影响。为了保证切割的稳定性，应要求减压器的工作压力不随瓶内氧气的消耗而变化，能稳定地维持在调整好的工作压力上。常用的减压器为单级反作用式。

减压器由高压室、低压室、弹性膜片、减压活门、传动杆、调压弹簧、调节螺钉等部件组成，如图 4-8 所示。

减压器通过活节头连接在氧气瓶上，非工作状态时，调节螺钉 1 是松弛状态。打开气瓶上的阀门，气瓶内的高压氧进入高压室 9。由于减压活门 8 被副弹簧 10 紧紧压在活门座上，因此高压氧不能进入低压室 4。当顺时针拧紧调节螺钉 1 时，调压弹簧 2 受压缩产生的压缩力，推动弹性膜片 13 向上运动。由安装在弹性膜片上的传动杆 12，克服副弹簧 10 的压力后，将减压活门顶开。此时高压室的氧气从减压活门 8 的间隙进入低压室 4 内膨胀形成低压。

切割时，低压室压力降低，减压活门的开启程度就会逐渐增大，高压室的氧气进入低压室，维持切割工作压力不变。不切割时，氧气停止输出，低压室的压力升高，推动膜片向下运动，减压活门开启程度减小，直至关闭。这种自动调节作用可保证输出的氧气压力不变。

随着氧气不断的消耗，氧气的压力逐渐降低，高压室内的压力也相应降低，使活门开启程度增大，保证低压室的压力不变故称为反作用式。

4. 割炬

割炬是氧气切割的重要切割工具，它将氧气和乙炔以一定的比例进行混合后形成一定能率的预热火焰，同时在预热火焰中心喷射一定压力的切割氧，从而保证切割连续进行。割炬分为射吸式和等压式两种，常用的是射吸式，其结构如图 4-9 所示。

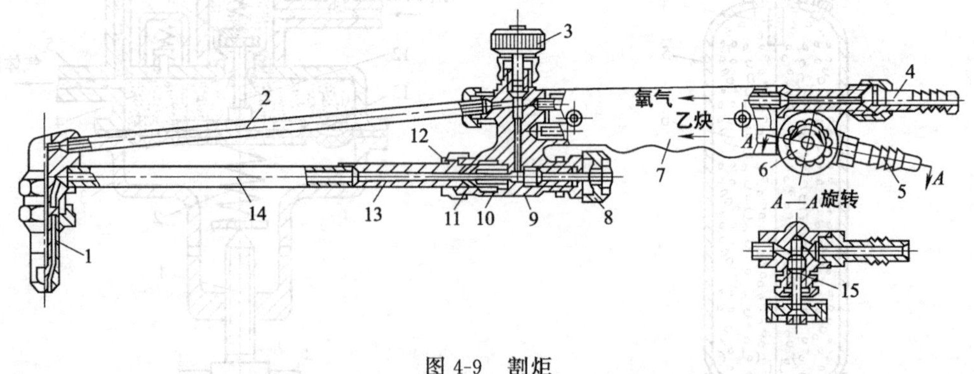

图 4-9 割炬

1—割嘴；2—切割氧通道；3—切割氧控制阀；4—氧气管接头；5—乙炔管接头；6—乙炔控制阀；7—手把；8—预热氧控制阀；9—主体；10—氧气针阀；11—喷嘴；12—射吸管螺母；13—射吸管；14—混合气管；15—乙炔针阀

射吸式割炬工作时，先开乙炔控制阀 6，再开预热氧控制阀 8，使乙炔和氧气以一定的比例混合。当氧气从喷嘴 11 中高速喷到射吸管 13 中时，由于截流作用，在喷嘴周围形成负压，将乙炔吸入到射吸管中与氧混合，然后经割嘴 1 的环形通道射出。这是预热火焰的气路通道。而切割氧气则经切割氧通道2和切割氧气控制阀3形成通路，从割嘴中心喷出。射吸式割炬有三种不同型号，同一型号又配有三个或四个孔径不同的割嘴，以适应不同切割厚度的工件。

(四) 切割火焰

1. 切割火焰的组成

切割火焰有焰芯、内焰和外焰三部分组成，如图4-10所示。焰芯呈尖锥形，色白而明亮，轮廓清楚；外焰是氧乙炔燃烧的外轮廓，颜色由里向外逐渐由淡紫色变成橙黄色。它是未燃烧的一氧化碳和氢气与空气中的氧化合燃烧的部分；内焰呈蓝白色，有深蓝色线条呈杏核形，依乙炔与氧气比例的改变，在焰芯和外焰之间移动。随着氧气比例的增大，内焰逐渐向焰芯靠近，甚至进入焰芯；当氧气比例减小时，内焰逐渐远离焰芯。切割时可调整内焰选择不同的切割火焰。

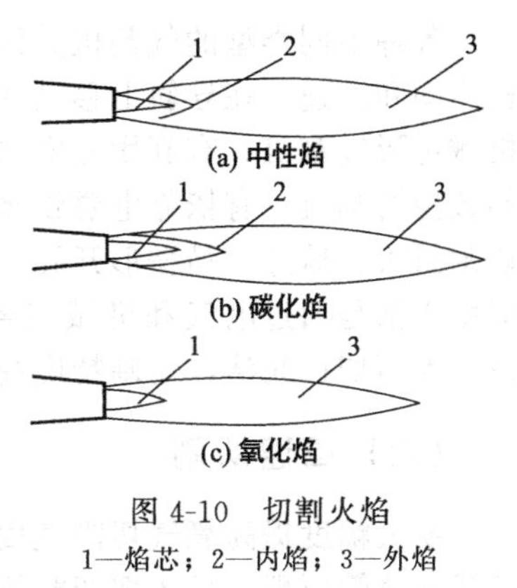

图4-10 切割火焰

1—焰芯；2—内焰；3—外焰

2. 切割火焰选择

乙炔完全燃烧的化学反应式：

$$2C_2H_2+5O_2 \Longrightarrow 4CO_2+2H_2O+Q$$

1体积的乙炔完全燃烧需要2.5体积的氧气。由于点燃割炬时大气中的氧也加入燃烧，故氧和乙炔的比例为1∶2。按这个比例可以把切割火焰分成氧化焰、碳化焰和中性焰三种，如图4-10所示。

中性焰：$O_2/C_2H_2=1.2$，乙炔和氧完全燃烧，火焰特征是焰芯和内焰相等。即调节割炬上的预热氧控制阀让内焰的端部刚好与焰芯的端部平齐。燃烧后的气体中无过剩的氧，也无游离的碳，正是焊接及氧气切割低碳钢和低合金钢时选用的火焰。

氧化焰：$O_2/C_2H_2>1.2$，氧的比例大于乙炔，燃烧反应剧烈，可听到剧烈的嘶嘶声。火焰特征是内焰大于焰芯。即调节割炬上的预热氧控制阀让内焰的端部进入焰芯，过多的氧会使金属氧化。常用于焊接低沸点的金属。

碳化焰：$O_2/C_2H_2<1.2$，乙炔和氧不完全燃烧，乙炔量过大形成过多的碳，火焰特征是内焰小于焰芯。即调节割炬上的预热氧控制阀让内焰的端部离焰芯有一段距离。主要适合于焊接高碳钢。

切割火焰调节措施：通过调节割炬上氧气和乙炔的控制阀来选择不同的切割火焰。

(五) 半自动氧气切割

由于手工氧气切割效率低、质量差，且劳动强度大，特别不适合大批量切割同一种零件。因此，半自动切割机、仿形切割机、光电跟踪切割机及数控切割机等在容器制造中得到了广泛的应用。机械化切割的应用，在提高氧气切割效率、保证切割质量、减轻劳动强度等方面显示出手工切割所不能比拟的优势。

在压力容器制造厂及承担预制工作的石油化工厂施工单位，各种半自动气割机被广泛采用。这种气割机具有轻便、灵活的特点，可进行直线、弧线或圆形件和各种型式坡口的气割。半自动切割机由切割小车、导轨、割炬、气体分配器、自动点火装置及割圆附件等组成。割炬固定在由电动机驱动的小车上，小车在轨道上行走，可以切割较厚、较长的直线钢板或大半径的圆弧钢板。通过调整割炬的角度，可以加工V形、X形坡口。其切割厚度为5～60mm，切割速度为50～750mm/min。每台切割机配有三个不同孔径的割嘴，以适应不同厚度的钢板。在直线切割时，导轨放在被气割钢板的平面上，使有割炬的一侧，面向操作者。根据钢板的厚度，调整气割角度和速度。

各种不同类型的气割机其区别仅在于使割炬移动的原理和方式不同：有依靠由直流电动机驱动和调速，在导轨上移动或在割圆附件上转动的半自动气割机；有按照靠模样板移动的机械仿形气割机；有利用光电原理对切割线按图样自动跟踪的光电切割机；有用计算机控制的数控切割机；有依靠电磁铁吸附在管子上，并沿管子外表面转动的管子气割机，以及用于切割封头、球片、马鞍形开孔的专用气割机等。它们都有各自的应用范围和应用的局限性，但由于都是通过电气和机械装置移动，速度均匀，在较大范围内可以进行无级调速，速度快，因而切口光洁，切割精度高，克服了手工割炬的不足，在不同领域得到应用。

（六）高速切割

要大幅度提高氧气切割速度，必须提高氧气流的动量和纯度，同时强化预热过程。根据拉伐尔喷管原理，只要把切割氧孔道做成扩散型，并把切割氧压力提高，即可显著增大切割氧气流的动量。这样一方面促使钢板燃烧反应加速，另一方面增加了排渣能力。

为了进一步加速钢板的燃烧反应，把切割氧孔道的出口突出预热出口 2～4mm，切割时可缩短切割氧出口至钢板表面的距离，从而能减低周围大气和预热火焰中杂质对切割氧流的污染程度，相对提高了切割氧的纯度。将割嘴改造成扩散型的结构，有利于增高切割速度和切口质量。如图 4-11 所示，切割氧通道的形状是拉伐尔喷管状。其特点是预热火焰长而集中，加热效率高，切割表面光洁，切割速度高，排渣容易，制造方便，成本低。将其装在半自动切割机或数控切割机上，可实现高速和高精度切割。

（七）数控切割机

数控切割机是目前最先进的热切割设备。它在数控系统的基础上，经过二次开发运用到热切割领域，可以控制氧气切割、普通等离子切割、精细等离子切割等。数控切割无需划线，只要输入程序，即可连续完成任意形状的高精度切割。目前，已有采用工控机作控制系统的切割机，它可以现场直接绘制 CAD 图形，或者将 CAD 图形输入系统，实现图形跟踪切割。

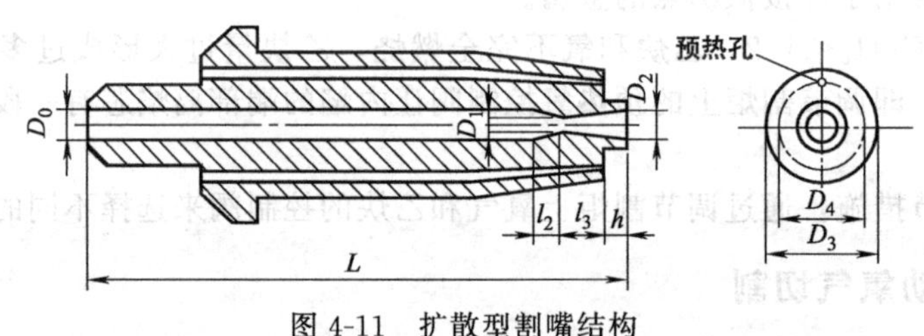

图 4-11 扩散型割嘴结构

数控切割机是一种高效率节约能源的切割设备。适用于各种碳钢、厚板及有色金属板的精密切割、下料。板材利用率高，省时省料。数控切割编程方式和操作方式简单，可对图形实现自动排序。操作人员只需输入切割数量与排列方向，即可实现大批量连续自动切割。

（八）氧气切割工艺规范

切割工艺参数主要包括：切割氧压力、切割速度、预热火焰能率、割嘴与工件间的倾角、割嘴至工件表面的距离等。

1. 氧气压力

氧气压力是根据切割材料的厚度来确定。压力过低时氧化反应速度减缓，切割速度变慢，而且氧气流不足以吹净氧化渣而使其附着在切缝的背面。压力过高时不仅使氧气消耗量增加，而且对工件产生强烈的冷却作用，使切割缝表面粗糙，割缝变宽，同样限制了切割速度的提高。

2. 切割速度

切割速度应与金属氧化的速度相适应。控制切割速度应使火焰和熔渣以接近于垂直的方向喷向切割件的底面为准。速度太慢时会使切口上缘熔化，导致切口过宽。速度太快时后拖量过大，甚至切割不透（即上部金属已切断，而下部金属未烧透）。后拖量一般保持钢板厚度的10%～15%为宜，如图4-12所示。

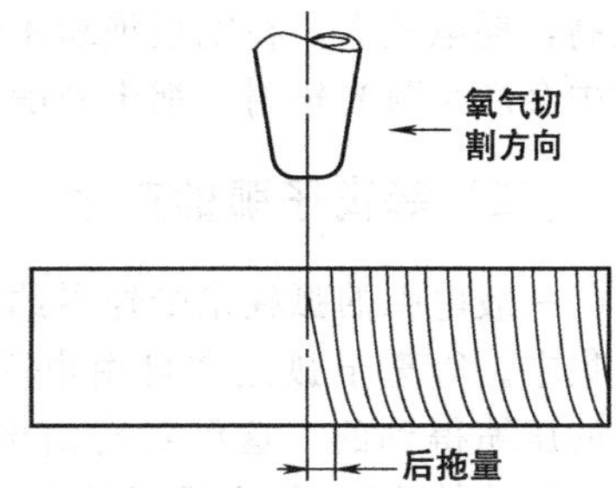

图4-12 后拖量

3. 切割氧纯度

氧和氮的汽化点比较相近，制氧过程中有可能混入氮，使燃烧温度降低。氧的纯度每降低1%，切割1m长的钢板，时间增加10%～15%，耗氧量增加25%～35%。切割用氧的纯度为：Ⅰ级不小于99.2%、Ⅱ级不小于98.5%。

4. 割嘴与工件之间的倾角和距离

割嘴与工件之间的距离为切割火焰焰芯的长度为宜。因为距离较长时切割热量损失大，从而切割速度就慢。距离较短时会使切口金属边缘熔化而产生渗碳。切割产生的飞溅易堵塞割嘴孔，严重时产生回火现象。

割嘴一般应垂直于切割件表面。对直线切割厚度小于20mm的切割件，割嘴可沿切割方向后倾10°～30°，以减小后拖量，提高切割速度。割嘴的倾斜角度直接影响切割速度与熔渣喷射的方向和后拖量。切割6～20mm钢板，割嘴的轴线应与钢板的表面垂直；切割6mm以下的钢板，割嘴的轴线应向后倾斜5°～10°；切割大于20mm的钢板时，割嘴的轴线应先倾斜5°～10°，当工件快割穿时，割嘴迅速与钢板的表面垂直。

三、等离子切割

（一）等离子切割的特点

1. 什么是等离子

在通常情况下，气体是不导电的。但是通过某种方式使气体的中性分子或原子获得足够能量，就可使外层的一个或几个电子分离，而变成带正电的正离子和带负电的电子。这就是气体电离的过程，而被充分电离的气体，则称为等离子体。

在等离子体中的原子、电子和正离子，一方面由于不断激发，使原子不断离解成电子和正离子；另一方面电子、正离子又不断地复合成原子，在一定条件下，这种离解、复合过程将达到某种动态平衡状态。当电子和正离子复合时，以热和光的形式释放能量，使等离子体具有很高的温度和强烈的光。

2. 等离子切割特点

等离子切割是电弧切割的一种。它利用压缩强化的电弧，使气体介质被充分电离，获得一种比电弧温度更高、能量更集中，具有很大的动能和冲刷力的等离子焰流，将切口处金属迅速熔化，随即由高速气流把熔化金属吹走，使金属或非金属材料分离。

等离子焰流的温度可达13000～14000℃，速度可达300～1000m/s，高能密度可达48kW/cm²。它可以熔化任何难熔的以及用火焰和普通电弧所不能切割的金属和非金属，如不锈钢、铝、铜、铸铁、钨、钼以及陶瓷、水泥和耐火材料等。

等离子切割具有切割厚度大、切口较窄、切口平整光滑、热影响区小、变形小、速度快、生产率高、机动灵活和装夹工件简单以及可以切割曲线等优点。缺点是：电源的空载电压高，耗电量大，在割炬绝缘不好的情况下容易造成操作人员触电。设备相对较贵，切割过程中会产生弧光辐射，烟尘及噪声等。

(二) 等离子弧的产生

一般电弧的弧柱未受外界约束称为自由电弧，弧柱内气体也未完全电离，能量也不是高度集中。等离子弧是在自由电弧的基础上，经过进一步的压缩得到的。这种对自由电弧强迫压缩的作用称为“压缩效应”。等离子弧是由三种形式的压缩效应得到的。等离子弧的产生如图 4-13 所示。

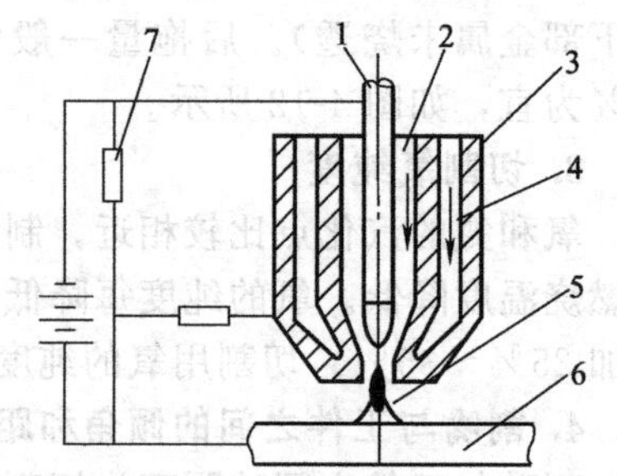

图 4-13　等离子弧发生装置示意图
1—钨极；2—气体；3—割嘴；4—冷却水；5—等离子弧；6—工件；7—高频振荡器

(1) 机械压缩效应

当自由电弧产生后，强迫自由电弧通过割嘴上的细孔，对弧柱进行机械压缩。

(2) 热压缩效应

在割嘴中通有高速冷却的气流（常温）。这种气流均匀包围着弧柱，并得到割嘴外部冷却水的冷却，不断把热量带走，使弧柱边缘层的温度下降，边缘层的气体电离程度急剧降低，从而失去导电能力。这就迫使带电粒子流（电子和正离子）向高温和高电离度的弧柱中心区域集中，结果使弧柱直径变细，即对弧柱进行热压缩。

(3) 电磁压缩效应

可以把弧柱中的带电粒子流看成是无数根平行的通电导体。导体自身的磁场所产生的磁力使导体相互吸引，由于弧柱中心的电流密度很高，这种作用也就十分显著，已被压缩变细的弧柱由于这种相互的吸力而进一步收缩。即对弧柱进行电磁压缩。

经过上述三个压缩效应，使弧柱显著收细，能量高度集中，弧柱内的气体完全电离，形成稳定的等离子弧。

通过割嘴对电弧进行热压缩的常温气体被电弧加热，在割嘴孔道内形成高温气体与等离子弧一起从割嘴内以超过音速的速度喷出，使等离子弧焰流具有强大的机械冲刷力。

(三) 等离子弧的类型

根据电极的不同接法，切割用的等离子弧可分为两种类型。

(1) 转移型等离子弧（直接弧）

如图 4-14 (a) 所示。电极接负极，工件接正极，等离子弧产生在电极和工件之间。由于高温的阳极斑点（电极端面上发射或吸收电子的区域叫斑点或辉点，阳极斑点温度高于阴极斑点）直接落在工件上，因此，工件上常受到的热量高而集中。这种直接弧，常用于切割各种金属的中厚板。

(2) 非转移型等离子弧（间接弧）

如图 4-14 (b) 所示。电极接负极，割嘴作正极，等离子弧产生在电极和割嘴内表面之间。它依靠从割嘴喷出的等离子焰流来加热熔化金属，所以温度不如转移等离子弧高，能量也不如它集中。主要用于薄板和非

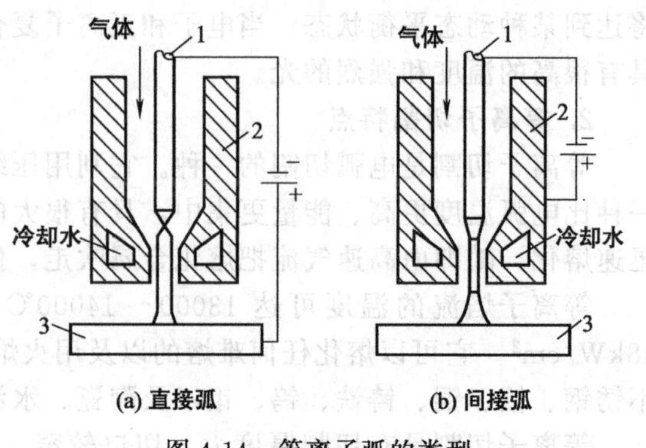

图 4-14　等离子弧的类型
1—电极；2—喷嘴；3—工件

金属材料的切割。

（四）等离子切割工艺

等离子切割质量，是由切缝是否平直、光滑，背面有无粘渣，切缝的宽度和热影响区的大小来衡量。主要参数有气体流量、空载电压、切割电流、工作电压、切割速度、喷嘴到工件的距离、钨极到喷嘴端面的距离及喷嘴尺寸等。这些参数的选取与切割厚度等因素有关。

（1）等离子切割机的切割功率选择

等离子切割机的切割功率大小应根据切割厚度（参照表 4-1）选取。切割较厚的钢板应选择较大功率档或大功率切割机，选择切割功率时还应考虑喷嘴和电极相匹配。

表 4-1 手工切割工艺参数

切割厚度 /mm	喷嘴孔径 /mm	功率 /kW	切割速度 /m·min^{-1}	割缝宽度 /mm
10～12	2.8	25	2.0～2.5	4.0～5.0
15～20	2.8	35	1.5～2.0	4.5～5.5
25～35	3.0	45	1.0～1.5	5.0～6.5
40～50	3.2	60	0.6～1.0	6.5～8.0
50～60	3.2	70	0.4～0.6	8.0～10.0
80	3.2	100	0.2～0.4	10.0～12.0

（2）空载电压

切割电源应具有较高的空载电压，一般为 150～200V。若空载电压高，则引弧容易、电弧燃烧稳定、等离子弧挺直度好、机械冲刷力大、切割速度快且质量好。但安全性差，易使操作人员触电。

（3）切割电流与工作电压

在不影响喷嘴寿命和电弧稳定性的情况下，应采用较大的切割电流和较高的工作电压以提高切割速度和切割厚度。一般工作电压为空载电压的 60%以上，可以延长割嘴的使用寿命。当切割电流过大时，弧柱变粗、割缝变宽、切割质量下降。切割电流和工作电压这两个参数决定着等离子电弧的功率。

（4）气体流量

增加气体流量，既能提高工作电压，又能增强对电弧的压缩作用，使等离子弧的能量更加集中，有利于提高切割速度和质量。当气体流量过大时，部分电弧热量被冷却气流带走，反而使切割能力减弱。

（5）切割速度

在电弧功率不变的情况下提高切割速度，能使切缝变窄，热影响区域不大且切割工件变形小。但切割速度过大，则不易切透工件。切割过慢会降低生产率，增加切缝处的粘渣，使得切缝粗糙，工件变形较大。切割速度主要取决于钢板厚度、切割功率和喷嘴孔径等。在切割厚板时，应适当减小切割速度，否则切割后拖量太大，甚至切割不透；当钢板厚度不变时若用较大功率的切割机，则切割速度应加快，否则切割缝和热影响区太宽，切割质量变差。

空气流量要与喷嘴孔径相适应。气体流量较大时有利于压缩电弧，使等离子弧的能量更集中，吹力更大。因此可提高切割速度并及时吹走熔化金属，且有利于避免烧坏喷嘴。但气体流量过大时，从电弧中带走的热量太多，不利于电弧稳定。因此要选择合适的空气压力和流量。

(6) 喷嘴至工件的距离

在电极内缩量一定时（通常为2～4mm），喷嘴距切割件的距离一般为4～6mm，电极尖端角度为50°左右。距离过大，电弧电压升高，电弧能量散失增加，切割工件的有效热量相应减小，使切割能力减弱。距离过小，嘴割损坏较快。

(7) 电极至喷嘴端面距离

一般取电极至喷嘴端面距离为8～11mm。距离过大时，工件的加热效率低，电弧不稳定。距离过小，等离子弧被压缩的效果差，切割能力减弱，易造成电极和喷嘴短路而烧坏喷嘴。

上述工艺参数应综合考虑，不同材料的切割规范也不同。

四、碳弧气刨

碳弧气刨虽然是一种热切割的方法，但在生产实际中常把它作为一种辅助切割。这是因为碳弧气刨的热源是焊接电弧，没有像等离子那样进行处理，所以能量不够集中，切口比较宽也不光滑整齐，切割速度还比较低。因而碳弧气刨的切割质量和效率都不高，但可应用于氧气切割无法切割的材料及焊缝坡口的加工等场合。

碳弧气刨的特点是在清除焊缝或铸件缺陷时，被刨削面光洁锃亮，在电弧下容易发现各种细小的缺陷，因此，有利于焊接质量的提高，降低工件加工的费用。碳弧气刨主要用于氧气切割难以切割的金属，如铸铁、不锈钢和铜等材料。并适用于仰、立各个位置的操作，尤其在空间位置刨槽时更为明显，大大降低了劳动强度。与等离子切割相比，气刨设备简单成本低，对操作人员要求较低。缺点是在刨和削的过程中会产生一些烟雾、噪声，在通风不良处工作，对人的健康有影响。另外，目前多采用直流电源，设备费用较高，有一定的热影响区和渗碳现象。

(一) 工作原理及应用

碳弧气刨在以碳棒为一极，工件为另一极的回路中，利用碳棒与工件电弧放电而产生的高温，将金属局部加热到熔化状态，同时借助夹持碳棒的气刨钳上通入的压缩空气将熔化的金属吹掉，从而达到对金属进行刨削或切割的目的。切割原理如图4-15所示。

在压力容器制作中，碳弧气刨常用于不锈钢容器的开孔，双面焊时清焊根，对有缺陷的焊缝进行返修时清除缺陷，开U形坡口，切割不锈钢等金属的异形工件。

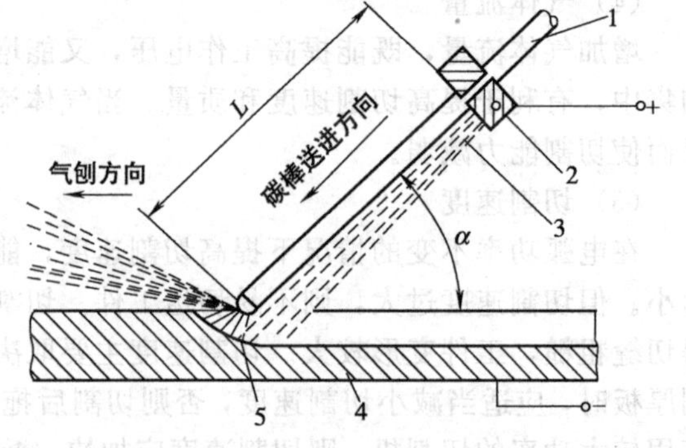

图4-15　碳弧气刨示意图

1—碳棒；2—气刨枪夹头；3—压缩空气；4—工件；5—电弧

(二) 碳弧气刨设备

1. 电源设备

碳弧气刨采用直流电源。电源特性与手工电弧焊相同，即要求具有陡降的外特性和较好的动特性。因此直流手工电弧焊机和具有陡降外特性的各种直流弧焊设备都可以充当碳弧气刨电源。但碳弧气刨一般选用的电流较大，连续工作时间较长功率较大的直流焊机。

2. 刨枪

刨枪按送风方式可分圆周送风式和侧面送风式。圆周送风式具有良好的导电性，吹出来的压缩空气集中而准确，电极夹持牢固，更换方便；外壳绝缘良好；重量轻以及使用方便。钳式侧面送风结构，在钳口端部钻有小孔，压缩空气从小孔喷出，并集中吹在碳棒电弧的后侧。它的特点是压缩空气紧贴着碳棒吹出，当碳棒伸出长度在较大范围内变化时，始终能吹到且吹走熔化的金属；同时碳棒前面的金属不受压缩空气的冷却；碳棒伸出长度调节方便，碳棒直径大或小都能使用。缺点是只能向左或向右单一方向进行气刨，因此在有些使用场合显得不够灵活。圆周送风刨枪可弥补其缺陷，应用较广泛。

（三）碳弧气刨工艺

1. 工艺参数及其影响

（1）极性

碳弧气刨多采用直流反接（工件接电源的负极，碳棒接电源的正极）。普通低碳钢采用反接时，熔融金属的含碳量为1.44%，而正接时为0.38%。含碳量高时，金属的流动性较好，同时凝固温度较低，使刨削过程稳定、刨槽光滑。

（2）电流与碳棒直径

电流太小切割速度慢，还容易产生夹碳现象。电流较大，则刨槽宽度增加，可以提高刨削速度，并能获得较光滑的刨槽质量。电流的大小与碳棒的直径有关，不同直径的碳棒，可按下面公式选取电流。

$$I=(30-50)d$$

d 为碳棒的直径，单位为mm。而碳棒直径的选取应考虑钢板厚度，见表4-2。

表4-2　碳棒直径的选取　/mm

钢板厚度	碳棒直径	钢板厚度	碳棒直径
3	一般不刨	8～12	6～7
4～6	4	>10	7～10
6～8	5～6	>15	10

（3）刨削速度

刨削速度对刨槽尺寸、表面质量都有一定的影响。刨削速度太快，会造成碳棒与金属相碰，使碳棒在刨槽的顶端形成所谓“夹碳”的缺陷。刨削速度增大，刨削深度就减小。一般刨削速度在0.5～1.2m/min左右较合适。

（4）压缩空气压力

常用的压力为0.40～6MPa，压力提高则对刨削有利。但压缩空气所含的水分和油分应加以限制，否则会使刨槽质量变坏。必要时可加过滤装置。

（5）电弧长度

碳弧气刨时，电弧长度约为1～2mm。电弧过长时，电弧电压增高，会引起操作不稳定，甚至熄弧。电弧太短，容易使碳棒与工件接触，引起“夹碳”缺陷。在操作时为了保证均匀的刨槽尺寸和提高生产率，应尽量减小电弧长度的变化。

（6）碳棒的伸出长度

碳棒从钳口导电嘴到电弧端的长度为伸出长度。一般为80～100mm左右。伸出长度大，压缩空气吹到熔渣的距离远，引起压缩空气压力不足，不能顺利将熔渣吹走；伸出长度太短，会引起操作不方便，一般在碳棒烧损20～30mm时，就需要对碳棒进行调整。

2. 碳弧气刨的常见缺陷和预防措施

(1) 夹碳

刨削速度太快或碳棒送进过猛，会使碳棒头部碰到铁水或未熔化的金属上，电弧就会短路而熄灭。由于这时温度还很高，当碳棒再往前送或向上提时，头部脱落并粘在未熔化的金属上，形成夹碳。这种缺陷不清除，焊后易出现气孔和裂纹。清除方法是在缺陷前端引弧，将夹碳处连根刨掉。

(2) 铜斑

有时因碳棒镀铜质量不好，铜皮成块剥落。刨削时剥落的铜皮呈熔化状态，在刨槽表面形成铜斑点。如不注意清除铜斑，铜进入焊缝金属的量达到一定数值时会引起热裂纹。清除方法是在焊前用钢丝刷将铜斑刷干净。

(3) 其他

粘渣、刨槽不正和深浅不均、刨偏等缺陷，都会降低刨削质量。

五、焊缝坡口的边缘加工

(一) 边缘加工目的

板材的边缘加工是焊接前的一道准备工序，其目的在于除去切割时产生的边缘缺陷。根据焊接方法的要求，当切去边缘的多余金属并开出一定形状的坡口时，应保证焊缝焊透所需的填充金属是最少的。为了满足焊接工艺的要求，保证焊接的质量，钢板厚度较大时需要在焊缝处开坡口。

手工焊板厚大于6mm，埋弧自动焊板厚大于10mm时，必须将钢板的边缘加工成各种形式的坡口。焊接坡口的形状与尺寸，应按GB 985—80《手工电弧焊焊接接头的基本型式与尺寸》和GB 986—80《埋弧焊焊接接头的基本型式与尺寸》规定选择。其中有V形、X形、U形及双U形等，可根据焊件厚度、焊接方法和施焊方法（单面或双面）来选定。

(二) 钢板边缘的加工方法

坡口形式的选用是由焊接工艺所确定的，而坡口的尺寸精度、表面粗糙度取决于加工方法。目前，焊缝的常用边缘加工方法有氧气切割及机械加工两种。

1. 氧气切割坡口

氧气切割坡口通常和钢板的下料结合起来，而且多半采用自动或半自动的方法进行，仅在缺乏这些设备或不适应时才采用手工氧气切割。

(1) 单面V形坡口的加工

手工切割：将割炬与工件表面垂直，割嘴沿着切割线匀速移动，完成切断钢板下料的工作。然后再将割炬向板内侧倾斜一定的角度，完成坡口的加工。切割后钝边就处于板的下部。

半自动切割：利用半自动切割机，将两把割炬一前一后的装在有导轨的移动气割机上，前一把割炬垂直切割坡口的钝边，后一把割炬向板内倾斜，可完成坡口的加工任务。如图4-16所示。两把割炬之间相隔距离A，其大小取决于切割板的厚度，见表4-1。

(2) 双面X形坡口加工

三氧化硫蒸发器的壳焊缝为不对称的 X 形坡口，其结构如图 4-17 所示，X 形坡口多用于较厚的钢板，用两把或三把割炬同时进行切割。如图 1-18 所示，割炬 1 在前面移动，垂直钢板切割出钝边；割炬 2 在后面与割炬 1 相距 A 距离，并向外倾斜一定角度，负责切割钢板的底面坡口；割炬 3 与割炬 1 相距 B 的距离，向内倾斜切割出钢板的上坡口。三个割炬的排列方式如图 4-18 所示。三个割炬同时工作可一次切割出 X 形坡口。

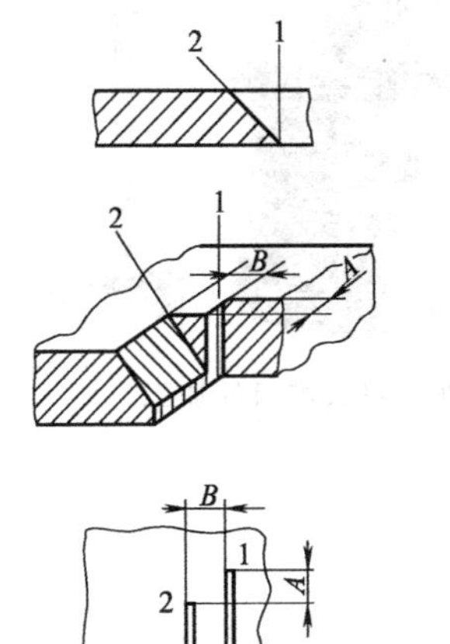

图 4-16　氧气切割 V 形坡口

1—垂直割嘴；2—倾斜割嘴；A—割嘴 1、2 之间的距离；B—割嘴 2 倾斜的距离

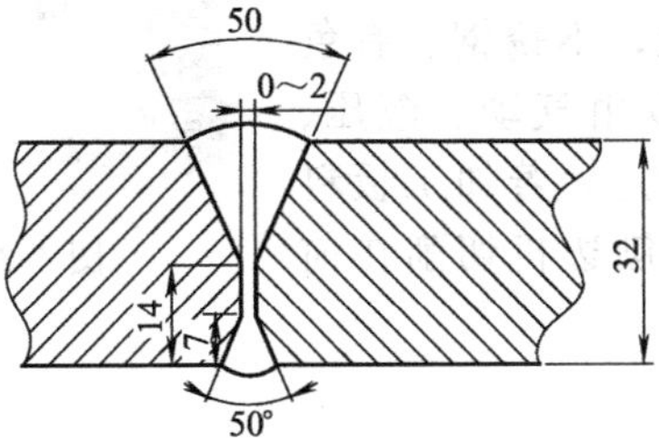

图 4-17　筒体纵缝坡口形式

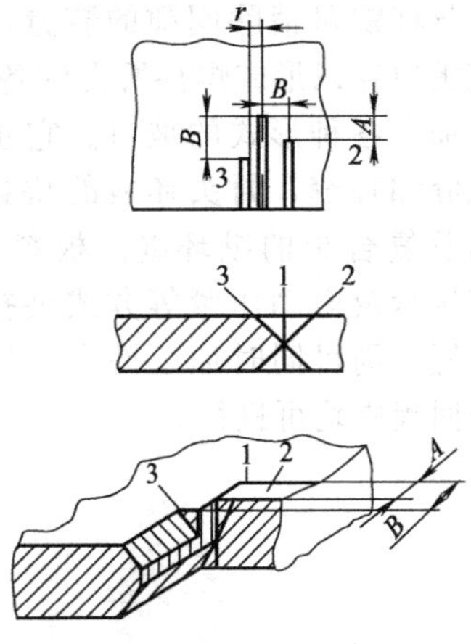

图 4-18　切割 X 形坡口

1—垂直割炬；2,3—倾斜割炬；A—割炬 1、2 之间的距离；B—割炬 1、3 之间

(3) U 形坡口的加工

开 U 形坡口由碳弧气刨和氧气切割联合完成。首先由碳弧气刨在钢板边缘做出半圆形凹槽，如图 4-19 所示。凹槽的半径应与坡口底部的半径相等。然后用氧气切割按规定的角度切割坡口的斜边，这个角度通常在 10°～30°左右。切出的斜边应在凹槽的内表面相切的方向上。

(4) 封头坡口的加工

封头坡口多采用立式自动火焰切割装置，如图 4-20 所示。封头放在花盘上，导杆固定不动。割嘴可在导杆上下移动，并作一定角度的倾斜，以对准封头的切割线，完成切断和切割坡口工作。切割前先移动切割嘴使之高于封头切割线约 15mm，再打开并调整预热火焰。接着自上而下切割，直到割嘴与封头切割线相重合时，立即停止割嘴的向下移动，然后转动花盘，沿切割线切去余高。花盘的转动速度决定了切割速度，可根据封头直径和厚度进行调节。

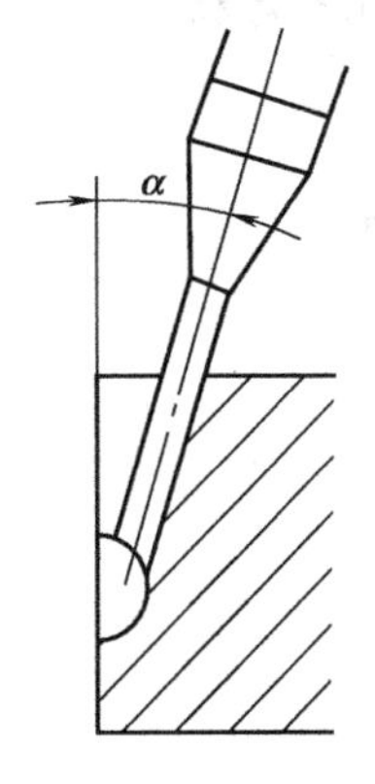

图 4-19　U 形坡口的加工

2. 刨边机加工坡口

刨边机加工坡口在压力容器制造行业十分普遍。刨边机的工作行程一般为 12m 左右，加工厚度在 200mm 以内。刨边机切削具有加工尺寸精确、质量好、生产率高的优点。刨边机主要由床身、横梁、立柱、主传动箱、刀架、液压系统、润滑系统及电气控制系统等到组成，如图 4-21 所示。机床的床身、横梁、立柱均采用钢板焊接结构，强度高、钢性好。主传动箱由交流电动机驱动，经蜗杆、蜗轮、齿轮变速，最后与床身上的齿条吻合，实现往复运动；行程速度的变化靠变速手柄实现；行程换向靠换向开关实现。主传动箱右下部是润滑油及油池，在箱底下还装有带滚轮的弹簧卸载装置；在上面装有进给箱和刀架。主传动箱还专为机床操作规程

者设置了座椅。进给箱位于主传动箱上部左右两侧，控制按钮和操作手柄都集中在上面，操作方便。进给箱采用双向超越离合器结构，进给量是由固定掣子和活动掣子之间的角度来决定。刀架装在进给箱侧面，刀架的运动可手动或机动，刀架设有自动抬刀及丝杠螺母消除间隙的装置。刨边机是用刨刀加工钢板边缘以形成焊接所需的各种坡口的专业机床，可以加工各种形式的坡口。它主要适应于容器壳体的纵缝和环缝，封头坯料的拼接缝，不锈钢、有色金属及复合板的纵环缝。板料可以由气动、液压、螺旋压紧及电动压紧等方式夹持固定。若加工板料比较短，则可同时加工许多工件，刨边机切削在前进与回程中均可进行。

图 4-20 封头坡口的加工

图 4-21 刨边机外形图

3. 车床加工坡口

对于封头环缝，封头顶部中心开孔的坡口，大型厚壁筒体，可在立式车床加工完成。其优点是对各类坡口形式都适宜，钝边及封头直径尺寸精度高。国内一些大型锅炉制造厂和压力容器厂都配有 5m 立式车床。卷制好的筒节可用端面车床加工各种形式的坡口。

【思考题】

1. 机械切割为什么不宜剪切厚度太厚的钢板？
2. 斜口剪板机两剪刃之间为什么要留间隙？剪厚板的剪板机为什么不能剪薄板？
3. 为什么氧气切割只能切割低碳钢和低合金钢？
4. 等离子切割有哪些类型，各适应什么场合？
5. 为什说碳弧气刨是一种辅助切割？而在压力容器制造中得到广泛应用？
6. 焊缝的坡口有哪些加工方式，各有什么特点？

【相关技能】

一、手工氧气切割技能实训

手工氧气切割是压力容器材料在下料切割时的一种基本方法，也是学生应该掌握的一项技能。

(一) 氧气切割的目的

① 了解氧气切割的原理及切割条件;

② 熟悉割炬、气瓶、减压器等设备的结构及性能，并能熟练的进行设备间的连接;

③ 掌握中厚板切割的基本方法。

(二) 氧气切割前的准备

① 穿好防护服装，戴上护目镜。清除工作场地的易燃、易爆物。垫平工件，板材下面应留不小于100mm的间隙，并清除工件割缝两侧30～50mm范围内的铁锈、油污等。为防止切割过程氧化铁的飞溅物烫伤操作者，必要时要加挡板。

② 检查氧气切割设备。乙炔发生器和氧气瓶之间的距离应大于3m。将氧气瓶放稳并放气吹去接头处的尘杂物，再装氧气表且严禁粘油。把割枪装在固定的胶管接头上，检查氧气表、乙炔表、回火防止器工作是否正常，割枪射吸力是否良好。

(三) 氧气切割的基本操作

1. 切割火焰的选择

打开氧气瓶的阀门，将氧气减压器的调压螺钉调整到切割压力。打开割炬上的乙炔阀门，然后开一点预热氧阀门，用打火机在割嘴点燃混合气体，将火焰调整为中性焰。

2. 手工氧气切割的基本操作

(1) 基本姿势

双脚成八字形蹲在切割线的一侧，右手握住割炬手把，拇指靠住切割氧调节阀，食指靠住手把下面的预热氧气调节阀，以方便调节预热火焰。左手平稳地托住割炬，以便掌握方向。右臂靠住右膝盖，保证移动割炬方便。身体略微向前挺起，呼吸要均匀，眼睛注意前面的割线和割嘴，达到手、眼、脑协调配合。

(2) 切割过程

切割方向一般自右向左起割，先将割件划线处边缘预热到红热状态，开始缓慢开启切割氧调节阀，待铁水被氧射流吹掉时，可加大切割氧气流，当听到割件下面发出“啪、啪”声时割件已被切透。这时根据割件厚度，灵活掌握切割速度，沿切割线前进方向施割。

在整个切割过程中，割炬运行要均匀，割嘴离工件表面的距离应保持不变。切割件较长时，每割300～500mm时需移动操作位置。这时应先关闭切割调节氧气阀，将割炬火焰离开，移动身体位置后，再将割嘴对准接割处并适当预热，然后缓慢打开切割调节氧阀继续向前切割。切割临近终点时，割嘴应沿切割方向略向后倾斜一定角度，以利于割件下面提前割透。氧气切割结束时，应先关闭切割调节氧气阀，再关闭乙炔阀和预热氧气阀。如果停止工作时间较长，应旋松氧气减压器调节螺钉，再依次关闭氧气瓶阀和乙炔输送阀。

(3) 回火处理

在氧气切割过程中割炬发生回火时，应先关闭乙炔开关，然后再关闭氧气开关，待火熄灭后，不烫手时方可重新进行氧气切割。

(四) 氧气切割安全技术

① 氧气瓶、乙炔瓶应按《气瓶安全监察规程》规定，定期进行技术检查，气瓶使用期满和送检未合格的气瓶均不准继续使用。

② 禁止把氧气瓶和乙炔瓶等可燃气瓶放在一起。易燃品、油脂等不得和氧气瓶同车运输。

③ 严禁粘有油脂的手套、棉纺织品和工具等与氧气瓶、瓶阀、减压器及橡胶管等接触。

④ 避免氧气瓶与乙炔瓶撞击。禁止单人肩扛气瓶，禁止用转动方式搬运氧气瓶，禁止用手托瓶帽来移动氧气瓶。

⑤ 避免氧气瓶、乙炔瓶放在受阳光曝晒或受热源直接辐射的地方。操作中氧气瓶应距离乙炔瓶、明火或热源 5m 以上 。

⑥ 运输、存放和使用气瓶时应妥善固定，防止撞击和倒地。

⑦ 开启瓶阀时操作者应站在瓶阀气体喷出方向的侧面，并缓慢开启。氧气瓶、乙炔瓶不应放空，气瓶内必须留有不小于 98kPa 表压的余气。

⑧ 乙炔瓶在搬运、装卸和使用时都应竖立放稳，严禁卧放在地面上。

⑨ 乙炔瓶表面温度不能超过 40℃，否则应停止工作，并用大量冷水浇等有效措施降温。乙炔瓶周围严禁烟火，在氧气切割进行时，作业点 15m 以内不得放置明火、易燃和易爆等物品。

⑩ 氧气切割作业结束后要检查现场有无火种，如有火种应及时灭火。

二、空气等离子切割技能实训

（一）等离子切割实训的目的

① 了解等离子切割的原理及方法；

② 根据不同的切割对象选择相应的等离子切割工艺参数；

③ 掌握切割操作的基本要领；

④ 了解安全操作的要求。

（二）切割要求

操作者应熟悉等离子切割机、空气压缩机、割炬和手把的结构及性能，并能熟练的操作和使用。等离子割炬应保持电极与喷嘴同心，供气橡胶管应密封可靠，不得漏气。空气压缩机压力应大于 0.5MPa，并设有气体流量调节装置。

① 切割时应沿切割线样冲眼切割，切割口宽度不能太宽，切割缝断面应呈矩形，切割面波纹高度应不大于 5.0mm。

② 切割后，不再加工直接装配的焊接零部件，切割面必须光滑干净，波纹高度应不大于 2.0mm，否则应磨平。切口表面硬度应不妨碍以后的机加工。切口热影响区不能太宽，一般应不大于 2.5mm。

③ 如果采用的切割参数合适但切割面质量不理想时，则应着重检查电极与喷嘴的同心度及喷嘴是否已烧损。

（三）等离子切割安全技术

① 电源必须可靠接地，割炬枪体与手触摸部分必须可靠绝缘。如果启动开关装在手把上，必须对外露开关套上绝缘橡胶套管，避免手直接接触开关。

② 等离子弧较其他电弧的光辐射强度（尤其是紫外线）更大，故对皮肤烧伤严重。操作者在切割时应穿带上良好的面罩、手套和工作服等防护用品。

③ 由于气体吹力较大，切割场地存在大量灰尘。因此一般应在室外切割。如果在室内切割，则室内应具备良好的通风条件。

④ 等离子切割作业结束后要检查现场有无火种，如有火种应及时灭火。

手工氧气切割操作技术实训任务单

项目编号	No. 4	项目名称	手工氧气切割操作训练	训练对象	学生	学时	4
课程名称	《化工设备制造技术》			教材	《化工设备制造技术》		
目的	通过操作训练，能够正确选择氧气切割工艺参数，了解安全操作要求，掌握切割操作的基本要领。						

内　　容

一、设备、工具

1. 氧气瓶；
2. 乙炔气瓶；
3. 氧气减压器；
4. 乙炔减压器；
5. 割炬、捅针、10 寸活动扳手等。

二、步骤

1. 切割前应清除环境易燃物等；
2. 分别安装氧器表和乙炔表，连接割炬，检查切割系统所有接头有无泄漏；
3. 调整好切割氧气压力和乙炔压力；
4. 准备好切割的废钢板，检查有无氧化铁和油污，平垫废钢板并留好下面的大于 100mm 的间隙；
5. 点燃割炬，并调整为中性火焰；
6. 调整好切割姿势；
7. 切割练习；
8. 发生回火及时关闭乙炔阀、氧气阀；
9. 切割完毕拧松氧气表和乙炔表的调压螺钉并分别关闭氧气瓶和乙炔气瓶的阀门；
10. 练习结束后要检查现场有无火种，如有火种应及时灭火。

三、考核标准

1. 实训的过程评价。(20%)
2. 器材的使用和实训操作的熟练程度。(50%)
3. 实训报告和思考题的完成情况。(30%)

思考题	1. 切割火焰为什么选用中性火焰？ 2. 如何选择氧气切割的压力和切割速度？ 3. 为什么严格禁止用粘了油的手套接触氧气瓶、减压器、割炬等设备？ 4. 切割过程如果发生回火，如何和处理？

等离子切割操作技术训练任务单

项目编号	No. 5	项目名称	等离子切割操作训练	训练对象	学生	学时	4
课程名称	《化工设备制造技术》			教材	《化工设备制造技术》		
目的	通过操作训练。能够正确选择等离子切割工艺参数，了解安全操作的要求。掌握切割操作的基本要领。						

内　　容

一、设备、工具

1. 空气等离子切割机；

2. 空气压缩机；

3. 等离子割炬；

4. 钢板、活动扳手、手锤等。

二、切割前的准备

1. 清除环境易燃物等；

2. 检查切割机电源、空气压缩机电源接线是否正常；

3. 割炬配件安装是否正确；

4. 操作者防护是否符合要求。

三、切割步骤

1. 启动空气压缩机，打开出气阀，启动切割机电源，把检气开关拨到“检视”位置，当空气从割炬喷嘴喷出时，调整好切割压力，再把“检视”开关拨到“切割”位置；

2. 调整好切割工艺参数；

3. 准备好切割的废钢板，并垫平，并留好废钢板下面的大于100mm的间隙；

4. 打开割炬上的切割开关，切割时应从钢板边缘开始，此时割炬嘴稍向后倾斜，以使压缩风吹掉溶化的金属，形成切口，然后将割炬头部垂直于工件；

5. 调整好切割姿势。

四、切割练习

1. 切割速度与板材厚度有关，一般薄板快些，厚板慢些，根据切透情况调节；

2. 切割完毕先松开割炬开关，然后再将割炬离开工件；

3. 训练结束后要检查现场有无火种，如有火种应及时灭火。

五、考核标准

1. 实训的过程评价。(20%)

2. 器材的使用和实训操作的熟练程度。(50%)

3. 实训报告和思考题的完成情况。(30%)

思考题	1. 如何选择等离子切割工艺参数？ 2. 等离子切割有哪些安全措施？

筒体的卷制

【学习目标】 通过对筒体实际变形度的计算，确定筒体冷卷和热卷的条件及要求。熟悉常见卷板机的结构与特点及筒体卷制、校圆的工艺和方法。

【知识点】 筒体临界变形度、允许变形度，卷板机的结构与特点及冷卷、温卷和热卷的条件，卷板和校圆的工艺。

一、筒体的变形度

（一）临界变形度

在金属板材的弯卷、封头的冲压或旋压、管子的弯曲及其他元件的压力加工中，成形工艺都是依靠材料的塑性变形来实现的。如果塑性变形的过程是在冷态下进行，有可能会造成加工硬化现象。材料性能上的这种变化，对压力容器的安全可靠性和焊接结构的质量是不利的。为了改善和恢复金属材料变形前原有的性能，消除加工硬化现象，对冷变形后的工件可以采取再结晶退火热处理的措施加以解决。

由于再结晶过程是以破碎了的晶粒为晶核，再结晶后的晶粒度就取决于破碎晶粒的多寡。变形度不大时破碎的晶粒较少，再结晶时原子只是以这少量的晶核进行结晶，当再结晶过程完成时就形成较粗晶粒的结构。当变形度增大时意味着破碎晶粒的增加，也就是晶核的增多，再结晶的结果将使晶粒变细。因此，再结晶后材料的晶粒度大小取决于参与再结晶的晶粒多少。变形度愈大，变形便愈均匀，再结晶后的晶粒度便愈细。当变形度很小时，因为晶格畸变小，尽管少数晶粒再结晶变粗大，但大部分晶粒因未破碎而未参与再结晶过程，所以晶粒度仍维持在变形前的较小程度。当变形度增大到 2%～10%时，破碎的晶粒随之增多，未破碎的晶粒相对减少。此时经再结晶后，材料的晶粒度将急剧增大。当变形度进一步增加（但不超过 90%），作为再结晶核心的晶粒愈来愈多，因此再结晶后晶粒愈来愈小，如图 5-1 所示。图中的峰值就是金属再结晶后获得最大晶粒的变形度，称为“临界变形度”。因此，容器制作中应尽量避免在这一范围内加工。

材料再结晶过程是否进行决定于加热的温度。只有将材料加热到一定温度时，再结晶过程才开始进行。把变形金属开始再结晶过程的温度称为再结晶温度。根据实验测定，这个温度约为金属熔点（按热力学温度）的 0.4 倍。对低碳钢来说，其熔点为 1500℃左右，则它的再结晶温度约为：

$$T_{再} \approx 0.4 \times (1500 + 273) \approx 709^{\circ}\mathrm{K}$$

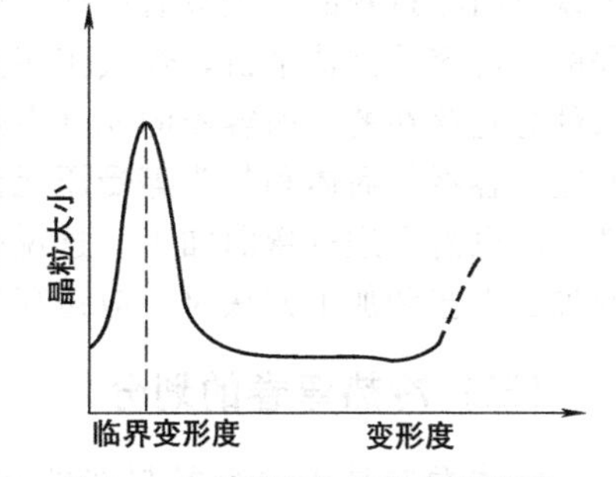

图 5-1　变形度与晶粒度的关系

因此，低碳钢的再结晶温度约为 440℃左右。达到这个温度只是说明再结晶过程的开始。在相变温度以下，如果实际的加热温度超过再结晶温度越多，再结晶过程就进行的越快，从而也就缩短了再结晶热处理所需的时间。实际应用的再结晶退火温度比理论上的再结晶温度要高 140～200℃以上，故低碳钢的再结晶退火温度在580～680℃之间。常见金属材料的再结晶温度详见表 5-1。

表 5-1 常见金属材料的再结晶温度

金属种类	最低再结晶温度/℃	再结晶退火温度/℃
金银	/	～200
铝	100～150	250～350
铜	200～270	400～500
钢铁	360～450	600～700

需要指出的是，对同一种材料在相同的变形度下，由于再结晶退火温度不同，获得的晶粒度也不同。对同一材料在不同的再结晶退火温度下，其临界变形度的数值都大体相同，并且材料强度越高，其临界变形度的数值越小。对屈服极限低于 350MPa 的低碳钢和低合金钢，如 Q235 系列钢、Q245R 和 Q345R 等，其临界变形度的数值在 7%～10%的范围内。

（二）允许变形度

材料经冷变形后会出现加工硬化现象。为消除因冷加工而引起材料性能的变化，就要求冷加工的变形度要避开晶粒度处于峰值的临界变形度，并与其保持一定距离。如果单纯从获得较细晶粒这一角度出发，从图 5-1 可以看出，要么使变形度大于临界变形度一定范围，要么使变形度小于临界变形度一定范围。而要使变形度大于临界变形度一定范围在容器制造中是行不通的，因为过大的冷变形会使材料出现裂纹。另外，常见的化工容器的壳体经过弯曲成形后的变形率大都在 10%以下，所以实际加工制作中要求材料的实际变形度要小于临界变形度。各种钢材的允许变形度数值详见表 5-2。

表 5-2 各种钢材卷筒时的允许变形度

钢 材 牌 号	允许变形度/%	钢 材 牌 号	允许变形度/%
Q235B,Q235C,Q245R,Q345R	3	奥氏体不锈钢材料	15
Q370R,15CrMoR 等其他低合金钢	2.5		

材料出现再结晶过程必须具备两个必要条件：一是材料经过了冷变形，二是材料必须处于再结晶温度以上。也就是说如果材料未经冷变形，即使加热到再结晶温度以上，也是不会出现再结晶过程的。但只有冷变形而加热温度没有达到再结晶温度，也是不会发生再结晶过程的。对容器制造来讲，焊接工序是一个很重要而且必须的热加工过程，所以再结晶的温度条件总是存在的。而容器的元件在焊接热影响区所及的范围内是否经过冷变形则视具体结构而定。容器的筒体和封头等受压元件总是经过变形加工才能成形，设备中的某些管件和零部件有时也需要进行弯曲加工。这说明冷变形条件也是存在的。因此，在考虑化工容器零部件的加工工艺和加工方法时，应该高度重视容器材料的再结晶问题。

（三）冷热弯卷的划分

筒体卷制是压力容器制造的重要工序。它是将平直的板料在卷板机上弯曲成形的过程。在弯曲过程中沿板料厚度方向受到弯曲应力的作用，在板料内、外表面上的应力值最大，因而变形量也最大。除高压厚壁容器的圆筒外，大多数低、中压容器的直径比其壁厚大得多，因此可以认为中性层是在圆筒中径的位置。如果将厚度为 δ 的钢板卷成内径为 D_i 的圆筒，按最外层的伸长量考虑（如按最内层的压缩量考虑，绝对值相同），其实际变形度为：

$$\varepsilon_{实}=\frac{\pi(D_i+2\delta)-\pi(D_i+\delta)}{\pi(D_i+\delta)}=\frac{\delta}{D_i+\delta}\times 100\%$$

实际变形度应小于或等于该强度等级材料的允许变形度，即 $\varepsilon_{实}\leqslant\varepsilon_{允}$。按表 5-1 所给出的临界变形度的数值不难确定出筒体的弯曲直径与厚度应满足的关系如下。

Q235B，Q235C，Q245R，Q345R： $D_i\geqslant 32.3\delta$

Q370R，15CrMoR 等其他低合金钢： $D_i\geqslant 39\delta$

奥氏体不锈钢： $D_i\geqslant 5.7\delta$

如果按钢板各自的强度等级，当不满足上述各式的要求时则应考虑采用热弯卷的方法。这是钢板采用冷卷工艺和热卷工艺的界限，必须严格遵照执行。图 2-6 所示三氧化硫蒸发器壳体短节件 10-2 的规格为 DN1480×32mm。其实际变形度为：$\varepsilon_{实}=32/(1480+32)=2.1\%$，在表 5-2 规定的允许范围之内，因此可以冷卷。

对于一台具体设备的壳体而言，究竟采用热卷还是冷卷，除了受变形度这个主要因素制约外，在实际工作中还要考虑到一些其他因素，如受到卷板机能力的限制不能采用冷卷，或者钢板在弯卷前已有电渣焊的拼接焊缝等。由于电渣焊的拼接焊缝具有铸造特征的组织结构，其冷塑性变形能力较低，虽然其变形度未超过许用范围，此时也应采用热卷。

二、卷板机的结构及工作原理

板料弯卷机简称卷板机，是容器制造的主要设备之一。容器制造厂一般都按各自不同的生产规模和产品特点配置有技术水平和卷板能力不同的各种类型的卷板机。

卷板机的类型很多，性能也日益完善。特别是随着工业生产装置规模的大型化以及一些新工艺的应用，要求使用一些特大、特厚的容器，为适应制造这些特殊容器的要求，发展了一些重型卷板机，其冷卷能力可达到厚度×宽度为 200mm×4000mm，热卷厚度×宽度为 280mm×4000mm 以上。虽然卷板机的类型很多，由于其基本功能部件是轧辊，因此最基本的分类为三辊卷板机和四辊卷板机两大类。现就这两种基本类型的卷板机的结构和特点作一说明。

（一）三辊卷板机

1. 机械对称式三辊卷板机

结构形式为三辊对称式，卷板机的三个轧辊呈“品”字形排列，轧辊中心线的连线是等腰三角形，具有对称性，故称对称三辊卷板机（见图 5-2）。上辊在两下辊中央对称位置通过锥齿轮传动作垂直升降运动，两下辊通过主减速机的末级齿轮传动作旋转运动，为卷制板材提供扭矩。下部的两根轧辊起支持作用，上部轧辊起施力作用。借助上辊的下压及下辊的旋转运动，使金属板经过连续弯曲，产生永久性的塑性变形。当板材通过卷板机一次，上辊再向下调节一定距离，使板材进一步弯曲，直到上辊调节到板材需要的弯曲半径，从而卷制成所需要的圆筒、锥筒或它们的一部分。三辊卷板机下部两根轧辊的轴承是固定的，轧辊只能转动，它们之间的中心距不可调节。下部轧辊是主动辊，是通过齿轮及蜗轮蜗杆减速机构传动的。其转动的速度一般是固定的。上部的一根轧辊是从动辊，只起施力作用，它可以上、下调节，以适应不同的弯曲半径和板厚。上辊作上、下调节时，轧辊两端的轴承可以同时同步升降，使辊筒轴线保持水平，这样板材将沿宽度方向同时均匀受力，弯曲后为圆柱形。性能较完善一些的卷板机，可以先只对上辊一端升降，然后再同时对两端一起升降，此时上辊轴线相对于下辊轴线是倾斜的，辊筒低的一端将先对钢板施力，使钢板先局部产生弯曲，随着上辊逐步下调，弯曲变形才逐渐延伸到钢板的全部宽度，弯卷后的筒体呈圆锥形，因此这种类型的卷板机也可以卷制圆锥形筒节。有的对称式三辊卷板机可以更换直径不同的上轧辊，可以弯卷出直径不同的筒节，从而扩大了该型卷板机的应用范围。

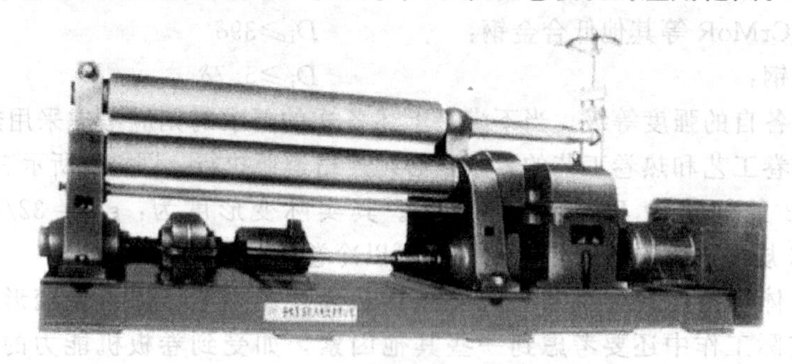

图 5-2 机械对称式三辊卷板机

不论何种型号的对称式三辊卷板机，其最大的不足之处是钢板沿长度方向的两端总是留有一定长度的直边，无法直接在卷板机上进行弯曲。这个直边的长度取决于两下辊的中心距。下辊之间的中心距越大，则直边也越大，可以认为直边的长度等于中心距的一半，如图 5-3 所示。因为对称式三辊卷板机的弯曲过程可以类比于两端铰支，中部受集中载荷的梁的弯曲。当板材沿长度方向从左向右弯曲时，只有当板材的右端支撑在右下辊时，弯曲过程才得以开始。因此从右下辊轴线到上辊轴线之间的这一段板未被弯曲。同理，当板材沿全长弯曲终了，板材左端离开了作为支点的左下辊，弯曲作用也无法实施，因此钢板左端也留下了同样长度的直边。可见，机械对称式三辊卷板机的缺点是板材端部需借助其他设备进行预弯。它的优点是结构简单、重量轻、易于制造和维修，而且投资少。

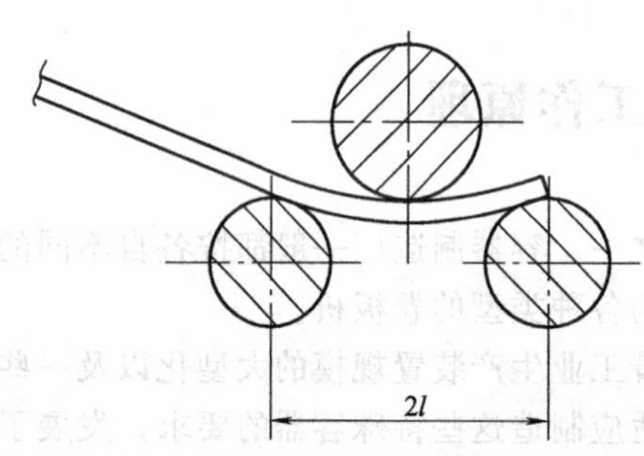

图 5-3 对称式三辊卷板机卷筒的直边

2. 非对称式三辊卷板机

如前所述，对称式三辊卷板机的缺点是必须增加板端预弯这一工序，为了克服这一不足之处，出现了非对称式三辊卷板机。其原理构造如图 5-4 所示。它由上下排列的两个夹持辊和在一侧斜向调节的一个施力辊构成。上辊为主传动，下辊垂直升降运动，以便夹紧板材，并通过下辊齿轮与上辊齿轮啮合，同时作为主传动；边辊作倾斜升降运动。如果说对称三辊式的变形过程相当于中部受集中力的简支梁的话，那么非对称式三辊式卷板机弯曲钢板的变形过程看作是固定一端，另一端受集中力的悬臂梁。开始弯卷时依靠两夹持辊将板材固定，由侧辊向斜上方调节，对板端施力而使其产生塑性弯曲变形。因此板端一开始就可产生弯曲作用，从而消除了板端的直边，克服了对称式的缺点。但是当弯卷终了时，板的另一端离开了夹持辊，也就失去了固定端的夹持作用，侧辊的施力作用也就失去了，因而在终端仍然留下了一段直边。这个直边的长度大约相当于夹持辊与侧辊的中心距。而终端的直边可以将板材调头作为始端再进行弯曲，这样两端的直边都可消除，因此它不要求先对板端进行预弯。

与对称式三辊卷板机相比，非对称式三辊卷板机的优点在于具有板头预弯和卷圆的双重功能，不足之处是对另一端板头弯卷时必须调头操作。另外，与轧辊直径相同的对称式三辊卷板机相比，其弯曲能力较小，同时只能弯卷锥角不大于12°的锥形筒节，比较适合卷制小直径、壁厚较薄的筒节。

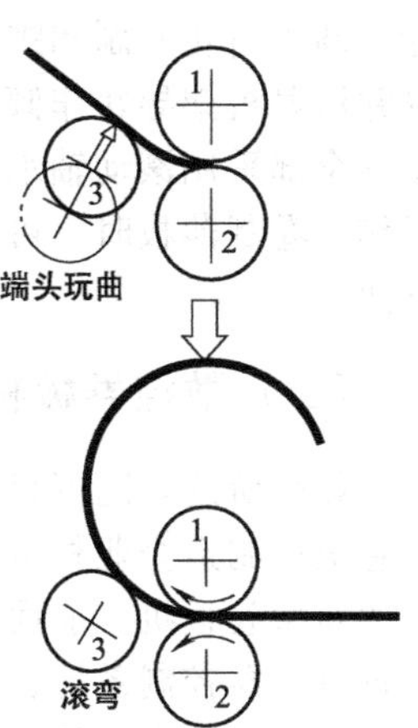

图 5-4　非对称式三辊卷板机卷板示意图

3. 上辊万能式三辊卷板机

与水平下调式三辊卷板机一样，上辊万能式卷板机也是为了弥补前两种三辊卷板机的缺点而开发的新型三辊卷板机，如图 5-5 所示。与水平下调式三辊卷板机相反，该机的最大特点是两下辊固定，上辊不仅可以上下移动，而且可以水平移动，从而达到非对称式三辊卷板机边辊作倾斜升降运动进行板端预弯的目的。

上辊万能式卷板机两下辊为主动辊，卷圆是通过电机减速机驱动两下辊同步同向旋转来进行的。由于下辊标高不变所以便于进料，而且操作方便。用该机进行板端预弯后的剩余直边很短，仅为板厚的1.5倍。另外，该机采用两下辊固定结构，设置托辊也比较方便。

图 5-5　上辊万能式卷板机

该机主体结构是由上辊装置、上辊升降装置、下辊装置、上辊水平移动装置、托辊装置、主传动装置和翻倒装置及上辊平衡装置等组成。

这种新型上辊万能式卷板机能一次上料完成对板材两端的预弯及卷制筒形、弧形工件的工作，还可以对金属板料进行一定的整形矫平。端部预弯时通过上辊水平移动量的大小来改变，能够自由设定直边长度，上辊直接加压，控制直边的形状，实现高精度的端部预弯。另外，宽规格卷板机两下辊侧设有托辊，其上辊呈鼓型，在托辊配合调节下从薄板到厚板一个比较宽的板厚范围内都能够卷制出高圆度和高直线度的圆筒，提高了卷制工件的精度及机器整体性能。与普通机械式三辊卷板机相比，它的缺点是由于设置上辊水平移动装置后，翻倒架也比较高大，卷制锥形部件受到一定的限制。

（二）四辊卷板机

四辊式卷板机在结构上可以看作是在非对称式三辊卷板机的另一侧对称的位置上再加一斜向调节的侧辊（见图 5-6）。普通的机械式四辊卷板机的上辊为主传动，通过减速机和十字滑块联轴器与上辊相连，为卷制板材提供扭矩。下辊作垂直升降运动，通过减速机蜗杆蜗轮（圆锥齿轮）副和螺杆螺母副而获得，以便夹紧板材，为机械传动。在下辊的两侧设有侧辊并沿着机架导轨作倾斜运动，通过螺杆螺母副及蜗杆蜗轮（或圆锥齿轮）副传动。四根工作辊全部采用滚动轴承。该机的优点是一次上料就能完成板料两端的预弯及卷制筒形、弧形工作，卷制薄板时，可避免板材打滑。还可以对金属板料进行一定的整形和矫平工作，维修方便。

（三）数控卷板机

如前所述，随着科学技术的进步和容器制造厂对装备自动化程度要求的提高，近年来许多卷板机制造企业相继开发出了配置有电器控制系统、数显系统和液压系统及计算机数控系统的新型卷板机。前面介绍的水平下调式三辊卷板机和上辊万能式三辊卷板机基本上都已经配置有电器控制系统、数显系统和液压系统，但仍然属于半自动控制。而目前最先进的卷板机应该是数控卷板机。图 5-7 所示为一台数控四辊卷板机正在卷筒的情况。

图 5-6　机械式四辊卷板机

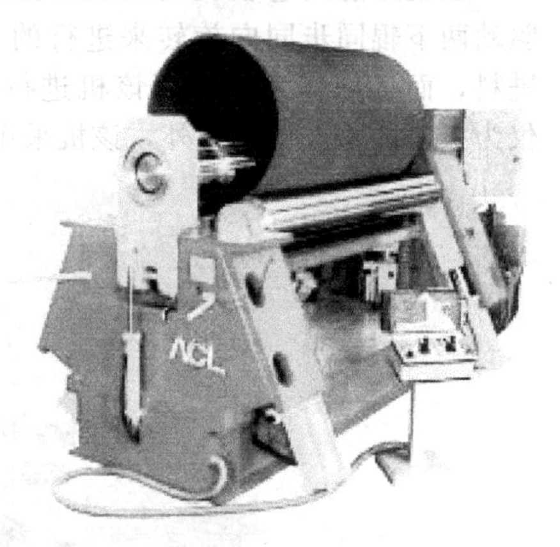

图 5-7　数控四辊卷板机正在卷筒

数控卷板机的主体是实现制造加工的执行部件，包括：主运动部件（上辊、下辊）、进给运动部件（工作台、拖板以及相应的传动机构）和支承件（立柱、床身等）及辅助装置等。其主体部件、机械构造和传动装置及液压系统大致与前文介绍过的上辊万能式三辊卷板机相近，主要区别在于附加的计算机数控系统。

三、筒体的卷板和校圆工艺

（一）弯卷前的准备工作

1. 冷卷、热卷的确定

板材在卷制时是采用冷卷、热卷，要考虑诸多方面的因素。不仅要根据材料的实际变形度、现有卷板机的卷板能力和设备完好状态来定，还要根据要弯卷材料的材质、实际的板宽及卷板机的使用年限等技术状况来确定。

卷板机的规格型号是表示屈服极限等于245MPa时，在最小弯曲半径下所能弯曲的最大板厚及最大板宽。例如，W11X-25×4000型号的卷板机，是在卷制上述强度级别钢板的板宽为4000mm、弯曲直径为ϕ1200mm时可弯曲的最大板厚为25mm，而且可对板端进行预弯的最大板厚为20 mm。如同样的板宽及弯曲直径，当板材的强度级别提高时，所能弯曲的最大板厚数值要相应降低。相反，当实际弯曲的直径大于其满载时的最小弯曲直径，或者实际的板宽小于所能弯曲的最大板宽，对同一强度级别的钢材，它能弯曲的最大板厚可以相应增大。经计算符合上述冷弯要求时，就可以在该卷板机上进行冷弯，否则应采用热弯。如果热弯也超出了卷板机的弯卷能力，那就应该减小弯卷钢板的宽度，否则改用其他卷板能力更大的卷板机。

2. 需要温卷的情况

考虑到冷加工的局限性和热加工的困难及缺点，近年来提出了温卷的新工艺。它是将钢板加热到500～600℃，然后在此温度下进行卷制。此时钢板具有较环境温度下更大的塑性，从而减少了卷板机超载的可能性，又可降低材料冷卷造成裂纹及脆断的危险性。另一方面，温卷时钢板表面氧化也不严重，即使有少量氧化皮，由于其塑性状态不如热卷时大，轧辊也不易压出麻点和凹坑。此外，在此温度下卷板，使板料的吊装、弯卷和用样板检查等工作也较方便。

温卷或温校的使用情况介于冷卷和热卷之间，选用的原则除考虑板料的供货状态和使用要求外，有下列情况之一时可考虑选用温卷：

① 采用自动焊拼板，冷卷能力不够时；

② 当筒体板料厚度裕量有限时；

③ 采用宽大板料时；

④ 采用Cr-Mo钢中薄板时；

⑤ 对筒体压坑有严格要求时。

温卷的加热温度应低于该材料的回火温度。

3. 卷板前需要退火的要求

如果弯卷的钢板有对接拼缝，且厚度又符合下列情况时，在冷卷或冷校之前要先进行消应力热处理：

① 碳素钢，$\delta>32$mm（如焊前预热100℃以上时，$\delta>38$mm）；

② Q345R，$\delta>30$mm（如焊前预热100℃以上时，$\delta>34$mm）；

③ Q370R，$\delta>28$mm（如焊前预热100℃以上时，$\delta>32$mm）；

④ 其他任意厚度低合金钢；

⑤ 特殊钢材要根据专门制订的卷板工艺进行。

4. 确认板料的规格和尺寸

卷板前应检查待卷制的板材的下料尺寸是否准确，有关展开尺寸的附加量或伸长量是否已经增减过，其材料牌号、板厚尺寸和板宽尺寸及弯曲直径是否在卷板机的能力范围之内，板材的拼接焊缝表面质量是否符合要求等。

（二）卷板过程中的注意事项

① 板料上机时，应注意放正定位，即板宽方向的边缘与上下辊轴线必须平行，否则卷出的筒节边缘将出现歪斜不齐或扭曲，出现断面错边或大小口。

② 当弯卷到接近所需的半径时，每次调整使力辊之后，先在板端弯曲一段，再用样板卡试，不超过所需弯曲半径时方可继续弯卷（见图5-8）。

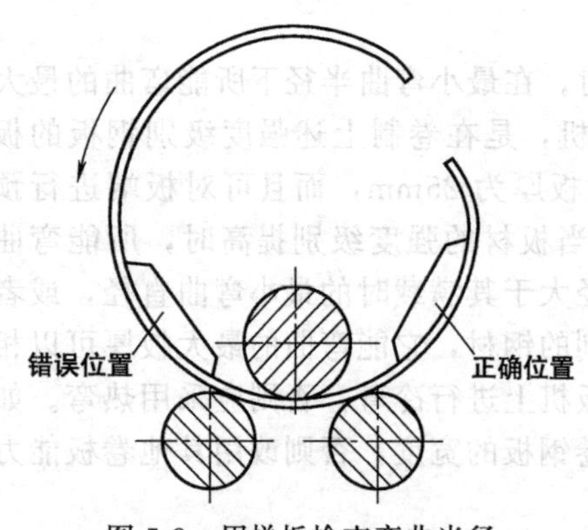

图 5-8 用样板检查弯曲半径

③ 当需要消除钢板冷弯引起的加工硬化现象时，弯卷后要进行消应力热处理。这时如果筒体圆弧不合要求，例如筒体存在焊接变形、内凹或外凸的棱角等，可将筒体放到三辊卷板机上进行热校圆，即可以将热处理与校圆同时进行。

④ 热卷时必须使板材加热到所需的温度，弯卷终了温度应不低于 800～850℃。对普通低合金钢还要注意缓冷。

⑤ 热卷时要及时清除剥落下来的氧化皮，以防止造成压坑，避免损坏设备。

⑥ 板料热卷合口后，从卷板机上取下筒体之前，应及时将合口处对接接头点焊牢固，以免在筒体冷却后因收缩而使合口张开。

⑦ 筒体热校圆时应将筒体加热到正火温度，校圆完成时筒体的温度必须在 650℃以上。随后卸载，继续让筒体在卷板机上慢速转动，直到筒体冷却到一定温度方可取下，以防止筒体变形。具体对于直径为 ϕ1600mm 以下的筒体，应冷却到 400～500℃；对 ϕ1600mm 以上的筒体要冷却到 300～400℃。

（三）筒节卷制工艺及方法

1. 板端的预弯

因对称式三辊卷板机工作时，在板料的两端各留有一段直边，大约是两下辊中心距之半的长度不能被弯卷到需要的程度，所以在卷板之前必须采取工艺措施对直边进行预弯曲。对板端进行预弯曲常用几种方法如下。

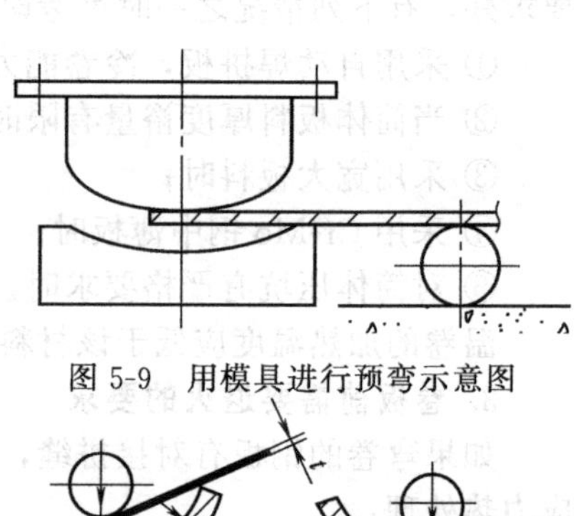

图 5-9 用模具进行预弯示意图

一种方法是用其他压力机，并配合一定曲率半径的模具进行预弯，如图 5-9 所示。另一种方法是在卷板机上，用刚性足够、曲率一定的模板（预弯胎具）辅助以垫板进行预弯，如图 5-10 所示。也可以在简易机具上用逐一压弯法预弯板端，检查合格后再上对称式三辊板机卷板，上述方法不仅需要辅助设备如压力机、模具和简易机具，而且增加了加工工序，浪费了材料，所以不太理想，特别是在卷制厚板时更为突出。

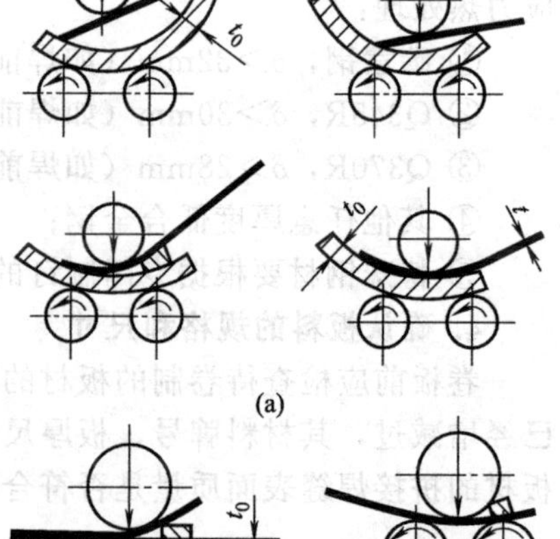

图 5-10 用三辊卷板机预弯示意图

2. 厚板大直径筒节的卷制方法

当卷制的板料较厚或相对较薄且筒节直径较大而板料比较长时，在开始卷制时要在后部板料下面用几根圆管或圆钢支承并随板料的进给而滚动，当板料较厚、较重时还需要吊车配合，以减轻卷板机的负荷，如图 5-11 所示。在板料从卷板机前端呈曲面状出来后，为避免因板料自身重量造成板料的反向弯曲，还需要吊车从前面配合，以减轻板料自重造成的反向弯曲，如图 5-12 所示。在板料卷曲至弯过上辊以后，如果厚板刚性足够，

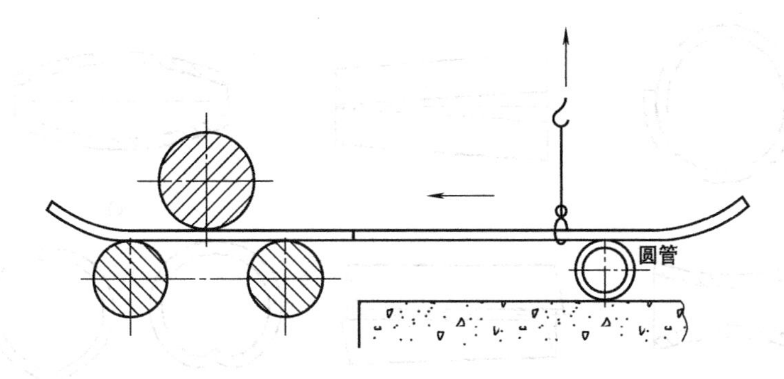

图 5-11　始卷时支承及吊车配合情况

就可以不需吊车从正上方配合；如果薄板刚性不够，则仍需吊车从正上方配合，此时可以用吊钩吊一可转动的圆管支架从筒体内表面支承以承担上部筒体的重量，便于筒体卷圆，如图 5-13 所示。

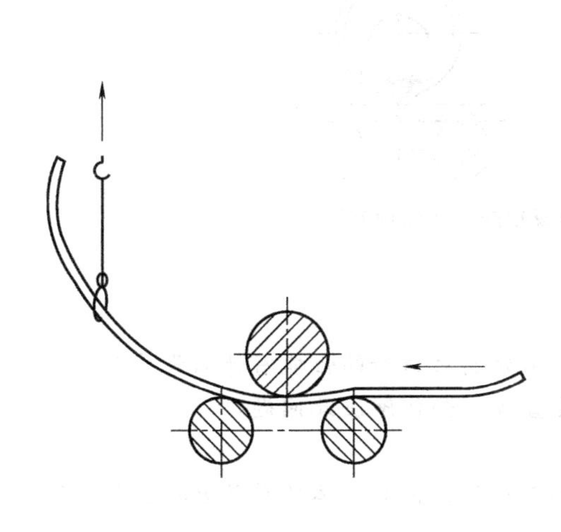

图 5-12　始卷后前端吊车配合情况

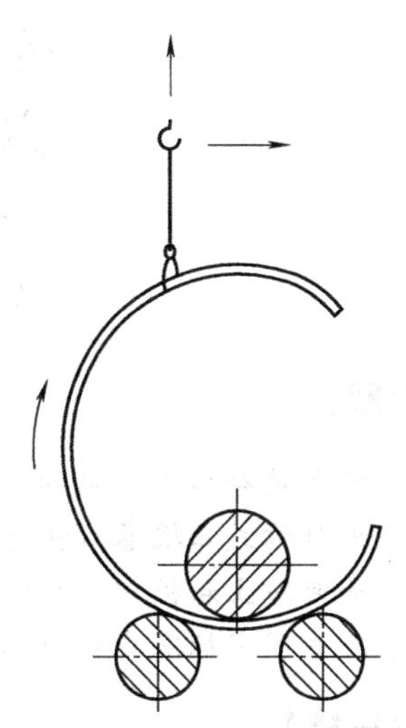

图 5-13　曲面形成后吊车配合情况

3. 卷板中常见缺陷及原因

在筒节两端预弯好进行整体弯卷时，当弯曲半径即将达到要求曲率时，由于上辊下压量不合适，则使卷板弯曲直径偏大或偏小，合口以后两端板头在半径反方向错开出现搭头或过卷缺陷，如图 5-14 (a) 所示。若上辊两端压下量不一致时，即上辊轴线与下辊轴线倾斜时，卷出的筒节将产生锥度现象，如图 5-14 (b) 所示。在调整上辊或侧辊的高度时，应特别注意使辊子轴心线相互平行，否则在弯卷时若中心距控制不当，卷出的筒节就会出现曲率过大或过小的误差，或曲率不均匀，如图 5-14 (c) 所示。若刚度不足时上辊会产生弯曲变形，卷制出来的筒节就会成为腰鼓形，如图 5-14 (d) 所示。如果在开始卷板时板料的位置没有摆正，即板的端部边缘与轧辊轴线没有保持平行，则卷出的筒节边缘将出现歪斜不齐，即产生板端错口，如图 5-14 (e) 所示。如果板端预弯半径没有控制合适，出现预弯半径过小或过大甚至没有预弯，则卷板成形后会出现内凹或外凸的棱角，如图 5-14 (f) 所示。为避免出现上述缺陷，在卷制筒节时应避免造成产生这些缺陷的原因。对已经形成的内凹棱角，可以将筒节放置在卷板机上，用上辊对准内凹棱角处进行反压；对外凸的棱角则还必须在筒节下面放置一刚度足够的厚板，在上辊下面还垫上辅助压板来找圆，如图 5-15 所示。

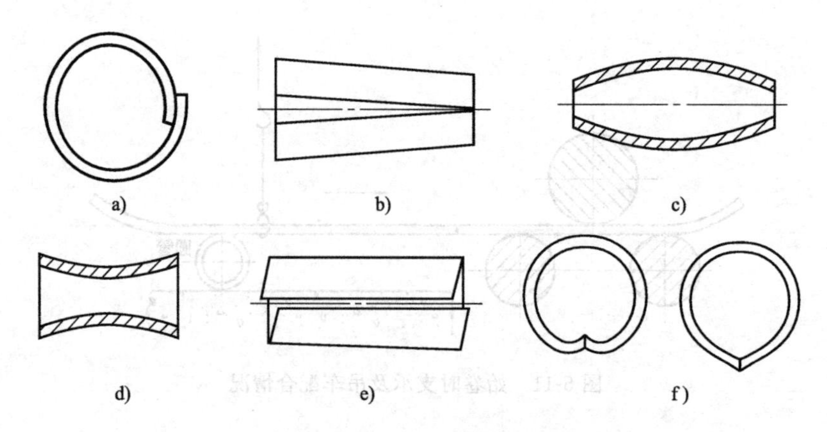

图 5-14 卷筒可能出现的一些缺陷

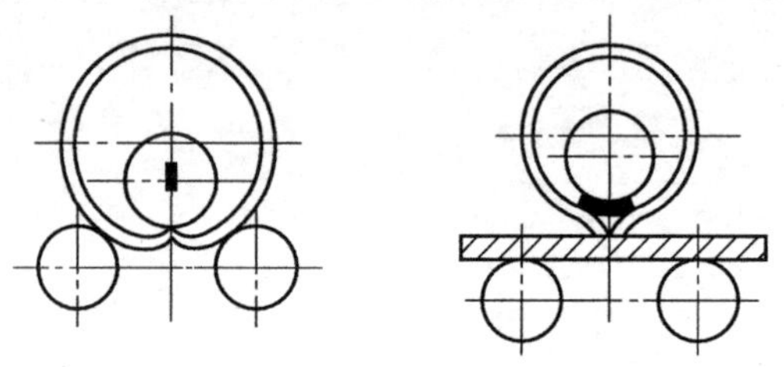

图 5-15 内凹或外凸棱角的缺陷处理方法

【思考题】

1. 什么是冷加工和热加工？冷加工和热加工分别对材料的性能有什么影响？
2. 用对称式三辊卷板机卷板为什么会出现直边？如何解决此问题？
3. 如何防止卷板中出现的各种缺陷？
4. 有关国家标准中对筒体的质量有哪些要求？为什么对筒体的质量要提出要求？

【相关技能】

筒体卷板工艺过程参观实训

（一）筒体卷板工艺过程参观实训的要求

通常，在化工容器的制造工作中筒体的成形和组装所占的工作量最大。筒体都是将下料后的板材在卷板机上经过弯曲形成筒节，再由卷制好的筒节与筒节、筒节与膨胀节等组装成筒体。而筒节的卷制质量对后续工序能否顺利进行以及筒体的组装质量起着重要的作用。因此，作为从事化工容器制造的专业技术人员，必须熟悉筒节的卷板、校圆工艺过程和操作方法及检查要求和检验方法等。通过筒体卷板工艺过程的参观学习，达到以下目的：

① 了解机械对称式三辊卷板机的结构和工作原理；

② 了解上辊万能式三辊卷板机的结构和工作原理；

③ 熟悉用机械对称式三辊卷板机卷制筒节的过程及操作要求；

④ 熟悉用上辊万能式三辊卷板机卷制筒节的过程及操作要求；

⑤ 掌握筒节的质量要求和检验方法。

（二）筒体卷板工艺过程参观实训的步骤

每10～15个学生为一组，在老师的带领下到容器制造车间筒节卷制现场，了解机械对称式三辊卷板机和上辊万能式三辊卷板机的结构和工作原理，参观学习筒节的卷板、校圆工艺过程和操作方法，学习筒节的质量要求和检验方法。

1. 了解卷板机的结构和工作原理

（1）了解机械对称式三辊卷板机

由车间设备管理人员讲解卷板机的组成和各个零部件的规格尺寸、结构形式、装配关系和传动方式及工作原理等，对机械对称式三辊卷板机实物有一个全面、具体的了解。

（2）了解上辊万能式三辊卷板机

由车间设备管理人员讲解卷板机的组成和各个零部件的规格尺寸、结构形式、装配关系和传动方式及工作原理等，对上辊万能式三辊卷板机实物有一个全面、具体的了解。

（3）对两种卷板机的结构进行比较

从卷板机的结构形式、装配关系和传动方式及工作原理等方面对两种卷板机的结构和特点进行比较，进一步加深印象和理解。

2. 观看学习筒节的卷板和校圆过程

① 观看用机械对称式三辊卷板机进行筒节的卷板、校圆工艺过程，学习卷板机的操作方法。

② 观看用上辊万能式三辊卷板机进行筒节的卷板、校圆工艺过程，学习卷板机的操作方法。

重点要观察：板端预弯过程和方法，开始卷板时板料的位置是如何摆正，即板的端部边缘与轧辊轴线是如何保持平行的，卷筒过程上辊下压量的控制，接近成形时的样板检查，合口时对接接头的点固焊，板端出现错边的处理，以及如何上料，如何从卷板机上取下筒节时翻转翻倒架等。

③ 对两种卷板机的工作过程进行比较。

通过两种卷板机的工作过程的观看学习，对两种卷板机的工作过程进行比较，了解各自的优缺点。

（三）实训报告要求

通过筒体卷板工艺过程参观实训，最后总结出以下内容。

① 机械对称式三辊卷板机的组成和各个零部件的规格尺寸、结构形式、装配关系和传动方式及工作原理。

② 上辊万能式三辊卷板机的组成和各个零部件的规格尺寸、结构形式、装配关系和传动方式及工作原理。

③ 机械对称式三辊卷板机进行筒节的卷板、校圆工艺过程和操作方法。

④ 上辊万能式三辊卷板机进行筒节的卷板、校圆工艺过程和操作方法。

⑤ 筒节的外圆周长差、筒节两端面的圆度和纵向弯曲值及表面质量要求及检验方法。

⑥ 收获和体会。

筒体卷板工艺过程参观实训任务单

项目编号	No. 6	项目名称	筒体卷制	训练对象	学生	学时	4
课程名称	《化工设备制造技术》			教材	《化工设备制造技术》		
目的	① 了解机械对称式三辊卷板机的结构和工作原理。 ② 了解上辊万能式三辊卷板机的结构和工作原理。 ③ 掌握筒体质量的要求和检验方法。						

内　容

在老师的带领下到容器制造车间筒体卷制现场，了解现场卷板机的结构和工作原理，学习筒体的卷板、校圆工艺过程和操作方法，学习筒节的质量要求和检验方法。

一、了解卷板机的结构和工作原理

1. 由车间设备管理人员讲解卷板机的组成和各个零部件的规格尺寸、结构形式、装配关系和传动方式及工作原理等。

2. 比较几种卷板机的结构

比较现场几种卷板机的结构形式、装配关系和传动方式及工作原理，归纳总结各种卷板机的结构和特点。

二、学习筒节的卷板和校圆过程

观看卷板机进行筒节的卷板、校圆工艺过程，学习卷板机的操作方法。

重点要观察：板端预弯过程和方法；卷板时板料的位置是如何摆正；卷筒过程上辊下压量的控制；接近成形时的样板检查，合口时对接接头的点固焊；板端出现错边的处理；如何从卷板机上取下筒体。

在老师和车间检验人员的指导下，由学生亲手拿检验工具对已经卷制好的筒节的卷制质量进行检查。检查的主要内容包括筒节的外圆周长差、筒节两端面的圆度和纵向弯曲值及表面质量。

三、考核标准

1. 实训过程评价。(20%)

2. 图纸的识读和整体设备的熟练掌握程度。(50%)

3. 实训报告和思考题的完成情况。(30%)

思考题	1. 上辊万能式三辊卷板机与机械对称式三辊卷板机在结构和传动方式上有哪些主要区别？ 2. 上辊万能式三辊卷板机为什么可以对板端进行预弯？ 3. 采用液压系统后上辊万能式三辊卷板机的性能在哪一方面有了改善？

项目六 封头及零部件的成形

XIANGMULIU

【学习目标】 了解压力容器封头和常用零部件的制造方法。熟悉封头外协加工的基本要求和验收标准。掌握封头坯料的计算方法、焊缝的布置及外协封头制造工艺卡制定。

【知识点】 封头的冲压和旋压的基本方法，封头质量检验标准，人孔的制造方法。

封头的制造是压力容器制造过程中的关键工序。封头是由有资质的专业化工厂生产，有条件的制造厂也可以自己制作。容器制造企业可直接向封头生产厂家订货或下料委托外协加工，对委托外协成形后的封头要按规定进行验收。下料外协加工时，封头坯料尺寸的确定、焊缝的拼接、下料工艺卡的制定都是制造人员必须掌握的基本能力。

一、封头的冲压

封头作为容器壳体上的一种专用元件，需要有专用的大型水压机和模具进行冲压成形，其成本比较高。由于封头形式及直径、厚度各不相同，所以封头的品种、规格数量繁多。尽管应用最广泛的椭圆形封头已标准化和系列化，但其规格仍然是十分繁多，这就决定了同一规格的封头用量在总的范围内不会很大，而规模化工业的生产特性，要求某一种产品只有具备一定的批量才显示其经济性，才能降低生产成本。所以，各个工业化国家对封头的生产都走专业化道路，由几个大型骨干的专业化封头生产厂供应，满足各个行业对封头的需求。目前，我国封头的制造已形成专业化生产的格局，专业生产厂家配备比较先进的设备，有先进的生产技术，有专业化的生产人员专门从事封头的生产，并具有压力容器制造的相关资质。其成本相对低、生产效率高、质量好。压力容器制造企业大多不自己生产封头，而是直接向专业化生产厂家订购封头即可。

封头的冲压工艺包括：准备坯料、下料、切割、焊缝拼接、焊接、无损探伤、打磨、冲压成形、整形、检验、坡口加工等工序。

（一）封头坯料的准备

1. 坯料材质的检查

检查坯料材质的检号是否齐全。保证坯料是经过检验、验收并符合图纸要求的合格材料。

2. 封头焊缝的拼接

蝶形、椭圆形、半球形封头展开坯料的形状为一个圆。当封头展开坯料的直径较大时，就要用两块或三块钢板拼接。直径更大的封头可用瓣片和顶圆板的形式进行拼接。焊缝的布置应符合 GB 150 的有关规定，如半球形封头的焊缝拼接如图 6-1 所示。两相邻焊缝之间的距离大于 3 倍的板厚且不小于 100mm 时，焊缝的布置只能是径向和环向的，并避开工艺接管等附件的安装位置。拼接后的焊缝余高应进行打磨，使之与坯料平齐不影响封头的冲压。

(二) 封头坯料的加热

1. 加热的目的

提高封头坯料的塑性，降低冲压的变形抗力，以利于坯料的变形和获得良好的组织。封头在冲压过程中，塑性变形较大，而且受力复杂。为了降低冲压设备的功率，避免冷加工硬化，大多数封头都采用热冲压。只有薄钢板（如 $\delta_s \leqslant 6$mm）为了避免加热时，毛坯变形和氧化损失太大及冲压时易产生折皱等原因，才采用冷冲压。

2. 加热温度

碳钢封头坯料的加热温度应在奥氏体范围内，为保证坯料有足够的塑性和较低的变形抗力，必须制订合理的加热温度范围及加热速度和加热时间等规范来保证封头的冲压质量。常用材料加热温度和保温时间见表 6-1。

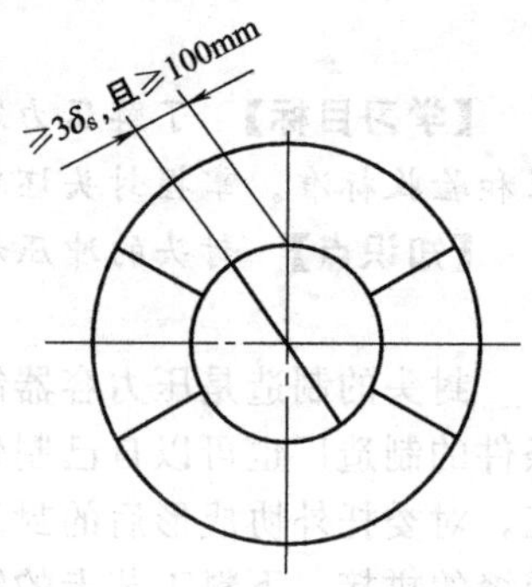

图 6-1　封头的焊缝拼接

坯料在炉温达到 1050℃左右时装炉。为了使工件烧透，当工件温度达到加热温度时应保温一段时间。碳钢及普低钢的加热温度为 950～1100℃，奥氏体不锈钢的加热温度为1050～1150℃。

3. 加热注意事项

(1) 加热时防止过烧和过热

过烧是指工件加热到接近熔点温度时，晶粒处于半溶化状态，晶粒间的联系受到破坏，冷却后组织恶化，严重时会使坯料报废的现象。这种过烧现象不可恢复。

过热是在稍低于过烧温度的高温下，金属长期保温时，使晶粒过分长大的现象。坯料出现过热使得晶粒粗大，钢的力学性能降低。因而在冲压中会降低塑性和冲击韧性，影响封头的冲压质量。

表 6-1　常用材料加热温度

材料	Q235 20 20g 16Mn	15MnV 15MnVN 15MnTi	18MnMoNb 14MnMoV	20Cr3NiMoA	0Cr13 1Cr13	0Cr18Ni9	铝及铝合金
加热温度/℃	950～1000	930～980	950～1050	980～1000	950～1000	1000～1100	350～450
保温时间/min·mm^{-1}	1	1.5	1.5	1.5	1	1.5	1.5

(2) 始锻温度和终锻温度的控制

始锻温度是指冲压开始的温度。始锻温度过低达不到加热的目的，使可锻性变差，锻造时间减小。过高易产生过热和过烧现象。为了避免过热和过烧必须控制加热温度和保温时间。终锻温度是冲压终止的温度，应控制在再结晶温度以上。低于再结晶温度必然使钢硬化甚至产生裂纹。所以不允许低于再结晶温度进行冲压。终锻温度主要是保证在结束冲压前坯料还有足够的塑性，在冲压后获得良好的组织。

(三) 冲压过程

封头的冲压一般在水压机或油压机上进行。冲压过程如图 6-2 所示。先将坯料加热到

1000～1100℃，将上冲模及冲环预热到100℃，然后将加热好的坯料放在冲压环上，并找正它的中心。当水压机液压缸带动上冲模向下运动时，依模具的形状而产生塑性变形，从而冲压出所需的凸形中空的封头形体。冲压结束后，成形的封头因温度降低，而收缩并紧紧包住上冲模，同时上冲模由于受热也会膨胀。因此给取下封头造成困难。为了从上冲模上取下封头，设计了专用的脱模装置，用卡环将封头的边缘卡住，在上冲模回程中，将封头挡住，就可以把封头从上冲模上取下来，完成封头的冲压过程。

大直径封头的上冲模可做成组合式的，由三瓣半椭球体及中心锥形棒组成。当冲压结束后，提起锥形棒，瓣体自动合拢，封头自行脱落。省去了专用的脱模装置。

为了降低工件和模具间的摩擦力，减少折皱，在坯料上方设置压边圈，控制坯料的变形。在压边圈下表面和冲环圆角处涂以润滑剂，以减小冲压时的摩擦力。对不锈钢可用70%石墨粉加30%机油。对碳钢用40%石墨粉加60%机油。

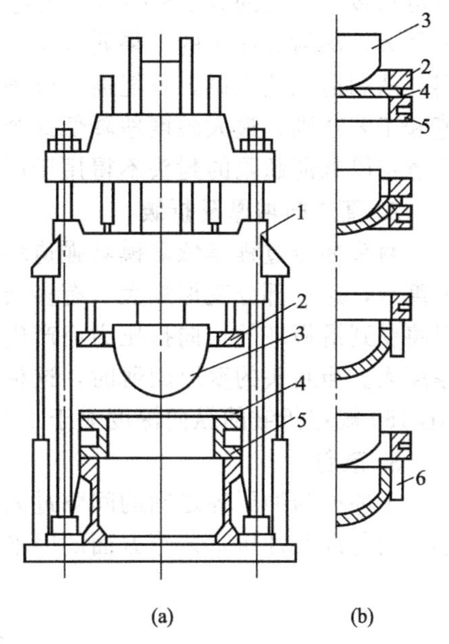

图6-2　封头的冲压过程

1—上横梁；2—压边圈；3—上冲模；4—坯料；5—冲压环；6—脱模装置

(四) 冲压成形易产生的缺陷

封头冲压变形过程中受力复杂，不像卷板时可以近似地看作是简支梁或悬臂梁，而封头各个部位受到的力无论其大小和方向都不同，因而发生的变形也不相同，封头将沿径向壁厚发生变化。封头各部分厚度变化的具体数值受到许多因素的影响。例如，材料自身塑性变形的能力，热冲压时的加热温度，上冲模与冲环之间的间隙和模具的几何形状及尺寸以及冲压时模具的润滑状况等。封头的材料和厚度是已定而无法改变的。因此，如何控制其壁厚的变化，实际上决定于合理的模具设计和冲压工艺。封头的壁厚变化情况如图6-3所示。

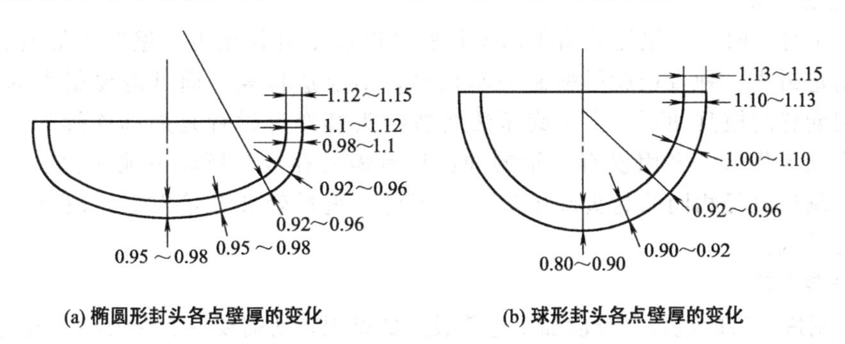

图6-3　封头冲压各点壁厚变化情况

1. 壁厚的减薄

封头的冲压属于拉伸和挤压的变形过程，坯料在不同的部位处于不同的应力状态，产生不同的变形。离封头中心较远的部位，对椭圆形封头来说就是接近长半轴，对碟形封头在靠近直边的小圆弧附近的这一区域内。从几何形状看，它的曲率半径较小，其变形除主要受弯曲作用外，还受到上冲模的拉伸作用，材料在这个部位将因较大的拉伸应力而减薄，其减薄量可达板坯厚度的8%～10%。从封头受到外载时的应力分析可知，正是在这个区域内的应力最大。从封头冲压的结果看，这一区域的壁厚减薄最严重，这是一个无法回避和改变的现实。从制造工艺来说，只能通过合理的模具设计，选择适当的加热规范，严格地执行操作规范和工艺守则，最大限度地降低这个区域的减薄量，并在产品验收上，严格把好质量关，应注意壁厚减薄超限的封头不得用于压力容器的组装。

2. 直边的增厚及折皱

封头冲压过程是依靠模具强迫坯料进行变形。坯料的外边缘还存在一个直边部分。从变形度看，这一部分变形最大，有多余的金属相互挤压，但由于受到上冲模和冲环的制约，材料将受到沿板坯的切向挤压力而产生压缩变形，因而封头成形后直边部分的厚度将比坯料的厚度大。当封头的壁厚较薄时，这种压缩变形会使紧靠边缘部分的坯料因失稳而出现折皱。GB 150 规定折皱的纵向深度大于1.5mm时，不得用于制造压力容器。

3. 鼓包

上冲模与冲压环之间的间隙过大，冲压环圆角过大，坯料加热不均匀，压边圈压紧力大小不均匀以及冲压工艺等方面的因素，都会引起封头产生鼓包。

二、封头的旋压

冲压法制造封头的优点是质量好，生产率高，因此适用于批量生产。其缺点是成本比较高，一方面需要巨额的投资购置冲压设备、加热设备和起吊设备；另一方面还要配备大量的各种规格的冲压模具和与之配套的较大面积的存放空间。旋压成形是将一次整体变形过程变为局部连续变形过程。由于变形是局部的，因此，所需的动力大大降低，所用的设备必然对于同样生产能力的冲压法所使用设备轻便得多，从而制造成本大大降低。目前旋压法已成为大型封头或薄壁封头主要的制造方法。

(一) 封头旋压成形的特点

1. 制造成本低

旋压加工封头时，一组比较简单的模具就可以加工直径相近且壁厚不等的各种封头。而冲压法制造封头一种直径就得配制一套模具，不但造价高，而且需要很大的地面去堆放和保管相配置的模具冲环。由于旋压法制造封头其变形过程是局部连续的，所以旋压设备的功率大大降低。又因没有大量的冲压模具需要存放，所以占地面积小，也不需高大的厂房。制造直径相同的封头旋压机比水压机的重量轻2.5倍左右，故旋压法制造封头的成本比较低。

2. 生产效率高

旋压法制造封头的过程是分段加工连续成形的过程，所需要的变形力小，消耗的功率就小。与冲压法相比，制造相同尺寸的封头，旋压机的模具和工装设备的尺寸小，同一模具可以旋压直径相同但厚度不同的封头。旋压封头直径差别比较大时，更换工艺装备和模具所需的时间与冲压法相比约减少80%。此外，因旋压机的机架附设有刀架，可对坯料的成形及边缘加工一次连续完成，故旋压加工的生产率较高。

3. 加工质量好

旋压加工是由局部逐步扩展到整体的变形过程。旋压封头直径的尺寸精度高，不存在冲压加工有局部减薄现象和边缘折皱问题。因此，旋压法允许的D/S值比冲压法约大一倍，较好地解决了生产大直径薄壁封头的折皱问题。一般情况下旋压法不需要加热（即省去了加热设备），因而加工后的封头表面没有氧化。

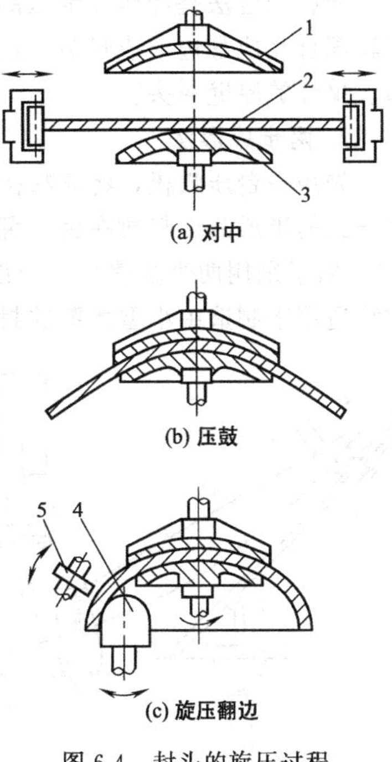

图 6-4 封头的旋压过程
1—上模；2—坯料；3—下模；4—蘑菇轮；5—压轮

(二) 旋压成形的原理

旋压制造封头的原理是将封头的坯料至于专用旋压机械上，并在热态或冷态下，对中心和外缘部分进行弯曲变形使之成形。通常这两部分的变形分别是中心压鼓和旋压翻边。其原理如图 6-4 所示。

1. 中心压鼓

封头压鼓是在专用的压鼓机上进行，它的任务是对封头的中心部分进行变形。无论是椭圆形封头还是碟形封头，封头中心部分的曲率半径相对于外缘部分都比较大，因而变形量比较小，压鼓机的功率就比较小。压鼓机是逐点成形，甚至不需要模具。压鼓机上设有专用的对中机构，它是由四个从中心向外呈放射状并可以往复运动的压轮组成。旋压时，坯料放在下模上，四个压轮可同时向中心收拢，使坯料中心和下模中心重合如图 6-4（a）所示。旋压时，液压缸带动上模 1 向下运动，给坯料施加冲压力，使坯料的中央部分紧贴在上、下模之间，完成坯料的压鼓过程，如图 6-4（b）所示。

2. 旋压翻边

开动旋压机使上、下模和压鼓的坯料绕自身的轴转动。调整蘑菇轮 4 的行程，控制封头的旋压内径，与压轮 5 相对应的封头内侧的蘑菇轮的外廓曲面正是封头的内表面的形状。依靠坯料的旋转，压轮 5 向坯料施加压力使其产生局部塑性弯曲变形，压轮随着板料的变形，不断地做送进运动。使封头在压轮的压力和蘑菇轮的作用下完成了封头的翻边。当坯料旋转一周，整个圆周都逐步得到局部的塑性变形，完成翻边旋压的过程，如图 6-4（c）所示。

封头的旋压是局部的、逐步的、连续的变形过程，所需的变形力要比整体冲压小的多。因而所需设备的功率也小的多，整台机具的自重比同样生产能力的油压机或水压机要轻数倍。所需设备投资费也相应少的多。

(三) 旋压成形的方法

根据旋压机的结构不同有一步成形法和两步成形法。

1. 一步成形法

一步成形法就是在一台机器上，一次完成封头的旋压成形过程，也叫单机旋压法。这种方法又分有模旋压、无模旋压和冲旋结合法。封头的压鼓和翻边是在同一台机器上完成，适用于直径和壁厚较大的封头。有模旋压需要有与封头内形相同的模具，通过旋压将坯料旋压在模具上而形成封头。这种方法速度快，直径尺寸精确，自动化程度高。但仍需要各种规格的模具，成本相对较高。

无模旋压不需要模具，封头的旋压由外旋辊和内旋辊配合逐点进行旋压，其旋压过程常采用数控自动进行。它的特点是尺寸精度高，旋压工装设备简单，需要较大的旋压功率。

冲旋结合法是冲压和旋压的结合，先以冲压的方法将坯料压制成鼓形，再依靠压轮和蘑菇轮配合完成翻边形成封头。这种方法一般采用热加工以降低旋压机的功率，适合于生产大型、单件的厚壁封头。

2. 两步成形法

先用一台压鼓机，将坯料按封头中部弯曲半径压出相应的圆弧，如图 6-5 所示，然后再将压鼓的半成品坯料放在旋压翻边机上，旋压出边缘部分的圆弧和翻边。翻边机示意图见图 6-6。由于采用两个步骤和两个设备联合工作，故分别称为两步成形法和联机旋压法。这种方法适用于制造中小型薄壁的封头。几种旋压封头工作原理见表 6-2、表 6-3。

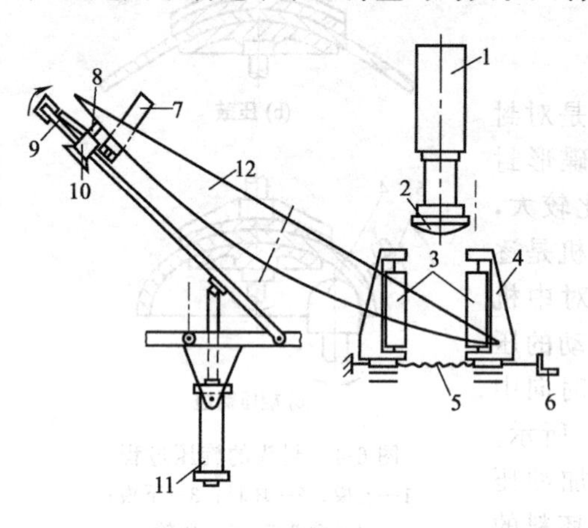

图 6-5　压鼓机工作示意图

1—油压缸；2—上模；3—导轨；4—导轨架；5—丝杠；6—手轮；7—导辊；8—驱动辊；9—电机；10—减速箱；11—压力杆；12—工件

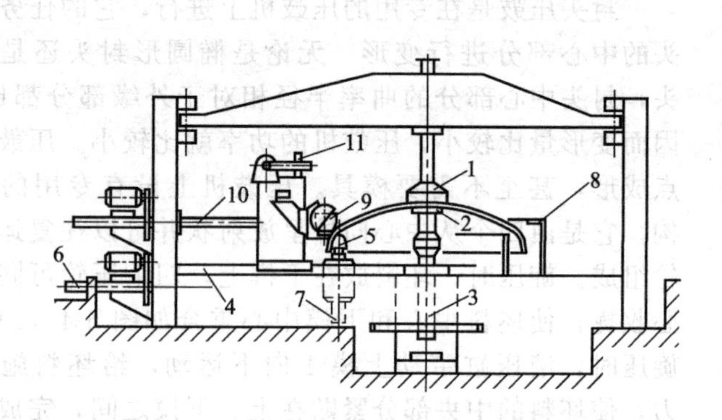

图 6-6　旋压翻边机

1—上转筒；2—下转筒；3—主轴；4—底座；5—内辊；6—内辊水平轴；7—内辊垂直轴；8—加热炉；9—外辊；10—外辊水平轴；11—外辊垂直轴

随着科学技术的进步，压力容器制造水平的提升，专业化企业生产封头格局的建立，压力容器制造单位大多采用委托加工的方法，向具备生产压力容器封头资质的厂家委托加工。如果说封头的成形，是整个压力容器生产过程的一个环节，那么封头的委托加工和质量检验，则是生产管理上一个非常重要的实际问题。

表 6-2　几种封头旋压原理图

反置旋压			
正置旋压			

表 6-3 几种封头单机旋压原理图

冲旋联合	有胎旋压	无胎旋压
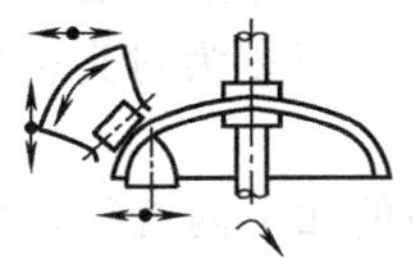	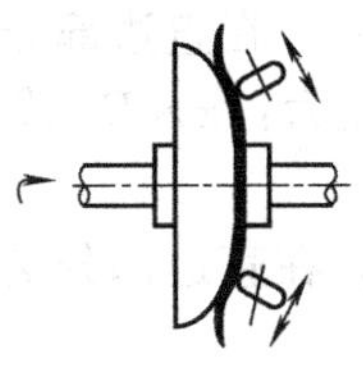	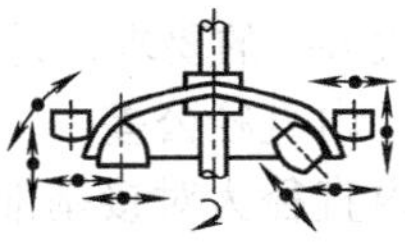
无胎旋压		
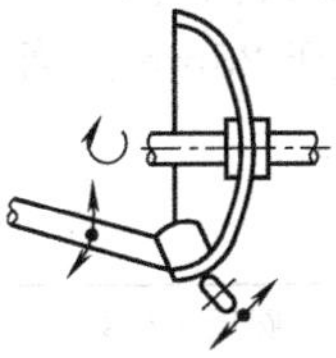	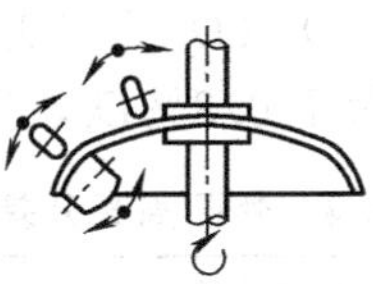	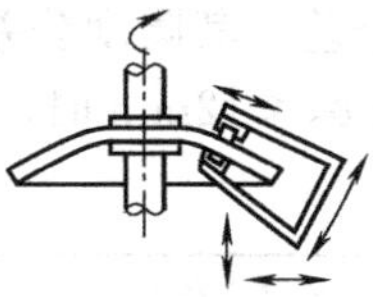

三、封头的外协加工与质量检验

1. 封头制造的标准

封头的制作除应符合图样、技术条件外，还应符合有关标准的规定。如：《压力容器安全技术监察规程》、GB 150—1998《钢制压力容器》、JB/T 4746—2002《钢制压力容器用封头》、JB/T 4745—2002《钛制焊接容器》、GB/T 1804—2000《一般公差 未注公差的线性和角度尺寸的公差》、JB 4730—1994《压力容器无损检测》。

2. 原材料检验

加工封头的材料须是检验合格，符合该容器等级所要求的复验项目。坯料的指定位置上应有材质、检号及检验员认可的钢印代号等标记。

3. 拼板

封头板料宜采用整板，如需拼接时各板必须等厚。封头的坯料厚度应考虑工艺减薄量，以确保封头成形后的实测最小厚度符合图样和有关技术文件的要求。封头各种不相交的拼焊焊缝中心线间的距离，至少应为封头板材厚度 δ_s 的 3 倍，且不小于 100mm。

4. 封头下料拼焊

封头板料切割后，应将周边修磨圆滑，端面不得有裂纹、熔渣、夹杂和分层等缺陷。

封头板料拼接接头的对口错边量不得大于板材厚度 δ_s 的 10%，且不大于 1.5mm。复合钢板拼接接头的对口错边量不得大于钢板复层厚度 δ_s 的 30%，且不大于 1.0mm。焊接工艺及质量要求相应符合《焊条电弧焊工艺规程》、《埋弧焊工艺规程》和《气体保护焊工艺规程》的规定。封头板料拼接焊接接头表面不得有裂纹、气孔、咬边、夹杂、弧坑和飞溅物等缺陷。拼接焊缝在成形前应将焊缝余高打磨至与母材表面齐平。

5. 成形

封头毛坯料转外协冲压成形前，应根据图样和工艺文件的要求核对产品编号、件号、材料标记、形状、规格和尺寸等。封头成形工艺和方法由外协单位确定，成形过程中应避免板料表面的机械划伤，对严重的尖锐划痕应进行补焊或修磨处理。成形封头的端部切边，可采用机械气割或等离子切割方法进行齐边和切割坡口。坡口的形状、尺寸及加工工艺和方法由供需双方协商确定。

6. 封头质量检验

(1) 外圆周长

以外圆周长为对接基准的封头切边后，在直边部分端部用钢卷尺实测外圆周长，其公差应符合表 6-4 的要求。外圆周长的设计值为：$\pi \times D_0$ 或 π ($\delta_S \times 2 + D_i$)，D_0 为封头中径。

(2) 内直径公差

以内直径为对接基准的封头切边后，在直边部分实测等距离分布的四个内直径，取其平均值。内直径公差应符合表 6-5 的要求。

(3) 圆度公差

封头切边后，在直边部分实测等距离分布的四个内直径，以实测最大值与最小值之差作为圆度公差，其圆度公差不得大于 $0.5\%D_i$ (D_i 为封头内经)，且不大于 25mm。当 $\delta_S/D_i <$ 0.005 且 $\delta_S < 12$mm 时，圆度公差不得大于 $0.8\%D_i$，且不大于 25mm。

表 6-4 外圆周长公差 /mm

公称直径 DN	板材厚度 δ_S	外圆周长公差
300≤DN<600	$2 \leqslant \delta_S < 4$	−4～+4
	$4 \leqslant \delta_S < 6$	−6～+6
	$6 \leqslant \delta_S < 16$	−9～+9
600≤DN<1000	$4 \leqslant \delta_S < 6$	−6～+6
	$6 \leqslant \delta_S < 10$	−9～+9
	$10 \leqslant \delta_S < 22$	−9～+12

表 6-5 内直径公差 /mm

公称直径 DN	板材厚度 δ_S	内直径公差
300 ≤DN<600	$2 \leqslant \delta_S < 4$	−1.5～+1.5
	$4 \leqslant \delta_S < 6$	−2～+2
	$6 \leqslant \delta_S < 16$	−3～+3
600 ≤DN<1000	$4 \leqslant \delta_S < 6$	−2～+2
	$6 \leqslant \delta_S < 10$	−3～+3
	$10 \leqslant \delta_S < 22$	−3～+4
1000 ≤DN<1600	$6 \leqslant \delta_S < 10$	−3～+3
	$10 \leqslant \delta_S < 22$	−3～+4
	$22 \leqslant \delta_S < 40$	−4～+6
1600 ≤DN<3000	$6 \leqslant \delta_S < 10$	−3～+3
	$10 \leqslant \delta_S < 22$	−3～+4
	$22 \leqslant \delta_S < 60$	−4～+6
3000 ≤DN<4000	$10 \leqslant \delta_S < 22$	−3～+4
	$22 \leqslant \delta_S < 60$	−4～+6

(4) 形状公差

封头成形后的形状公差，用弦长相当于 $3D_i/4$ 的样板检查封头的间隙。样板与封头内表面的最大间隙，外凸不得大于 $1.25\%D_i$，内凹不得大于 $0.625\%D_i$，如图 6-7 所示。

(5) 封头总深度公差

封头切边后，在封头端面任意两直径位置上分别放置直尺或拉紧的钢丝，在两直尺交叉处或两根钢丝交叉处垂直测量封头总深度（封头总高度），其公差为（$-0.2\sim0.6$）$\%D_i$。

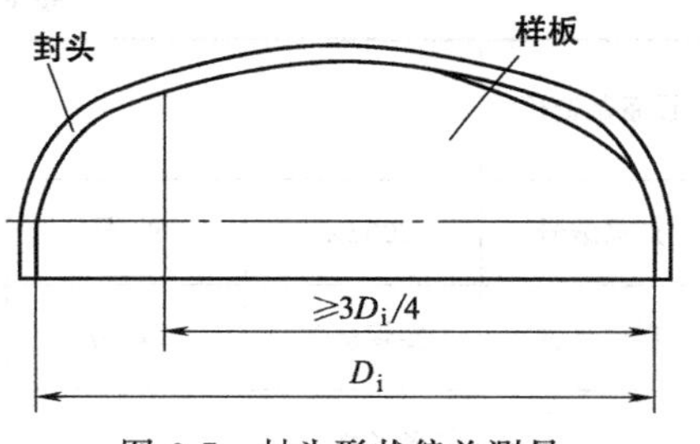

图 6-7　封头形状偏差测量

(6) 直边高度

椭圆形、碟形和折边锥形的封头的直边部分都不得存在纵向皱折。封头切边后，用直尺实测直边高度，当封头公称直径 DN≤2000mm 时，直边高度 h 宜为 25mm。当封头公称直径 DN＞2000mm 时，直边高度 h 宜为 40mm。直边高度 h 的公差为 $-5\%\sim10\%h$。

(7) 壁厚检测

沿封头端面圆周 0°、90°、180°、270°的四个方位，用超声波测厚仪、卡钳和千分卡尺在必测部分检测成形封头的厚度。

7. 热处理

焊后需热处理的封头，可根据供需双方约定，由封头压制单位或本厂负责热处理。热处理工艺应符合《压力容器热处理工艺规程》的规定。封头制造厂家应向被委托单位提供热处理方式。在验收时应要求供方交付有关热处理的工艺资料和记录；如封头带有试板，应同时向加工单位交付有识别标记的试板，同炉进行热处理。

奥氏体不锈钢封头热成形后应进行固溶处理，以提高耐晶间腐蚀性能。

8. 无损检测

成形后的椭圆形、碟形、球冠形封头的全部拼接焊缝应根据图样或技术文件规定的方法，按 JB 4730 标准 100％射线或超声检测，其合格级别应符合图样或技术文件的规定。

按规则设计的折边锥形封头的 A、B 类焊缝，应按 GB 150 标准的规定，采用图样或技术文件规定的方法，再按 JB 4730 标准 100％射线或超声检测，其合格级别应符合图样和技术文件的规定。

对图样或技术文件有酸洗、钝化处理要求的不锈钢、钛复合钢板封头，应按《酸洗、钝化工艺规程》的规定进行表面酸洗和钝化处理。

四、人孔及接管的制造

压力容器上的人孔有常压、回转式、水平吊盖、垂直吊盖等几种形式。人孔法兰有平焊法兰和对焊法兰之分。同样容器上的接管法兰也有平焊法兰和对焊法兰两种类型。Ⅲ类容器的人孔法兰和接管法兰均为锻件。加工法兰时需验收材质书和锻件合格证，然后进行车削、划线、钻孔。人孔的制造可以向有资质的专业制造单位直接订购，也可自己加工。其加工过程见表 6-6 法兰加工工艺卡。

1. 接管与法兰的制造

设备上的接管应采用与法兰配套的无缝钢管，而人孔接管要用与壳体相同材质的钢板卷制而成，其制造过程见表 6-7 所示工艺卡。

法兰与接管对接时，要严格控制接管与法兰的垂直度偏差为 1/100，且不大于 3mm。对焊法兰，则应控制对接环缝间隙均匀。严禁将法兰密封面直接与地面或装配平台接触，避免法兰密封面被电弧击伤。法兰与接管组装见表 6-8。

表 6-6 法兰加工工艺过程卡

设备制造厂	制造工艺过程卡	第 1 页 共 1 页

产品编号	2002-R	件号		数量		容器类别	Ⅱ
零件名称	接管法兰	规格		材质		材代	

领料记录	材料名称		规格		材检号	
	领料者/日期		发料者/日期		审核/日期	

接管法兰示意图

工序号	工序名称	控制点	工艺与要求	施工单位及设备名称	施工者	检查者
1	号料	△	1. 所号材料的材检号、材质、规格应和原材料领料单一致； 2. 锻件查收材质书和锻件合格证； 3. 碳钢用白油漆标记，标记内容为：A. 产品编号；B. 件号；C. 材检号；D. 规格；E. 材质。 规定用钢印标记的须打钢印。			
2	车		1. 按图样要求加工各种平面、内圆、外圆及坡口； 2. 密封面不得有裂纹、划痕、气孔、斑痕和毛刺等降低强度和密封可靠性的缺陷； 3. 加工后在外圆周上按有关要求移植标记。			
3	划线		划螺栓孔线并检查。			
4	钻孔		1. 要求所钻螺栓孔中心圆直径及相邻螺栓孔弦长偏差不超过 ±0.6 mm；任意两螺栓孔弦长偏差为 ±1.0 mm； 2. 倒角，去毛刺等。			
编制			审核		修订时间	

表 6-7 接管制造工艺过程卡

设备制造厂	制造工艺过程卡						第 1 页 共 1 页
产品编号	2002-R1	件号		数量		容器类别	Ⅱ
零件名称	接 管	规 格		材 质		材 代	

领料记录	材料名称		规 格		材 检 号	
	领料者/日期		发料者/日期		审核/日期	

接管示意图

工序号	工序名称	控制点	工 艺 与 要 求	施工单位及设备名称	施工者/日期	检查者/日期
1	号料		1. 所号材料的材检号、材质、规格应和原材料领料单一致； 2. 碳钢用白油漆标记，标记内容为： A. 产品编号；B. 件号；C. 材检号；D. 材质；E. 规格。 规定用钢印标记的须打上钢印。			
2	划线	△	1. 按接管展开样板进行划线； 2. 准确划出实际用料线、切割线、中心线和检查线经检验责任工程师检查合格后，打上样冲眼（检查线除外）方可转入下道工序； 3. 划线控制偏差： 接管长度偏差 ±1.0 mm；			
3	落料		1. 沿切割线用气割切割落料； 2. 清理熔渣及毛边。			
4	加工坡口		1. 按图样要求加工接管坡口； 2. 检查接管坡口尺寸； 3. 坡口表面不得有裂纹、分层和夹渣等缺陷存在。			
编 制			审 核		年 月 日	

表 6-8 法兰与接管组装工艺卡

<table>
<tr><td colspan="2" rowspan="2">设备制造厂</td><td colspan="6" rowspan="2">制造工艺过程卡</td><td>第 1 页</td></tr>
<tr><td>共 1 页</td></tr>
<tr><td colspan="2">产品编号</td><td>2002-R1</td><td>件 号</td><td></td><td>数量</td><td></td><td>容器类别</td><td>Ⅱ</td></tr>
<tr><td colspan="2">零件名称</td><td>接 管</td><td>规 格</td><td></td><td>材 质</td><td></td><td>材 代</td><td></td></tr>
<tr><td rowspan="2">领料记录</td><td colspan="2">材料名称</td><td></td><td>规 格</td><td></td><td></td><td>材 检 号</td><td></td></tr>
<tr><td colspan="2">领料者/日期</td><td></td><td>发料者/日期</td><td></td><td></td><td>审核/日期</td><td></td></tr>
<tr><td colspan="9">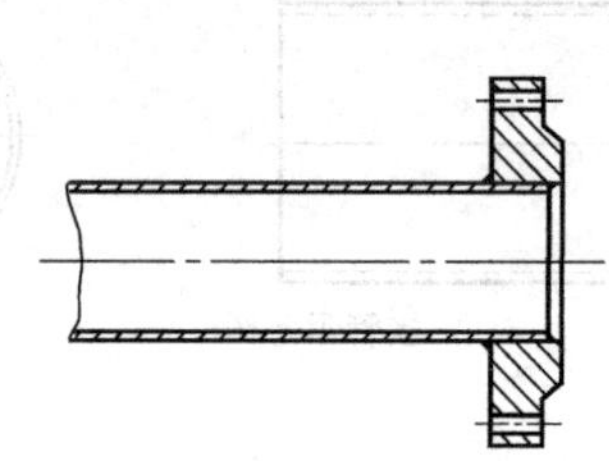
法兰与接管组装示意图</td></tr>
<tr><td>工序号</td><td>工序名称</td><td>控制点</td><td colspan="3">工 艺 与 要 求</td><td>施工单位及设备名称</td><td>施工者/日期</td><td>检查者/日期</td></tr>
<tr><td>1</td><td>组对法兰</td><td>△</td><td colspan="3">1. 按图样要求组对接管与法兰；
2. 接管深入法兰内，与法兰表面留 10mm 的距离；
3. 用手工焊进行点焊，点焊时用法兰角尺，检查法兰与接管的垂直度；
4. 点焊时所采用的焊条牌号和焊接工艺参数应与连续焊接时相同。</td><td></td><td></td><td></td></tr>
<tr><td>2</td><td>焊接</td><td>△</td><td colspan="3">1. 执行“焊接工艺卡”的焊接工艺参数；
2. 焊缝表面不得有超标的咬边、弧坑、未焊透等缺陷存在。</td><td></td><td></td><td></td></tr>
<tr><td>3</td><td>探伤</td><td>△</td><td colspan="3">按无损检测的要求进行探伤检查。</td><td></td><td></td><td></td></tr>
<tr><td colspan="2">编 制</td><td colspan="2"></td><td>审 核</td><td></td><td colspan="2">修订日期</td><td></td></tr>
</table>

2. 人孔的制造

回转式人孔由人孔盲板、法兰、把手、轴耳与销轴组成，结构见图 6-8 所示。制造过程如下。

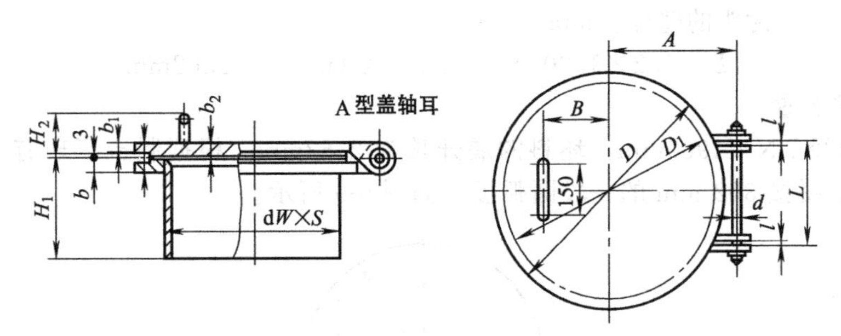

图 6-8　回转式人孔结构图

(1) 下料

按人孔盲板、法兰外圆留出切割余量，划出切割线；划出销轴的坯料；按放样制作轴耳样板，划出切割线；在钢板上按人孔接管直径划出展开长度。

(2) 切割卷筒体

用手工气割或自动切割机进行人孔盲板、法兰和销轴的下料切割，并清除毛刺，然后进行机械加工；切割轴耳、接管展开长度坯料，同时割出焊接坡口；在卷板机上进行接管的卷制。

(3) 组对焊接

人孔法兰与接管的点焊固定，应保证接管与法兰垂直，检查后进行焊接。

(4) 焊轴耳

在人孔法兰上放好垫片，再盖上盲板，然后将销轴套入轴耳，与盲板和法兰点焊固定，销轴的轴线应与法兰轴线跨中布置。检查无误后进行焊接，并对焊缝进行探伤。

【思考题】

1. 封头的冲压成形和旋压成形各有什么特点？
2. 封头坯料加热时要注意什么问题？
3. 如果由制造单位备料，然后送封头制造厂外协冲压，坯料的准备有哪些工序？
4. 封头冲压成形后有哪些检验项目？

【相关技能】

封头外协工艺卡的制定实训

封头坯料的展开、下料和成形后的验收是容器制造中的一项基本技能，须进行训练。

SO_3 蒸发器采用 DN1900X32 标准椭圆形封头，材料为 Q345R。封头由生产厂下料，然后委托封头制造厂冲压加工。封头压制后要进行全面验收。

(一) 封头委托加工前的制造工艺

1. 封头坯料的展开

标准椭圆形封头的展开长按经验公式进行计算，当 DN＜2000mm 时，$h=25$mm；封头坯料的展开直径为 D

$$D=1.2D_1+2h+\delta_s \text{（mm）}$$

式中　D_1——封头的内径，mm；

h——封头的直边高度，当 DN＜2000mm 时，$h=25$mm；

δ_s——封头的壁厚，mm。

$$D=1.2\times1900+2\times25+32\text{（mm）}=2362\text{mm。}$$

2. 焊缝的布置

封头的直径 DN＜1900mm，坯料的展开长为 2362mm。根据制造厂现有 2000mm 宽的 16MnR 钢板，拼接 362 mm 的一段圆弧板，如图 6-9 所示。

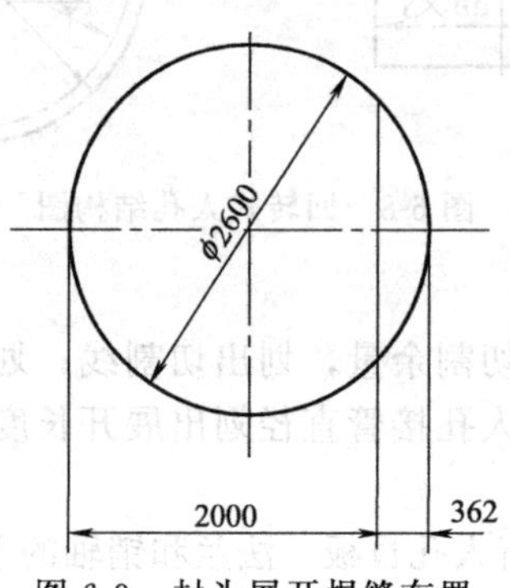

图 6-9　封头展开焊缝布置

3. 划线切割

取宽度 2000mm 的钢板，再拼上一块宽度大于 362mm 的钢板。用地规直接在钢板上划出 $R=1190$mm 的大圆弧（加 9mm 的气割余量），在画出 362mm 的拼接圆弧。拼接缝开 X 型坡口，用手工或自动气割进行切割。

4. 焊接

切割后，清除切口的氧化铁和毛刺，点焊固定坯料拼接缝（对口错边量应小于 1.5mm），然后进行焊接。焊缝射线探伤合格后，对焊缝余高进行打磨至与母材平齐。

5. 与封头制造厂签订委托加工协议

协议应包括封头规格、材质、数量、热处理方式、验收标准、交货时间等。

（二）封头委托加工后的验收

封头质量验收的标准是以前面提到的相关技术标准和规范为依据。

1. 技术文件资料的验收

包括：封头施工图纸，材质检验合格证，封头制造合格证，热处理工艺资料和记录、无损检测报告单等。

2. 封头外观质量验收

封头表面应光滑，不得有腐蚀、裂纹、疤痕等缺陷以及严重的机械划伤，直边部分的纵向皱折深度不大于 1.5mm。焊接接头表面不得有裂纹、气孔、咬边、夹杂、弧坑和飞溅等缺陷。

3. 外形尺寸及公差的检测

封头的齐边质量、坡口形式应符合图纸规定。内直径公差在－4～＋6mm 之间。在封头直边部分实测等距离分布的四个内直径，以实测最大值与最小值之差作为圆度公差，不得大于 25mm。

4. 形状公差

封头成形后的形状公差，用弦长相当于 $3D_i/4$ 的间隙样板检查。样板与封头内表面的最大间隙：外凸不得大于 23mm、内凹不得大于 11mm。

5. 封头总深度公差

封头总高度公差必须在－0.2%～0.6%D_i。

6. 直边高度

直边高度为 25mm。直边高度 h 的公差为－5%～10%h。

7. 壁厚检测

沿封头端面圆周 0°、90°、180°、270°的四个方位，用超声波测厚仪、卡钳和千分卡尺在封头的必测部位检测成形封头的厚度。任意地方壁厚不得小于图样厚度。

(三) 封头外协制造工艺过程卡编制模拟实训

1. 实训的目的

① 了解封头外协加工制造的工艺过程；

② 掌握封头坯料展开计算的方法；

③ 能正确地布置封头上的拼接焊缝；

④ 熟悉封头外协加工后的各项验收的标准；

⑤ 掌握封头验收的各项技术要求。

2. 实训要求

根据实训题目的要求，按照封头制造的工序填写相应的制造工艺和技术要求确定封头外协及加工验收的技术要求。

3. 实训的方法

① 根据压力容器的结构特点、图纸、压力容器标准《压力容器安全技术监察规程》GB 150—1998《钢制压力容器》、JB/T 4746—2002《钢制压力容器用封头》和相关的技术条件确定封头外协加工的工序。

② 可查阅相关的图书资料或上网查询相关资料。

③ 确定封头验收质量的技术指标。

④ 填写封头外协制造工艺卡。

封头制造工艺过程卡编制实训任务单

项目编号	No. 7	项目名称	封头制造工艺过程卡编制	训练对象	学生	学时	4
课程名称	《化工设备制造技术》			教材	《化工设备制造技术》		
目的	通过封头制造工艺过程卡的编制，掌握封头外协委托加工的基本程序，能根据图纸进行封头坯料的展开、焊缝的拼接，及封头成形后的验收。						

内　　容

一、任务

一台直径 DN2600 的常压储罐容器，材质为 20R，板厚为 20mm，采用标准椭圆封头，结构如图所示：

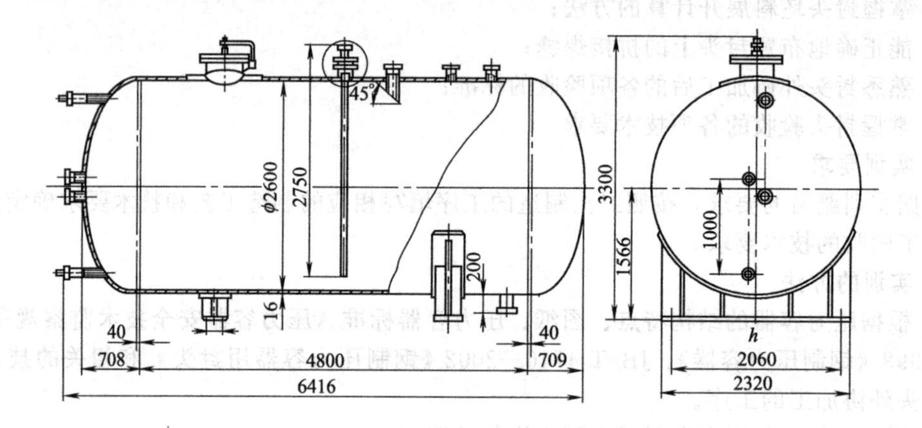

封头的制造由外协委托加工，制造厂下好封头展开坯料，拼接好焊缝，检验合格后，外协冲压。编制封头下料、拼接制造工艺过程卡。

二、基本条件

采用标准椭圆形封头，公称直径为 ϕ2600mm，直边高度 40mm，壁厚 20mm。封头坯料采用宽度为 1800mm，厚度为 22mm 的 20R 板材制作。

三、确定基本工序填写各个工序的基本要求，提出封头冲压后检验要求。

四、制造工艺过程卡见下表。

思考题	1. 封头坯料在送封头制造厂之前，要做哪些检验项目？ 2. 封头展开坯料拼接焊缝应考虑哪些因素？ 3. 封头制造遵循的标准和技术要求有哪些？

封头外协制造工艺卡

设备制造厂	制造工艺过程卡						第1页 共1页
产品编号	2002-R	件号	J 1-1	数量	1	容器类别	Ⅱ
零件名称	储罐封头	规 格	DN2600	材 质	20R	材 代	
领料记录	材料名称	20R	规 格	$\delta_S=22$mm		材 检 号	
	领料者/日期		发料者/日期			审核/日期	

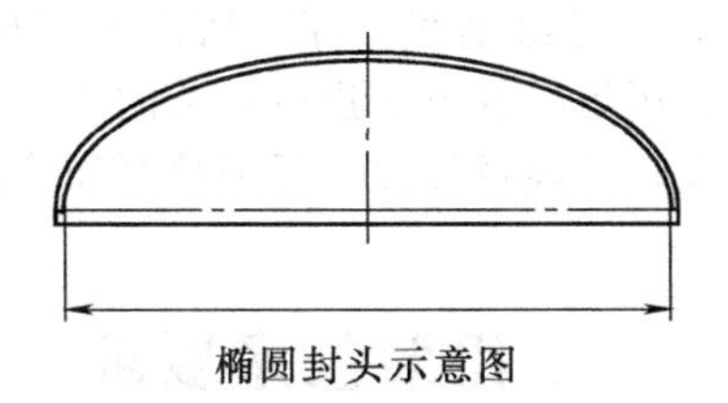

椭圆封头示意图

工序号	工序名称	控制点	工艺与要求	施工单位设备名称	施工者日期	检查者日期
1	原材料检验					
2	展开坯料的计算检查					
3	焊缝的排版拼接					
4	下料及坡口加工					
5	接缝的焊接					
6	冲压后的质量检验要求					
编　　制		审　核		年 月 日		

项目七 压力容器的组装

XIANGMUQI

【学习目标】 了解压力容器及零部件的组装方法，掌握压力容器纵缝、环缝及零部件的组装工艺。

【知识点】 压力容器组装的技术要求及其纵缝、环缝、零部件的组装工艺。典型设备的组装工艺。

组装是把压力容器的零部件按施工图纸的技术要求装配成整体的过程。组装工艺是在各个零部件制造完成之后进行的，它是继划线工序、切割工序和成形工序之后的重要工序之一。组装是通过焊接来实现的，用焊接的方法进行拼装的工序称为组对。组对只是固定了各个零部件的相对位置及焊缝位置，再经过焊接、无损检测和检验才能完成组装工作。

一、组装技术要求

组装技术要求的依据是《压力容器安全技术监察规程》等法规文件和设备的施工图纸。组装后的设备必须符合施工图纸的要求和标准的组装技术规定。组装过程中主要控制以下几项指标。

1. 对口错边量

对口错边量是对接焊缝比较严重的缺陷，它会使焊缝的有效厚度减少，使焊接接头的强度降低，造成应力集中。组装时对口错边量 b 如图 7-1 所示，应符合表 7-1 的规定。当设备采用复合钢板时，对口错边量 b 如图 7-2 所示，对口错边量以复合层为准，应不大于钢板复合层厚度的 50%，且不大于 2mm。

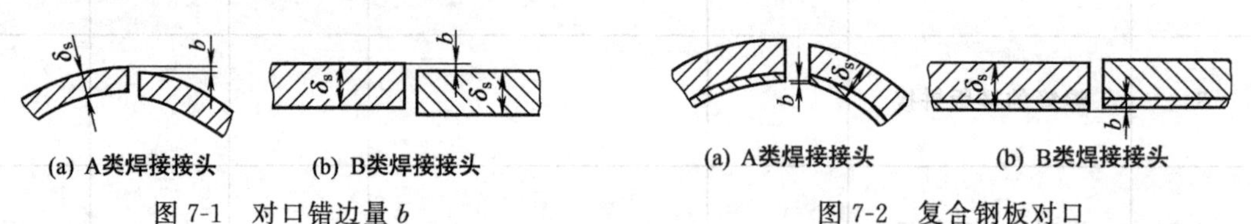

图 7-1　对口错边量 b　　　　图 7-2　复合钢板对口

2. 棱角度

由于壳体上的纵缝在卷板和校圆时的误差，在组对环缝时出现棱角，筒体的纵缝附近区域，出现曲率的不连续，造成筒体向外凸出或向内凹进，形成应力集中，使焊接接头的强度降低，影响设备的组装精度。棱角度的检查用样板卡量，用弦长等于 1/6 内径 D_i，且不小于 300mm 的内样板或外样板检查如图 7-3 所示。其棱角度 E 值不得大于 $(\delta_s/10+2)$ mm，且不大于 5mm。

对轴向形成的棱角度 E 如图 7-4 所示。用长度不小于 300mm 的直尺检查，其 E 值也不得大于 $(\delta_s/10+2)$ mm，且不大于 5mm。

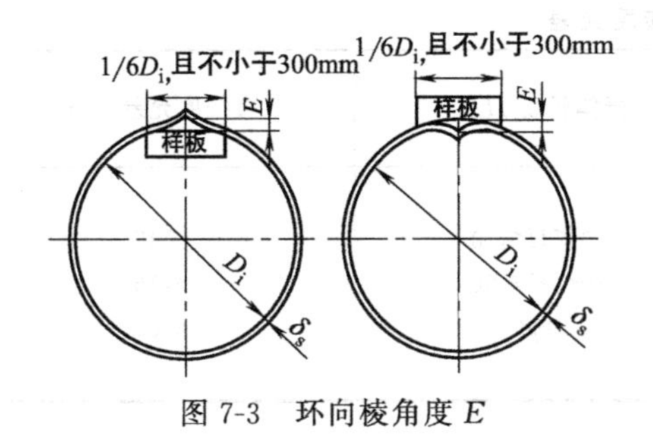

图 7-3　环向棱角度 E

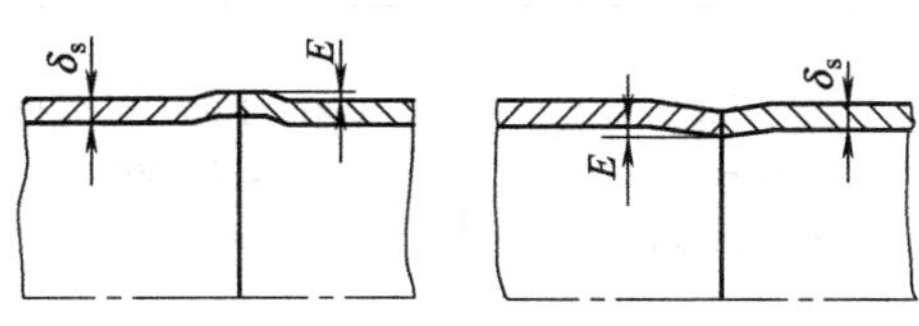

图 7-4　轴向棱角度 E

表 7-1　焊缝组装的对口错边量 b

对口处的名义厚度 δ_s	按焊缝类别划分的对口错边量 b/mm	
/mm	A 类	B 类
≤10	$\leqslant 1/4\delta_s$	$\leqslant 1/4\delta_s$
$10<\delta\leqslant 20$	≤3	$\leqslant 1/4\delta_s$
$20<\delta_s\leqslant 40$	≤3	≤5
$40<\delta_s\leqslant 50$	≤3	$\leqslant 1/8\delta_s$
>50	$\leqslant 1/16\delta_s$，且不大于 10	$\leqslant 1/8\delta_s$，且不大于 20

注：A 类焊缝主要是壳体上各部分的纵缝，球形封头与筒体的环缝；B 类焊缝是指所有环缝。

3. 不等厚钢板对接的钢板边削薄长度

容器壳体各段或球形封头与壳体常常出现不等厚钢板的连接，如直接进行连接，则在此处出现承载截面的突变，会产生附加局部应力，这对容器受力是不利的。因此，必须对厚度差超过一定限度的厚板边缘削薄一定长度，使截面缓慢连续过渡。

由于对厚板进行削薄，只出现在不同筒节或球形封头与筒体之间的环缝上，其具体要求是当两板厚度不等时，若薄板厚度不大于 10mm，两板厚度差超过 3mm 或薄板厚度大于 10mm，两板厚度差大于薄板厚度的 30%或超过 5mm 时，均应按图 7-5 的要求，单面或双面削薄厚板边缘。削薄的长度 L_1、L_2 不得小于下式规定的长度。

$$L_1、L_2>3(\delta_1-\delta_2)$$

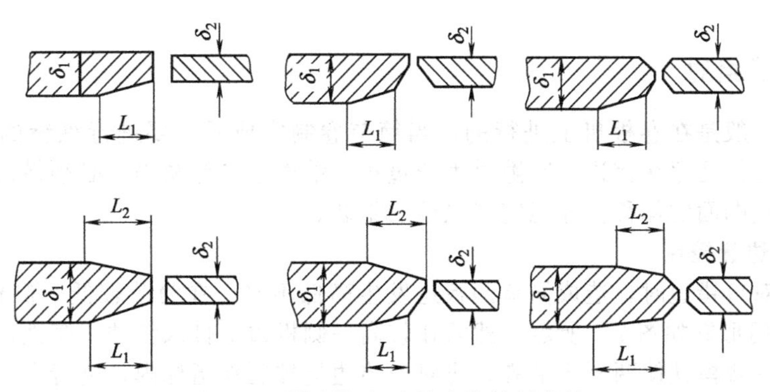

图 7-5　不等厚钢板连接边缘的削薄量

4. 筒体直线度

壳体直线度是用 0.5mm 的钢丝，两端用滑轮支撑并悬垂重物进行度量，在沿圆周 0°、90°、180°、270°四个方位测量。在筒体展开划线时，就打有四条带有样冲眼的中心线，并作有标记。在测直线度时只要沿此四条标记中心线即可，但两端避开纵缝。如正好与纵缝重合，可向两侧略移一些距离。壳体直线度随壳体长度的不同而要求不同，具体控制指标见表 7-2。

表 7-2 筒体直线度允差

壳体长度 H/m	直线度允差/mm	壳体长度 H/m	直线度允差/mm
≤20 20<H≤30 30<H≤50	≤2H/1 000,且≤20 ≤H/1000 ≤35	50<H≤70 70<H≤90 >90	≤45 ≤55 ≤65

5. 筒体圆度

圆度 e 是同一断面上最大内径与最小内径之差。筒节在卷板校圆后组对纵缝时，要对圆度指标进行检查控制，其目的在于保证环缝的组装质量。筒体的圆度控制是在容器壳体组装完成之后进行测量的指标。压力容器制造技术条件都是以筒节的圆度作为控制指标。

内压容器和外压容器筒体的圆度指标有所不同。

① 承受内压的容器组装完成后，壳体圆度应不大于该断面内直径 D_i 的 1%，且不大于 25mm。

在离开孔中心一倍开孔内径范围内测量，圆度应不大于该断面设计内直径的 1%与开孔内径的 2%之和，且不大于 15mm。容器的开孔是在壳体组装之后进行，由于开孔后该处断面减小，使开孔断面内应力得到部分松弛，与无开孔断面比较出现变形略大的现象，故开孔附近允许圆度指标适当放宽一些，但绝对值仍然不能超过 25mm。

② 因为外压容器的破坏方式是稳定性失效，当圆度超标时，必然导致载荷的不对称分布，并在容器壁上引起附加弯曲应力，增加稳定性失效的可能性，其圆度要求控制较严。圆度的检查用内弓形或外弓形样板测量，样板圆弧半径等于筒体内半径或外半径，量度样板与壳体间隙以检查壳体实际的形状与标准圆形的差距。

二、组装工艺

(一) 纵缝组对

纵缝组对一般是在卷板机上进行的，当筒节卷制完成后，要进行纵缝的组对、点焊固定。卷好的筒节往往存在错边、间隙过大或过小、端面不平等缺陷。必须借助相应的工卡具校正筒节两板边端面的偏移，才能完成纵缝的组装。

1. 对口错边量控制

纵缝发生对口错边时，造成筒节两板边发生高低不平。在筒节较低一侧板边的外侧上，点焊 Γ 形铁或门形铁如图 7-6 所示，然后在较高一侧板边上打入斜铁或楔铁，强迫板边向下运动，调整斜铁或楔铁使两板边平齐，将对口错边量控制在指标内，进行点焊固定。

2. 对口间隙控制

纵缝发生对口间隙时，在两板边的外侧上分别点焊螺栓拉紧器如图 7-7 所示，用螺栓调整对口错边量，将误差控制在指标内，进行点焊固定。

3. 筒节端面不平

筒节端面不平是由于卷板时，钢板轴线与卷板机轴线不垂直造成的扭曲变形。组对时将 Γ 形铁点焊在较低一侧板边的端部上如图 7-8 所示，打入斜铁强迫板端向下运动，调整斜铁使两板端平齐，进行点焊固定。

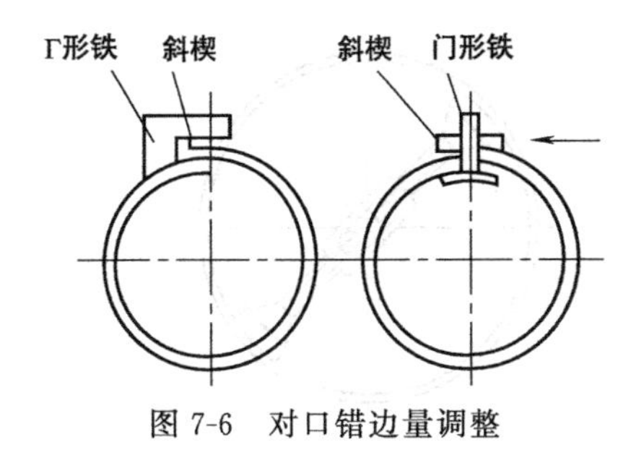

图 7-6　对口错边量调整

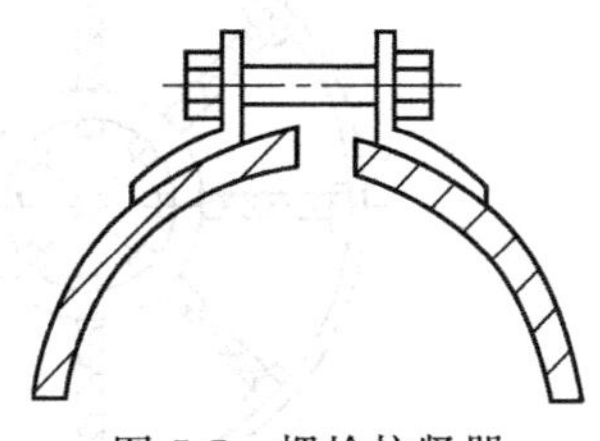
图 7-7　螺栓拉紧器

4. 错边及间隙

纵缝同时发生错边、间隙过大或过小时，用多功能螺栓拉紧器进行组对。将多功能螺栓拉紧器固定在筒节两板边的端面上，分别调整螺栓可进行对口错边量和间隙的调整，如图7-9所示。当纵缝组对完成后，将点焊在筒体上的Γ形铁、门形铁、螺栓拉紧器打掉，用角磨机将焊疤磨平。

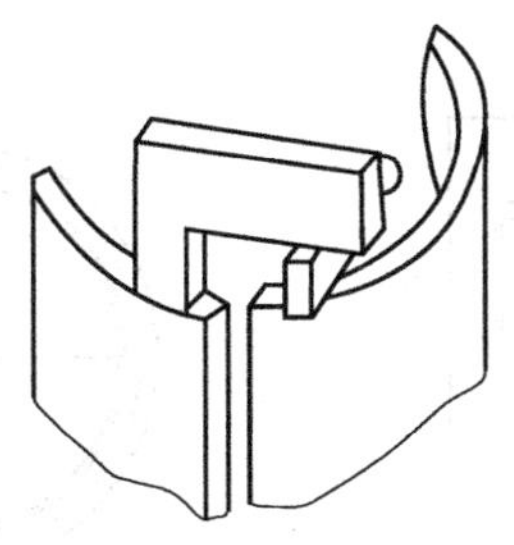
图 7-8　端面不平量调整

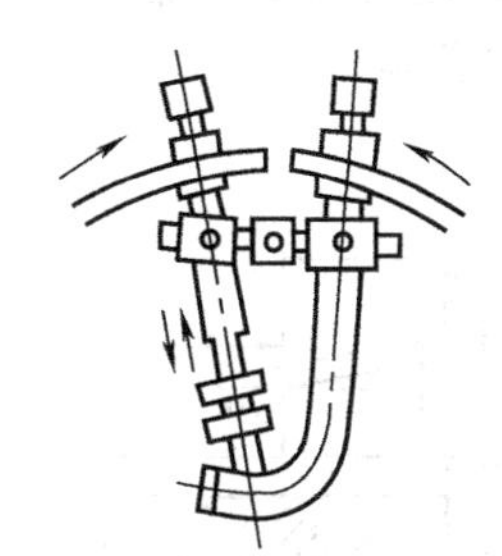
图 7-9　多功能螺栓拉紧器

（二）环缝组对

环缝组对是组装过程的关键工序，主要控制指标为对口错边量、圆度和直线度。环缝的组对包括筒节之间的组对及筒节与封头的组对。环缝的组对比纵缝的组对困难得多。一是因为各个筒节和封头的周长都有制造误差，造成直径上的差别；二是筒节和封头有圆度上的误差，组对前需进行校圆；三是筒节和封头是相对独立的分离体，刚性大，组装比较困难。

环缝采用卧式组装。筒体一般放在滚轮架上进行组装。为保证两筒节同轴并便于翻转，每个滚轮的直径必须相同，各滚轮的中心距必须相等，而且在安装时必须保证各对滚轮在同一平面上，只有这样，圆筒上各筒节的纵轴才能共线。为了适应不同直径的圆筒进行装配，滚轮架上的两滚轮间的距离可以调节，以适应不同直径的筒节组装。滚轮对数由筒体的长度决定。环缝的组装过程如下。

1. 测量筒节的外周长

测量筒节的外周长，根据相邻筒节的外周长之差，计算出该环缝的对口错边量，以便组对时进行错边量的控制。

2. 筒节的校圆

当筒节的圆度超标时，用环行螺旋径向拉紧器或环行螺旋径向支撑器进行校圆，如图7-10所示。

3. 筒节组对

筒节组对在滚轮架上进行，相邻筒节的四条纵向装配中心线一定要对准，首先观察相邻筒节中心线上的样冲眼，以保证筒体的同心度。然后利用楔形加压器或环缝组对夹具将两筒节固定。楔形加压器和环缝组对夹具的结构如图 7-11、图 7-12 所示。调整好环缝的间隙和

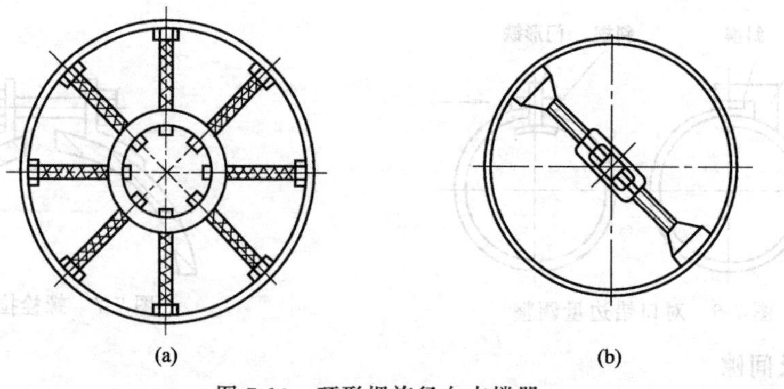

图 7-10　环形螺旋径向支撑器

对口错边量，检查筒节的直线度，符合要求时，用手工焊沿环缝截面四个方位对称点焊固定。然后转动滚轮架使筒节转动逐点点焊。也可采用筒体组对装置进行筒节的组装，如图 7-13 所示。大直径的薄壁容器，为了防止在装配环缝时再次变形，一般在环缝装配点固后再将径向推撑器拆除。

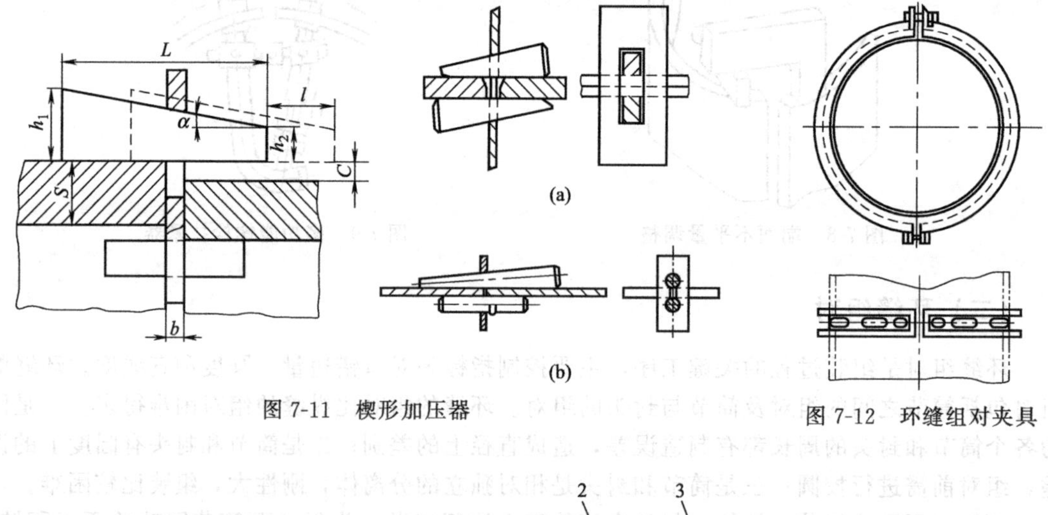

图 7-11　楔形加压器

图 7-12　环缝组对夹具

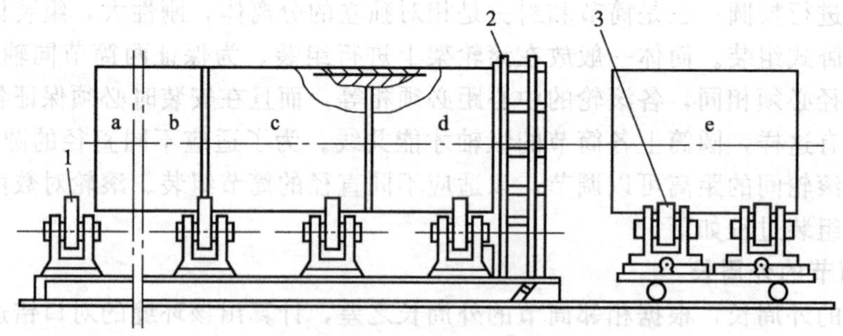

图 7-13　环缝组对装置

1—滚轮架；2—组对夹具；3—小车式滚轮架

为了防止直径较大的薄壁容器在卧装时因自重而变成椭圆，可采用立装法。装配时在平台上找平第一个筒节，并将第二个筒节吊置在第一个筒节上方，用Γ形铁或门形铁点焊在筒节上，然后在筒壁上打上一个锥形楔条，调节上下的位置、筒节的间隙。

平底立式容器的筒节与底板多为 T 形接头，如图 7-14 所示。装配前，先在底板上做出筒节内径位置线，并沿线间隔一定距离均布限位角铁，角铁外面焊上挡铁。装配时，将筒节

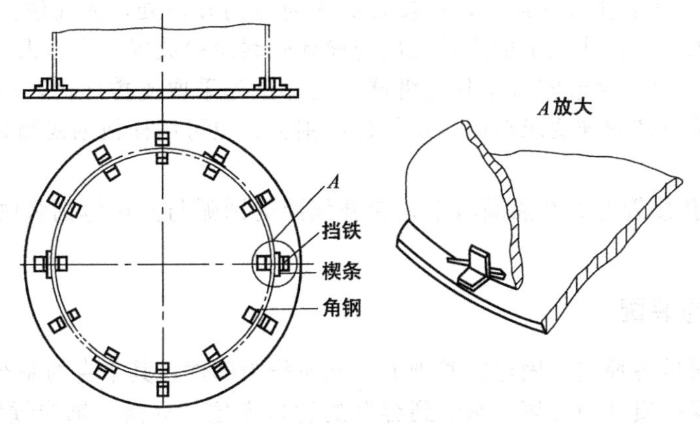

图 7-14　圆筒与底板环缝的装配

吊起，放在角铁与挡铁之间，并在挡铁与筒壁间打入楔条，使筒内壁与角铁贴紧后将其点固在底板上。如果要求筒节与底板间有一定的间隙，可在吊装筒节前在底板上垫上与间隙尺寸相同的铁丝或铁片。

4. 筒节和封头的组对

把经校圆的筒节放在滚轮架上，在封头上焊接一吊耳，用吊车将封头吊至筒节处，如图7-15所示，在吊车的配合下调整好对口错边量、间隙进行点焊固定，焊好后把吊环去掉。

5. 直线度的检查

当筒节与封头组装成一个整体时，沿圆周0°、90°、180°、270°四个方位拉线测量筒体的直线度。在筒体两端的四条中心线上固定滑轮支承，挂上0.5mm钢丝，两端悬垂重物张紧钢丝，然后测量钢丝与筒体间的距离，其误差符合规范技术要求时，才能进行焊接，否则应进行修正。

在筒体总装、焊接、无损检测等工序完成后，作总体尺寸检验，并找出筒体两端的四条中心线（按筒节下料展开的样冲标记），并核查是否等分，然后检查筒体两端中心线是否扭曲。

手工组装劳动强度和工作量大，组装效率和组装精度低。大型的容器制造厂采用纵缝、环缝组装专用设备，封头组对装置，筒体光学划线装置等机械化组装设备，以提高压力容器组装的质量和效率。

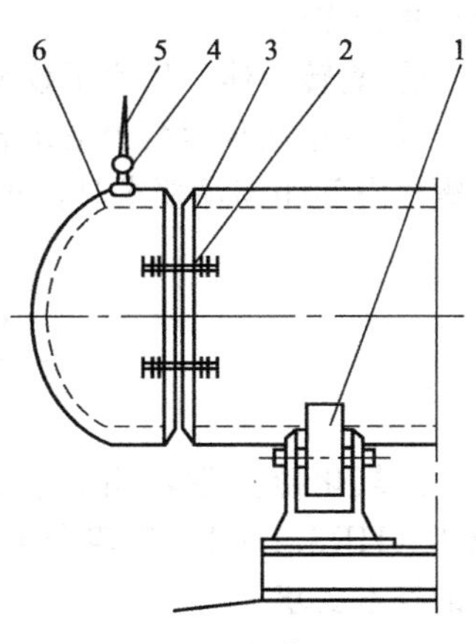

图 7-15　封头组对
1—滚轮架；2—搭板；3—筒节；4—吊耳；5—吊钩；6—封头

（三）人孔的组装

人孔作为容器的受压元件，其质量要求与筒体相同，人孔的质量直接影响到压力容器运行的平稳与操作的安全性。在组装前应全面检查人孔的几何尺寸、焊缝质量和法兰密封面；补强圈的几何尺寸、坡口形式、排气孔等影响质量的因素。人孔在筒体上组装有如下工序：

① 对照施工图在筒体上仔细核对人孔的开孔方位和标高，划出人孔接管的四条中心线；

② 用开口样板划出开口的切割线，经核对无误后进行开孔；

③ 按人孔接管伸出高度及补强圈的厚度在人孔的四条中心线上点焊定位筋板；

④ 预装接管，对开口处的坡口进行气割修正并打磨，使之坡口完全符合技术要求，环隙均匀。

⑤ 在人孔的接管上套入补强圈，将接管插入筒体的开口处，人孔法兰面与筒体之间的高度符合图纸要求，人孔法兰上的螺栓孔应与筒体轴线跨中放置，点焊人孔接管；

⑥ 在焊接前，对于薄壁容器尤其是塔器，内部预先采取支撑加固，以防焊后下塌。人孔接管的内伸余量可按图样要求待内角缝焊好后割去。也可用样板划线预先将接管内伸余量割去。

⑦ 将套在人孔接管上的补强圈落下，使补强圈的圆弧与其筒体圆弧吻合，组对好进行焊接。

（四）支座的装配

压力容器要通过各种支座固定在基础上。支座作为部件，其本身的制造质量，及其与容器壳壁的装配、焊接质量的好坏，影响到容器的管口方位、标高、轴线倾斜度等质量要素，也影响到压力容器运行的平稳与操作的安全性。因此，支座的装配必须予以高度重视。鞍式支座装配过程有如下工序：

① 在筒体底部的中心线上找出支座安装位置线，并以筒体两端环缝检查线为基准划出弧形垫板装配位置线；

② 用螺旋或锲铁压紧垫板使其与筒壁贴紧，其间隙不大于 2mm，进行点焊；

③ 在垫板上划出支座立板位置线；

④ 试装固定鞍座，当装配间隙过大或不均时用气割进行修正，使之间隙不大于 2mm，然后进行点焊；

⑤ 旋转筒体，用水平仪检测固定鞍座底板，使其保持水平位置；

⑥ 按相同步骤装焊滑动鞍座。用气割修正使两个鞍座等高，当装配间隙合适，底板水平螺栓空间距满足要求时，进行点焊固定。

三、三氧化硫蒸发器的组装

三氧化硫蒸发器由管箱的平盖（HR871-2）、管箱（HR871-4）、管束（HR871-5-1）、壳体（HR871-7-1）等四个主要部件组成。所有半成品、零部件必须符合施工图纸和相关规范的技术要求。

（一）管箱的组装

管箱的平盖，主要起密封管箱并通过隔板将管箱分成两个管程。材料为 Q345RⅡ级锻件。经过机械加工后按锻件进行验收。管箱如图 7-16 所示，由两个直径 1480mm 的 Q345RⅡ容器平焊法兰和壳体短节组成。短节上方开有 DN150mm 的水蒸气进口，下方开有 DN100mm 冷凝水出口。

1. 半成品、零部件的检查

壳体短节和容器法兰的几何尺寸，坡口、标志等符合相关的技术要求。测量壳体短节和容器法兰的外周长。根据短节和法兰的外周长的差值，算出短节和法兰的对口错边量。

2. 管箱的组对

将短节放在平台上，把容器法兰放在短节的上方并留 2mm 的间隙，按计算好的对口错边量，组装容器法兰与短节的环缝，法兰密封面必须与短节的轴线垂直，用手工焊将环缝的四个方向点焊固定。将点焊好的组合短节平放在平台上，将另一个容器法兰按相同的方法进行组装。坡口表面不得有裂纹、分层、夹渣等缺陷。对口的错边量应符合相关标准的规定。

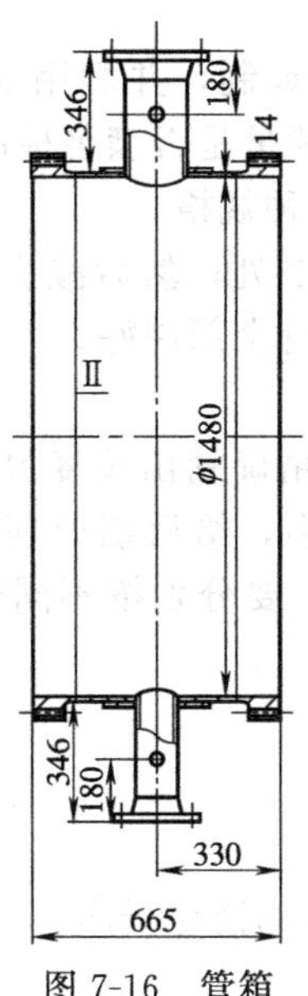

图 7-16　管箱

定位焊的焊接工艺及其对焊工的要求应与正式焊接相同，定位焊的长度应在 50mm 以上，引弧和熄弧点都应在坡口内。在点焊时要注意将容器法兰的螺栓孔跨中布置。

3. 管箱环缝的焊接

① 严格按“焊接工艺卡”的要求施焊，焊接后进行射线探伤；

② 组装和焊接管箱隔板；

③ 接管的组装。

按施工图在管箱的短节上方用事先作好的样板划出 A2 开孔位置，检查无误后，用氧气切割开孔，清理熔渣，点焊水蒸气接管 A2。点焊时，用样板划出接管与短节壳体的相贯线，检查相贯线与壳体之间的间隙应符合要求，并注意将接管法兰的螺栓孔跨中布置。用同样的方法开出管箱下方的冷凝水出口，点焊出口接管。

（二）管束（HR871-5）的组装

管束（HR871-5）如图 7-17 所示。管束有管板（材料 Q345RⅡ锻件）、6 块支承板（材料 Q235-B，板厚 12mm）、12 根 ϕ16mm 拉杆、72 根 20 钢的 ϕ25X3 的定距杆、670 根 20 钢的 ϕ25X3U 换热管组成。

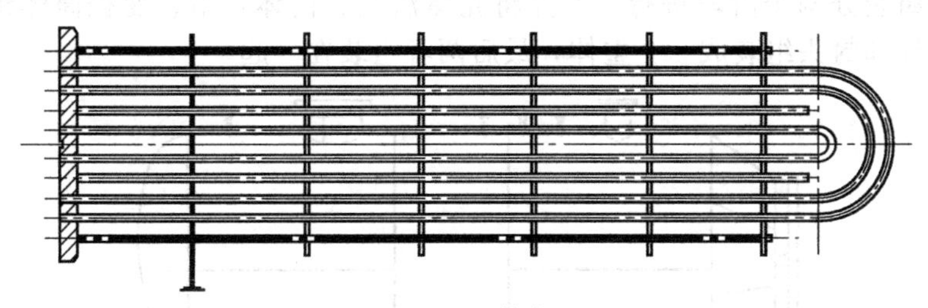
图 7-17　管束

1. U 形管的制造工艺

(1) U 形管的下料

制造 U 形管 ϕ25X3 的 20 钢管经过验收合格，根据施工图要求的弯曲半径计算出同一弯曲半径的下料长度加上余量，在砂轮切割机上进行下料。

（2）U形管的煨制

在专用的弯管机上进行U形管的煨制，并配用专用的胎具。煨制前应做工艺性试验，以确定R部位的尺寸、圆度和壁厚减薄量是否满足标准GB 151的要求。换热管的弯曲半径最小为50mm，最大为594mm，共18种规格。

煨管时，应找准U形管总长的1/2处，然后减去一个R，作为弯管的起点，在弯管机上进行煨制。分别将8种规格的U形管全部制好。

（3）U形管的齐边

将U形管放在特制的划线平台上精确划出长度尺寸的切割线并进行切割。如果尺寸大了，U形管组装后管头会高出管板较多，给后期处理带来麻烦；如果尺寸小了会造成整根U形管报废。因此操作时应格外细心，要分别按不同的R进行管端的齐边，以保证所有的U形管直管段的长度均为4880mm。

（4）U形管的水压试验

换热管逐根水压试验。

（5）U形管的除锈

将U形管的管端150mm范围内的锈清除干净。

2. 管束（HR871-5-1）的组装

（1）管束骨架的组装

在专用的工装架上进行，组装前对要组装的零件进行检查，合格后方能组装。管板在专用工装架上固定，保证管板与管束的轴线垂直。

（2）折流板的组装

分别将12根拉杆拧入管板的内螺纹孔内并上紧。套入12根定距管，穿入1号折流板，保证折流板组装方向与钻孔方向一致，且管孔同心。以此类推装入剩余的5块折流板。要严格按图纸要求控制管束的尺寸和折流板的方向。在拉杆的端部上紧锁紧螺母。

（3）穿管

从弯曲半径最小$R=50$mmU形管开始，从最后一块折流板的中部依次穿入换热管。穿引时不得强行穿管，更不能用锤敲击损坏U形管。当最大弯曲半径的U形换热管穿好后，在管板的一端用钨极氩弧焊点焊固定。

（4）U形管的焊接

用钨极氩弧焊焊接管板上换热管。

3. 壳体（HR871-7-1）的组装

壳体结构如图7-18所示。壳体由壳体法兰、筒体短节、变径筒体、筒体和椭圆形封头组成。壳体的组装分两个阶段进行。首先将壳体法兰、筒体短节、变径筒体组装成一个整体，然后将筒体和封头组装成一个整体，最后两者组装在一起。

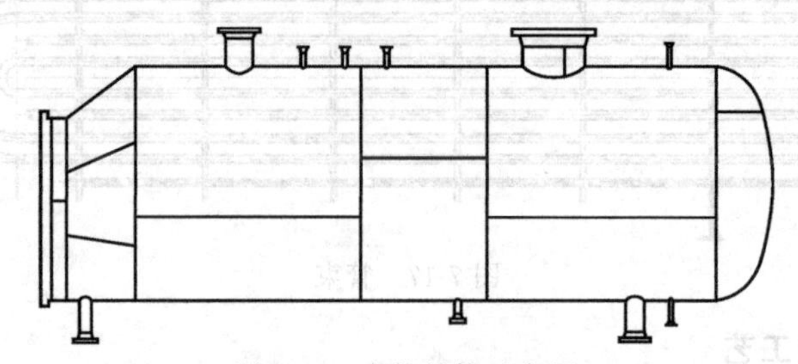

图7-18　壳体结构示意图

（1）壳体法兰、筒体短节、变径筒体组的组装

① 组装前要复核壳体法兰、筒体短节、变径筒体的主要几何尺寸、坡口、标志；

② 壳体法兰和短节组装。现将壳体法兰和通体短接在一起。组对时要注意短节的轴线与法兰密封面保持垂直；

③ 将锥形筒体平放在平台上，将组对好的法兰短节放在变径筒体上方，点焊环缝时，要注意法兰螺栓孔和变径筒体的垂线跨中布置；法兰短节和变径筒体的中心线一致；坡口的错变量和间隙符合图纸要求。

(2) 筒体和封头组装

椭圆形封头用弦长不小于封头设计内径 $3/4D_i$ 的内样板检查其内表面的形状偏差。最大间隙不得大于封头设计内径 D_i 的 1.25%，直边部分的纵向皱褶深度不得大于 1.5mm。

筒体和封头在滚轮架上进行组装，将筒节 1、筒节 2、筒节 3、筒节 4 和封头吊上滚轮架；按“筒节拼板开孔排板图”筒节排列的顺序放好筒节的位置；分别测量 4 个筒节和封头的外周长，根据相邻筒节的外周长之差，计算出环缝的对口错边量。

① 检查筒节 1、筒节 2、筒节 3、筒节 4 和封头环缝的圆度。用环行螺旋径向拉紧器或环行螺旋径向支撑器进行校圆；

② 各筒节中心线必须按照排板图编号对正。组装后两筒体的纵焊缝位置符合“筒节拼板开孔排板图”的要求；

③ 环缝定位焊。环缝的错边量应按圆周均匀分布，局部对口错边量不得大于±3mm，对口间隙偏差不得大于±1mm。筒体的直线度不得大于±7mm。点焊时沿圆周四个方向对称点焊；

④ 壳体的组装。将点焊好的壳体法兰、筒体短节、变径筒体和筒体组装在一起。组装环缝时可用楔形压紧器调节对口错变量，错边量不得大于±2mm，对口间隙偏差不得大于±1mm；检查筒体直线度误差不得大于±7mm；

⑤ 接管的组装。按图纸要求用氧气切割在筒体上开出接管开口，用角磨机修好坡口，检查无误后点焊接管并进行焊接；

⑥ 筒体环缝的焊接。按“焊接工艺卡”的要求施焊筒体上所有的环焊缝；打磨筒体里口焊缝与母材表面齐平，打磨外口角焊缝圆滑过渡至符合图样要求。

4. 蒸发器的组装

组装在滚轮架上进行，组装前要复核壳体、管束的主要几何尺寸、坡口、标志，确定所有要装配的零部件均是合格的，并对壳体内部和管束表面清理干净。

① 筒体在滚轮架上找正，将壳程侧密封垫片套在管束上。用吊车将管束吊起装入筒体内，管束穿入过程中，应缓慢进行，注意观察。如发现阻力明显增大，应立即停止穿入，查明原因，排除后继续进行，不得强力穿入。管束穿入即将到位时，应注意壳程侧密封垫片的位置是否正确。

② 将管箱吊起与和筒体组装，装入分程隔板上的半圆密封板。装入密封盖板（密封盘）。完成整个设备的组装。

蒸发器组装工艺过程卡见表 7-3。

【思考题】

1. 化工设备有哪些组装方法？
2. 化工设备组装有哪些技术要求？
3. 如何进行环缝的组装？
4. 简述三氧化硫蒸发器的组装过程。

表 7-3　蒸发器组装工艺过程卡

<table>
<tr><td colspan="2">设备制造厂</td><td colspan="6">制造工艺过程卡</td><td>第1页
共2页</td></tr>
<tr><td colspan="2">产品编号</td><td>HR-871-7-1</td><td>件号</td><td>组合件</td><td>数量</td><td>1台</td><td>容器类别</td><td>Ⅲ</td></tr>
<tr><td colspan="2">零件名称</td><td>壳体组装</td><td>规格</td><td>ϕ1900</td><td>材质</td><td>Q345R</td><td>材代</td><td></td></tr>
<tr><td rowspan="2">领料记录</td><td colspan="2">材料名称</td><td></td><td>规格</td><td colspan="2"></td><td>材检号</td><td></td></tr>
<tr><td colspan="2">领料者/日期</td><td></td><td>发料者/日期</td><td colspan="2"></td><td>审核/日期</td><td></td></tr>
<tr><td>工序号</td><td>工序名称</td><td>控制点</td><td colspan="3">工艺与要求</td><td>施工位设备名称</td><td>施工者日期</td><td>检查者日期</td></tr>
<tr><td>1</td><td>管箱的组装</td><td>△</td><td colspan="3">1. 管箱短节与管箱法兰装配时，应以法兰背为准，两个法兰面的螺栓孔均应跨中；
2. 焊接管箱隔板时，焊缝应与法兰端面齐平；
3. 管箱接管与管箱装配应保证接管高度公差符合要求。</td><td></td><td></td><td></td></tr>
<tr><td>2</td><td>焊接</td><td>△</td><td colspan="3">1. 按“焊接工艺卡”的要求施焊环焊缝；
2. 检查焊缝外观质量，应符合图样和有关标准的要求。</td><td></td><td></td><td></td></tr>
<tr><td>3</td><td>U形管的制造</td><td>△</td><td colspan="3">1. U形管弯管段的圆度偏差，应不大于管子名义外径的10%；
2. 切管，切割管子可使用无齿锯，切口要整齐，偏斜量不大于管子外径2%，管子长度的允许偏差为0～2mm；
3. 弯制好的换热管，应逐根作液压试验，试验压力为设计压力的2倍；
4. 换热管表面应除锈，两端磨光切口要整齐，露出金属光泽的长度分别为：用于焊接时为25mm；用于胀接时为2倍的管板厚度。</td><td></td><td></td><td></td></tr>
<tr><td>4</td><td>管束的组装</td><td>△</td><td colspan="3">1. 在平台上按预先的方位将固定管板装在支架上，装拉杆、定距管、折流板、紧固螺母。拉杆上的螺母应拧紧；
2. 换热管和管板孔表面应清理干净，不得留下有影响胀接或焊接连接质量的毛刺、铁屑、锈斑、油污等；
3. 穿管时不应强行敲打，换热器表面不应出现凹瘪或划伤；
4. 管束安装与焊接时，管板与管子应垂直；
5. 焊接后管板密封面不平度要不得超过2mm。</td><td></td><td></td><td></td></tr>
<tr><td>5</td><td>壳体的组装</td><td>△</td><td colspan="3">1. 检查材料及其规格、材料标记应符合图样及工艺文件规定；
2. 检查焊缝坡口形式和尺寸，应符合工艺文件要求；
3. 装配前，应对零部件进行检查，做到不合格件不装配。
4. 壳体按照工艺卡要求的对口间隙进行组对，纵缝对口错边量应$\leqslant 0.1\delta_s$，且不大于2mm；环缝对口错边量应$\leqslant 0.1\delta_s$，且不大于3mm；
5. 圆筒内径允许偏差，其外圆周长允许偏差为10mm，下偏差为零；
6. 圆度(圆筒同一断面的最大直径与最小直径之差) $e\leqslant 5\%$ DN，且 DN$\leqslant$1200mm 时，其值不大于5mm；DN$>$1200mm 时，其值不大于7mm；
7. 圆筒直线度允许偏差为1/1000且$L\leqslant$6000mm时(L为筒体总长)，其值不大于4.5mm；$L>$6000mm时，其值不大于8mm。直线度检查应通过方位中心线的水平和垂直面，即沿圆周0°、90°、180°、270°四个方位测量；
8. 筒体与法兰装配时，应保证法兰端面与筒体轴线垂直，并且螺栓孔应跨中；
9. 壳体内部的A、B焊缝的加强高度及接管凸起处必须铲磨至与壳体内表面平齐，以利于管束的装进和抽出。</td><td></td><td></td><td></td></tr>
</table>

续表

设备制造厂	制造工艺过程卡						第2页
							共2页
产品编号	HR-871-7-1	件号	组合件	数量	1台	容器类别	Ⅲ
零件名称	壳体组装	规格	ϕ1900	材质	Q345R	材代	
领料记录	材料名称		规格			材检号	
	领料者/日期		发料者/日期			审核/日期	

工序号	工序名称	控制点	工艺与要求	施工位设备名称	施工者日期	检查者日期
6	开孔		1. 用气割沿切割线切割开孔； 2. 用角向磨光机按图样要求打磨出坡口，并用角度尺进行检查。			
7	组焊接管		1. 按图样要求将进、出料管口接管与筒体进行组对，要求接管方位及夹角符合图样要求； 2. 施焊接管与内筒体相接的外口角焊缝； 3. 点焊和连续焊时采用的焊接工艺按“焊接工艺卡”的要求进行； 4. 检查焊脚尺寸和焊缝外观质量符合有关要求。			
8	蒸发器组装	△	1. 蒸发器零部件在组装前应认真检查和清扫，不得留有焊疤、焊条头、焊接飞溅物、浮锈及其他杂物等； 2. 吊装管束时，应防止管束变形和损伤换热器； 3. 紧固螺栓至少应分三遍进行，每遍的起点应相互错开120°。			
9	焊接	△	1. 按“焊接工艺卡”的要求施焊环焊缝； 2. 检查焊缝外观质量，应符合图样和有关标准的要求。			
10	组焊鞍式支座		1. 按图样定位尺寸在筒体上组对垫板，要求支座定位尺寸偏差不得超过±3.0mm； 2. 施焊垫板与筒体角焊缝，焊接工艺详见“焊接工艺卡”； 3. 检查焊脚尺寸和焊缝外观质量，应符合有关要求，焊缝表面不得有裂纹、气孔和夹渣等缺陷。			
11	无损探伤	△	1. 对A、B焊缝100%RT、20%UT； 2. C、D焊缝100%PT。			
12	检查	△	1. 总体尺寸偏差符合图样和有关标准要求； 2. 接管法兰密封面应与管口方向垂直，偏差不得超过±2.5mm，接管定位尺寸偏差不超过±3.0mm； 3. 支座基准尺寸偏差为±3.0mm；支座螺栓孔中心距偏差为±3.0mm。			
13	水压试验	△	1. 换热器管程和壳程应按图纸和有关标准的要求进行耐压试验； 2. 检查换热器受压元件密封面和各部位焊缝处有无泄漏及可见的异常变形； 3. 水压试验完成后须将内管程和壳程的积水全部放净、晾干。			
编制			审核		修订	

【相关技能】

管壳式换热器的组装实训

本项目为换热器的组装，分别进行固定管板式和浮头式换热器的拆装、清洗和组装。通过换热器的组装让学生了解换热器的结构，熟悉换热器的组装工艺。

（一）实训目的

通过本项目的教学，使学生掌握管壳式换热器的组装方法。

（二）实训教学要求

分别进行固定管板式和浮头式换热器的组装、清洗和试压。教师应事先准备好完成本项目所需的机具、工具、检测器具和仪器，并向学生逐个展示。操作步骤先由教师示范，再指导学生练习，然后由学生独立做一遍，最后由教师按标准进行验收和点评。

（三）组装所用的换热器

固定管板式换热器的结构如图 7-19 所示。它的管端以焊接或胀接的方法固定在管板上，管板与壳体以焊接的方法相连。它的主要部件有外壳、管箱、封头、管板、管束、膨胀节、定距管、折流板等。

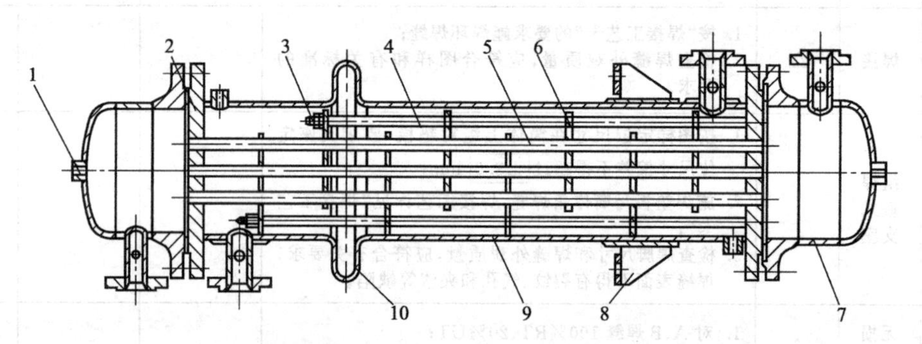

图 7-19　固定管板式换热器

1—排液孔；2—固定管板；3—拉杆；4—定距管；5—换热管；6—折流板；
7—封头管箱；8—悬挂式支座；9—壳体；10—膨胀节

浮头式换热器型号：AES 400－1.6—50－1.5/25－1Ⅰ

浮头式换热器的一端管板由螺栓固定，另一端管板能自由移动，如图 7-20 所示。浮头式换热器是由管箱、壳体、管束、浮头盖、外头盖等零部件组成。

（四）工具、设备、检测器具和仪器

活动扳手：型号为 CT-028，数量为 20 个。

梅花扳手：型号为 24X27，数量为 20 个。

胀管器：规格为公称尺寸 25、胀杆长度 184，数量为 5 个。

游标卡尺：类型为Ⅰ型、测量范围为 0～125，数量为 20 个。

条式水平仪：规格为 200，数量为 5 个。

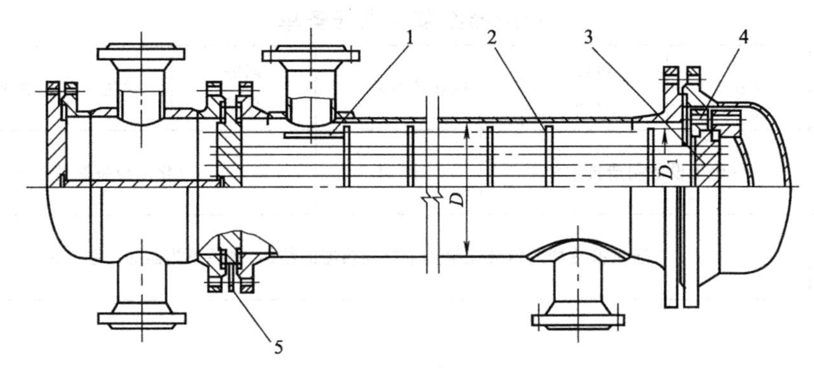

图 7-20 浮头式换热器

1—防冲板；2—折流板；3—浮头管板；4—钩圈；5—支耳

(五) 换热器的组装

(1) 固定管板式换热器组装

将一块管板和折流板组装，并将管子从管板一侧插入，再把壳体与管板临时固定在一起，将全部管子从未装管板的一头插入，再装另一块管板，把换热管倒拉引入管孔。然后按设计要求把管板面上的管端平齐并用胀接夹实紧固，不齐的管端按图纸要求切掉管板侧伸出的余量。

(2) 浮头式换热器组装

先将两端管板固定在组装台上，保证两管板的同轴度、垂直度、平行度和两板之间的距离。两管板之间的平行度误差应小于±1mm，两端距离误差应小于±2mm。然后将拉杆、定距管、支承板、折流板按要求依次固定好，并校对好各部尺寸，检查折流方向、同轴度是否符合要求，然后逐一穿入换热管。

(3) U 形管换热器组装

先将管板固定在专用的组装平台上，保证其与装配平台水平面的垂直度，然后将拉杆、定距管、支承板、折流板依次组装好，先从中间穿入 U 形管，用木榔头敲击 U 形管的后部，将两端的管口插入管板，穿好一组后，焊接或胀接固定好，再插入另一组，顺次由里向外逐排组装。

(4) 胀管时的注意事项

手动胀接时，应尽量保持胀杆转速及用力均匀，为了保证润滑及冷却胀管器滚柱，每胀一根管都要注一次机油，为防止滚柱与胀杆的退火，每胀四个管头，就应把胀管器的各零件拆开，在煤油中清洗并仔细检查有否损坏，然后重新抹油继续使用，胀接时周围环境温度不得低于－10℃，发现胀接质量不符合要求时，可以重胀但不能超过三次。

在胀管时，由于管子在径向被胀大，而使管壁变薄，在受管孔的束缚时，被迫使金属发生轴向流动，使得管口伸过管板的长度增加。胀度越大，伸长量就越长，通过测定管子向外的伸长量大小来粗略判断出胀紧程度。

手工胀管时，操作者可凭经验，根据加给胀管器的扭矩大小，确定胀紧程度。若采用电动胀管器，可通过控制电机输出扭矩的大小控制胀紧程度，当扭矩达到规定值时，装置自动停止工作。

换热器组装实训任务单

项目编号	No. 8	项目名称	换热器组装	训练对象	学生	学时	4
课程名称	《化工设备制造技术》		教材	《化工设备制造技术》			
目的	通过换热器的组装让学生了解换热器的结构，熟悉换热器的组装工艺。						

内　　容

一、设备及工具

浮头式换热器型号：AES 400—1.6—50—1.5/25—1Ⅰ；3台

固定管板式换热器型号：BEM 400-1.6/1.0-50-1.5/25-1Ⅰ；2台

活动扳手：型号为CT-028，数量为20个。

梅花扳手：型号为24X27，数量为20个。

胀管器：规格为公称尺寸25、胀杆长度184，数量为5个。

游标卡尺：类型为Ⅰ型、测量范围为0～125，数量为20个。

条式水平仪：规格为200，数量为5个。

二、步骤

1. 固定管板式换热器

将一块管板和折流板组装，并将管子从管板一侧插入，再把壳体与管板临时固定在一起，将全部管子从未装管板的一头插入，再装另一块管板，把换热管倒拉引入管孔。然后按设计要求把管板面上的管端平齐并用胀接夹实紧固，不齐的管端按图纸要求切掉管板侧伸出的余量。

2. 浮头式换热器组装

先将两端管板固定在组装台上，保证两管板的同轴度、垂直度、平行度和两板之间的距离。两管板之间的平行度误差应小于±1mm，两端距离误差应小于±2mm。然后将拉杆、定距管、支承板、折流板按要求依次固定好，并校对好各部尺寸，检查折流方向、同轴度是否符合要求，然后逐一穿入换热管。

手动胀接时，应尽量保持胀杆转速及用力均匀，为了保证润滑及冷却胀管器滚柱，每胀一根管都要注一次机油，为防止滚柱与胀杆的退火，每胀四个管头，就应把胀管器的各零件拆开，在煤油中清洗并仔细检查有否损坏，然后重新抹油继续使用，胀接时周围环境温度不得低于－10℃，发现胀接质量不符合要求时，可以重胀不能超过三次。

三、考核标准

1. 实训过程评价。(20%)

2. 器材的使用和实训操作的熟练程度。(50%)

3. 实训报告和思考题的完成情况。(30%)

思考题	1. 换热器组装有哪些技术要求？ 2. 组装时如何保证两管板的同轴度、垂直度、平行度？

项目八 压力容器焊接的基本知识

XIANGMUBA

【学习目标】 了解焊条电弧的基本原理，熟悉焊条的分类，焊条型号及牌号的表示方法，会选择焊接工艺参数，初步掌握焊条电弧焊接的基本操作方法。

【知识点】 焊条电弧焊原理，焊条的分类及牌号、型号的表示方法，焊条的选用及保管，焊接工艺参数的选用。

焊接方法、焊接电源、焊接材料、焊接参数的选取是保证焊接质量的前提，一般焊接施工应由有相应合格项目的压力焊工担任，合理制定焊接规范并组织实施是设备制造人员必须具备的能力之一。

一、焊接原理

（一）焊接的基本概念

焊接是指通过加热或者加压，或者两者并用，并且用或者不用填充材料，使焊件达到原子相互结合的一种连接方法。

由人类历史上最早使用的钎焊发展至今，焊接已成为一门独立的科学，广泛应用于国民经济的各个领域。据统计，我国年产焊接件用钢量占钢材总产量的25%～28%，而世界工业发达的国家焊接耗钢量已占钢材总产量的45%左右，焊接用钢占钢材总产量的比例已成为衡量焊接技术发展水平的重要指标之一。

（二）焊接方法的分类

按照焊接过程中的工艺特点和母材金属所处的状态不同，可以把焊接方法分为熔化焊、压力焊和钎焊三种。

1. 熔化焊

在焊接过程中，将待焊处母材金属熔化以形成焊缝的焊接方法称为熔化焊。熔化焊是目前应用最广泛的焊接方法。在装备制造业中常用的有焊条电弧焊、埋弧埋、二氧化碳气体保护焊及惰性气体保护焊等，化工设备制造业中应用量最大的是焊条电弧焊及埋弧焊。

2. 压力焊

焊接过程中，对焊件施加压力（加热或不加热），以完成焊接的方法称为压力焊。压力焊包括电阻焊、固态焊、热压焊、锻焊、扩散焊、气压焊及冷压焊等，应用最为普遍的是电阻焊。

3. 钎焊

钎焊是用一种采用比母材熔点低的金属材料作钎料，将焊件和钎料加热到高于钎料熔点、低于母材熔化温度，利用液态钎料润湿母材，填充接头间隙并与母材相互扩散实现连接焊件的方法，有硬钎焊和软钎焊之分。

(三) 焊条电弧焊

1. 焊接电弧的产生

焊接电弧是一种强烈的持久的气体放电现象，是气体放电的一种特殊形式。通过电弧放电，可以将电能转换成焊接所必需的而又集中的热能。焊条电弧焊就是利用焊接电弧产生的热能熔化焊条与焊件从而形成焊接接头。

正常情况下气体是不导电的，是由中性分子或原子组成，要使两个电极间的气体持续放电，必须使气体介质不断产生足够的带电粒子（负离子、正离子），带电粒子主要来自于气体原子的电离与阴极的电子发射。

气体的电离过程是气体中的中性原子（或分子）得到额外能量，分离成正离子、电子或负离子的现象。气体电离必须对中性原子（或分子）施加一定的能量，以克服原子核正电荷对核外电子的吸引力。使气体电离所需的最小能量叫做电离能。不同气体的电离能是不一样的。应指出，如果没有电源输送能量补充能量的消耗，气体放电不能持久。电源的能量是通过电极中与负极连接的阴极发射电子来传输的。

阴极内部的自由电子在一定外加能量作用下，冲破表面的束缚而飞出的现象，称为电子发射。电子发射所需的最小能量称为逸出功，不同材料电极的逸出功是不同的。

综上所述，要使电极间产生电弧并稳定燃烧，就必须给阴极与气体加以一定的能量，使阴极产生强烈的电子发射，气体介质发生剧烈的电离，从而使两极间充满带电粒子。在两极间的电压所形成的电场力作用下，带电粒子向两极做定向运动，这样气体介质中就形成很大的电流，也就是发生了强烈的电弧放电，形成连续燃烧的电弧。焊接电弧的产生过程如图 8-1 所示。焊接电弧引弧时，焊条与工件接触，然后将焊条提起 2～4mm。由于焊条的端部与工件个别突出点接触，在接触点上引起较大的短路电流，产生大量的电阻热，使阴极表面的电子逸出，产生热发射，金属熔化、蒸发产生强烈的热游离。当焊条提起时，两电极之间的距离很近时，极间强大的电场强度将阴极表面电子吸附出来，称为热发射或自发射。对电弧焊来讲，如电压保持在 18～24V 的电压不断供给能量，热发射和自发射出来的电子就能在极间电场的作用下高速运动，使中性的气体分子或原子离解为带正电荷的正离子和带负电荷的负离子（电子），这两种带电质点分别向着电场的两极方向运动，撞击电极间气体介质使之电离。同时正负离子在运动中又不断的复合以光和热的形式放出能量，达到一种动态的平衡，迅速形成稳定的焊接电弧。

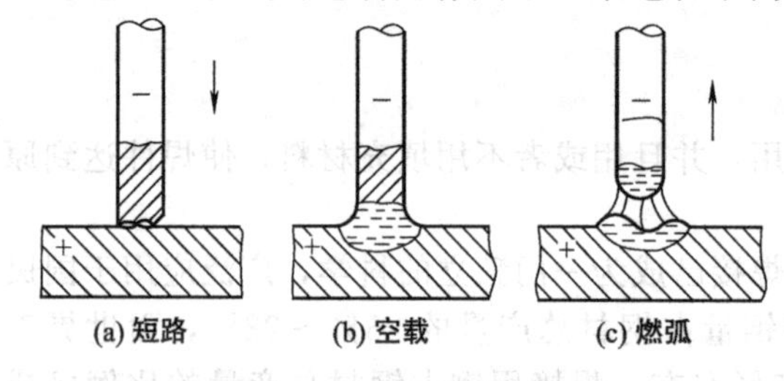

图 8-1　电弧的引燃过程

2. 焊接电弧的组成及温度分布

用直流电焊机焊接时，焊接电弧由阴极区、弧柱区和阳极区组成，如图 8-2 所示。

阴极区在靠近阴极的地方长度很薄约为 10^{-5} cm，与焊接电源负（－）极相连。在阴极上有一个非常亮的斑点，称为“阴极斑点”，是集中发射电子的地方。“阴极斑点”的温度为 2400℃左右，在阴极区产生的热量约占电弧总热量的 36%。阴极被电流加热，自由电子动能增加，其中一部分电子动能较大克服其他质点的引力而脱离金属进入气体间隙。阴极区除了在阴极发射的

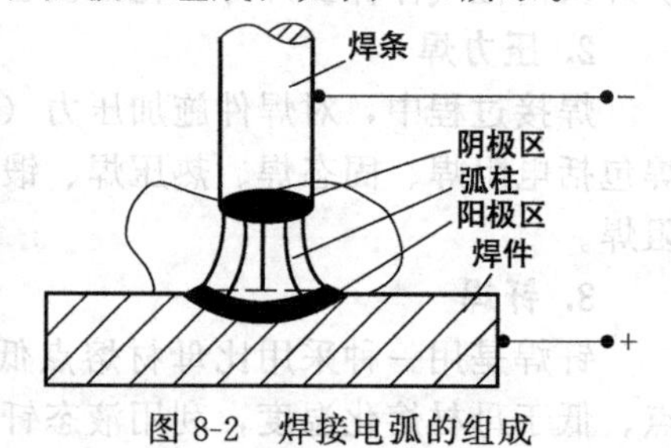

图 8-2　焊接电弧的组成

电子外，还有从弧柱区进入的正离子。

阳极区在靠近阳极的地方约为10^{-3}～10^{-4}cm，与焊接电源正（+）极相连，该区比阴极区宽些。在阳极区有一个发亮的斑点，称为“阳极斑点”。流向阳极区的电子流在阳极区的“阳极斑点”处被阳极吸收。阳极区的热量主要来自自由电子撞入时所释放出来的能量，“阳极斑点”的温度为2600℃左右，在阳极区产生的热量占电弧总热量的43%。因此，一般来说阳极区的温度要高于阴极区的温度。

弧柱是阴极区与阳极区之间的区域。弧柱充满了电极材料、工件及药皮（或焊剂）的蒸气。自阴极发射出的高速电子与气体分子相遇发生碰撞，使得气体分子发生电离成为电子及正离子。电离的结果使弧柱成为高电离的气体，由正离子、电子及少数高温的气体分子组成。在电离的同时也有部分正离子与电子重新结合为中性分子和原子，电离与结合达到一种动态平衡。由于弧柱的温度不受电极材料沸点的限制，通常中心部分温度可达6000～7000℃，弧柱区的热量约占电弧总热量的21%。弧柱的热量大部分被辐射散失到空气中，因此要求焊接时应尽量压低电弧，使热量得到充分利用。用交流电焊焊接时，由于电流在1s（秒）之内改变电流方向50次（频率50Hz），所以焊条和工件上的电极轮流为阴极或阳极。所以斑点处的温度相同，等于阳极斑点和阴极斑点温度的平均值。

3. 焊接电弧的静特性曲线

电弧稳定燃烧时，经实际测定焊接电流与电弧电压的变化关系称为电弧的静特性，也称为伏安特性。

焊接电弧的静特性用静特性曲线表示。图8-3所示曲线为完整的焊接电弧的静特性曲线。曲线呈U形，分为三个区域。

*ab*区为下降电弧特性区，是电弧的引弧段，该区的焊接电流增加时，电弧电压则逐渐降低。此段由于气体电离程度不高，电弧电阻较大，所以电弧电压较高，电流较小，有利于电弧的引燃。

*bc*区为平直电弧特性区。是电弧稳定燃烧的区域。它的主要特点是在电弧长度不变时，电弧的电压为一不变值，即电弧电压不随焊接电流的变化而变化。焊条电弧焊、埋弧焊、非熔化极气体保护焊的焊接工艺参数都在该区内。

*cd*区称为上升电弧静特性区。在该区内电流密度非常大，电弧电压随焊接电流的增加而增加。是熔化极气体保护焊的焊接工艺参数的选用特征。

焊接时的电流值和电压值，都处于电弧静特性曲线的水平段范围内。弧长决定电弧电压的高低，而焊接电流与弧长无关。当弧长变化时，静特性曲线平行移动如图8-4所示。当电弧长度减小时，电压也减小，静特性曲线由原来的l_1改变为l_2。反之亦然。在焊条弧焊应用的电流范围内，可以近似认为电弧电压仅与电弧长度成正比，电弧电压与电流大小无关，其值一般为16～25V。电弧是一个比较特殊的非线性电阻负载。为了使电弧稳定燃烧，就需要一个满足焊接电弧要求的、特殊的焊接电源供电。电弧的静特性曲线是选择、设计焊接电

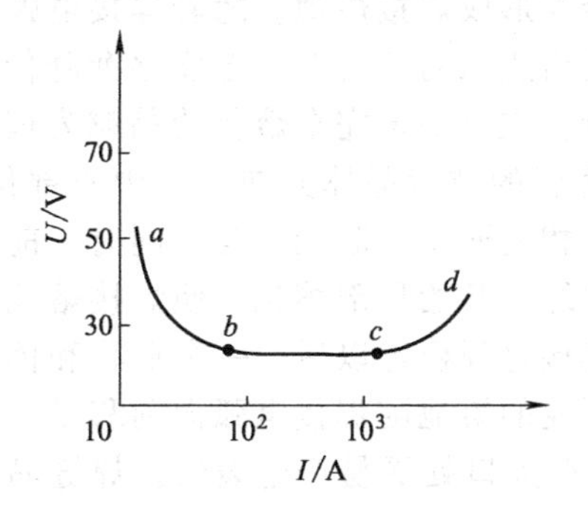

图8-3 焊接电弧的静特性曲线

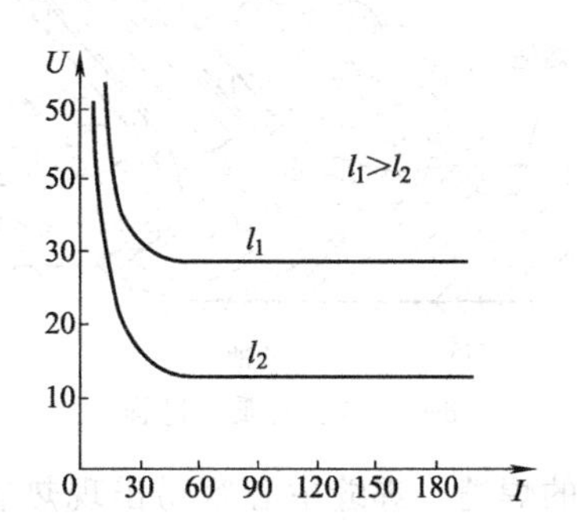

图8-4 焊接电弧的静特性曲线平移

源的基本依据之一。

4. 焊接电弧的极性

焊条电弧焊采用直流电源时，由于阴极与阳极的温度不同，电源按不同的接法有极性的变化，因此焊条和工件可以有两种方式与电源相连接，焊条和工件与焊接电源的连接方式称为焊接的极性。

(1) 正极性（正接法）

当焊接电源的正极与工件相接，负极与焊条相接，如图 8-5 (a) 所示。

(2) 反极性（反接法）

当焊接电源的负极与工件相接，正极与焊条相接，如图 8-5 (b) 所示。

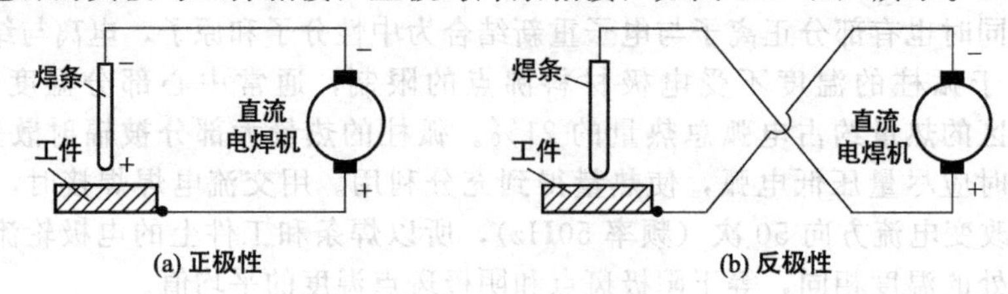

图 8-5 焊接电弧的极性

由此可见，极性是以工件为基准的，工件为正极即为正接法；工件为负极即为反极性。

(3) 焊接极性的选择

焊接时采用什么极性，主要是根据焊条的性质和工件所需要的热量来决定。由电弧的热量分布可知，当电极材料相同时，焊条电弧焊的阳极区温度高于阴极区温度。因此，根据焊条的性质、焊接工件的结构特点，选择不同的焊接极性来焊接不同要求的工件。

① 焊接厚钢板时，采用直流正极性，工件接电源的正极，工件温度高、母材熔化多，可获得较大的熔深，有利于提高生产率。

② 焊接薄钢板、有色金属时，工件接电源的负极，工件温度低，可防止烧穿。

③ 采用酸性焊条时，采用正极性，可提高生产率。由于酸性焊条的工艺性能好，引弧容易，对潮湿不敏感，特别适应现场检修工件不易处理干净的场合。

④ 当采用碱性焊条时，采用直流反极性，碱性焊条抗裂性好，主要用于焊接重要结构，但碱性焊条的工艺性能差，电弧引弧困难。焊条接工件的正极温度高，有利于电弧的引燃和焊接，因为只有这样才能使电弧稳定燃烧，并可减少飞溅现象和降低产生气孔的倾向。

5. 焊接冶金

(1) 焊接熔池的形成和结晶

焊条电弧焊过程如图 8-6 所示，焊接时，焊件和焊条在电弧热量的作用下，焊件坡口边缘被局部熔化，焊条熔化形成熔滴向焊件过渡，熔化的金属形成焊接熔池。随着焊接电弧向前移动，熔池后边缘的液态金属温度逐渐降低，液态金属以母材坡口处未完全熔化的晶粒为核心生长出焊缝金属的枝状晶体并向焊缝中心部位发展，直至彼此相遇而最后凝固。与此同时，前面的焊件坡口边缘又开始局部熔化，使焊接熔池向前移动。当焊接过程稳定以后，一个形状和体积均相对稳定不变的熔池随焊接电弧向前移动，形成一条连续的焊缝。焊缝中心容易出现热裂纹，特别是在火口处更易产生裂纹。焊缝晶粒的大小，在很大程度上取决于与熔池相接处母材晶粒的大小。

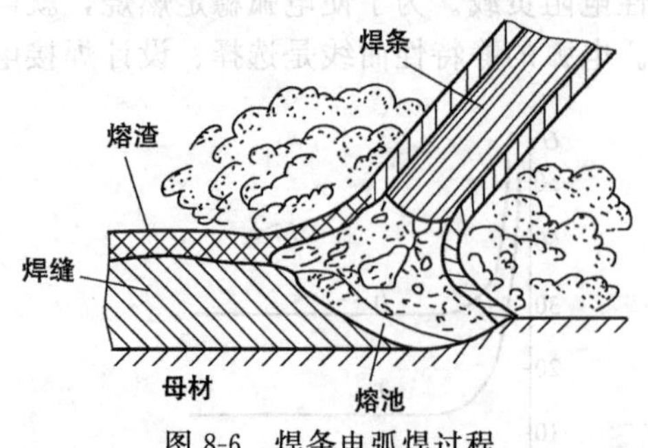

图 8-6 焊条电弧焊过程

(2) 氧对焊缝金属的影响

焊接时氧气主要来源于空气、焊条药皮（焊剂）中的氧化物及工件表面的铁锈、水分等。焊缝中的氧在焊接电弧高温作用下，分解成原子状态的氧，使铁被氧化，还造成焊缝中大量有益元素被烧损。

氧不论是以夹杂物还是以氧化物熔于焊缝金属中，对焊缝金相组织和力学性能都有很大影响，它会使焊缝金属的强度、塑性、韧性等性能显著降低。氧还会降低焊缝金属的抗腐蚀性能，使焊缝容易生成气孔，并使金属在加热时出现再结晶现象，晶粒有长大的倾向。可见，氧在焊缝金属中危害很大。为了得到优质焊接接头，除了焊接时尽量采用短弧操作外，还应在焊条的药皮（焊剂）中加入适量脱氧剂。

(3) 氮对焊缝金属的影响

焊缝中氮主要来自空气和焊条药皮或焊剂。焊接电弧越长，空气中的氮越容易侵入熔池，增加焊缝金属中的含氮量。高温下的氮原子非常活泼，易与很多金属化合形成氮化物，这些金属的氮化物存在于焊缝中，使焊缝金属氮饱和。饱和状态的氮以氮化四铁析出，而产生时效现象，使钢的硬度增加，塑性下降。氮对焊缝金属在低温下的韧性影响尤其显著，对在动载荷下工作的零件极为不利。

(4) 氢对焊缝金属的影响

焊条药皮（或焊剂）中含有有机物或工件上有油污和铁锈等杂物时，在焊接电弧高温作用下都会析出氢。

氢对焊缝金属的严重危害是造成氢白点、气孔和裂纹。所谓氢白点即在焊缝金属的纵断面中可以看到圆形或椭圆形的银色斑点，在横断面上则表现为细长的发丝状裂纹。氢白点也称鱼眼，是在拉伸或弯曲试件断面上发现的一种氢脆现象。是银白色的圆形或椭圆形斑点，中心常夹杂有细小的气孔或夹渣。氢白点只有在外力作用时才出现。产生氢白点的根本原因是过饱和的氢气存在，当金属在外力作用下发生塑性变形时，促使氢在焊缝缺陷处扩散，聚集成为分子状态的氢，结果在试件的断面上形成氢白点，出现氢白点的焊缝在使用时会突然断裂，造成事故。

氢原子几乎能溶于所有的金属，在钢中的溶解度与温度和压力有关，在压力一定时氢的溶解度随温度升高而增大，温度降低时氢的溶解度会急剧下降。当焊缝冷却较快时，氢原子来不及逸出聚集在焊缝缺陷处结合成分子状态的氢形成气孔。由于氢分子不能扩散，故在焊缝局部地区产生几千兆帕的巨大压力，超过了钢的强度极限而在该处形成白点，同时使焊缝和熔合线附近产生微裂纹，微裂纹发展可能形成宏观裂纹。合金钢焊接时，氢使母材近缝区被淬硬并造成冷裂纹（延迟裂纹），同时氢还是焊缝中形成热裂纹的原因之一。

氢对力学性能的影响较大。氢可使焊缝的屈服极限稍有提高，但塑性、韧性却严重下降。

(5) 焊缝金属的脱氧

焊缝金属的脱氧方法是将脱氧剂加在焊条药皮中，使氧对焊缝金属的影响减少到最低限度。通过熔渣和熔化金属进行一系列的脱氧冶金反应实现焊缝金属的脱氧。焊接时脱氧是按以下两种方式进行。

① 置换脱氧法。在焊条药皮（或焊剂）中加入脱氧剂如：Si、Mn、Ti、Al 等，这些元素与氧的亲和力比铁大，它们可结合成新的氧化物将铁置换出来，生成密度小、熔点低而又不熔于焊缝金属的氧化物，并过渡到熔渣内。

a. 用锰脱氧。MnO 是碱性氧化物，不熔于液态金属，药皮中的锰铁与氧的结合力比铁强，可以将铁置换出来，形成氧化锰。此反应是可逆的，若要将 FeO 中的 Fe 置换出来，必须不断地排除熔渣中的 MnO，增加熔池金属中 Mn 的含量，才能使反应向右进行，完成脱氧任务。若有酸性氧化物 SiO_2 存在时，则 MnO 可与 SiO_2 反应形成稳定的硅酸盐熔渣

($MnO \cdot SiO_2$)，这样就减少熔池 MnO 的含量，使脱氧任务顺利完成。

b. 用硅脱氧。硅的氧化物是酸性的，不溶于液态金属而浮于熔渣中，且它很容易与碱性氧化物 MnO、FeO 等化合，形成硅酸盐，构成熔渣，从而除掉焊缝金属中的氧化铁。硅的脱氧能力比锰还强。所以在实际生产中，常用硅、锰两种元素同时脱氧，这样可使焊缝金属中氧的含量降到最低限度。

锰的脱氧能力虽然比较弱，但它能与硅的脱氧产物相结合，形成稳定硅酸盐，如果只用硅单独脱氧，形成的 SiO_2 熔点高，容易在焊缝金属中造成夹渣。

c. 用钛脱氧。加入钛将铁置换出来，生成二氧化钛（TiO_2）。二氧化钛不溶于焊接熔池的液态金属中，且密度小，容易上浮进入熔渣。钛的脱氧能力仅次于铝，而比锰、硅强。

置换脱氧是电弧焊接普遍应用的一种方法。但是由于焊接时冷却速度很快，用这种方法脱氧，有时由于氧化物来不及上浮而形成焊缝夹渣。

② 扩散脱氧法。因为氧化铁能溶于焊缝金属中，又能溶于焊接熔渣中，氧化铁在液态金属和熔渣中的比例是一定的且处于平衡状态。即氧化铁在焊接熔渣和焊缝金属中的溶解度之比是一常数。如果能不断减少熔渣中 FeO 的含量，则焊缝金属中 FeO 的浓度亦随之降低。所谓扩散脱氧，就是用二氧化硅、二氧化钛等酸性氧化物与焊接熔渣中的 FeO 结合成稳定的复合物 FeO、SiO 等，从而使焊接熔渣中 FeO 的浓度降低，则焊缝金属中的 FeO 就会扩散过渡到熔渣中去，达到脱氧目的。

扩散脱氧使熔渣中的自由 FeO 的浓度减少，这就使金属中的 FeO 不断地向熔渣中扩散。由此可知，酸性熔渣比碱性熔渣有利于扩散脱氧。但是不应当误认为碱性焊条的焊缝含氧量比酸性焊条高，恰恰相反，碱性焊条焊缝中的含氧量比酸性焊条低，常用于焊接重要的金属结构。这是因为碱性焊条药皮的氧化性小，FeO 含量少的缘故。

(6) 焊接熔渣脱硫脱磷

硫和磷是钢的有害杂质，来源于母材和焊条芯（或焊丝）原来所含的硫、磷；焊条药皮（或焊剂）的组成物中也会含有一定数量的硫和磷。所以消除焊缝金属中的硫、磷是焊接冶金反应的重要任务之一。

① 焊接熔渣的脱硫。硫在钢中是以硫化铁（FeS）形式存在，FeS 与 Fe 能形成一种低熔点共晶体。当焊缝冷却结晶时，聚集在焊缝晶粒的界面，破坏晶粒之间的联系，引起热裂纹。硫在焊缝金属中很容易引起偏析，使焊缝金属性质不均匀，脆性明显增加，塑性和韧性降低，对抗腐蚀性也有不利影响。焊缝金属中的 S 主要来源于母材和焊丝和药皮（或焊剂），在焊接时母材中的 S 几乎全部都溶解到焊缝金属中（指近缝区的母材）；焊丝中约有 70%～80%的 S 溶解到焊缝金属中；药皮（或焊剂）约有 50%的 S 溶解到焊缝金属中。所以原材料要严格控制含 S 量，一般低碳钢及低合金钢焊丝含 S 量应小于 0.03%～0.04%，合金结构钢焊丝小于 0.025%～0.03%，不锈钢焊丝小于 0.02%。

在焊接冶金中，常用的脱硫剂是 Mn、MnO、CaO 等。锰是脱硫的有效元素，它可以从 FeS 中置换出 Fe，生成的 MnS 熔点高，而且不溶于焊缝金属，可以克服硫的有害作用。但是只有在降低温度时，锰才能起到脱硫作用。由于焊接熔池冷却比较快，脱硫的效果并不理想。在实际生产中脱硫并不是用纯锰，而是用 MnO，要提高脱硫效果，必须增加 MnO 的含量而减少 FeO 的含量，当焊缝金属中 Mn 的浓度足够时，也可促使 FeO 中的 Fe 还原并增加 MnO 的浓度，从而达到脱硫目的。

焊条药皮中加入 CaO 也可以起到脱硫的效果。Ca 与 S 可生成稳定的 CaS，且不溶于焊缝金属中。要减少 FeS，必须增加 CaO 或减少 FeO 的含量，这对碱性焊条（或焊剂）是容易办到的，因而碱度越高，脱硫效果越好。

② 焊接熔渣的脱磷。磷会大大降低钢的力学性能，特别是对冲击韧性影响最大，并会引起冷脆现象。磷在钢中以磷化铁（Fe_2P 和 Fe_3P）的形式存在。磷化铁硬而脆，焊接时由于温度的变化会造成冷脆裂纹。此外，在焊接时磷化铁与其他物质形成低熔点共晶体分布于晶界，减弱晶粒间的结合力，使钢在常温及低温时变脆造成冷裂纹。

脱磷可分为两步：第一步通过 FeO 将 P 氧化，而将 Fe 置换出来，生成 P_2O_5；第二步使 P_2O_5 与熔渣中的碱性氧化物生成稳定的复合物，进入熔渣。

碱性熔渣中含 CaO 较多，有利于脱磷，但 FeO 较少，脱磷效果不理想。酸性熔渣中虽然含 FeO 较多，但含 CaO 较少，脱磷能力比碱性渣更差些。所以增加焊接熔渣的酸度会降低脱磷效果，因而酸性焊条是无法脱磷的，只能靠限制母材及焊接材料中的磷、硫含量来减少它们的有害作用。

6. 焊接接头组织

焊条电弧焊焊接时，焊接电弧使焊件局部加热和熔化，同时加入填充金属（焊条或焊丝），形成金属熔池，并不断把热量传给周围冷的母材金属。当电弧移开后，熔池的温度迅速降低，熔池中液体金属凝固成焊缝。由于热传导的作用，母材将受到不同程度的加热和冷却，相当于进行了一次热处理，使其组织和性能发生了变化，这部分金属所占的区域就称为焊缝的热影响区。焊接接头是焊缝和热影响区的总称。

热影响区某点加热的温度、温度停留时间及冷却速度决定了该点在焊接后的组织。由于电弧热源距热影响区不同区域的距离不同，不同区域的加热温度和冷却速度各不相同，所以各部分的组织也不同。热影响区各部分的组织分布可根据合金状态图来确定。

低碳钢或其他不易淬火钢热影响区如图 8-7 所示。

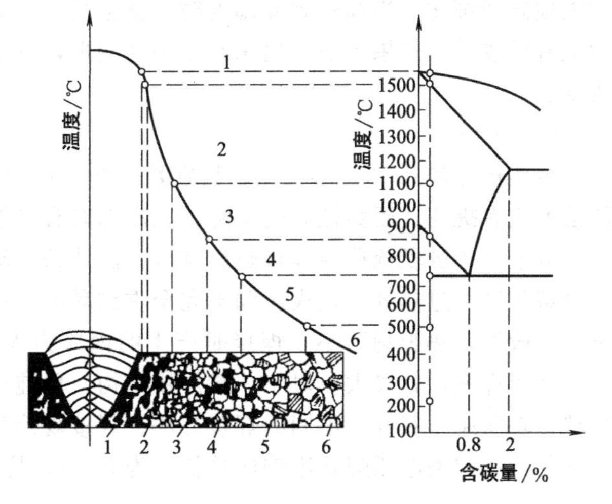

图 8-7　焊条接头热影响区的组织

1—不完全熔化区；2—过热区；3—正火区；4—不完全重结晶区；5—再结晶区；6—蓝脆区

（1）不完全熔化区

不完全熔化区在靠近焊缝区的母材被加热到熔化终了的温度范围内。由于低碳钢的固相线与液相线的温度区间很小，因而不完全熔化区是很窄的，实际上难以区分。不完全熔化区内的金属组织属于过热组织，冷却后晶粒粗大。由于不完全熔化区是焊缝金属与母材金属发生连接的区域，虽然很窄，但对焊接接头的强度和塑性有很大的影响。

（2）过热区

过热区处于1100℃至固相线的高温范围。由于其加热温度大大超过了相变温度，致使奥氏体晶粒剧烈长大，冷却后成为晶粒粗大的过热组织。

过热区的冲击韧性显著降低（一般可降低 25%～30%），焊接接头常在此开裂。过热区的过热程度与高温持续时间有关。一般说电弧焊的过热与气焊和电渣焊相比不太严重。对同一种焊接方法，由于焊接能源输入给单位长度的焊缝上的能量即线能量越大，则过热也越严重。焊接时应采用合理的焊接规范，如加快冷却速度以减少高温持续时间，从而达到减少过热区宽度的目的，或者用热处理的方法改善过热区的性能。

（3）正火区

正火区处于 A_{c3} 线以上到 1100℃的温度范围。铁素体和珠光体全部转变为奥氏体，由于在焊接时的加热速度很快，在高温下停留时间又短，通常焊条电弧焊在 A_{c3} 以上停留时间最长也仅 20s 左右，所以即使温度接近 1100℃，奥氏体晶粒还不明显长大，因而该区冷却以后得到了均匀细小铁素体和珠光体组织。正火区的组织相当于热处理的正火组织，一般该区金属力学性能高于母材金属，是焊接接头中综合力学性能最好的区段。

(4) 不完全重结晶区

不完全重结晶区处在加热温度在 A_{c1} 线至 A_{c3} 线之间的温度范围。当温度稍高于 A_{c1} 时，首先是珠光体全部转变为奥氏体。随着温度的升高，部分铁素体转变为奥氏体，但仍有部分铁素体保留下来，随温度升高，未转变的铁素体晶粒则不断长大。冷却时，奥氏体晶粒又发生了重结晶过程，所得的细小的铁素体和珠光体与未转变的粗大的铁素体晶粒混杂在一起，使得金属的力学性能恶化。

(5) 再结晶区

再结晶区处在 450～500℃至 A_{c1} 线之间的温度范围，该温度范围没有发生向奥氏体的转变。只有那些经过冷加工，产生了加工硬化的材料，焊接时才有再结晶区。由于加工硬化晶粒被破碎和细化，当加热到此温度时，就会发生再结晶，使加工硬化消除，塑性增加，机械性能有所改善。如果焊前金属未经冷塑性变形，则不会发生再结晶过程，金属的性能也不会改变。

(6) 蓝脆区

金属被加热到 200～500℃，特别是 200～300℃时，自铁素体中析出非常细小的渗碳体，使强度稍有提高，而塑性急剧下降，在冷却时有可能出现裂纹。

以上 6 个区段统称为焊接热影响区，能从铁—碳状态平衡图判断得出的，实际上只有不完全熔化区、过热区、正火区和不完全重结晶区。热影响区的大小可间接判定焊接接头的质量。一般说，热影响区小，焊接时产生的内应力大，容易产生裂纹；热影响区大，内应力小，但焊件变形就较大。对于一般焊接结构，单纯由于内应力还不足以形成裂纹，因此，希望热影响区越小越好。不同的焊接方法、焊接规范都会使热影响区的大小发生变化。正常的焊接规范，焊条电弧焊热影响区总长约为 6mm，其中过热区为 2.2mm。

二、焊　　条

化工设备制造行业使用到的焊接材料主要有焊条、焊丝、焊剂等。

(一) 焊条分类

焊条的分类方法很多，可以从不同角度对焊条进行分类。通常是依据用途、熔渣酸碱性、药皮成分、焊条性能等要求进行分类的。

1. 按照用途分类

我国现行的焊条分类方法，主要是根据焊条的国家标准和原机械工业部编制的《焊接材料产品样本》按照焊条的用途进行分类的。通常焊条按用途分类见表 8-1。

2. 按熔渣酸碱性分类

根据熔渣的酸碱度将焊条分为酸性焊条和碱性焊条（又称低氢型焊条），即按熔渣中酸性氧化物和碱性氯化物的比例划分。当熔渣中的酸性氧化物的比例高时为酸性焊条，反之为碱性焊条。

表 8-1　按用途分类

焊条大类	主要用途	代号	
		拼音	汉字
结构钢焊条	碳钢和低合金钢	J	结
钼及铬钼耐热钢焊条	珠光体耐热钢	R	热
铬不锈钢焊条		G	铬
铬镍不锈钢焊条		A	奥
堆焊焊条	用于堆焊，以获得热硬性、耐磨性及腐蚀性的堆焊层	D	堆
低温钢焊条	用于低温下的工作结构	W	温
铸铁焊条	用于焊补铸铁构件	Z	铸
镍及镍合金焊条	镍及高镍合金及异种金属和堆焊	Ni	镍
铜及铜合金焊条	铜及铜合金，包括纯铜焊条和青铜焊条	T	铜
铝及铝合金焊条	铝及铝合金	L	铝
特殊用途焊条	水下焊接和水下切割等特殊工作	Ts	特

(1) 酸性焊条

药皮中的主要成分是酸性氧化物，它的主要优点是：工艺性好，引弧容易，电弧稳定，飞溅少，脱渣性好，焊缝成形美观，施焊技术容易掌握；酸性焊条的抗气孔性能好，焊缝金属很少产生由氢引起的气孔，对锈、油等不敏感，焊接时产生的有害气体少；酸性焊条可用交流、直流焊接电源，适于各种位置的焊接，焊前焊条的烘干温度较低。

酸性焊条熔池的氧化性较强，合金元素烧损较多，焊缝金属力学性能差，由于焊接时脱磷、脱硫效果差，含氢量高，抗裂性差。适用于一般低碳钢和强度等级较低的普通低碳钢结构的焊接。

(2) 碱性焊条（又称低氢型焊条）

药皮的主要成分是碱性氧化物。焊接熔池的氧化性较弱，合金元素烧损少，因而焊缝的力学性能好。药皮中碱性氧化物较多，脱氧、硫、磷的能力比酸性焊条强。另外，药皮中的萤石有较好的去氢能力，故焊缝中含氢量低（低氢型焊条因此得名）。因此碱性焊条的突出优点是焊缝金属的塑性、韧性和抗裂性能都比酸性焊条高，所以这类焊条适用于合金钢和重要的碳钢结构的焊接。

碱性焊条的主要缺点是工艺性差。由于药皮中萤石的存在，对电弧的稳定性不利，因此要求用直流焊接电源及直流反接进行焊接。碱性焊条即使在药皮中加入稳弧剂（碳酸钾、碳酸钠等），虽可采用交直流两用焊接电源，但使用交流弧焊机时，其电弧稳定性也比酸性焊条差，脱渣性困难。由于碱性焊条对锈、油污、水分和电弧拉长都较敏感，容易产生气孔，因此焊前要严格烘干焊条，仔细清理焊件坡口表面。

碱性焊条要求采用短弧焊接，焊前应除去坡口处的锈、油污和水分，焊条在焊前应严格烘干。经烘干的碱性焊条，应放入 100～200℃的电焊条保温筒内，随用随取。烘干后暂时不用的碱性焊条再次使用前，还要重新烘干。碱性焊条在焊接时会产生有毒气体，损害工人健康。

3. 按焊条药皮的主要成分分类

焊接药皮由多种成分组成，按药皮的主要成分可以确定焊条的药皮类型。如药皮中以钛铁矿为主的称为钛铁矿型；当药皮中含有 30%以上的二氧化钛及 20%以下的钙、镁的碳酸盐时，就称钛钙型。唯有低氢型例外，虽然它的药皮中主要的组成为钙、镁的碳酸盐和萤石，但却以焊缝中含氢量最低作为其主要特征而予以命名。对于有些药皮类型，由于使用的黏结剂分别是钾水玻璃（或以钾为主的钾钠水玻璃）或钠水玻璃。因此，同一药皮类型又可以进一步划分为钾型和钠型，如低氢钾型可用于交直流焊接电源，而低氢钠型只能使用直流电源。焊条按药皮类型分类见表 8-2。

表 8-2 按焊条药皮类型分类

药皮类型	药皮主要成分	焊接电源
氧化钛型	氧化钛＞35％	直流或交流
氧化钛钙型	氧化钛 35％以上，钙、镁的碳酸盐 20％以下	直流或交流
钛铁矿型	钛铁矿＞30％	直流或交流
氧化铁型	多量氧化铁及较多的锰铁脱氧剂	直流或交流
纤维素型	有机物 15％以上，氧化钛 30％左右	直流或交流
低氢型	钙镁的碳酸盐和萤石	直流
石墨型	多量石墨	直流或交流
盐基型	氧化物和氟化物	直流

（二）焊条组成

焊条由药皮和焊芯两部分组成。焊条药皮是压涂在焊芯表面的涂料层。焊芯是焊条中被药皮包覆的金属芯。

1. 焊芯

焊接时，焊芯受热熔化并作为焊缝的填充金属。因此焊芯的化学成分和性能对于焊缝金属的质量有着直接的影响。国家标准 GB 1300—77《焊接用钢丝》、GB 3429—82《碳素焊条钢盘条》、GB 4241—84《焊接用不锈钢焊条》等规定了焊丝的牌号。焊接碳钢和低合金钢时，常选用低碳钢作为焊芯，其牌号为“H08A”或“H08E”。“H”表示焊条用钢丝的汉语拼音的第一个字母；“08”表示焊芯的平均含碳量为 0.08％；“A”表示优质钢，“E”表示特级钢，即对于硫、磷等杂质的限量更加严格。

2. 焊条药皮

(1) 药皮的作用

① 稳弧作用。焊条药皮中含有稳弧物质，可保证电弧容易引燃和燃烧稳定。

② 保护作用。焊条药皮熔化后产生大量的气体笼罩着电弧区和熔池，能把熔化金属与空气隔绝开，保护熔融金属，熔渣冷却后，在高温焊缝表面上形成渣壳，可防止焊缝表面金属被氧化并减缓焊缝的冷却速度，改善焊缝成形。

③ 冶金作用。药皮中加有脱氧剂和合金剂，通过熔渣与熔化金属的化学反应，可减少氧、硫等有害物质对焊缝金属的危害，使焊缝金属获得符合要求的力学性能。

④ 渗合金。由于电弧的高温作用，焊缝金属中所含的某些合金元素被烧损（氧化或氮化），这样会使焊缝的力学性能降低。通过在焊条药皮中加入铁合金或纯合金元素，使之随药皮的熔化而过渡到焊缝金属中去，以弥补合金元素的烧损和提高焊缝金属的力学性能。

⑤ 改善焊接的工艺性能。通过调整药皮成分，可改变药皮的熔点和凝固温度，使焊条末端形成套筒，产生定向气流，有利于熔滴过渡，可适应各种焊接位置的需要。

(2) 焊条药皮的类型

根据焊条药皮组成的不同，可以分为以下八类。

① 氧化钛型，简称钛型。焊条药皮中加入 35％以上的二氧化钛和相当数量的硅酸盐、

锰铁及少量的有机物。

② 氧化钛钙型，简称钛钙型。焊条药皮中加入30%以上的二氧化钛和20%以下的碳酸盐，以及相当数量的硅酸盐、锰铁，一般不加和少加有机物。

③ 钛铁矿型。药皮中加入30%以上的钛铁矿和一定数量的硅酸盐、锰铁以及少量的有机物，不加和少加碳酸盐。

④ 氧化铁型。药皮中加入大量的铁矿石和一定数量的硅酸盐、锰铁和少量的有机物。

⑤ 纤维素型。药皮中加入15%以上的有机物和一定数量的造渣物质及锰铁等。

⑥ 低氢型。加入大量的碳酸盐、萤石、铁合金以及二氧化钛等。

⑦ 石墨型。药皮中加入大量的石墨，以保证焊缝金属的石墨化作用。配以低碳钢芯或铸铁钢芯可用于铸铁焊条。

⑧ 盐基型。药皮由氟盐组成，如氟化钠、氟化钾、冰晶石等。

(3) 药皮的组成

药皮组成物按其来源可分为四大类。

① 矿物类，主要是各种矿石、矿渣。如钛铁矿、赤铁矿、金红石、大理石、白云石、萤石、长石、白泥、云母等。

② 金属及铁合金类，如金属铬、金属镍、锰铁、硅铁、钍铁、钼铁、钒铁等。

③ 化工产品类，如钛白粉、纯碱、碳酸钾、碳酸钡，以及起黏结剂作用的水玻璃等。

④ 有机物类，如淀粉、木粉、纤维素、酚醛树脂等。

不同的焊条类型，其组成物也不同，根据其在焊接过程中所起的作用，分为稳弧剂、合金剂、脱氧剂、造渣剂、造气剂、稀释剂、黏结剂和成形剂。

(三) 焊条型号和牌号

1. 焊条型号

焊条型号是在国家标准及权威性国际组织（如ISO）的有关规定中，根据焊条特性指标明确划分规定的，是焊条生产、使用、管理及研究等有关单位必须遵守执行的。根据我国国家标准，焊条可分为：碳钢焊条GB/T 5117—1995，低合金钢焊条GB/T 5118—1995，不锈钢焊条GB/T 983—1995，堆焊焊条GB 984—85，铝及铬合金焊条GB 3669—83，铜及铜合金焊条GB/T 3670—1995，铸铁焊条及焊丝GB 10044—88，镍及镍合金焊条GB/T 13814—92。

(1) 碳钢焊条及低合金钢焊条型号的编制方法

GB/T 5117—1995碳钢焊条、GB/T 5118—1995低合金钢焊条国家标准中，规定焊条的主体结构由字母E和四位数字组成，其结构及其含义如下：

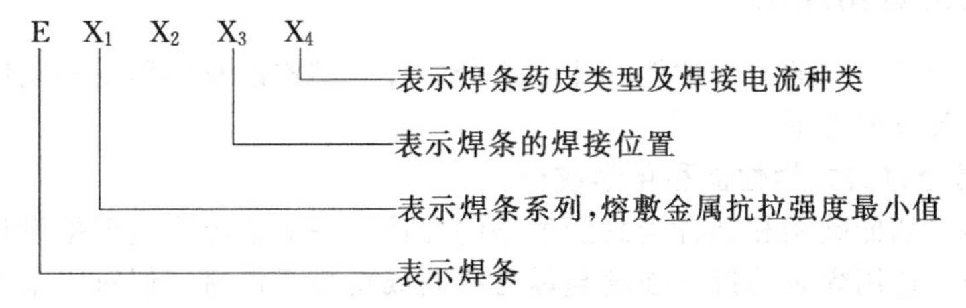

字母“E”表示焊条；第一、二位数字表示熔敷金属抗拉强度的最小值，单位为kgf/mm^2（1kgf≈9.81N）；第三位数字表示焊条的焊接位置，“0”、“1”表示焊条适用于全位置焊接（平、立、仰、横），“2”表示焊条适用于平焊及横角焊，“4”表示焊丝适用于向下立焊；第三位和第四位数字组合时表示焊接电流种类及药皮类型。

低合金钢焊条第四位数字后的字母如A1、B1、B2、C1为熔敷金属化学成分分类代号并以短划“-”与前面数字分开；若还有其他附加化学成分时，则直接用元素符号表示，并以短划-与前面字母分开。

(2) 不锈钢焊条型号的编制方法

根据GB/T 983—1995不锈钢焊条的规定，不锈钢焊条型号由字母E和三位数字及附加字母组成。字母E表示焊条；三位数字和附加字母表示熔敷金属化学成分的分类代号，有特殊要求的化学成分，用元素符号表示并放在数字后面，最后的两位数表示药皮类型及电流种类，详见表8-3。

表8-3　不锈钢焊条型号的后两位数字含义

焊条型号	药皮类型	电源种类	焊接位置
EXXX(X)-03	钛钙型	交直流	全位置
EXXX(X)-15	低氢钠型	直流反极性	全位置
EXXX(X)-25	碱性低氢型	直流	平焊，横焊
EXXX(X)-16	低氢钾型	交直流	全位置
EXXX(X)-17	低氢型，钛型，钛钙型	交直流	全位置
EXXX(X)-26			平焊，横焊

2. 焊条牌号

牌号是焊条产品的具体命名，是由焊条生产厂家制定的。但是各厂自定的牌号对于焊条的选用有许多不便之处，为了便于应用我国焊条行业开始采用统一牌号，即属于同一药皮类型，符合相同焊条型号、性能的产品统一命名为同一个牌号。并同时标注“符合GB＊＊型”或“相当GB＊＊型”，以便于用户根据对焊条性能的要求按照标准进行选用。如通常所使用的“J507”是焊条的牌号（符合GB 5117—85标准中的E5015型焊条），其含义如下：

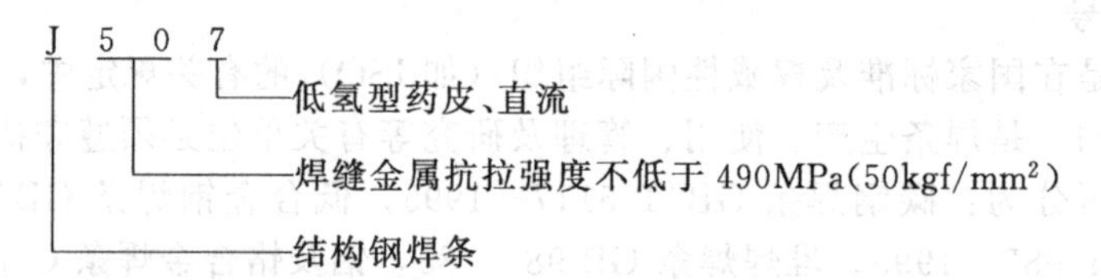

焊条牌号共分为十大类，通常以一个汉语拼音字母加三位数字表示。牌号最前面的字母表示焊条各大类；第一、二位数字表示各大类焊条中的若干小类，例如对于结构钢焊条则表示焊缝金属的不同强度级别；第三位数字表示焊条药皮类型和焊接电源种类；第三位数字后面的符号表示焊条的特殊性能和用途。

(四) 焊条的选用原则

焊条的选用应从母材的力学性能和化学成分、焊接结构的复杂程度和刚度、焊件的使用条件以及经济性等方面考虑。

1. 首先考虑母材的力学性能和化学成分

对于异种钢，如低碳钢和低合金高强度钢的焊接，一般情况下应根据设计要求，按强度等级来选用焊条。选用焊条的抗拉强度与母材相同或稍高于母材，但对于某些裂纹敏感性较高的钢种，或刚度较大的焊接结构，为了提高焊接接头在消除应力时的抗裂能力，焊条的抗拉强度以稍低于母材为宜。对于低温钢的焊接，应根据设计要求，选用低温冲击韧度等于或高于母材的焊条，同时，强度不应低于母材的强度。

对于耐热钢和不锈钢的焊接，为保证焊接接头的高温冲击性能和耐腐蚀性能，应选用熔敷金属化学成分与母材相同或相近的焊条。当母材中碳、硫、磷等元素的含量较高时，应选用抗裂性好的低氢型焊条。低碳钢和低合金高强度钢的焊接，应选用与强度等级相适应的焊条。有色金属的焊接，应选用化学成分相近的焊条。根据母材的化学成分和力学性能推荐选用的焊条见表 8-4。

表 8-4　部分焊条的选用

钢材类别		焊条牌号	符合或相近国际型号	备注
$\sigma_b \geqslant 510$MPa 的碳锰钢如 Q345（16Mn）、Q345R、20MnMo		J507	E5015	低氢碱性焊条
		J707D J506D	E5015, E5016	低氢碱性焊条，全位置打底焊专用
$\sigma_b \geqslant 690$MPa 的低合金高强度钢，如 18MnMoNbR		J707	E7015D2	低氢碱性焊条
		J707Ni	E7015G	低氢碱性焊条，低温性能和抗裂性能好
珠光体耐热钢	12CrMo	R207	E5515-B1	依厚度进行热处理
	15CrMo	R307	E5515-B2	焊后消除应力热处理
	12Cr1MoV	R317	E5515-B2V	焊后消除应力热处理
	1Cr18Ni9Ti	A132	E347-16	
不锈钢	0Cr17Ni12Mo2	A202	E316-16	
碳素结构钢＋低合金钢	Q135-A＋Q345(16Mn)	J422	E4303	
	20、20R＋Q345(16Mn)	J427 J507	E4315 E5015	
	Q235-A＋15CrMo	J427	E4315	视材质厚度决定是否热处理
碳素结构钢＋铬钼低合金结构钢	Q345R＋15CrMo	J507	E5015	视材质厚度决定是否热处理
	20＋15CrMo	R307	E5515-B2	

2. 考虑焊接结构的复杂程度和刚度

对于同一强度等级的酸性焊条和碱性焊条，应根据焊件的结构形状和钢材厚度加以选用，形状复杂、结构刚度大及大厚度的焊件，由于焊接过程中产生较大的焊接应力，因此必须采用抗裂性能好的低氢型焊条。

3. 考虑焊件的工作条件

根据焊件的工作条件，包括载荷、介质和温度等，选择满足使用要求的焊条。比如在高温条件下工作的焊件，应选择耐热钢焊条；在低温条件下工作的焊件，应选择低温钢焊条；接触腐蚀介质的焊件应选择不锈钢焊条；承受动载荷或冲击载荷的焊件应选择强度足够，塑性和韧性较高的低氢型焊条。

4. 考虑劳动条件、生产率和经济性

在满足使用性能和操作性能的基础上，尽量选用效率高、成本低的焊条。焊接空间位置变化大时，尽量选用工艺性能适应范围较大的酸性焊条，在密闭容器内焊接时，应采用低尘、低毒焊条。

(五) 焊条的保管和使用

1. 焊条的保管

① 焊条必须在干燥通风良好的室内仓库中存放。焊条储存库内，应设置温度计、湿度计，低氢焊条室内温度不低于 5℃，相对空气湿度低于 60%。

② 焊条应放置在储物架上，架子离地面高度不小于 300mm，离墙壁距离不小于 300mm。架子下面应放置干燥剂，严防焊条受潮。

③ 焊条堆放时应按种类、牌号、批次、规格、入库时间分类存放。每垛应有明确标注，

避免混乱。

④ 焊条发放应做到先入库的焊条先使用。

⑤ 受潮或包装损坏的焊条未经处理的以及复检不合格的焊条不得入库。

⑥ 对于受潮、药皮变色、焊芯有锈迹的焊条须经烘干后进行质量评定。各项性能指标合格时方可入库，否则不准入库。

⑦ 存放一年以上的焊条，在发放前应重新做各种性能试验，符合要求时方可发放，否则不应出库。

2. 焊条的使用

(1) 焊条外观质量的检验

焊条外观质量的检验有以下项目。

① 偏心度：直径不大于 2.5mm 的焊丝，偏心度不大于 7%；直径为 3.2～4.0mm 焊条，偏心度不大于 5%；直径等于或大于 5mm 的焊条，偏心度不大于 4%。

② 弯曲度：焊条弯曲的最大挠度不得超过 1mm。

③ 药皮外观：药皮不得有开裂、起泡，不得存在杂质（如锈迹），涂料颗粒不能过大，药皮表面不能有明显的不同颜色等。

④ 尺寸偏差：焊芯直径允许偏差为±0.05mm，焊条长度允许偏差为±2mm。

⑤ 印字：每根焊条在靠近夹持端处应在药皮上印出焊条型号或牌号。

(2) 焊条使用前的烘干

① 焊条在使用前，如焊条说明书无特殊规定时，一般应进行烘干。酸性焊条在 130～150℃烘干 1～2h，碱性焊条应在 350～430℃烘干 2h，烘干的焊条应放在 100～150℃保温筒内，随用随取。

② 低氢焊条一般在常温下超过 4h 应重新烘干。重复烘干次数不宜超过 3 次。

③ 烘干焊条时，禁止将焊条突然放进高温炉内，或从高温炉中突然取出冷却，防止焊条因骤冷骤热而产生药皮开裂脱皮现象。

④ 烘干焊条时，焊条不应成垛或成捆地堆放，应铺放成层状，每层焊条堆放不能太厚，一般 1～3 层。

⑤ 露天隔夜操作时，必须将焊条妥善保管，不允许露天存放，应在低温烘箱中恒温保存，否则次日使用前还要重新烘干。

⑥ 焊条的烘干除上述通用规范外，还应根据产品药皮的类型及产品说明书中烘干要求进行。例如：高纤维素型焊条，在焊条药皮配方设计上，配有大量的纤维素（有机物），因此，再烘干必须控制在碳化温度（121.1℃）下进行。否则，大量有机物碳化烧损而造成焊条报废。其次，该类焊条由于气体保护作用要求，在药皮中需要一定含量的水分。否则，过烘干失水，易导致焊缝产生气孔。因此，焊条再烘干必须严格按照产品说明书要求进行。盐基型药皮-铝、铜、镍等电焊条，由于焊芯线膨胀系数大，且在药皮中加入了如氯化钾、氟化钠一类的化工原料，因此烘干温度不宜过高，速度不能太快。宜根据说明书要求，妥善烘干。

三、焊条电弧焊工艺

(一) 焊缝符号及坡口的选择

1. 焊缝符号

焊缝符号是进行焊接施工的主要依据，从事焊接工作的人，都要弄清楚焊缝符号的标注

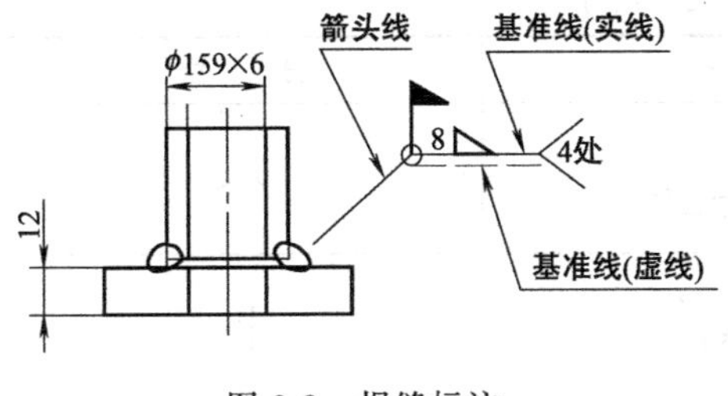

图 8-8　焊缝标注

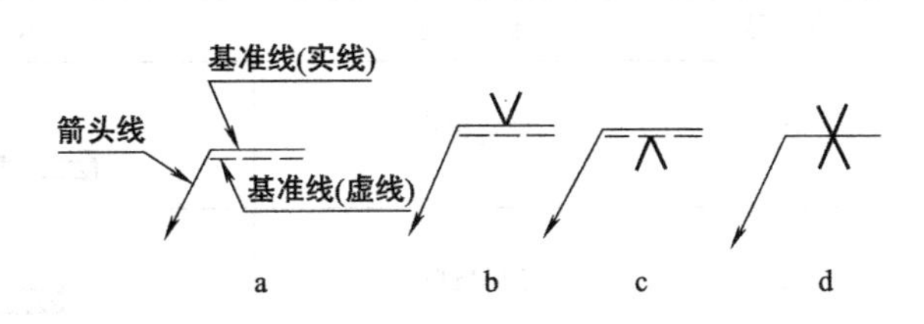

图 8-9　指引线及其标注
a—指引线组成；b—焊缝在接头的箭头侧；c—焊缝在接头的非箭头侧；d—双面焊缝

方法及其含义。焊缝的标注方法如图 8-8 所示。

焊缝符号一般由基本符号和指引线构成，必要时再加上辅助符号、补充符号和焊缝尺寸符号。基本符号是焊缝截面形状的符号，见表 8-5。常用的焊缝补充符号见表 8-6。为了完整地表达焊缝，除了上述符号以外还包括指引线、尺寸符号、数据等，如图 8-9 所示。

2. 坡口选择

（1）焊接坡口

根据设计或工艺的需要，在焊件的待焊部位加工并装配成的一定几何形状的沟槽称为坡口。坡口的作用是为了保证焊缝根部焊透，保证焊接质量和连接强度，同时调整基本金属与填充金属比例。焊条电弧焊焊缝坡口的基本形式详见 GB 986—88。焊接坡口的基本形式有 I 形坡口、V 形坡口、X 形坡口、U 形坡口，如图 8-10 所示。

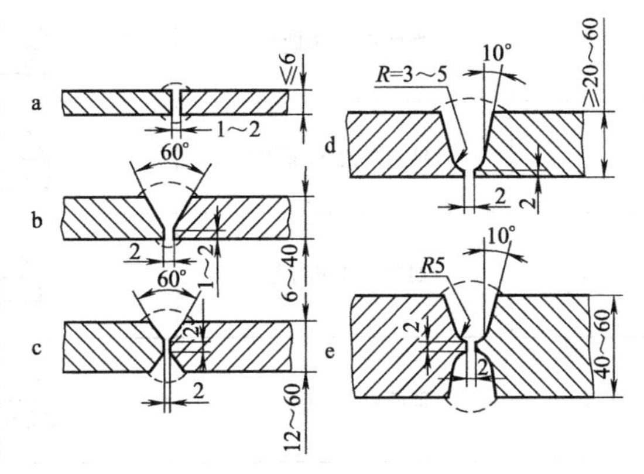

图 8-10　焊接坡口的基本形式
a—I 形坡口；b—V 形坡口；c—X 形坡口；d—U 形坡口；e—双 U 形坡口

① I 形坡口的对接焊接。采用焊条电弧焊或气体保护焊，焊接厚度在 5～6mm 以下的钢板可以开成 I 形坡口。

② V 形坡口。V 形坡口形状简单，加工方便，是最常用的坡口形式。手工电弧焊常用于 4～20mm 工件的焊接，12mm 以下可以考虑采用单面焊双面成形的方法，12mm 以上一般可考虑开单面坡口，双面焊接，但是背面施焊前应清好根。单面焊接时应注意采取反变形措施防止焊接变形。

③ X 形坡口。X 形坡口常用于 12～60mm 厚钢板的焊接。它与 V 形坡口相比，在相同厚度下可以节约约 1/2 焊缝金属量，由于采用双面焊，焊后的残余变形要小。

④ U 形坡口。U 形坡口用于厚板焊接。对于大厚钢板，当焊件厚度相同时，U 形坡口的焊缝填充金属比 V 形、X 形坡口少得多，而且焊缝变形也小。但是 U 形坡口的加工困难，一般用于重要的焊接结构。

以上四种坡口只是基本的坡口形式，实际中可根据其具体结构确定。如用于平焊的有带钝边的 V 形坡口和不带钝边的 V 形坡口、单边 V 形坡口，U 形坡口有带钝边的 U 形坡口、单边钝边 U 形坡口、带钝边双 U 形坡口；用于 T 字形接头的单边 V 形坡口、K 形坡口、双 U 形坡口；用于角接接头的单边 V 形坡口、K 形坡口等。

表 8-5　焊接坡口的基本形式与尺寸

序　号	名　　称	示　意　图	符　　号
1	卷边焊缝		⋏
2	I 形坡口		‖
3	V 形坡口		V
4	单边 V 形坡口		V
5	带钝边 V 形坡口		Y
6	带钝边单边 V 形坡口		Y
7	带钝边 J 形符号		h
8	带钝边 U 形坡口		Y
9	封底符号		◡
10	角焊缝		◺
11	塞焊缝或槽焊缝		⊔
12	缝焊缝		⊖
13	点焊缝		○

表 8-6　焊缝补充符号

示意图	标注示例	说明
	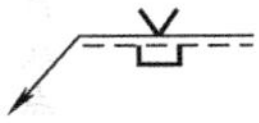	表示V形焊缝的背面底部有垫板
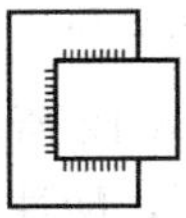		工件三面带有焊缝，焊接方法为焊条电弧焊
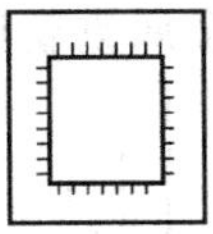	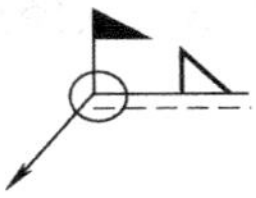	表示在现场沿焊件周围施焊

（2）坡口的选择原则

① 坡口形式的选取原则。

a. 尽量减少熔敷金属的填充量。

b. 焊接厚板时，尽量选用对称坡口，以减少焊接变形。

c. 满足焊件的装配要求，便于焊接操作。

d. 应尽量保证熔透（焊透）和避免产生根部裂纹。

e. 坡口加工方便，有利于焊接操作。

② 对坡口钝边和间隙的要求。钝边和间隙的尺寸必须配合好，应根据焊缝位置、焊件厚度、坡口形式及操作方法选择。

（二）焊条电弧焊技术

1. 引弧

引弧是依靠电焊条瞬时接触工件，焊条端部与焊件表面接触形成短路产生的电弧放电过程。引弧的方法有两种：碰击法和擦划法，如图 8-11 所示。

（1）碰击法

碰击法引弧时，将焊条末端对准待焊处，轻轻敲击后将焊条提起，使弧长为 0.5～1 倍的焊条直径，引燃电弧然后开始正常焊接。碰击法的特点是：引弧点即焊缝的起点，从而避免母材表面被焊条划伤。碰击法主要用薄板的定位及焊接；不锈钢板的焊接；铸铁的焊接和狭小工作表面的焊接。但碰击法对于初学者较难掌握。

（2）擦划法

擦划法引弧时，焊条末端应对准待焊处，然后扭转手腕，使焊条在焊件上轻微划动，划动长度一般在 20～25mm，当电弧引燃后的瞬间，使弧长为 0.5～1 倍的焊条直径，并迅速将焊条端部移至待焊处，稍作横向摆动即可。擦划法的特点是：对初学者来说，擦划法容易掌握；但容易损坏焊件表面，造成焊件表面电弧划伤。擦划法不适于在狭小的工作面上引弧，主要用于碳钢焊接、厚板焊接、多层焊焊接的引弧。

（3）引弧技术要求

在引弧处，由于钢板温度较低，焊条药皮还没有充分发挥作用，会使引弧点处焊缝较

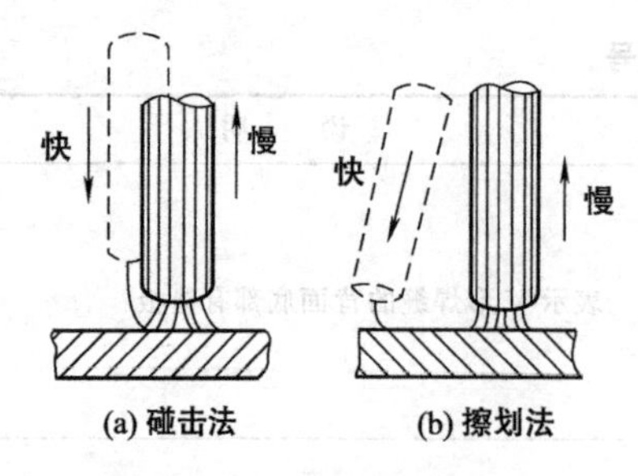

图 8-11　引弧方法

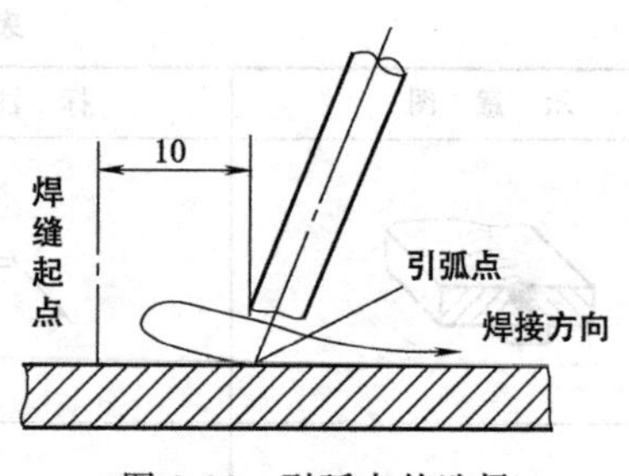

图 8-12　引弧点的选择

高，熔深较浅，易产生气孔，所以在焊缝起始点后面 10mm 处引弧，如图 8-12 所示。引燃电弧后拉长电弧，并迅速将电弧移至焊缝起点进行预热。预热后将电弧压短，酸性焊条的弧长等于焊条直径，碱性焊条弧长应为焊条直径的 0.5 倍左右，然后进行正常焊接。采用这种方法引弧，即使在引弧处产生气孔，也能在电弧第二次经过时，将这部分金属重新熔化，使气孔消除，并不会留下引弧伤痕。

2. 运条

为了获得好的焊缝成形，焊条需要不断地运动，焊条的运动称为运条。运条是电焊工操作技术水平的具体体现。焊缝质量优劣、焊缝成形的良好与否，与运条有直接关系。

运条由三个基本运动合成，分别是焊条的送进运动、焊条的横向摆动运动和焊条沿焊缝移动运动，如图 8-13 所示。

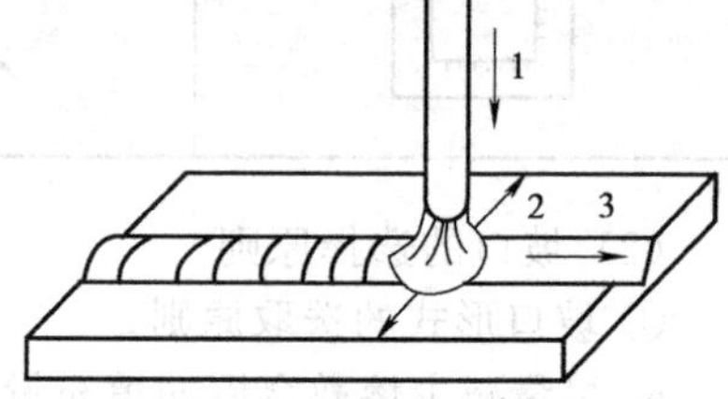

图 8-13　运条的三个基本运动
1—焊条的送进；2—焊条的摆动；3—沿焊缝移动

(1) 焊条的送进运动

焊条的送进运动主要用来维持所要求的电弧长度。由于电弧的热量熔化了焊条端部，电弧会逐渐变长，有熄弧的倾向。要保持电弧继续燃烧，必须将焊条向熔池送进，直至整根焊条焊完为止。为保证一定的电弧长度，焊条的送进速度与焊条的熔化速度相等，否则会引起电弧长度的变化，影响焊缝的熔宽和熔深。

(2) 焊条的摆动和沿焊缝移动

焊条的摆动和沿焊缝移动这两个动作是紧密相连的，而且变化较多、较难掌握。通过摆动和移动的复合动作获得一定宽度、高度和深透度的焊缝，使得焊缝成形良好。

(3) 运条手法

采用哪一种运条手法应根据接头的形式和间隙、焊缝的空间位置、焊条直径与性能、焊接电流及焊工的技术水平等方面来确定。焊条电弧焊常见的运条手法详见表 8-7。

3. 收弧

当一条焊缝在焊接结束时，中断电弧的方法称为收弧。如果焊缝收尾时采用立即拉断电弧的方法，则会形成低于焊件表面的弧坑，容易产生应力集中和减弱接头强度，从而导致产生弧坑裂纹、疏松、气孔、夹渣等现象。因此焊缝完成时的收尾动作不仅是熄灭电弧，而且要填满弧坑。焊条电弧焊常用的收弧方法有以下几种。

(1) 划圈收弧法

划圈收弧法，当焊条移至焊缝终点时，做圆圈运动，直到填满弧坑再拉断电弧。这种收弧方法主要适用于厚板焊件的收弧。

(2) 反复断弧收弧法

收弧时，焊条在弧坑处反复熄弧、引弧数次，直到填满弧坑为止。此法一般适用于薄板

表 8-7　焊条电弧焊常见的运条手法

运条手法	示意图	特点	适用范围
直线形		焊条不作横向摆动，沿焊接方向直线移动，熔深较大，且焊缝宽度较窄，在正常焊接速度下，焊波饱满平整	适用于板厚 3～5mm 的不开坡口的对接平焊、多层焊的打底焊及多层多道焊
直线往复形		焊条末端沿焊缝纵向作来回直线形摆动，焊接速度快、焊缝窄、散热快	适用于接头间隙较大的多层焊的第一层焊缝和薄板的焊接
锯齿形		焊条作锯齿形连续摆动并向前移动，在两边稍停片刻。以防产生咬边缺陷。这种手法操作容易，应用较广	适用于中厚钢板的焊接，适用于平焊、立焊、仰焊的对接接头和立焊的角接接头
月牙形		焊条沿着焊接方向作月牙形左右摆动，并在两边的适当位置作片刻停留，使焊缝边缘有足够的熔深，防止产生咬边缺陷，此法使焊缝的宽度和余高增大。其优点是：使金属熔化良好，且有较长的保温时间，熔池中的气体和熔渣容易上浮到焊缝表面	适用于仰、立、平焊位置以及需要比较饱满焊缝的地方
三角形	斜三角形运条法 正三角形运条法	焊条作连续三角形运动，并不断向前移动。按适用范围不同，可分为斜三角形和正三角形两种运条法。斜三角形手法能通过焊条的摆动控制熔化金属，促使焊缝成形良好，正三角形手法一次能焊出较厚的焊缝断面，有利于提高生产率，而且焊缝不易产生夹渣等缺陷	斜三角形运条法适用于焊接 T 形接头的仰焊链和有坡口的横焊缝。正三角形运条法适用于开坡口的对接接头和 T 形接头的立焊
圆圈形	正圆圈形运条法 斜圆圈形运条法	焊条连续作圆圈运动，并不断前进，按适用范围不同，可分为正圆圈和斜圆圈两种。正圆圈运条法能使熔化金属有足够高的温度，有利于气体从熔池中逸出，可防止焊缝产生气孔。斜圆圈运条法可控制熔化金属不受重力影响，能防止金属液体下淌，有助于焊缝成形	正圆圈运条法适用于焊接较厚工件的平焊缝，斜圆圈运条法适用于 T 形接头的横焊（平角焊）和仰焊以及对接接头的横焊缝

和大电流焊接，但碱性焊条不宜采用，因为这种收弧方法易产生气孔。

（3）回焊收尾法

当焊条移至焊缝收尾处立即停止，并改变焊条角度回焊一小段。此法适用于碱性焊条。

当换焊条或临时停弧时，应将电弧逐渐引向坡口的斜前方，同时慢慢抬高焊条，使熔池逐渐缩小。当液体金属凝固后，一般不会出现缺陷。

（三）焊接规范选择

焊接规范是为了保证焊接质量而选定的如焊接电流、电弧电压、焊接速度、线能量等工艺参数的总称。焊条电弧焊的工艺参数，通常包括焊条牌号、焊条直径、电源种类与极性、焊接电流、电弧电压、焊接速度和焊接层数等内容。焊接工艺参数选择得正确与否，直接影响焊缝的形状、尺寸、焊接质量和生产效率，是焊接工作应该注意的首要问题。

1. 焊条直径选择

焊条直径是根据焊件厚度、焊接位置、接头形式、焊接层数等进行选择的。首先应根据焊件的厚度选取焊条直径，选取时可参照表 8-8。

表 8-8 焊条直径的选择与焊件厚度关系

焊件的厚度/mm	焊条直径/mm	焊件的厚度/mm	焊条直径/mm
≤1.5	1.5	4～5	3.2～4.0
2	1.5～2.0	6～12	4.2～5.0
3	2.0～3.2	≥13	4.0～6.0

其次，在选取焊条直径时还应考虑焊接位置的不同。在平焊时，可选用直径较大的焊条，甚至选到 5mm 以上的焊条。立焊时最大不超过 5mm，而仰焊、横焊一般不超过 4mm。在焊接固定位置的管道环焊缝时，为适应各种位置的操作，宜选用小直径焊条。

在进行多层焊时，为了防止根部焊不透，第一层采用小直径焊条进行打底，以后各层根据板厚情况选用较大直径焊条。

对于搭接焊接接头、T 形焊接接头因不存在全焊透问题，可以选用较大直径的焊条，以提高生产效率。

对要求防止过热及控制线能量的焊件，宜选用小直径焊条。

2. 焊接电流选择

焊接时流经焊接回路的电流称为焊接电流。

焊接电流是焊条电弧焊最重要的焊接参数。焊接电流越大熔深越大，焊条熔化越快，焊接效率也越高。但是焊接电流越大，飞溅和烟雾大，焊条药皮易发红和脱落，且易产生咬边、焊瘤、烧穿等缺陷；电流太小，则引弧困难，电弧不稳定，熔池温度低，焊缝窄而高，熔合不好，易产生夹渣、未焊透、未熔合等缺陷。

选择焊接电流时需考虑的因素很多，如焊条直径、药皮类型、焊件厚度、接头形式、焊接位置、焊道、焊层和焊件材料等。但主要由焊条直径、焊接位置、焊道及层数所决定。

焊条直径越大，熔化焊条所需要的热量越大，需要的焊接电流越大。每种焊条都有一个合适的焊接电流范围，其值参考表 8-9。

焊接电流的大小还可以用下面的经验公式来计算：

$$I=10d^2$$

式中 I——焊接电流，A；

d——焊条直径，mm。

根据上式所求的焊接电流，还需根据实际情况进行修正。

3. 电弧电压选择

电弧两端之间的电压降即电弧电压。当焊条和母材一定时，主要由焊条长度来确定。电弧长，则电弧电压高；电弧短，则电弧电压低。焊接过程中，焊条端头到焊件间的距离称为弧长。焊接弧长对焊接质量有很大的影响。弧长可按下式确定：

$$L=(0.5\sim1.0)d$$

式中 L——电弧长度，mm；

d——焊条直径，mm。

电弧长度大于焊条直径时称为长弧，小于焊条直径时称为短弧。选酸性焊条时一般采用长弧，而碱性焊条则采用短弧，以提高电弧的稳定性。

表 8-9　各种焊条直径使用的焊接电流

焊条直径/mm	1.6	2.0	2.5	3.2	4.0	5.0	6.0
焊接电流/A	25～40	40～65	50～80	80～130	140～200	200～270	260～300

电弧长度与坡口形式等因素有关。V 形坡口对接、角接的第一层应使电弧短些，以保证焊透和避免咬边；第二层可使电弧稍长，以填满焊缝。焊缝间隙小时用短电弧，间隙大时电弧可稍长。焊接薄钢板时为了防止烧穿，电弧不宜过长；仰焊时电弧应最短，防止熔化金属下淌；立横焊时，为了控制熔池温度，应用小电流、短电弧施焊。

焊接时不管哪种类型的焊条，都应保持电弧长度基本不变。

4. 焊接速度选择

焊接速度是指单位时间完成的焊缝长度，即焊接时焊条向前的移动速度。焊接速度可由焊工根据具体情况灵活掌握，原则是：保证焊缝具有所要求的外形尺寸，保证熔合良好。焊接那些对焊接线能量有严格要求的材料时，焊接速度按照工艺文件进行确定。在焊接过程中，焊工应适时调整焊接速度，以保证焊缝宽窄、高低的一致性。焊接速度过快，焊缝较窄，易发生未焊透等缺陷；焊接速度过慢，则焊缝过高、过宽，外形不整，焊接薄板时容易烧穿。

5. 焊接层数选择

中厚板焊接时，需开坡口，然后进行多层多道焊。采用多层焊和多层多道焊时，后一层焊缝对前一层焊缝有热处理作用，能细化晶粒，提高焊接接头的塑性。但每层焊缝不宜过厚，否则会使焊缝金属的组织晶粒变粗，降低焊缝力学性能。所以，应选择适当的焊接层数和每一层的焊接厚度，一般每层焊缝的厚度不应大于 4mm。

【思考题】

1. 常用的焊接方法有哪些？化工设备制造采用的焊接方法有哪些？
2. 焊条是如何分类的？焊条牌号和型号是如何表示的？怎样进行焊条的选用和保管？
3. 酸性焊条和碱性焊条有什么区别？各适用于什么场合？
4. 焊接工艺参数如何确定？焊条电弧焊的焊接电流与焊条直径有何关系？
5. 焊条电弧焊焊接时，引弧点放在什么部位为宜？通常可以采取哪些手段来保证焊缝有较高的合格率？

【相关技能】

钢板 I 形坡口平对接双面焊实训

(一) 操作准备

① 实习工件：300mm×100mm×6mm，2 块一组。
② 弧焊设备：BXl-300. ZXG-350。
③ 焊条：E4303，ϕ3.2mm，ϕ4.0mm。
④ 辅助工具：清渣工具及个人劳保用品等。

(二) 操作方法

(1) 操作步骤

清理工件—组装—定位焊—清渣—反变形—正面焊—清渣—反转 180°背面焊—清渣、检查质量。

(2) 操作要领

6mm 板平对接双面焊属于 I 形坡口平焊对接，采用双面焊。因此在焊接时正面焊缝采用直线形或锯齿形运条方法；熔池深度应大于板厚 2/3，行走速度稍慢，焊接电流适中，一般 ϕ3.2mm，焊条电流为 100～120A，装配间隙不宜过大，一般 1～1.5mm 为宜，焊接时注意观察熔池形状，应呈横椭圆形为好，若出现长椭圆形，则应调整焊条角度或焊接速度，焊接过程中熔渣应随时处于熔池的后方，若向前流动应立即调整电弧长度和焊条角度。

正面焊完后，将工件翻转 180°反面朝上。将从焊缝正面间隙渗透过来的焊渣用清渣锤、钢丝刷清理干净。调整焊接工艺参数，焊接电流可大些，一般为 110～130A。反面焊缝采用直线形或锯齿形运条方法，焊条角度也可大些为 80°～85°，焊接速度稍快，但要保证熔透深度为板厚的 1/3。焊接时若发现熔化金属与熔渣混合不清（易产生夹渣）可适当加大电流或稍拉长电弧 1～2mm，同时将焊条向焊接方向倾斜，并往熔池后面推送熔渣。待分清熔化金属与熔渣后方可恢复原来的焊条角度进行施焊，焊接时最好选用短弧焊，这样可有效保护好焊缝熔池，提高焊缝质量。焊完后清渣，检查有无焊接缺陷。

(三) 焊接工艺参数确定（表 8-10）

表 8-10 焊接工艺参数

层数	焊条直径	焊接电流 /A	电弧长度	运条方法	焊条牌号	反变形角	工件牌号厚度	装配间隙/mm
正面焊 背面焊	3.2	100～120 110～130	2～3	直线形 锯齿形	E1303	1°	Q235 δ=6	1～1.5

注意事项：

① 掌握正确选择焊接工艺参数的方法。

② 操作时注意对操作要领的应用，特别是对焊接电流，焊条角度，电弧长度的调整及协调。

③ 焊接时注意对熔池观察，发现异常应及时处理，否则会出现焊缝缺陷。

④ 焊前焊后要注意对焊缝清理，注意对缺陷的处理。

⑤ 训练时若出现问题应及时向指导教师报告，请求帮助。

⑥ 定位焊点应放在工件两端 20mm 以内，焊点长不超过 10mm。

(四) 示范

指导教师按照正确操作方法和要领进行示范，给学习者一个良好的感性认识后，再用错误方法示范，给学习者一个警示。对于熔渣与熔化金属混淆现象应放慢速度。并边示范边讲解，必要时做分解动作。

钢板Ⅰ形坡口平对接双面焊实训任务单

<table>
<tr><td>项目编号</td><td>No. 9</td><td>项目名称</td><td colspan="2">Ⅰ形坡口平对接双面焊</td><td>训练对象</td><td>学生</td><td>学时</td><td>2</td></tr>
<tr><td>课程名称</td><td colspan="3">《化工设备制造技术》</td><td>教 材</td><td colspan="4">《化工设备制造技术》</td></tr>
<tr><td>目的</td><td colspan="8">1. 熟练掌握双面焊的操作要领和方法。
2. 学会应用焊条角度、电弧长度和焊接速度来调整焊缝高度和宽度。
3. 掌握提高焊缝质量的操作方法。</td></tr>
</table>

内　　容

一、实训图样:技术要求

1. 装配平齐。
2. 自己确定焊接工艺参数,要求焊后无变形现象。
3. 要求在工件两端 20mm 内点固焊,间隙 b 自定。
4. 焊后清理工件,焊缝不得修饰和补焊。

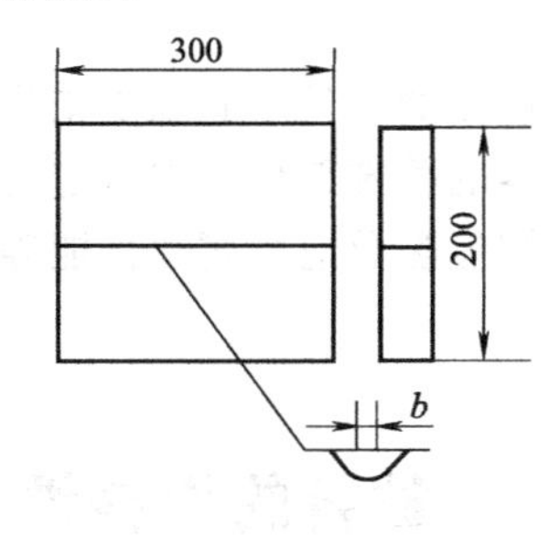

二、设备、工具、材料

1. 弧焊设备:BXl-300. ZXG-350。
2. 焊条:E4303,ϕ3. 2mm,ϕ4. 0mm。
3. 辅助工具:清渣工具及个人劳保用品等。
4. 实习工件:300mm×100mm×6mm,2 块一组。

三、训练步骤

1. 检查工件是否符合焊接要求。
2. 开启弧焊设备、调整电流,确定合适的焊接规范。
3. 装配及进行定位焊。
4. 对定位焊点清渣,反变形 1°。
5. 按照操作要领进行施焊。
6. 清渣、检查焊缝尺寸及表面质量。

四、考核标准

1. 实训过程评价。(10%)
2. 器材的使用和实训操作的熟练程度。(20%)
3. 试板焊接结果的质量。(60%)
4. 实训报告和思考题的完成情况。(10%)

<table>
<tr><td>思考题</td><td>1. 自评、互评本次实训成绩,并参照指导教师给定的成绩,找出自己存在的问题。
2. 根据实训情况,说明本次实训出现的焊接缺陷及产生的原因。
3. 总结焊接规范的选择原则。</td></tr>
</table>

项目九 压力容器的焊接

XIANGMUJIU

【学习目标】 了解压力容器常用金属材料的焊接性、焊接工艺要点和焊后热处理的方法，掌握制定焊接工艺评定的程序和内容。

【知识点】 金属材料焊接性、焊接工艺评定、产品焊接试板、焊后热处理及常用材料的焊接。

随着工程焊接技术的迅速发展，现代压力容器已发展成为典型的全焊结构。因此，压力容器的焊接是压力容器制造中最重要最关键的环节，其焊接质量直接影响着压力容器的质量。

在压力容器中，焊接接头同所连接的部件一起承受工作压力、载荷、温度和化学介质的腐蚀。因此，焊接接头作为压力容器的关键部位，在特定的工作环境下其抗断裂性能、抗疲劳性能、抗高温蠕变及回火脆性、抗氢脆及应力腐蚀性能等，对压力容器使用的可靠性和工作寿命起着决定性的作用。

一、材料的焊接性

（一）焊接性的概念

焊接性是指金属材料在一定焊接工艺方法、焊接材料、焊接规范参数及结构型式的条件下，获得优质焊接接头的难易程度。焊接性又分为工艺焊接性和使用焊接性。

(1) 工艺焊接性

是在一定的焊接工艺条件下，获得优质致密、无缺陷焊接接头的能力。工艺焊接性又分为热焊接性和冶金焊接性。

① 热焊接性。是指在焊接热过程条件下，对焊接热影响区组织性能及产生缺陷的影响程度。它是评定被焊金属对热的敏感性，主要与被焊金属材料的材质及工艺条件有关。

② 冶金焊接性。是指冶金反应对焊缝性能和产生缺陷的影响程度。它包括合金元素的氧化、还原、氮化、蒸发，氢、氧、氮的溶解，以及对气孔、夹杂、裂纹等缺陷的敏感性。

工艺焊接性不是金属材料本身所固有的性能，而是随着新的焊接方法、焊接材料和工艺措施的不断出现和完善，使原来不能焊接或不易焊接的金属材料变得能够焊接或易于焊接。

(2) 使用焊接性

主要指焊接接头在使用中的可靠性，即焊接接头或整体结构满足技术条件所规定的各种使用性能的程度。包括焊接接头的力学性能和其他特殊要求（如耐热性、耐蚀、耐低温、抗疲劳、抗时效等）。

金属材料的焊接性不是一成不变的。同一种金属材料，若采用不同焊接方法或焊接材料，其焊接性有很大的差别。当采用新的金属材料制造焊件时，了解及评价新材料的焊接性，是产品设计、施工准备及正确拟定焊接工艺的重要依据。

（二）焊接性的评定

金属材料的焊接性可通过碳当量法和直接试验方法确定。

1. 碳当量法

是根据材料的化学成分对焊接热影响区淬硬性的影响程度，产生冷裂纹倾向及脆化倾向的一种估算方法。

为便于分析和研究化学成分对金属材料焊接性的影响，把碳对焊接热影响区淬硬性的影响规定为1个单位，而其他元素的影响折合成碳的相当含量，即碳当量 C_E。目前所应用的碳当量 C_E 计算公式中，以国际焊接学会所推荐的 C_E 应用较为广泛。

$$C_E = C + Mn/6 + (Cr + Mo + V)/5 + (Cu + Ni)/15(\%)$$

C_E 主要适用于中高强度的非调质低合金高强钢（$\sigma_b = 500 \sim 900$MPa）。可根据碳当量 C_E 的大小确定该钢材的焊接性。

当 $C_E < 0.4\%$ 时，钢材的淬硬性倾向不明显，焊接性优良，焊接时一般不需要预热（但对厚、大的焊件或低温下焊接时，也应考虑预热）。

当 $0.4\% \leqslant C_E \leqslant 0.6\%$ 时，钢材的淬硬性倾向逐渐明显，焊接性较差，需要采用适当的预热和一定的工艺措施。

当 $C_E > 0.6\%$ 时，钢材的淬硬性倾向强，焊接性差，需要采用较高的预热温度和严格的工艺措施。

利用碳当量法估算钢材焊接性是粗略的，因为钢材焊接性还要受结构刚度，焊后应力条件，环境温度等因素的影响。例如，当钢板厚度增加时，结构刚度增大，焊缝中心将出现拉应力，这时钢材实际允许碳当量 C_E 值将降低。对于焊接性好的钢材，在低温下焊接时，也有可能出现裂纹。因此，在实际工作中，确定材料焊接性时，除初步估算外，还应根据具体情况进行抗裂试验，以作为制定合理焊接工艺的依据。

2. 直接试验方法

① 在试件上模拟产品的焊接过程，然后对试件进行各种性能的鉴定来评定材料的焊接性。

② 抗裂试验法（参见相关的参考书）。

二、焊接工艺评定

（一）焊接工艺评定的概念

焊接工艺评定是为验证所拟定的焊接工艺文件的正确性所进行的试验过程及其结果的评价。为了保证产品的焊接质量，生产前必须由焊接工艺人员根据钢材的焊接性能及产品特点、制造工艺条件和管理情况来拟定出焊接工艺，然后进行焊接试验。试验结束后还需进行无损检测、力学性能试验，以形成焊接工艺报告。经过对焊接工艺报告的评价，得出一个科学、合理、正确的产品制造焊接工艺，用于产品的制造焊接。

（二）焊接工艺评定的主要程序

制定压力容器焊接工艺的先决条件，是全面掌握所焊钢材的焊接性和工艺性的试验数据。焊接工艺应由具有一定专业知识和丰富实践经验的焊接工艺人员来拟定。各类承压焊缝或与承压件连接焊缝的焊接工艺，按 JB 4708《钢制压力容器焊接工艺评定》标准评定、检验。制定焊接工艺的流程为：审查产品图纸技术要求→提出焊接工艺评定项目→预编写焊接工艺说明书→焊接工艺评定试验→编写焊接工艺评定报告→制定焊接工艺规程。如图 9-1 所示。焊接工艺是由焊接工艺人员拟定的焊接工艺指导书。只有评定合格的焊接工艺指导书才能用于产品焊接。

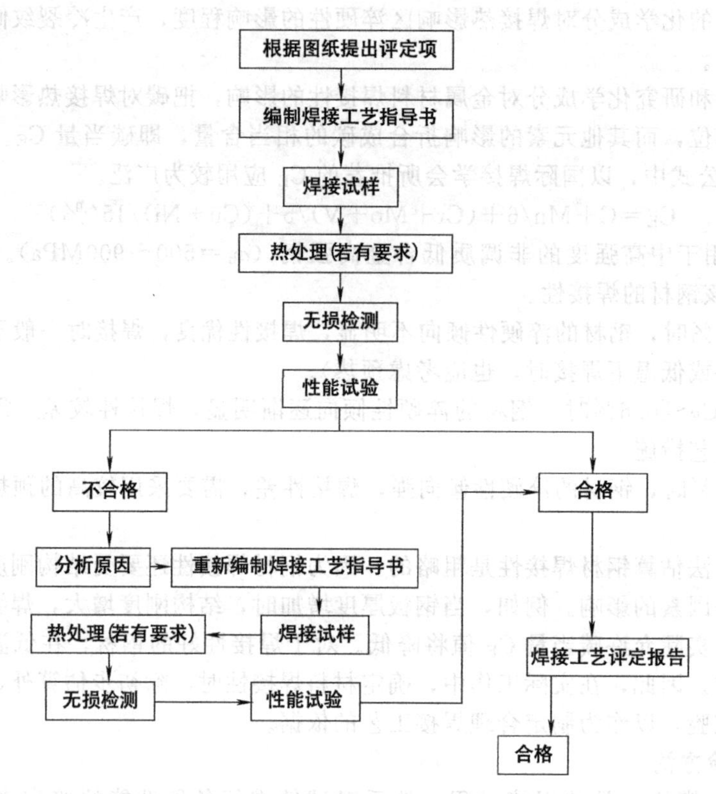

图 9-1 焊接工艺评定制定的流程

在规定的试板上，按拟定的焊接工艺指导书规定的焊接工艺参数，由持证的焊工进行焊接，对焊接过程要进行监控、实测与记录。焊接完成后，应对试板进行无损探伤，做试板的力学性能、冷弯及冲击试验。当所有试验结果合格后，可编写焊接工艺评定报告。由焊接工艺师根据焊接工艺评定报告并结合实际经验制定焊接工艺规程或焊接工艺卡，来作为焊接生产的依据。

焊接工艺评定首先是按钢种来进行的，对于制造单位没有焊过或虽焊过但要改变焊接方法、焊接材料、热处理制度等重要因素时均要进行焊接工艺评定试验。对已焊接成熟的材料，如 Q235-B、Q345R 等，可以借鉴以前成熟的焊接工艺或编制通用焊接工艺。当焊接的材料与通用焊接工艺材料相同时，其规格又在通用工艺的覆盖范围内，可以不进行焊接工艺评定。当焊接方法或条件改变时，须重新进行焊接工艺评定。钢材的焊接性能可以通过调研、咨询、查找资料及必要的试验获得，但真实性必须可靠。

(三) 焊接工艺规程（工艺卡）

焊接工艺规程是指导焊工按规范要求焊制产品焊缝的工艺文件。编制焊接工艺规程的主要依据是焊接工艺评定报告。经评定合格的焊接工艺指导书可直接用于生产，也可以根据焊接工艺指导书、焊接工艺评定报告，结合实际生产条件，编制焊接工艺规程（工艺卡），用于产品施焊。JB 4708《钢制压力容器焊接工艺评定》是压力容器焊接的通用标准，它主要以焊接工艺因素和对焊接接头力学性能的影响程度作为是否需要进行重新评定焊接工艺的依据。并规定出焊接工艺评定规则、替代范围、试验和检验方法以及合格指标等，是我国压力容器设计、制造必须遵守的强制性技术规程。

焊接工艺规程是压力容器制造单位必须自行编制的重要工艺文件。工艺规程必须经过焊接工艺评定验证其正确性和合理性。一份完整的焊接工艺规程，应当列出完成符合质量要求的焊缝所必需的全部焊接工艺参数，除了规定直接影响焊缝力学性能的重要工艺参数以外，也应规定可能影响焊缝质量和外形的次要工艺参数。具体项目包括：焊接方法，母材金属类别及钢号，厚度范围，焊接材料的种类、牌号、规格，预热和后热温度，热处理方法和制度，焊接工艺参数，接头形式及坡口形式，操作技术和焊后检查方法及要求。对于厚壁焊件或形状复杂的易变形的焊件还应规定焊接顺序。

（四）其他方面的要求

焊接工艺评定所用设备、仪表应处于正常工作状态，钢材、焊接材料必须符合相应标准，参与焊接工艺评定的焊工必须持有相应的焊接资格证，并熟练使用本单位焊接设备焊接试件。

（五）产品焊接试板

对要求较严的压力容器，需要做破坏性的力学性能试验，故需要与产品具有相同焊接状态下的试件，目前都是用焊接试板的方法来解决。产品焊接试板就是在焊接筒体纵焊缝的同时，在纵缝的延长线上再组对一副试板，当焊接纵焊缝时试板与纵焊缝的焊接规范参数完全相同。有热处理要求时，焊后再采用与焊接纵焊缝完全相同的热处理规范进行热处理。通过制备试样，检验筒体纵焊缝的焊接质量。

1. 试板的制备

试板的材质必须与容器筒体具有相同的钢号、相同的规格、相同热处理工艺。焊接试板的尺寸长为400～600mm，宽为250～300mm。试板应采用与筒节板相同的方法同时下料，试板的轧制方向、坡口尺寸、加工方法、组对工艺均应与所代表的焊缝一致。

2. 试板的焊接

① 产品焊接试板应焊在压力容器筒节纵焊缝的延长部位，由施焊的焊工采用与筒节相同的焊接工艺与筒节同时焊接，焊后应按规定打上焊工钢印，并由焊接检查员填写“产品焊接试板检查表”，交焊接责任工程师确认。

② 试板在从筒节纵焊缝的延长部位取下前，应经焊接责任工程师确认并经过驻厂监检员的认可。

3. 试板的检验

焊接试板经外观检查合格后应进行无损检测，其检测方法、评定合格级别应与所代表的压力容器筒体焊缝一致。焊接试板要求做金相检查、晶间腐蚀试验时，由理化检验责任工程师签发。试板的焊接接头力学性能试验按JB 4744《钢制压力容器产品焊接试板的力学性能检验》规定进行。力学性能的试验温度为容器的设计温度或按图样规定。

当焊接试板被判为不合格时，应分析原因，采取相应措施（如热处理等），然后重新进行复验，经复验仍达不到要求时，则试板及其所代表的产品焊缝为不合格，应按不一致品进行处理，未处理前不得转入下道工序。产品焊接试板的检查记录和各项试验报告应存入产品质量档案。

(六) 典型设备的焊接工艺评定

1. 焊接工艺评定的一般过程

(1) 拟定焊接工艺指导书

由具有一定专业知识和有丰富实践经验的焊接工艺人员，根据钢材的焊接性能试验，结合产品特点、制造工艺条件来拟定。其内容包括焊接工艺的重要因素、补加因素和次要因素。

(2) 填写焊接工艺评定报告

按照焊接工艺指导书和标准规定来施焊试件，检验及测定试件性能，填写焊接工艺评定报告。如果评定不合格应修改焊接工艺指导书继续评定，直到评定合格。

(3) 编制焊接工艺卡

根据焊接工艺指导书、焊接工艺评定报告，结合实际生产条件，编制焊接工艺卡，用于产品施焊。

2. 焊接工艺评定项目的确定

图 2-1 所示的 SO_3 蒸发器为三类容器，需作焊接工艺评定。其工艺评定程序如下。

① 工艺部门焊接工艺员根据图纸和有关标准、法规的要求，编制焊接工艺指导书，经焊接质控负责人审核后，交焊接试验室按本单位《焊接工艺评定管理制度》中规定的程序进行评定试验。

② 焊接试验室根据焊接工艺评定试验结果编制“焊接工艺评定报告”，经焊接质量控制负责人审核后，连同相应的焊接工艺指导书由总工程师审批。

③ 焊接工艺评定的原始资料由焊接试验室整理成册，交工艺部门存档。焊接工艺评定试样由焊接试验室保管。

压力容器焊接所采用的焊接方法及代号见表 9-1。

表 9-1 焊接方法及代号

焊接方法	代号
焊条电弧焊	SMAW
气焊	OFW
钨极气体保护焊	GTAW
熔化极气体保护焊	GMAW(含药芯焊丝电弧焊 FCAW)
埋弧焊	SAW
电渣焊	ESW
摩擦焊	FRW
螺柱焊	SW

焊接工艺员根据 SO_3 蒸发器图纸焊缝的结构特点，确定需要做以下焊接接头项目的焊接工艺评定。

① 封头的拼接焊缝；(适用于母材厚度范围 5～35.2mm)

② 壳体纵环焊缝的焊接；(适用于母材厚度范围 24～64mm)

③ 规格为 $\phi620\times24$ 人孔接管纵缝及其与筒体角焊缝的焊接；(适用于母材厚度范围 12～32mm)

④ 材质为 16Mn 的带颈法兰与材质为 20 钢的接管环焊缝的 SMAW 焊接，焊接材质为 10 或 20 钢、厚度不大于 12mm 的接管与材质为 Q345R 筒体之间角焊缝的焊接；(适用于母

材厚度范围 1.5～12mm）

⑤ 材质为 Q345R 的壳体与材质为 20 钢的接管之间 D 类焊接接头的 SMAW 焊接；（适用于母材厚度范围 12～32mm）

⑥ 材质为 16Mn 的带经法兰与材质为 20 钢、厚度不大于 12mm 的接管之间环焊缝的 GTAW 焊接；（适用于母材厚度范围 1.5～12mm）

⑦ 材质为 16Mn 的管板与材质为 20 钢的换热管角接接头的 GTAW 焊接，（适用于管板材质为 16Mn 、换热管材质为 10 或 20 钢、换热管壁厚为 2.125～2.5mm 且其直径为 21.25～28.75mm 的换热管与管板焊接接头的 GTAW 焊接）。按 GB 151—1999 附录 B“换热管与管板焊接接头的焊接工艺评定”进行的评定；

⑧ 外径＞160mm 的接管与容器相焊的接头，按 JB 4708—2000 标准释义第十章的规定进行全焊透结构的板-板角焊缝试验。在本设备中该评定用于人孔接管与筒体角焊缝 SMAW 的焊接；

⑨ 外径≤160mm 的接管与容器相焊的接头，按 JB 4708—2000 标准释义第十章的规定，进行角焊缝试验。在本设备中该评定用于除人孔接管与筒体角焊缝以外的所有 D 类焊接接头的 SMAW 焊接。

三氧化硫蒸发器焊接工艺评定项目见表 9-2。

表 9-2　三氧化硫蒸发器焊接工艺评定项目

工艺评定编号	焊接方法	母材		焊接材料		热处理状态	备注
		牌号	规格	牌号	规格		
PQR001	SAW	Q345R	δ=32	H10Mn2 HJ431	ϕ4.0 8～40 目	正火＋消应力	①
PQR002	SAW	Q345R	δ=32	H10Mn2 HJ431	ϕ4.0 8～40 目	消应力	②
PQR003	SMAW	Q345R	δ=16	J507	ϕ3.2 ϕ4.0 ϕ5.0	消应力	③
PQR004	SMAW	Q345R/20R	δ=6	J427	ϕ3.2 ϕ4.0	消应力	④
PQR005	GTAW SMAW	Q345R/20R	δ=16	J427 J427 J427	ϕ3.2 ϕ4.0 ϕ5.0	消应力	⑤
PQR006	GTAW	Q345R/20R	δ=6	H08Mn2SiA	ϕ2.5	消应力	⑥
PQR007	GTAW	Q345R/20	δ≥20 ϕ25×2.5	H08Mn2SiA	ϕ2.5	焊态	⑦
PQR008	SMAW	Q345R	δ≥20	J507	ϕ3.2 ϕ4.0 ϕ5.0	焊态	⑧
PQR009	SMAW	Q345R	δ≥20 ϕ≤60	J507	ϕ3.2 ϕ4.0 ϕ5.0	焊态	⑨

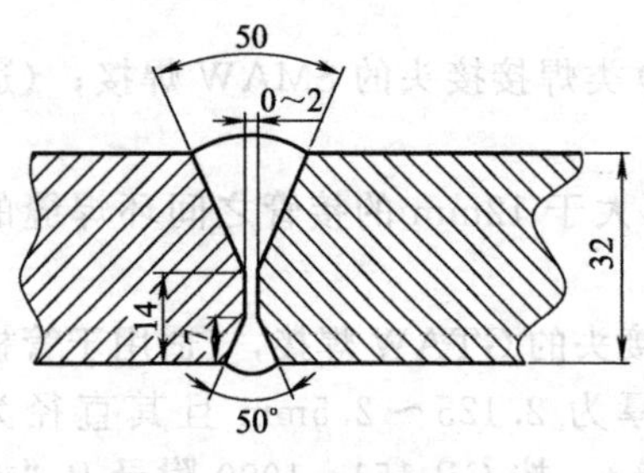

图 9-2 筒体纵缝坡口形式

下面以筒体的纵缝 PQR002 为例说明焊接工艺评定指导书及焊接工艺报告的相关内容。

初步拟定焊接工艺为：板厚 32mm，材质为 Q345R（16MnR）的筒体纵缝，焊接方法采用埋弧自动焊，焊接电源为直流，焊材牌号为 H10Mn2，坡口形式选用不对称的 X 形坡口，如图 9-2 所示。焊前预热 100～150℃，焊后消应力热处理。焊接工艺参数详见表 9-3 焊接工艺指导书，焊接工艺评定报告见表 9-4，焊接工艺卡见表 9-5，试板施焊记录见表9-6。

表 9-3 焊接工艺指导书

焊 接 工 艺 指 导 书	1
单位名称：设备制造厂	批准签字人：
焊接工艺指导书编号：WPS189	日　期：
焊接工艺评定报告号：PQR189	
焊接方法：SAW	机械化程度：自动

焊接接头：对接接头
坡口形式：X 形
垫板（材料及规格）：无
其他：/

母材：
类别号Ⅱ，组别号Ⅱ-1　与类别号Ⅱ，组别号Ⅱ-1　相焊；
或标准号 GB 713—2008，钢号 Q345R 与标准号 GB 713—2008，钢号 Q345R 相焊
厚度范围：
母材：对接焊缝 24～64mm，角焊缝不限，组合焊缝 24～64mm
管子直径、壁厚范围：对接焊缝管子直径不限、壁厚 24～64mm，角焊缝不限
焊缝金属：$t \leqslant 64$mm
其他：/

焊接材料：碳钢焊丝
焊条类别：　/　　其他：/
焊条标准：　/　　牌号：/
填充金属尺寸：$\phi 4$
焊丝、焊剂牌号：H10Mn2　HJ431
焊剂商标名称：/
焊条（焊丝）熔敷金属化学成分（%）：

续表

<table>
<tr><td colspan="10">焊 接 工 艺 指 导 书</td><td>2</td></tr>
<tr><td>规格</td><td>C</td><td>Si</td><td>Mn</td><td>P</td><td>S</td><td>Cr</td><td>Ni</td><td>Mo</td><td>Cu</td><td>Nb</td></tr>
<tr><td></td><td></td><td></td><td></td><td></td><td></td><td></td><td></td><td></td><td></td><td></td></tr>
<tr><td></td><td></td><td></td><td></td><td></td><td></td><td></td><td></td><td></td><td></td><td></td></tr>
<tr><td></td><td></td><td></td><td></td><td></td><td></td><td></td><td></td><td></td><td></td><td></td></tr>
<tr><td></td><td></td><td></td><td></td><td></td><td></td><td></td><td></td><td></td><td></td><td></td></tr>
<tr><td></td><td></td><td></td><td></td><td></td><td></td><td></td><td></td><td></td><td></td><td></td></tr>
<tr><td></td><td></td><td></td><td></td><td></td><td></td><td></td><td></td><td></td><td></td><td></td></tr>
</table>

<table>
<tr><td>焊接位置
对接焊缝位置:水平位置
焊接方向:向上□ 向下■
角焊缝位置:/</td><td>焊后热处理
加热温度(℃):620±20
升温速度(℃/h):<125
保温时间(h):2
冷却方式:<162℃/h降温至400℃后,自然冷却</td></tr>
<tr><td colspan="2">预热:
预热温度(允许最低值,℃):100～150
层间温度(允许最高值,℃):100～150
保持预热时间(h):/
加热方式:/</td></tr>
<tr><td colspan="2">电特性:
电流种类:DC 极性 DC－ 焊接电流范围(A):460～650</td></tr>
</table>

<table>
<tr><td rowspan="2">焊缝层次</td><td rowspan="2">焊接方法</td><td colspan="2">填充金属</td><td colspan="2">焊接电流</td><td rowspan="2">电弧电压(V)</td><td rowspan="2">焊接速度(cm/min)</td><td rowspan="2">线能量(J/cm)</td></tr>
<tr><td>牌号</td><td>直径</td><td>极性</td><td>电流(A)</td></tr>
<tr><td>1～9</td><td>SAW</td><td>H10Mn2
HJ431</td><td>ϕ4</td><td>DC</td><td>460～650</td><td>30～38</td><td>38～45</td><td>21789～32933</td></tr>
<tr><td></td><td></td><td></td><td></td><td></td><td></td><td></td><td></td><td></td></tr>
<tr><td></td><td></td><td></td><td></td><td></td><td></td><td></td><td></td><td></td></tr>
<tr><td></td><td></td><td></td><td></td><td></td><td></td><td></td><td></td><td></td></tr>
</table>

<table>
<tr><td colspan="8">钨极规格及类型:/
焊丝送进速度范围:/ 熔化极气体保护熔滴过度形式:/</td></tr>
<tr><td colspan="8">技术措施:
摆动不摆动:不摆动
喷嘴尺寸:/
焊前清理或层间清理:砂轮打磨
导电嘴至工件距离(每面):80
多道焊或单道焊(每面):单道焊
多丝焊或单丝焊:单丝焊
锤击:/
其他(环境温度、相对湿度):环境温度≥0℃,相对湿度≤60%</td></tr>
<tr><td>编制</td><td></td><td>日期</td><td></td><td>审核</td><td></td><td>日期</td><td></td></tr>
</table>

表 9-4 焊接工艺评定报告

<table>
<tr><td colspan="2">焊 接 工 艺 评 定 报 告</td><td>1</td></tr>
<tr><td colspan="3">单位名称:设备制造厂　　批准签字人:
焊接工艺评定报告号:PQR189　　日　期:
焊接工艺指导书编号:WPS189
焊接方法:SAW　　机械化程度:手工</td></tr>
<tr><td colspan="3">接头:
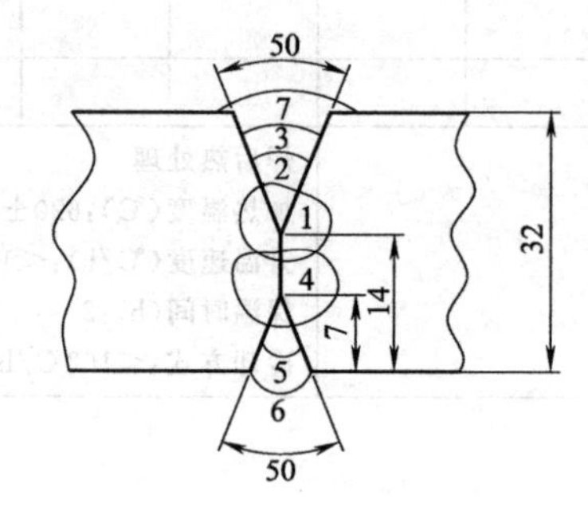</td></tr>
<tr><td>母材:
钢材标准号:GB 713—2008
钢号:Q345R
类、组别 Ⅱ-1 与类、组别 Ⅱ-1 相焊
厚度:δ=32
直径:/</td><td colspan="2">焊后热处理:
温度:620±20℃
保温时间:2h
气体:/
气体种类:/
混合气体成分:/</td></tr>
<tr><td>填充金属:
焊条标准:
焊条牌号:
焊丝钢号、尺寸:H10Mn2;ϕ4
焊剂牌号:HJ431
其他:/</td><td colspan="2">电特性:
电流种类:DC
极性:DC—
焊接电流(A):ϕ4　460～650
焊接电压(V):ϕ4　30～38
其他:/</td></tr>
<tr><td>焊接位置:
对接焊缝位置:水平位置　方向向下
角焊缝位置:/
预热:/
预热温度:/
层间温度:/</td><td colspan="2">技术措施:
焊接速度(cm/min):38～45
摆动或不摆动:不摆动
多道焊或单道焊(每面):多道焊
单丝焊或多丝焊:单丝焊
其他:/</td></tr>
<tr><td colspan="3">焊缝外观检查
焊缝经外观检查,未发现气孔、裂纹等缺陷,焊缝两侧无咬边。</td></tr>
<tr><td colspan="3">无损检测(标准号、结果)
渗透探伤:/　　超声波探伤:/
射线探伤:JB/T 30—2005 合格　　磁粉探伤:/
其他:</td></tr>
</table>

续表

焊　接　工　艺　评　定　报　告						2
拉力试验　　　报告编号:2007-162						
试样号	宽(mm)	厚(mm)	面积(mm^2)	断裂载荷(N)	抗拉强度(MPa)	断裂特点和部位
1#	25	32	800	448000	560	母材
2#	25	32	800	440000	550	母材

弯曲试验　　　报告编号:2007-162			
试样编号及规格	试样类型	弯轴直径(mm)	试验结果
3#　32×10×170	侧弯	40	合格
4#　32×10×170	侧弯	40	合格
5#　32×10×170	侧弯	40	合格
6#　32×10×170	侧弯	40	合格

冲击试验　试样尺寸 10×10×55　报告编号:2007-162				
试样号	缺口位置	缺口形式	试验温度(℃)	冲击功(J)
7#	焊缝中心	V形	0	80
8#	焊缝中心	V形	0	86
9#	焊缝中心	V形	0	82
10#	HAZ	V形	0	74
11#	HAZ	V形	0	80
12#	HAZ	V形	0	72

角焊缝试验和组合焊缝试验
检验结果
焊透:/　　　　未焊透:/
裂纹类型和性质:/　　　　(金相):/
两焊脚尺寸差:/
其他:/

其他检验
检查方法(标准、结果):/

焊缝金属化学成分分析(结果):/
其他:/

结论:本评定按 JB 4708—2000 规定焊接试件、检验试样、测定性能,确认试验记录正确。
评定结果　　合格

施焊		焊接时间		标记	
填表		日期			
审核		日期			

表 9-5 SO_3 蒸发器筒体纵环焊缝焊接工艺卡

化工设备制造厂	焊接工艺卡　　卡片号 HK4-1	第 1 页 共 23 页

焊缝名称	筒体纵环缝	母材材质	Q345R	焊接工艺评定号	PQR74	焊工资格	SAW-1G-07/09

焊缝编号	A1 B1 等	焊接顺序		检验要求
		1	清理水、油、锈等并组对	检查对口错边量和组对间隙
		2	按左图所示的焊接顺序进行 SAW 焊接	检查焊接规范参数
		3	碳弧气刨清根后砂轮打磨	检查清根质量
		4	清根合格后进行 SAW 焊接	检查焊接规范参数
		5	焊后清理熔渣、飞溅物等	检查焊缝外观形状、尺寸
		6	射线探伤	按 JB/T 4730—2005 标准 100% RT，Ⅱ级合格

焊接位置	平位	备 注			
预热温度	/	层间温度	/	焊后热处理	焊后整体消应力热处理

焊道	焊接方法	焊材牌号	直径（mm）	电源种类	焊接电流（A）	电弧电压（V）	焊接速度（cm/min）	保护气体流量（L/min）	钨极直径（mm）	喷嘴内径（mm）	备注
1～5	SAW	H10Mn2 HJ431	$\phi 4$ 8～40 目	DC-	480～650	30～38	38～45				
6～7	SAW	H10Mn2 HJ431	$\phi 4$ 8～40 目	DC-	460～620	30～38	40～45				

编制		日期		审核		日期	

表 9-6　试板施焊记录表

设备制造厂	试板施焊记录表	第1页
		共1页

焊接工艺指导书编号	WPS189	施焊日期	

母材			焊条(丝)			
牌号	规格	试板尺寸	牌　号	直径	烘烤温度	烘烤时间
Q345R	δ32	550×300×32	H10Mn2	ϕ4	/	/
			HJ431	/	150～200	1～2

焊接设备：MZ-1000-2

焊接接头：对接接头

坡口形式：X形坡口

垫板(材料及规格)：/

其他：/

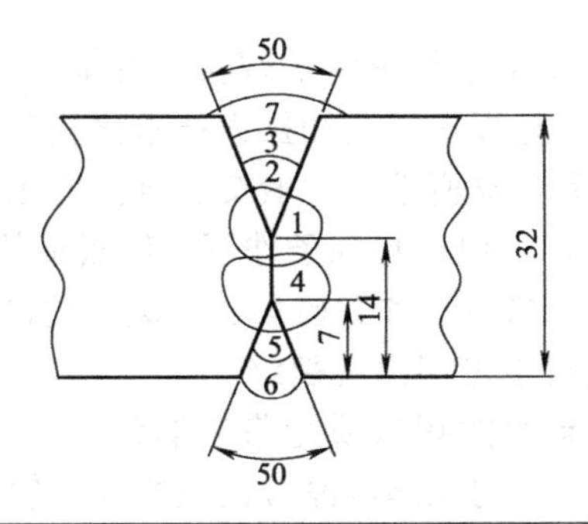

施焊工艺规范

焊道	焊接方法	填充金属		电源种类极性	焊接电流(A)	电弧电压(V)	焊接速度(cm/min)
		牌　号	直径				
1～9	SAW	H10Mn2 HJ431	ϕ4	DC-	460～650	30～38	38～45

其他：钨极直径、类型：/　　　　喷嘴直径：/

氩气流量(正/背面)：/　　　　背面清根方法：碳弧气刨+砂轮打磨

焊后外观质量检查

焊后焊缝表面无裂纹、气孔、弧坑等缺陷，焊后外观质量合格

焊工		记录		检查员	

通过焊接工艺评定报告表明，按 JB 4708—2000 所规定的焊接试件和测试试样选择正确，使用记录真实准确，各项力学性能指标符合要求。焊接工艺指导书所确定的焊接工艺参数符合实际生产要求，评定结果合格。

根据焊接工艺指导书和焊接工艺评定报告制定焊接工艺卡见表 9-5。用于三氧化硫设备的焊接。

在本焊接工艺评定中，编制人员为焊接工艺员，审核人员为焊接责任工程师，批准人必须是总工程师。

三、化工设备常用材料的焊接

（一）低碳钢的焊接

1. 低碳钢的焊接性

① 低碳钢含碳量低，锰、硅等含量也少，塑性和韧性好，其焊接性良好，是焊接性最好的金属材料。一般情况下，在焊接过程中不需要预热和焊后热处理等工艺措施，焊后焊接接头的塑性和冲击韧性良好。

② 几乎所有的焊接方法都能用于低碳钢的焊接，并能获得良好的焊接接头。可满足焊条电弧焊各种不同位置的焊接，且焊接工艺和操作技术比较简单，比较容易焊接。也不需要特殊的焊接设备，对焊接电源无特殊要求，一般交、直流电源都可焊接。

③ 虽然低碳钢的焊接性良好，但在特殊条件下，低碳钢的焊接性也会变差。

a. 低碳钢母材化学成分不合格时，如含硫量、含碳量过高，焊接时可能出现裂纹。

b. 焊条质量不好时，焊接时也可能出现裂纹。

c. 某些焊接方法可能对低碳钢的焊接质量带来麻烦。例如，电渣焊接低碳钢时，由于焊接线能量比较大，焊接热影响区的粗晶区晶粒比较粗大，使得热影响区的冲击性能降低很多，这就需要在焊后进行正火热处理，从而细化这一区域晶粒。

d. 低温环境下焊接刚性大的低碳钢时，由于冷却速度过快，焊接时容易产生冷裂纹。因此，在寒冷的冬天焊接刚性大的低碳钢结构时，应特别注意，必要时应采取预热、后热措施。

2. 低碳钢常用的焊接方法和焊接材料

低碳钢常用的焊接方法主要有焊条电弧焊、埋弧自动焊、二氧化碳气体保护焊、钨极氩弧焊和电渣焊。

（1）焊条电弧焊

低碳钢的焊接广泛采用焊条电弧焊。焊接低碳钢时应根据低碳钢的强度级别并结合结构的工作条件选用酸性或碱性焊条。碱性焊条焊后焊缝金属的抗裂性和低温冲击韧性较好。一般在焊接低碳钢时大多选用 E43××系列的焊条。如焊接 Q235R 时，可选用 E4303、E4315、E4316 焊条。

压力容器用焊条的选用应按 JB/T 4747—2002《压力容器用钢焊条订货技术条件》的规定进行。

（2）埋弧自动焊

埋弧焊焊接 Q235R、20 等钢种时，可采用 H08A、H08MnA 等焊丝，配合 HJ431 或 SJ101 焊剂。在焊接前，应保证焊透的情况下，尽量采用较少填充金属的坡口，同时还要考虑焊缝层间易于清渣。特别要注意焊剂的烘干和坡口的清理，否则容易产生气孔。

埋弧焊焊接低碳钢时，由于 Mn 和 Si 既作为脱氧剂，同时又作为合金剂保证焊缝的力学性能，所以在选择焊丝及焊剂时，如果焊剂是无锰、低锰或中锰型，则焊丝应选用 H08MnA 或其他合金钢焊丝。

(3) 二氧化碳气体保护焊

由于二氧化碳气体保护焊具有熔敷速度高、焊接速度快、焊接线能量低、焊后焊接变形小等优点，目前已被广泛应用于低碳钢的焊接。二氧化碳气体保护焊焊丝有实芯焊丝和药芯焊丝两种。实芯焊丝的牌号主要有 H08Mn2Si 和 H08Mn2SiA，药芯焊丝主要有 YJ502-1, YJ506-2、YJ506-3H 和 YJ506-4 等。

(4) 钨极氩弧焊

由于钨极氩弧焊具有熔敷速度低、生产效率低的特点，故只用于薄板和封底焊缝的焊接，特别是焊接小直径管、带颈法兰与接管的对接焊缝以及换热器管板与换热管的角焊缝。

GB 150 规定：“对容器直径不超过 800mm 的圆筒与封头的最后一道环向封闭焊缝，当采用不带垫板的单面焊对接接头，且无法进行射线或超声检测时，允许不进行检测，但需采用气体保护焊打底。”

(5) 电渣焊

电渣焊一般采用中锰高硅中氟熔炼焊剂 HJ360 与 H10Mn2A 、H10MnSiA 焊丝配合，也可使用高锰高硅低氟焊剂 HJ431 与 H10MnSiA 焊丝配合。焊后焊缝要进行正火加回火的热处理。

3. 低碳钢焊接时要注意的几个问题

(1) 预热

一般情况下不需要预热，只在焊接厚度或刚性过大的低碳钢焊件时才考虑预热。任何结构只要进行焊前预热，在焊接过程中就必须保证焊缝层间温度不低于预热温度。

(2) 焊后热处理

低碳钢焊后一般不进行热处理。但是当焊件刚性很大，同时对焊接接头的性能要求很高时，则焊后要作回火热处理。其目的一方面是消除焊后残余应力，另一方面改善局部组织及平衡接头各部位的性能。例如，GB 151 规定：“碳钢、低合金钢制的焊有分程隔板的管箱和浮头盖以及管箱的侧向开孔超过 1/3 圆筒内径的管箱，在施焊后作消除应力的热处理。设备法兰密封面应在热处理后加工。”该条规定就是为了消除因焊接分程隔板、圆筒开孔及焊接圆筒与接管角焊缝所产生的残余应力，避免设备法兰在使用过程中因应力释放而变形，从而避免因密封面泄露而发生安全事故。

(3) 低碳钢在低温下的焊接

在低温下焊接低碳钢制压力容器时，焊接接头的冷却速度较快，产生裂纹的倾向增大，特别是焊接厚度或刚性较大的结构时产生裂纹的倾向更大。为避免裂纹的产生，可以采取焊前预热、焊接过程中保温、焊后缓冷等措施。在选择焊接材料时，采用低氢型焊材如 E4315、E4316 型焊条。定位焊时应加大焊接电流，减小焊接速度，适当增加定位焊焊缝的厚度和长度。在焊接过程中，整条焊缝应连续焊完，尽量避免中断。

(二) 低合金钢的焊接

1. 焊接特点

焊接中常用的低合金钢，可分为高强钢、低温用钢、耐蚀钢和珠光体耐热钢四种。压力容器用低合金高强钢可分为二类即热轧、正火钢及低碳调质钢。

由于容器用低合金钢的化学成分不同，材料的各项性能差异很大，焊接性差异也很大。强度等级低的如 300～400MPa 级低合金钢的焊接性接近普通低碳钢，因而在焊接时不必采取特殊的工艺措施。强度大于500MPa级以上，且厚度较大的结构或焊件，焊接时必须采取一定的工艺措施。我国应用最广的低合金高强钢是Q345R（16MnR），这也是到目前为止唯一被ASME标准采用的中国国内压力容器用钢。

容器用热轧或正火状态下低合金高强钢的焊接性具有以下特点。

（1）粗晶区脆化

热轧或正火状态下的低合金高强钢焊接时，热影响区中被加热到1100℃以上的粗晶区，是焊接接头的薄弱区。热轧钢焊接时，如果焊接线能量过大，粗晶区将因晶粒长大或出现魏氏体组织等而降低韧性；焊接线能量过小，由于粗晶区组织中马氏体比例的增加而降低韧性。

（2）热应变脆化

在C-Mn系低合金钢及低碳钢等自由氮含量较高的钢中，焊接接头熔合区及最高加热温度低于A_{c1}的亚临界热影响区，由于氮、碳原子聚集在位错周围，对位错造成钉扎作用而产生热应变脆化。一般来说，在200～400℃最高加热温度范围的亚临界热影响区容易产生热应变脆化。如有缺口效应，则该处的热应变脆化更为严重。而熔合区常常存在缺口性质的缺陷，当缺口周围受到不连续的焊接热应变作用后，由于应变集中和不利组织所造成的热应变脆化倾向就更大，所以热应变脆化易于在熔合区发生。

我国压力容器用低合金钢中，应用最广的就是Q345R（16MnR）。相对于15MnVN来说，Q345R具有更大的热应变脆化倾向。因为15MnVN钢中的V与N形成氮化物，从而降低热应变脆化倾向。而Q345R（16MnR）不含氮化物形成元素。

（3）裂纹

① 冷裂纹。热轧钢由于含有少量使钢材强化的C、Mn、V、Nb合金元素，所以这种钢的淬硬倾向比低碳钢要大一些。但由于热轧钢的碳当量都比较低，一般情况下（环境温度很低或钢板厚度很大除外），其冷裂倾向都不大。

正火钢由于合金元素含量较高，与Q345R相比，淬硬倾向有所增加。强度级别及碳当量较低的正火钢冷裂倾向不大。但随着碳当量及板厚的增加，其淬硬及冷裂倾向也随之增大。

② 热裂纹。一般情况下，热轧、正火钢焊接时热裂倾向小。但在某些特殊条件下也会出现热裂纹。如焊接厚壁容器时，在根部焊道或靠近坡口边缘的多层埋弧焊焊道等稀释率高的焊道中容易产生热裂纹。减小母材金属在焊缝中的熔合比，增大焊缝形状系数，都有利于防止焊缝金属的热裂纹。

③ 层状撕裂。大型厚板焊接结构的角接接头或丁字接头，如果在钢材厚度方向承受较大的拉伸应力，可能沿钢材轧制方向发生阶梯状的层状撕裂。

2. 低合金高强钢的焊接工艺

（1）焊接方法的选择

根据产品结构、板厚、性能要求及生产条件等，容器用热轧或正火状态下低合金高强钢的焊接可以采用焊条电弧焊、埋弧自动焊、熔化极气体保护焊、钨极氩弧焊、电渣焊、窄间隙埋弧焊等多种焊接方法。

焊条电弧焊、埋弧自动焊和熔化极气体保护焊是最常用的焊接方法。

钨极氩弧焊由于熔深浅，焊接生产率低等特点，主要用于要求全焊透的薄壁管和厚壁管以及要求单面焊双面成形的工件。电渣焊主要用于厚壁压力容器的焊接。但由于电渣焊焊缝及热影响区的严重过热，焊后需进行正火处理，增加了生产周期和成本。

由于窄间隙埋弧焊具有热输入量小，生产效率高、焊接材料和能耗低的优点，国内一些工厂已采用窄间隙埋弧焊接厚壁压力容器。窄间隙埋弧焊可用单丝或双丝，双丝窄间隙埋弧焊的生产效率更高。板厚 100mm 时，双丝窄间隙埋弧焊的生产效率比埋弧自动焊提高一倍，焊丝的熔化效率比单丝窄间隙埋弧焊提高 60%。

（2）焊接线能量的选择

由于各种热轧、正火钢的脆化倾向和冷裂倾向都不相同，因此对焊接线能量的要求都不相同。对脆化倾向和冷裂倾向小的钢材，如含碳量低的热轧钢（09Mn，09MnNb 等）以及含碳量偏下限的 Q345R 焊接时，焊接线能量没有严格的限制。焊接含碳量偏高的 Q345R 时，为降低淬硬倾向，防止冷裂纹的产生，焊接线能量应偏大一些。焊接含有 V、Nb、Ti 等元素的钢种时，为降低热影响区粗晶区脆化现象，焊接线能量应偏小一些。

（3）预热温度的选择

焊前预热的目的是降低焊缝的冷却速度，防止裂纹的产生，有助于改善接头的性能。预热是低合金钢焊接时常用的工艺措施，常用材料的预热温度见表 9-7。但预热使生产工艺复杂化，使劳动条件恶化，过高的预热温度和层间温度还会降低接头韧性。

（4）焊后后热及消氢处理

焊后后热指焊接结束或焊完一条焊缝后，将工件或焊接区立即加热到 200～350℃，并保温一定时间（一般不低于 0.5 小时），保温时间与焊缝厚度有关，然后缓慢冷却。

焊后消氢处理是指焊接结束或焊完一条焊缝后，将工件或焊接区立即加热到 300～400℃，并保温一定时间。它将加速焊接接头中氢的扩散逸出。焊后消氢处理效果比低温后热更好。

（三）耐热钢的焊接

1. 压力容器用耐热钢及其焊接性

低合金耐热钢含有一定量的合金元素，因此它与低合金高强钢都具有一些相同的焊接特点，而又由于其含有一些特殊的微量元素及其不同的介质工作环境，所以也有其独特的焊接特点。

（1）淬硬性

低合金耐热钢中的主要合金元素 Cr 和 Mo 等都能显著提高钢的淬硬性。其中 Mo 的作用比 Cr 大 50 倍。这些合金元素推迟了钢在冷却过程中的转变，提高了过冷奥氏体的稳定性，从而在较快的冷却速度下可能形成全马氏体组织，比如 12Cr2Mo1R 焊接时，如果焊接线能量较小，钢板厚度较大且不预热焊接时就有可能发生 100%的马氏体转变。

（2）冷裂纹

由于 Cr-Mo 钢极易产生淬硬的显微组织，再加上焊缝区足够高的扩散氢浓度和一定的焊接残余应力共同作用，焊接接头易产生延迟裂纹。这种裂纹在热影响区和焊缝金属中都易发生。在热影响区大多是表面裂纹，在焊缝金属中通常表现为垂直于焊缝的横向裂纹，也可能发生在多层焊的焊道下或焊根部位。冷裂纹是 Cr-Mo 钢焊接中存在的主要危险。

（3）消除应力裂纹

因为这类裂纹是在消除应力热处理时，接头再次处于高温下所产生的裂纹，故又称为再热裂纹。Cr-Mo 钢是再热裂纹敏感性钢种，敏感的温度范围一般在 500～700℃之间。

大量试验结果表明，钢中 Cr、Mo、V、Nb、Ti 等强碳化物形成元素对再热裂纹形成有很大影响。

（4）热裂纹

对低合金耐热钢，人们往往注重冷裂纹的防止。实际上，当焊道的成形系数（熔宽与熔深比）小于 1.2～1.3 时，焊道中心易形成热裂纹。这是因为窄而深的梨形焊道，低熔点共晶聚集于焊道中心，在焊接应力作用下，导致焊道中心出现热裂纹。一切影响焊道成形系数的因素都会影响热裂纹的发生。

（5）回火脆性

Cr-Mo 钢及其焊接接头在 350～500℃温度区间长期运行过程中发生脆变的现象称为回火脆性。

2. 压力容器用耐热钢焊接工艺

（1）预热与层间温度

在 Cr-Mo 钢的焊接特点中提到的冷裂纹、热裂纹及消除应力裂纹，都与预热及层间温度相关。一般来说，在条件许可下应适当提高预热及层间温度来避免冷裂纹和再热裂纹的产生。表 9-7 为对各种低合金耐热钢推荐选用的预热温度和层间温度，但在设备制造过程中还要结合实际选用。

表 9-7　推荐选用的低合金耐热钢预热及层间温度

钢　种	预热温度/℃	层间温度/℃
15CrMoR	≥150	150～250
12Cr1MoV	≥200	250 左右
12Cr2Mo1R	200～250	200～300
在 Cr-Mo 钢上堆焊不锈钢	≥100	

（2）焊后热处理

对于低合金耐热钢，焊后热处理的目的不仅是消除焊接残余应力，而且更重要的是改善组织提高接头的综合力学性能，包括提高接头的高温蠕变强度和组织稳定性，降低焊缝及热影响区硬度，另外可以使氢进一步逸出以避免产生冷裂纹。因此，在拟定低合金耐热钢焊接接头的焊后热处理规范时，应综合考虑下列冶金和工艺特点。

① 焊后热处理应保证近缝区组织的改善。

② 加热温度应保证焊接接头的焊接应力降到尽可能低的水平。

③ 焊后热处理不应使母材及焊接接头各项力学性能降低到设计规定的最低限度以下。这一点往往要通过对母材及焊接接头进行最大和最小模拟焊后热处理后的各项力学性能检测来确定。

④ 由于耐热钢的回火脆性及再热裂纹倾向，焊后热处理应尽量避免在所处理钢材回火脆性敏感区及再热裂纹倾向敏感区的温度范围内进行。应规定在危险温度范围内要有较快的加热速度。

（3）后热和中间热处理

Cr-Mo 钢冷裂倾向大，导致生产裂纹的影响因素中，氢的影响居首位，因此，焊后（或中间停焊）必须立即消氢。一般说来，Cr-Mo 钢容器的壁厚、刚性大、制造周期长，焊后不能很快进行热处理，为防裂并稳定焊件尺寸，在主焊缝（或主焊缝和壳体接管焊缝）完成后进行比最终热处理温度低的中间热处理。这类钢的后热温度一般为 300～350℃，也有少数制造单位取 350～400℃的。中间热处理规范随钢种、结构、制造单位的经验而异，一般中间热处理温度为（620～640℃）±15℃。

（4）焊接规范的选择

焊接线能量、预热温度和层间温度直接影响到焊接接头的冷却条件，一般来说，焊接线能量越大，冷却速度越慢，加之伴有较高的预热和层间温度，就会使接头各区的晶粒粗大，强度和韧性都会降低。对于低合金耐热钢而言，对焊接线能量在一定范围内变化并不敏感，也就是说，允许的焊接线能量范围较宽，只有当线能量过大时，才会对强度和韧性有明显的影响，所以为了防止冷裂纹的产生，希望焊接时线能量不要过小。

（四）奥氏体不锈钢的焊接

1. 奥氏体不锈钢焊接特点

奥氏体不锈钢是应用最广泛的不锈钢，以高 Cr-Ni 型最为普遍。目前奥氏体不锈钢大致可分为 Cr18-Ni8 型、Cr25-Ni20 型、Cr25-Ni35 型。

（1）焊接热裂纹

奥氏体不锈钢由于其热导率小，线膨胀系数大，因此在焊接过程中，焊接接头部位的高温停留时间较长，焊缝易形成粗大的柱状晶组织，在凝固结晶过程中，若硫、磷、锡、锑、铌等杂质元素含量较高，就会在晶间形成低熔点共晶，在焊接接头承受较高的拉应力时，就易在焊缝中形成凝固裂纹，在热影响区形成液化裂纹，这都属于焊接热裂纹。防止热裂纹最有效的途径是降低钢及焊材中易产生低熔点共晶的杂质元素和使铬镍奥氏体不锈钢中含有4%～12%的铁素体组织。

（2）晶间腐蚀

在晶间上析出碳化铬，造成晶界贫铬是产生晶间腐蚀的主要原因。选择超低碳焊材或含有铌、钛等稳定化元素的焊材是防止晶间腐蚀的主要措施。

（3）应力腐蚀开裂

奥氏体不锈钢应力腐蚀开裂的主要原因是焊接残余应力。焊接接头的组织变化或应力集中的存在，局部腐蚀介质浓缩也是影响应力腐蚀开裂的原因。

（4）焊接接头的 σ 相脆化

σ 相是一种脆硬的金属间化合物，主要析集于柱状晶的晶界。γ 相和 δ 相都可发生 σ 相转变。对于铬镍型奥氏体不锈钢，特别是铬镍钼型不锈钢，易发生 $\delta \rightarrow \sigma$ 相转变，这主要是由于铬、钼元素具有明显的 σ 化作用，当焊缝中 δ 铁素体含量超过 12%时，$\delta \rightarrow \sigma$ 的转变非常显著，造成焊缝金属的明显的脆化，这也就是为什么热壁加氢反应器内壁堆焊层将 δ 铁素体含量控制在 3%～10%的原因。

2. 奥氏体不锈钢焊材选用

奥氏体不锈钢焊材的选择原则是在无裂纹的前提下，保证焊缝金属的耐蚀性能及力学性能与母材基本相当，或高于母材，一般要求其合金成分大致与母材成分匹配。对于耐蚀的奥氏体不锈钢，一般希望含一定量的铁素体，这样既能保证良好的抗裂性能，又能有很好的抗腐蚀性能。但在某些特殊介质中，如尿素设备的焊缝金属是不允许有铁素体存在的，否则就会降低其耐蚀性。对耐热用奥氏体钢，应考虑对焊缝金属内铁素体含量的控制。对于长期在高温运行的奥氏体钢焊件，焊缝金属内铁素体含量不应超过 5%。

① 应保证熔敷金属的 Cr、Ni、Mo 或 Cu 等主要合金元素的含量不低于母材标准规定的下限值。

② 对于有防止晶间腐蚀要求的焊接接头，应采用熔敷金属中含有稳定化元素 Nb（氩弧焊时，可含 Ti），或保证熔敷金属含 $C \leqslant 0.04\%$ 的焊接材料。

3. 奥氏体不锈钢焊接工艺

总的来说，奥氏体不锈钢具有优良的焊接性。几乎所有的熔化焊接方法均可用于焊接奥氏体不锈钢，奥氏体不锈钢的热物理性能和组织特点决定了其焊接工艺要点。

① 由于奥氏体不锈钢热导率小而热膨胀系数大，焊接时易于产生较大的变形和焊接应力，因此应尽可能选用焊接能量集中的焊接方法。

② 由于奥氏体不锈钢热导率小，在同样的电流下，可比低合金钢得到较大的熔深。同时又由于其电阻率大，在焊条电弧焊时，为了避免焊条发红，与同直径的碳钢或低合金钢焊

条相比，焊接电流较小。

③ 焊接规范。一般不采用大线能量进行焊接 。焊条电弧焊时，宜采用小直径焊条，快速多道焊，对于要求高的焊缝，甚至采用浇冷水的方法以加速冷却，对于纯奥氏体不锈钢及超级奥氏体不锈钢，由于热裂纹敏感性大，更应严格控制焊接线能量，防止焊缝晶粒严重长大与焊接热裂纹的发生。

④ 为提高焊缝的抗热裂性能和耐蚀性能，焊接时，要特别注意焊接区的清洁，避免有害元素渗入焊缝。

⑤ 奥氏体不锈钢焊接时一般不需要预热。为了防止焊缝和热影响区的晶粒长大及碳化物的析出，保证焊接接头的塑性、韧性和耐蚀性，应控制较低的层间温度，一般不超过150℃。

4. 防止奥氏体不锈钢晶间腐蚀措施

① 固溶化处理。

② 降低钢中的含碳量。

③ 添加稳定碳化物的元素。

(五) 复合钢板的焊接

复合钢板是由不锈钢、镍基合金、铜基合金或钛板为复层，低碳钢、低合金钢为基层，以爆炸焊、复合轧制、堆焊等方法制成的双金属板材。复合钢板的基层应满足接头强度和刚度的要求，复层应满足耐蚀等要求。为了保证复合钢板具有原有的综合性能，对基层和复层必须分别进行焊接，其焊接性、焊材选择、焊接工艺等由基层、复层材料决定。

1. 焊接方法选择

根据复合钢板材质、接头厚度、坡口尺寸及施焊条件等确定焊接方法，通常有焊条电弧焊、埋弧焊、钨极氩弧焊、CO_2 气体保护焊及等离子弧焊等。目前常用埋弧自动焊或焊条电弧焊焊接基层，焊条电弧焊焊接过渡层，钨极氩弧焊或焊条电弧焊焊接复层。

2. 常用对接接头的坡口形式与尺寸

JB/T 4709《钢制压力容器焊接规程》规定了复合钢板对接接头坡口形式。根据板厚的不同可采用V形、X形、V和U联合形坡口。也可以在接头背面一小段距离内进行机械加工，去掉复层金属，以确保焊基层焊道时不使基层焊肉焊到复层上。一般尽可能采用X形坡口双面焊，先焊基层，再焊过渡层，最后焊复层。以保证焊接接头具有较好的耐腐蚀性。同时考虑过渡层的焊接特点，尽量减少复层一侧的焊接工作量。

角接接头坡口形式见JB/T 4709《钢制压力容器焊接规程》。无论复层位于内侧或外侧，均先焊接基层。复层位于内侧时，在焊复层之前应从内侧对基层焊根进行清根。复层位于外侧时，应对基层最后焊道进行修磨光。焊复层时，先焊过渡层，再焊复层。当复层金属的熔化温度高于基层钢的熔化温度，而且两种金属在冶金上不相容时，复层金属必须采用衬垫以保持复层的完整性。在基层焊完后，用角焊缝将衬垫与复层焊接起来。

3. 填充金属选择

基层采用适宜的填充金属进行焊接，使接头具有预期使用所需要的力学性能。在大多数情况下，选用合适的中间填充金属作为钢的过渡层，从而控制复层金属最终焊道的含铁量，避免复层和基层处焊道产生脆化、裂纹等，保证复层焊道的耐蚀、耐磨等特殊性能。

4. 焊接顺序及焊材选用

① 通常先焊基层，第一道基层（碳钢、低合金钢）焊缝不应熔透到复层金属，以防焊缝金属发生脆化或产生裂纹。措施是采用合适的接头设计，从接头背面去除复层，这当然也增加了焊复层的工作量，提高了焊接成本。

② 焊（堆焊）复层一侧时，必须考虑稀释的影响。无论哪一种堆焊方法，第一层堆焊

的焊缝金属都是由堆焊材料的熔敷金属和熔入的母材金属熔合而成的。由于母材的合金元素含量很低，所以它对第一层焊缝金属的合金成分具有稀释作用。因此，可能使焊缝金属中奥氏体和铁素体形成元素含量不足，结果堆焊金属可能出现大量的马氏体组织，并可能产生裂纹，同时导致堆焊层韧性降低。

在焊接复合板的复层时，应选择合适的填充金属先堆焊一层或多层过渡层，然后再焊复层。过渡层的填充金属必须能容许基层钢的稀释。以压力容器常见的Q345R+304复合板为例，焊接复层时通常采用E309型焊材先堆焊一层，然后用E308型焊材焊盖面层。

③ 根部可用碳弧气刨、铲削或磨削法进行清根。在堆焊过渡层前，必须清除坡口中的任何残余物。

④ 焊后进行热处理以消除焊接残余应力，选择热处理温度时应考虑：基层和复层的热处理规范的差异；对复层耐蚀性的影响；基层和复层界面的元素扩散是否会产生脆性相，导致钢板性能恶化；由于基层和复层的物理性能差异，热处理冷却过程产生残余应力，沿厚度方向在复层上形成拉伸应力，导致复层产生应力腐蚀开裂等。各种钢的热处理温度见表9-8。消除应力热处理可在焊完基层后进行，然后焊过渡层，再焊复层。热处理温度取下限，延长保温时间。

表 9-8 各种钢的最佳正火和回火温度范围

<table>
<tr><th>钢 号</th><th>正火温度
/℃</th><th>回火温度
/℃</th><th>钢 号</th><th>正火温度
/℃</th><th>回火温度
/℃</th></tr>
<tr><td rowspan="2">20R、22g、Q235</td><td rowspan="2">900～960</td><td rowspan="2">600～640</td><td rowspan="2">12CrMo
15CrMo
12Cr1MoV</td><td rowspan="2">930～960</td><td>640～680</td></tr>
<tr><td>720～740</td></tr>
<tr><td>Q345(16MnR)</td><td>910～930</td><td>600～640</td><td rowspan="3">14MnMoV
18MnMoNb
13MnNiMoNb</td><td rowspan="3">910～950</td><td>640～660</td></tr>
<tr><td rowspan="2">15MnV
15MnTi</td><td rowspan="2">940～980</td><td rowspan="2">620～640</td><td>620～640</td></tr>
<tr><td>580～600</td></tr>
</table>

四、容器焊接热处理

由于焊接过程是一个不均匀局部加热过程，焊缝及其热影响区在冷却过程中形成复杂的不平衡相变组织，使焊接接头存在较大的残余应力，严重时会造成裂纹和设备结构尺寸发生变形。因此一般低合金钢制的厚壁容器，焊后都要立即进行热处理。

(一) 热处理的目的

焊后热处理的目的是稳定焊接接头的组织和尺寸，消除和降低焊接过程中产生的残余应力，减少含氢量，避免焊接结构产生裂纹。改善接头及热影响区的塑性和韧性，恢复焊接接头的综合力学性能，提高抗应力腐蚀的能力。消除因冷加工产生的硬化。

(二) 热处理的方法

压力容器制造中的热处理按热处理工艺分为焊后热处理和改善材料力学性能的热处理两类。按热处理条件分为整体热处理和局部热处理两类。

1. 整体热处理

整体热处理分为炉内整体热处理和内燃式整体热处理。

(1) 炉内整体热处理

应在全部焊接工作已经结束后进行，将设备整体放入加热炉进行焊后热处理。设备的母材和焊缝受热和冷却比较均匀，能得到均匀一致的金相组织和强度，可以消除因冷加工形成的硬化和残余应力，是比较理想的热处理方法。压力容器尽可能进行整体热处理，但对受加热炉长度的限制，不能进行整体热处理时，可将设备分成几段分别进炉进行热处理，然后焊接成整体，对其环缝进行环带局部热处理。

(2) 内燃式整体热处理

是将大型容器看成一个炉膛，在容器的外表覆盖保温材料，从下部人孔插入特制的超高速燃烧喷嘴进行加热，利用热风强制对流使燃气擦着器壁回旋均匀地加热器壁，烟气从容器顶部的开孔处排出。这种方法非常适合在现场进行安装的球罐、塔器类大型设备。

2. 局部热处理

局部热处理是利用加热元件对焊缝两侧范围内的金属进行热处理的方法。常用的局部热处理的方法有电加热法、燃气加热法、红外线加热法、现场热处理炉。

(1) 电加热法

电加热元件比较多，有履带式陶瓷加热器、绳状电加热器、框架式电加热器、吸附式电加热器等。履带式陶瓷电加热器是由耐高温优质镍铬电阻丝和高级陶瓷绝热器件按特殊工艺要求编结而成。在其长度方向有任意弯曲特性的新颖加热器。能根据工件的形状组合成各种尺寸及形状紧贴焊缝，常用于分段容器运到现场组焊后焊缝的热处理。也可用几块拼合平铺覆盖在大面积工件上进行局部热处理。绳型加热器是用电阻丝缠在陶瓷元件上，可以固定在焊缝表面，适应形状复杂的焊缝进行局部热处理。框架式加热器可放在容器内部进行局部或整体热处理。

(2) 燃气加热法

广泛使用可燃气体（天然气、煤气等）对金属局部进行火焰加热，进行焊缝的预热、焊后保温等局部热处理。

(3) 红外线加热法

红外线加热器有燃气式和电加热式两种。常用电加热式是由多股优质镍络丝与高强度远红外线陶瓷元件组装成，适用管道异径弯头及其他加热器难以进入的地方预热和消除应力。电阻带加热器是一种红外辐射加热器，适用于球罐、卧罐等大型压力容器的内部加热、整体热处理。外形尺寸 1000×400×80，这种电阻带可以联成若干组，从内、外部或同时从两面加热设备。电阻带的数目按加热部位的长度和加热时间确定。

(4) 现场热处理炉

在施工现场搭建热处理炉，加热室分三部分用钢结构网板和厚度 150mm 的陶瓷硅酸铝纤维毡组成，各部分用螺栓或卡兰组装连接成一个整体。加热室的单侧离容器外表面 650～800mm。加热的宽度为焊缝中心两侧各 1.25m，总宽度为 2.5～3m。可对大型容器的外表面进行火焰加热，内表面进行保温。如遇不同直径筒体需进行现场处理时，可更换相应的直径补心来满足要求。

(三) 焊后消氢处理

焊接过程中，来自焊条、焊剂和空气湿气中的氢气，在高温下被分解成原子状态溶于液态金属中，焊缝冷却时，氢在钢中的溶解度急剧下降，由于焊缝冷却很快，氢来不及逸出，留在焊缝金属中，过一段时间后，会在焊缝或熔合线聚集。聚集到一定程度，在焊接应力的作用下，导致焊缝或热影响区产生冷裂纹，即延迟裂纹。

消氢处理是以消氢为目的焊后热处理。其要点是当每条焊缝焊完后立即将焊件或整条焊缝加热到300～400℃温度范围内并保温2～4h后在空气中冷却。但对于焊后立即进行焊后热处理的构件，可免作消氢处理。

（四）消除应力热处理

为了保证锅炉和压力容器等过程设备的安全运行，当受压壳体的壁厚超过一定厚度或工艺操作有特殊要求时就必须进行消除应力热处理。对于具有应力腐蚀或盛装毒性为极度和高度危害介质的压力容器，不管壁厚大小，均必须进行焊后消除应力热处理。

消除应力热处理是将焊件或焊接接头一定范围加热至A_{c1}以下足够高的温度，保温一定时间后缓慢冷却至300～400℃，最后再空冷。低碳钢消除应力热处理温度通常为600～650℃，而低合金钢大部则需要较高的温度。

焊后消除应力热处理应注意的问题还有：热处理后不得再进行焊接，否则要重新进行热处理；对于调质高强度钢，应严格控制其加热温度不得高于调质时的回火温度，否则会因失强而使强度不足；消除应力热处理通常用于具有铁素体和珠光体的碳钢、低合钢和铁素体或马氏体不锈钢，而奥氏体不锈钢一般不作消除应力热处理。

（五）调质处理

即淬火加高温回火处理。在厚壁压力容器中，目前已开始应用调质处理来提高壳体材料的强度和韧性，以更好地发挥低合金钢的综合性能。由于厚壁容器筒节必须采用热卷或热压的工艺成形，因此调质处理在筒节纵缝焊成后进行，这样调质处理也就成为一种焊后热处理。

调质处理时，淬火温度一般取钢材A_{c3}点以上30～50℃。对于经细晶粒处理的钢材，则可在较高的温度下淬火。压力容器封头和筒节可采用喷淋水柱或浸入水槽两种方法进行淬火。由于浸入淬火的设备简单，操作方便，应用较为普遍。淬火操作的关键是保证工件的入水温度不低于A_{c3}点，并注意控制工件的冷却速度。在一批工件连续淬火时，淬火槽水温不应高于80℃。否则工件的冷却速度达不到急冷的要求，不能形成淬火组织。淬火后回火处理的温度对壳体和焊接接头的性能有很大的影响。回火温度应在A_{c1}点以下50～100℃。对一种钢材最适用的高温回火温度范围可通过预先的回火处理试验来确定。

【思考题】

1. 什么是焊接性？如何进行材料的焊接性评定？
2. 为什么要进行材料的焊接工艺评定？
3. 焊接工艺评定有哪些程序？
4. 低碳钢焊接有哪些特点？
5. 容器用钢焊接有哪些特点？
6. 耐热钢焊接有哪些特点？
7. 奥氏体不锈钢焊接为什么要采用小电流、快焊速、窄焊道？
8. 复合板焊接有哪些特点？
9. 焊后热处理的方法有哪些？

焊接应力与变形

【学习目标】 了解产生焊接应力与焊接变形的原因。掌握减小焊接应力及预防焊接变形的措施和方法。

【知识点】 焊接应力与焊接变形，焊接变形的矫正方法。减小焊接应力及预防焊接变形的措施。

结构焊接时，由于局部高温加热而造成焊件上温度分布不均匀，从而使其产生不均匀的膨胀，而高温区的膨胀受到低温区的限制，最终导致焊件在焊后产生了残余应力和残余变形，它将直接影响结构的制造质量和使用性能。因此，本项目主要介绍焊接应力与变形的基本概念及其产生原因；焊接过程中如何降低焊接应力和焊后如何消除焊接残余应力；焊接变形的种类，焊接过程中如何控制焊接变形和焊后的矫正措施。

一、焊接应力与变形的产生

（1）温度分布不均匀

焊件是一个温度分布不均匀体，焊件在焊接过程中沿焊件的长度方向、宽度方向以及厚度方向温度分布不均匀，在焊接电弧及其附近温度较高，远离焊接电弧处温度较低，也就是说，焊件沿其长度方向、宽度方向及厚度方向存在较大的温度梯度。根据物体热胀冷缩的原理，温度高的区域膨胀量大，温度低的区域膨胀量小，然而焊件高温区的膨胀受到低温区的约束，不能自由的进行，使其高温区产生压缩塑性变形，因而当焊件焊接结束，冷却到常温后焊件内部存在残余应力，整个焊件产生残余变形。

（2）焊缝金属的收缩

焊接应力与变形的产生除了温度分布不均匀外，焊缝金属的收缩也会影响焊接应力与变形。焊缝由液态的熔池金属冷却凝固为固态的焊缝金属，由于体积收缩受阻，焊接过程结束后，会在焊缝中引起残余应力，同时由于焊缝金属的收缩将引起整个焊件的变形。另外，焊接过程是逐步完成的，一条焊缝的先后冷却互相影响也会产生焊接应力与变形。

（3）焊缝金相组织的变化

金属在加热和冷却时发生相变会引起比容的变化，由于不同组织晶格类型不同，比容也不一样，一般情况下，由于奥氏体变为铁素体和珠光体的转变在700℃以上发生，因此不影响焊接应力与变形。当冷却速度很快或合金及碳元素增加时，奥氏体转变温度降低，并可能变为马氏体，这样就产生了所谓的相变应力。如果焊缝金属和母材一样也发生低温马氏体转变，这样马氏体膨胀使得该区域的残余拉伸应力减小，甚至出现压应力。低温马氏体转变有时会延续很长时间，使应力的分布不断变化，近缝区的残余拉应力会逐渐增大，由此而引发裂纹的产生。

（4）焊件的刚性和拘束

刚性是指焊件抵抗变形的能力，而拘束是焊件周围物体对焊件变形的约束；刚性是焊件本身的性能，它与焊件材质、焊件截面形状和尺寸等有关，而拘束是一种外部条件。当焊件的刚性及受周界的拘束程度越大，则阻止焊缝及其附近热变形的能力越强，焊接变形越小，但焊接应力越大；反之，当焊件的刚性及受周界的拘束程度越小，则焊接变形越大，而焊接应力越小。

影响焊接应力与变形的因素除了以上诸方面外，还与焊缝尺寸、焊缝的数量、焊缝在结构中的位置、材料的热物理性质（热导率、比热容、线膨胀系数等）、焊接方法（气焊、焊条电弧焊、埋弧焊、气体保护焊等）、焊接工艺参数（焊接电流、电弧电压、焊接速度等）等都有不同程度的影响。

二、焊接应力

这里所谓焊接应力系指焊接残余应力。

（一）焊接残余应力的分布

在焊件厚度不大（小于20mm）的常规焊接结构中，残余应力基本是纵、横双向的，厚度方向的残余应力很小，可以忽略。只有在大厚度的焊接结构中，厚度方向的残余应力才有较高的数值。

1. 纵向残余应力的分布

所谓纵向残余应力，即残余应力的作用方向平行于焊缝的轴线方向，用 σ_x 表示。

在焊缝及其附近的纵向残余应力为拉应力。在低碳钢焊接结构中，焊缝区的拉应力一般可达到材料的屈服点，稍离开焊缝区，拉应力迅速下降，继而出现残余压应力。如圆筒环缝的纵向残余应力（也称环向应力）分布如图10-1所示，应力分布规律不同于平直焊缝，其数值大小取决于圆筒直径、壁厚及压塑塑性变形区的宽度。

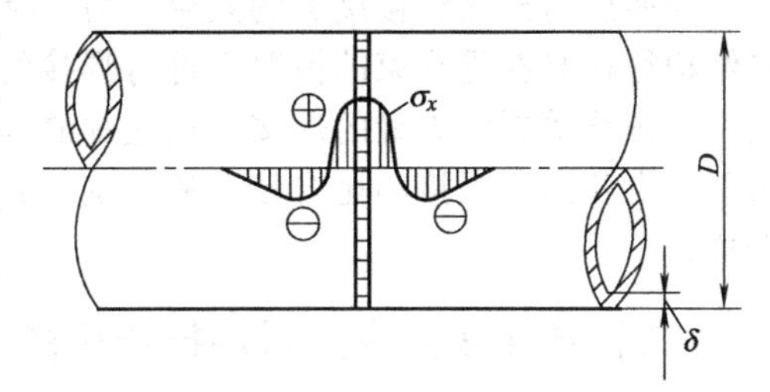

图10-1 圆筒环缝的纵向残余应力分布

2. 横向残余应力的分布

垂直于焊缝方向的残余应力称为横向残余应力，用 σ_y 表示。横向残余应力的产生原因比较复杂，一般认为，它由焊缝及其附近塑性变形区的纵向收缩引起的横向应力和横向收缩所引起的横向应力合成而得。

焊缝及其附近塑性变形区的纵向收缩引起的横向应力两端为压应力，中间为拉应力，并且两端压应力的最大值比中间拉应力的最大值大得多。

横向收缩所引起的横向应力与焊缝焊接顺序有关，结构上一条焊缝不可能同时完成，总有先焊和后焊之分，先焊的部分先冷却，后焊的部分后冷却。先冷却的部分又限制后冷却部分的横向收缩，这种限制与反限制构成了横向收缩引起的横向应力。它的分布与焊接方向、分段方法及焊接顺序等有关。如果将一条焊缝分两段焊接，当从中间向两端焊时，中间部分先焊先收缩，两端部分后焊后收缩，则两端部分的横向收缩受到中间部分的限制，因此中间部分为压应力，两端部分为拉应力；如果从两端向中间部分焊接时，中间部分为拉应力，两端部分为压应力。

从减小总横向应力 σ_y 来看，应尽量采用由中间向两端焊的焊接方向进行焊接。

3. 厚板中的残余应力

厚板结构中除了存在纵向残余应力和横向残余应力之外，还存在着较大厚度方向的残余应力 σ_z。研究表明，这三个方向的残余应力在焊件厚度方向的分布极不均匀。其分布规律，对于不同的焊接工艺方法有较大的差异。

多层焊时，焊缝表面上的 σ_x 和 σ_y 都比中心部位大，σ_z 的数值较小，可能为压应力，也可能为拉应力。图 10-2 所示为厚度 80mm 的低碳钢板开 Y 形坡口多层多道焊焊缝残余应力分布情况。在焊缝根部 σ_y 的数值极高，大大超过了材料的屈服点 σ_S，出现这种情况的原因是多层焊时，每焊一层都使焊接接头产生一次角变形，在根部引起一次拉伸塑性变形，多次塑性变形的积累，使根部焊缝金属发生硬化，应力不断上升，在较严重的情况下，甚至能达到金属的抗拉强度，导致接头根部开裂。

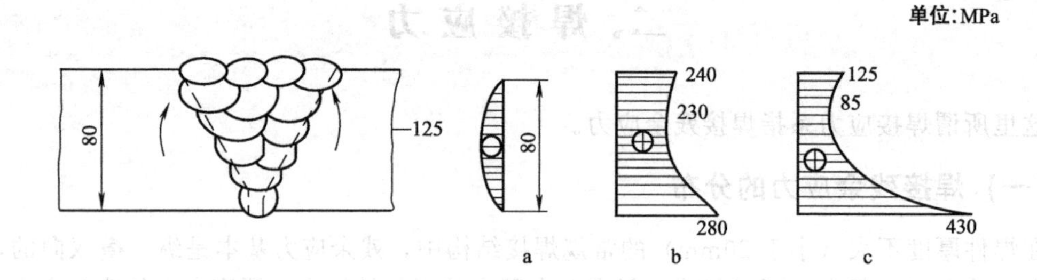

图 10-2 厚板多层焊时残余应力分布

a—σ_z 在厚度方向上的分布；b—σ_x 在厚度方向上的分布；c—σ_y 在厚度方向上的分布

4. 拘束状态下残余应力的分布

前面所讨论的焊接接头的残余应力，都是指焊件在自由状态下焊接后的情况，实际的焊接结构往往是在受拘束的情况下进行焊接的。如在炼油化工设备中，经常会遇到接管、人孔法兰、镶块等封闭焊缝的焊接，这些焊缝是在较大的拘束情况下焊接的，因此其焊接残余应力与自由状态下焊接相比有较大的差别。其实际残余应力应由焊接残余应力与拘束残余应力合成。

(二) 焊接残余应力对焊接结构的影响

(1) 对结构强度的影响

对塑性较好的材料制造的焊接结构，由于具有应力均匀化的过程，所以，焊接残余应力的存在并不影响结构的静载强度；对脆性材料制造的焊接结构，由于材料不能进行塑性变形，随着外力的增加，构件上不可能产生应力均匀化，所以在加载过程中应力峰值不断增加，当应力峰值达到材料的强度极限 σ_b 时，局部发生破坏，而最后导致构件整体破坏。由此可见，焊接残余应力对脆性材料的静载强度有较大的影响。

(2) 对构件加工尺寸精度的影响

有些焊接结构焊后需要进行机械加工，机械加工总要将部分材料从工件上切除掉，如果该工件在切削加工前存在残余应力，则切削加工使工件中内应力的平衡被破坏，引起内应力的重新分布使工件变形。因此，对焊后需要机加工的焊件，为了保证加工精度，应对焊件先进行消除应力处理，再进行机械加工。

(3) 对梁柱结构稳定性的影响

焊接残余压应力对梁、柱等结构的稳定性有直接的影响，当焊接残余压应力与工作应力叠加达到构件失稳的临界应力值时，会使这类高大梁结构的局部或整体失稳，对于稳定性的要求是十分不利的。

焊接残余应力除了对上述的结构强度、加工尺寸精度以及对结构稳定性的影响外，还对结构的刚度、疲劳强度及应力腐蚀开裂有不同程度的影响。因此，为了保证焊接结构具有良好的使用性能，必须设法在焊接过程中减小焊接残余应力，有些重要的结构，焊后还必须采取措施消除焊接残余应力。

（三）减小焊接残余应力的措施

减小焊接残余应力，即在焊接结构制造过程中采取一些适当的措施以减小焊接残余应力。一般来说，可以从设计和工艺两方面着手，设计时考虑周到，往往比单从工艺上解决问题方便得多，因此设计焊接结构时，在不影响结构使用性能的前提下，应尽量考虑采用能减小和改善焊接应力的设计方案，制造过程中再采取一些必要的工艺措施，以使焊接应力降低到最低程度。

下面介绍几种减小焊接残余应力的工艺措施。

(1) 采用合理的装配焊接顺序和方向

结构的装配焊接顺序对焊接残余应力的影响比较大，因为结构在装配过程中刚性逐渐增大，合理的装配焊接顺序应该使结构能在刚度小的情况下焊接，以便使结构在焊接过程中有适量的收缩余地。

钢板拼接焊缝的焊接，合理的焊接顺序应是先焊相互错开的短焊缝，后焊直通长焊缝。只有这样，才能使短焊缝的焊接具有较大的横向收缩余地，同时对长焊缝的焊接应采用从中间向两端施焊的方向，以减小横向残余应力。

当结构上同时存在收缩量大的焊缝和收缩量小的焊缝时，应先焊收缩量大的焊缝。因为先焊的焊缝收缩时受阻较小，因而残余应力就比较小。

对工作时受力较大的焊缝应先焊。平面交叉焊缝焊接时，在焊缝的交叉点易产生较大的焊接应力，为了保证交叉点部位不易产生缺陷及刚性约束较小，应采用合理的焊接顺序。

(2) 缩小焊接区与结构整体之间的温差

前面讲过，引起焊接应力与变形的根本原因是焊件受热不均匀，焊件沿各个方向温度梯度越大，引起的焊接应力与变形越大，可以通过预热法和冷焊法来减小焊接区与焊件整体的温差。预热法与冷焊法的实质相同，但预热法是预先将焊件的局部或整体加热到一定温度的方法，而冷焊法则是通过采用小焊接线能量等方法以减小焊接区的温度来减小温度差。

(3) 加热减应区法

加热减应区法的基本原理是在构件适当部位加热，使加热区的热伸长带动焊接部位产生与焊接收缩方向相反的变形，随后进行焊接。当焊缝冷却时，加热减应区的收缩和焊缝的收缩方向相同，即焊缝可获得一定程度的自由收缩，达到减小残余应力的目的。

(4) 降低接头局部的拘束度

焊接封闭焊缝时，由于周围板的拘束度较大，拘束应力与残余应力叠加而使局部区域形成高应力区，因而易产生裂纹。因此对封闭焊缝，焊接前采用反变形的措施减小接头局部区域的拘束度，可使焊缝冷却时较自由地收缩，达到减小残余应力的目的。

(5) 锤击焊缝

焊接区金属由于冷却收缩受阻会产生一定的拉应力，如果在焊后冷却过程中用手锤或一定直径的半球形风锤锤击焊缝，可使焊缝金属产生塑性变形，这样就能抵消一部分焊缝的收缩，起到减小焊接应力的作用。锤击时注意施力应适度，以免施力过大而产生裂纹。

（四）消除焊接残余应力的方法

虽然在结构设计时考虑了残余应力的问题，在工艺上也采取了一定的措施来防止或减小焊接残余应力，但由于焊接应力的复杂性，结构焊接完以后仍然可能存在较大的残余应力。另外，有些结构在装配过程中还可能产生新的残余应力，这些焊接残余应力及装配应力都会影响结构的使用性能，特别是对重要的焊接结构，应设法焊后采取措施消除残余应力，以保证结构使用的安全性。消除残余应力的方法有热处理法和加载法两类。

（1）热处理法

热处理法是利用材料在高温下屈服点下降和蠕变现象来达到松弛焊接残余应力的目的，同时热处理还可改善焊接接头的性能。生产中常用热处理法有整体热处理和局部热处理两种。

整体热处理是将构件加热到一定的温度，并在该温度下保持一定的时间，然后空冷或随炉冷却。整体热处理的方法又分为整体炉内热处理与整体腔内热处理。整体炉内热处理是将构件整体放入炉内热处理，并注意构件支承牢固，防止构件与火焰直接接触，以免过分氧化。构件入炉后应缓慢升高温度，防止产生过大的热应力。对于容器类的焊接结构，可采用整体腔内热处理，就是将容器外部用绝缘材料保温，内部引入热源加热的一种热处理方法。对尺寸较大的容器可采用高速喷嘴喷出燃气在容器内加热。对尺寸较小的容器，可用内置电热元件进行加热。

局部热处理就是对构件焊缝周围的局部区域进行加热，其消除应力的效果不如整体热处理，它只能降低残余应力峰值，不能完全消除残余应力。对于一些大型筒形容器的组装环缝和一些重要管道等，常采用局部热处理来降低结构的残余应力。

（2）加载法

加载法是通过不同方式在构件上施加一定的拉伸应力，使焊缝及其附近产生拉伸塑性变形，与焊接时在焊缝及其附近所产生的压缩塑性变形相互抵消一部分，达到松弛残余应力的目的。生产上采用的加载法有机械拉伸法、温差拉伸法和振动法三种。

三、焊接变形

（一）焊接残余变形的种类及其影响因素

焊接残余变形是焊后残存于结构中的变形，从变形在结构中的分布范围来看，可分为局部变形和整体变形；从变形的外观形态来看，可分为收缩变形、角变形、波浪变形、弯曲变形和扭曲变形，如图 10-3 所示。

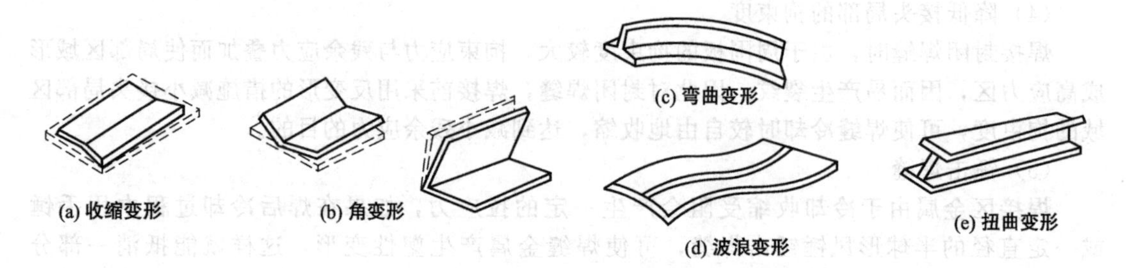

图 10-3　焊接变形的基本形式

（二）预防焊接变形的措施

预防焊接变形可以从设计和工艺两方面考虑。如设计上能充分估计到制造过程中可能发生的焊接变形，选择合理的设计方案，以防止和减小焊接变形比从工艺上采取措施要方便得多。然而，单从设计上采取措施，如果生产中工艺不当，同样会产生较大的焊接变形。因此积极的办法应该是从设计和工艺两方面采取措施。

1. 设计措施

（1）尽量选用对称的构件截面和焊缝位置

结构设计时，尽量选用对称的构件截面，焊缝尽量安排在与结构截面中性轴对称，或焊缝接近于结构截面的中性轴。

（2）合理地选择焊缝长度和焊缝数量

焊接结构在满足强度要求的前提下，当对结构无密封性要求时，可用断续焊缝代替连续焊缝，这样既可达到减小焊接变形的作用，又可起到节约焊接材料，提高焊接生产率的作用。另外，在设计焊接结构时还应当尽可能地减少焊缝数量，避免不必要的焊缝。尽量使用型钢、冲压件来代替焊接件。如对薄板结构，为了防止其在焊接过程中产生波浪变形，可采用压型结构代替筋板结构。

（3）合理选择焊缝截面尺寸和坡口形式

焊缝截面尺寸的大小，不仅关系到焊接工作量的大小，而且还对焊接变形产生较大的影响。因为焊缝截面尺寸过大，一方面焊接工作量增大，焊接材料的消耗量增加；另外，焊接变形也增大。因此，在保证焊接结构承载能力的前提下，设计时应尽量采用较小的焊缝截面尺寸。由于某些焊接结构设计人员对焊接技术的不甚了解，在设计焊接结构时盲目追求大的焊缝截面尺寸，这对控制焊接变形十分不利。然而，焊缝截面尺寸也不能太小，这不仅要影响到强度问题，也关系到工艺问题。过小的焊缝尺寸，在施焊中由于冷却速度过快，容易产生焊接缺陷，如裂纹、气孔、夹渣等。因此在保证焊接质量的前提下，应根据板的厚度选取工艺上合理的最小焊缝尺寸。

此外，还应选用合理的坡口形式。如对接焊缝，一般选用对称的坡口形式比非对称的坡口形式容易控制角变形，当然还应考虑坡口加工的难易、焊接材料用量、焊接时工件是否能够翻转及焊工的操作方便等问题。如直径比较小的筒体，其纵焊缝或环焊缝若开对称的双Y形坡口或双U形坡口是不合理的，因为这种结构，其筒体内部的焊接操作不方便，所以应考虑采用非对称的坡口形式，尽量减少筒体内部的焊接操作。

2. 工艺措施

（1）留余量法

此法即是在下料时，考虑到收缩变形而将下料零件的长度或宽度尺寸比设计尺寸适当加大，以补偿焊件的收缩。余量的多少可根据有关经验公式估算或根据生产经验确定。留余量法主要是用于补偿焊件的收缩变形。

（2）反变形法

此法就是根据焊件的变形规律，焊前预先将焊件向着与焊接变形的相反方向进行人为的变形（反变形量与焊接变形量相等），使之达到抵消焊接变形的目的。

反变形法在生产中应用很广泛。Y形坡口单面对接焊时，反变形法防止角变形的最简单的例子，如图10-4所示。工字梁焊后由于角焊缝的横向收缩使其上下翼板会产生角变形，解决的办法是焊前预先将上下翼板压出反变形，然后装配进行焊接，焊后上下翼板基本平直，防止了角变形的产生。

（3）刚性固定法

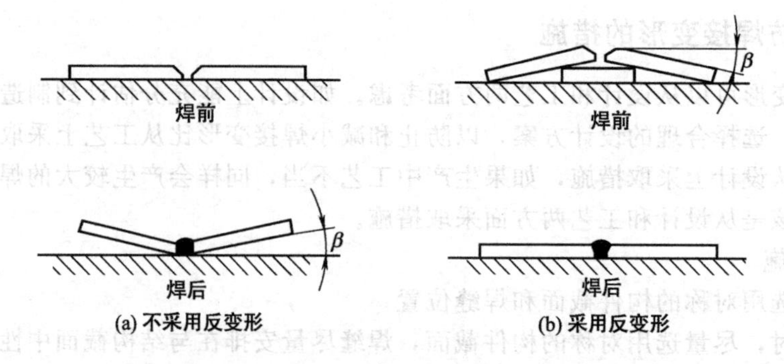

图 10-4 平板对接焊时的角变形

刚性固定法是将焊件固定在具有足够刚性的胎夹机具上，或者临时装焊支撑，以增加构件的刚度或拘束来减小焊接变形。常用的刚性固定法有以下几种。

① 焊件固定在刚性平台上。薄板焊接时，可将其用定位焊固定在刚性平台上，并且用压铁压住焊缝附近，待焊缝全部焊完冷却后，再铲除定位焊缝，这样可避免薄板焊接时产生波浪变形。

② 将焊件组合成刚性更大或对称的结构。如 T 形梁焊接时容易产生角变形和弯曲变形，可将两根 T 形梁组合在一起，使焊缝对称于结构截面的中性轴，同时大大地增加了结构的刚性，并配合反变形法，采用合理的焊接顺序，对防止弯曲变形和角变形有利。

③ 利用焊接夹具增加结构的刚性和拘束。

④ 利用临时支撑增加结构的拘束。

(4) 选择合理的装配焊接顺序

结构在装配焊接时，由于焊缝的位置相对于结构截面的中性轴是变化的，即对结构上任何一条焊缝来说，当零件的装配顺序不同，焊缝到结构截面中性轴的距离也不同，因此这条焊缝所引起的焊接变形对于不同的装配焊接顺序是不同的。然而，在各种可能的装配焊接顺序中，总可以找到一个引起焊接变形最小的方案。为了控制和减小焊接变形，常根据以下原则选择装配焊接顺序。

① 正在施焊的焊缝应尽量靠近结构截面的中性轴。

② 对于焊缝非对称布置的结构，装配焊接时应先焊焊缝少的一侧，后焊焊缝多的一侧。

③ 焊缝对称布置的结构，应由偶数焊工对称地施焊。如图 10-5 所示的圆筒体对接焊缝，应由两名焊工对称地焊接。

④ 长焊缝焊接时，焊接方向和次序的不同会对焊件的收缩变形产生不同的影响。因为焊接方向和次序不同，每一小段焊缝在焊接时刚性约束也不同，当温度分布均匀，刚性约束大致相同，则有利于减小焊接变形。一般直通焊变形最大；从中间向两端焊变形有所减小；从中间向两端逐段退步焊变形最小。采用跳焊法也可减小焊接变形。

⑤ 相邻两条焊缝，为了防止产生扭曲变形，应布置对称的焊工同时从一端向另一端焊接。

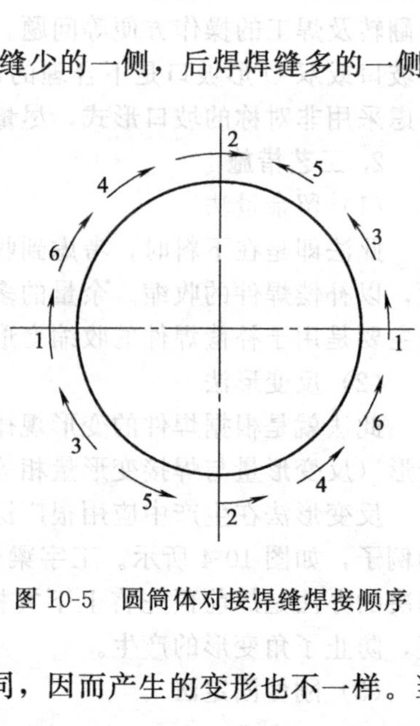

图 10-5 圆筒体对接焊缝焊接顺序

(5) 合理地选择焊接方法和焊接工艺参数

各种焊接方法的热源不同，加热集中的程度也各不相同，因而产生的变形也不一样。当焊件结构型式、尺寸及刚性约束相同的条件下，埋弧自动焊产生的变形比焊条电弧焊大；焊条电弧焊产生的变形比气体保护焊大。

同一焊接方法，工艺参数不同，焊接线能量不同，则变形大小不一样。如焊条电弧焊采用小的焊条直径、小的焊接电流、多层焊，比采用粗焊条、大电流、单层焊其焊接变形要小得多。同一结构上不同部位的焊缝，选用不同的工艺参数，可以控制和调节弯曲变形。

(6) 热平衡法

某些构件焊缝不在结构截面的中性轴上，焊缝的纵向收缩引起构件产生弯曲变形。如果在与焊缝对称的位置上采用气体火焰与焊接同步加热，加热区与焊缝产生同样的热膨胀变形与冷却收缩变形，相当于对称焊缝的对称焊接（当然气体火焰加热的有关工艺参数要选择合适），这样就可以减小或防止构件焊接时产生弯曲变形。

(7) 散热法

散热法即是通过不同的方式迅速带走焊缝及其附近的热量，减小焊缝及其附近的受热区，达到减小焊接变形的目的。

以上所述为控制焊接变形的常用方法。在焊接结构的实际生产过程中，应充分估计各种变形，分析各种变形的变形规律，灵活地根据现场条件选用有关控制与调节焊接变形的措施，使焊接变形降低到最低程度。

(三) 矫正焊接残余变形的方法

在焊接结构生产中，几种变形可能同时存在，相互影响；另外，影响焊接变形的因素很多，使得焊接变形非常复杂。虽然在结构设计时，从焊缝的位置、焊缝数量及焊缝截面尺寸诸方面考虑尽量减小焊接变形；生产中，从工艺因素也采取了种种限制和调节焊接变形的措施，但构件焊接后还是难以避免或大或小的残余变形，有些残余变形可能会超出技术要求的变形范围，这就必须对焊件焊后要进行矫正，使之符合产品的质量要求。

矫正焊接变形的实质是使构件产生新的变形，以抵消焊接残余变形。矫正的方法一般有机械矫正法和火焰加热矫正法。在选用矫正方法时，应特别注意钢种和产品工作条件。例如：对要求耐腐蚀的设备，不宜选用锤击法，以防应力腐蚀；对具有晶间腐蚀倾向的不锈钢和淬硬倾向较大的钢材，不宜采用火焰加热矫正；对冷裂倾向较大的高强钢，尽量不用机械法矫正，因为机械法矫正易产生冷作硬化。

1. 机械矫正法

机械矫正法是在机械力的作用下使部分金属得到延伸，产生拉伸塑性变形，使变形的构件恢复到所要求的形状。

薄板焊件容易产生波浪变形，当波浪变形超过技术要求所规定的范围时，必须进行矫平。一般可利用多辊钢板矫平机进行矫平。矫平时钢板是在钢板矫平机的两排圆辊轴之间通过，上、下辊轴之间的水平间隙比被矫正的钢板厚度略小一些。当辊轴带动钢板经过多次反复弯曲，在整个断面上得到均匀的伸长，此伸长消除了原有的不平。

圆筒形工件的纵焊缝焊后容易产生角变形，可利用三点弯曲法的原理在三辊卷板机上校圆。

对一些小型简单焊件的变形，可采用手工矫正法矫正，即利用手锤、大锤等工具锤击焊件的变形处。

2. 火焰加热矫正法

火焰加热矫正，是利用火焰加热时产生的局部压缩塑性变形使较长的部分在冷却后缩短来消除变形。由于火焰加热矫正是采用一般气焊焊炬加热，不需要专门的设备，操作也比较简单，所以这种方法在生产中得到了广泛的应用。

加热火焰可采用氧-乙炔火焰，也可采用氧-丙烷或氧-天然气火焰，但各种气体火焰具有不同的特点。由于氧-乙炔火焰的火焰温度高，加热速度快，因此一般采用氧-乙炔火焰。

火焰加热的方式有点状加热、线状加热和三角形加热。

(1) 点状加热

即在焊件局部区域形成加热点，如图10-6所示，加热点的直径 d 一般不超过15mm，加热点之间的距离 a 应根据变形量的大小而确定。当变形量大时，加热点应密一些；变形量小时，加热点应稀一些，一般取 a 在50～100mm之间。

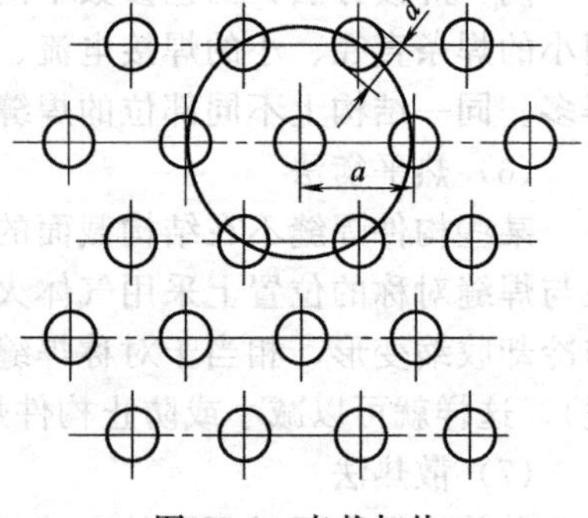

图10-6 点状加热

(2) 线状加热

火焰沿直线方向移动、绕线移动或者同时在宽度方向上作横向摆动，形成直通加热、链状加热及带状加热，如图10-7所示。一般线状加热时取加热线的宽度为钢板厚度的0.5～2倍左右。

(3) 三角形加热

三角形加热即加热区域呈三角形，一般用于矫正弯曲变形。图10-8所示为采用火焰加热矫正工字梁弯曲变形的情况，在翼板上气体火焰呈矩形加热，在腹板上呈三角形加热。为了防止旁弯，加热翼板时用两把焊炬从中间向两边缘加热；加热腹板时用两把焊炬在腹板两面同时加热一个三角形。

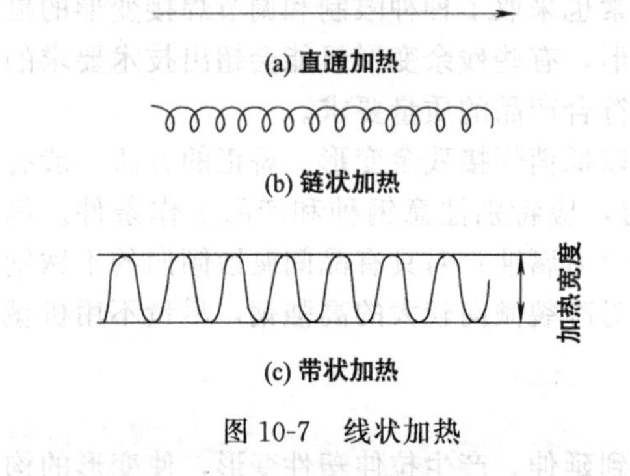

图10-7 线状加热

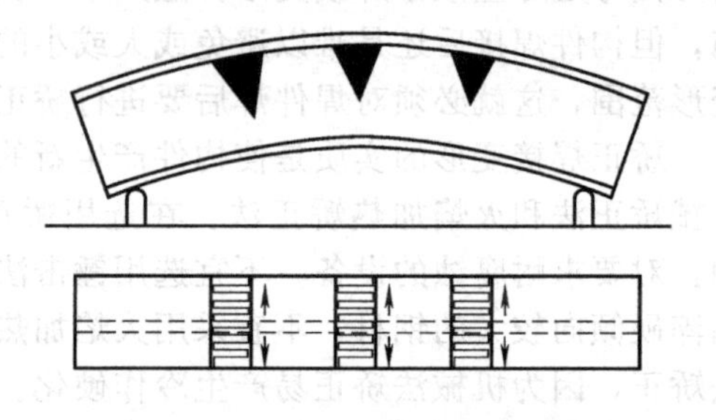

图10-8 工字梁弯曲变形的火焰校正

火焰加热矫正焊接变形的效果取决于加热方式、加热位置、加热温度和加热区的面积。加热方式的确定取决于焊件的结构形状和焊接变形形式，一般薄件的波浪变形应采用点状加热；焊件的角变形可采用线状加热；弯曲变形多采用三角形加热矫正。加热位置的选择应根据焊接变形的形式和变形方向而定。加热温度和加热区的面积应根据焊件的变形量及焊件材质确定，当焊件变形量较大时，加热温度应高一些，加热区的面积应大一些。

为了提高火焰加热矫正的效果，在火焰加热矫正时应配合施加机械外力。另外，火焰加热矫正时，应注意了解被矫正焊件的材质，对加热矫正后材料性能有明显变化的材质，应避免采用火焰矫正；一般焊接性好的材料，火焰矫正后材料性能变化较小，如对低碳钢和普通低合金钢结构的焊件，可采用火焰加热矫正。火焰加热矫正前，应仔细观察变形情况，正确地选择加热位置和矫正步骤，如果加热位置选择不当，可能会增加原有的变形。火焰加热的最高温度应严格加以控制，以免金属内部发生组织变化和过热现象，一般加热的最高温度应控制在800℃以内。火焰矫正时加热火焰一般采用中性焰。

【思考题】

1. 试述焊接残余应力和残余变形分别对焊接结构性能的影响。
2. 防止和减小焊接应力的措施有哪几种？它们的道理是什么？
3. 预防焊接变形的措施有哪几种？各自的道理如何？
4. 矫正焊接残余变形的方法有哪几种？简述其原理。
5. 消除焊接残余应力的方法有哪几种？简述其原理。

项目十一 其他焊接方法简介

XIANGMUSHIYI

【学习目标】 了解压力容器焊接常用的几种焊接方法；熟悉埋弧焊、气体保护焊、电渣焊的原理与工艺特点。

【知识点】 埋弧焊焊接原理、焊接工艺、焊接技术、对压力容器焊接的要求。气体保护焊、电渣焊的工艺特点及应用范围。

一、埋 弧 焊

埋弧焊是目前广泛使用的一种电弧焊方法。它利用电弧作为热源，焊接时电弧掩埋在焊剂层下燃烧，电弧光不外露，埋弧焊由此得名。埋弧焊按照焊接过程的机械化程度不同可分为自动焊和半自动焊。用自动焊接装置完成全部焊接操作的方法称为自动焊；用手工操作完成焊接热源的移动，而送丝等则由机械化完成的方法称为半自动焊。目前应用最多的是埋弧自动焊。

（一）埋弧焊概述

1. 埋弧焊过程

埋弧焊的电弧引燃、焊丝送进、电弧沿焊接方向移动等过程都是由机械装置自动完成的。埋弧焊的焊接过程如图 11-1 所示。焊接时电源的两极分别接在导电嘴和焊件上，焊丝通过导电嘴和焊件接触，在焊丝周围撒上焊剂，然后启动电源，由电流经过导电嘴、焊丝与焊件构成焊接回路。当焊丝和焊件之间引燃电弧后，电弧的热量使周围的焊剂熔化形成熔渣，部分焊剂分解、蒸发成气体，气体排开熔渣形成一个气泡，电弧就在这个气泡中燃烧。连续送入电弧的焊丝在电弧高温作用下加热熔化，与熔化的母材混合形成金属熔池。金属熔

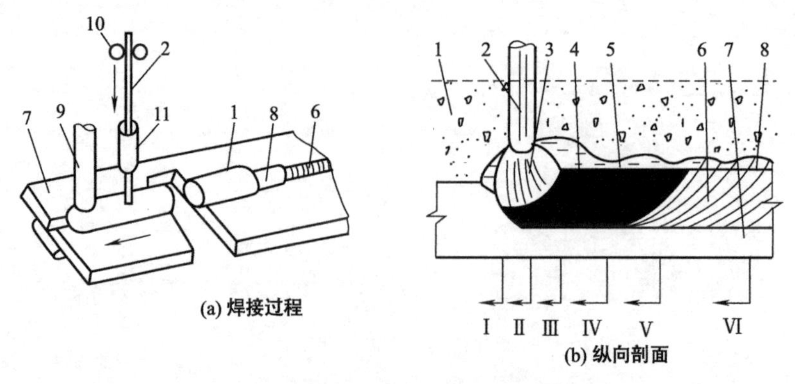

图 11-1 埋弧焊焊接过程及纵向剖面

1—焊剂；2—焊丝；3—电弧；4—金属熔池；5—熔渣；6—焊缝；7—工件；8—渣壳；9—焊剂漏斗；10—送丝滚轮；11—导电嘴

池上面覆盖着一层液态熔渣，熔渣外层是未熔化的焊剂，它们一起保护着金属熔池，使其与周围空气隔离，并使有碍操作的电弧光辐射不能散射出来。电弧向前移动时，电弧力将熔池中的液态金属排向后方，则熔池前方的金属就暴露在电弧的强烈辐射下而熔化，形成新的熔池。而电弧后方的熔池金属则冷却凝固成焊缝，熔渣也凝固成渣壳覆盖在焊缝表面。由于熔池的凝固温度低于液态金属的结晶温度，熔渣总是比液态金属凝固迟一些。这就使混入熔池的熔渣、熔解在液态金属中的气体和冶金反应中产生的气体能够不断地逸出，使焊缝不易产生夹渣和气孔等缺陷。

2. 埋弧焊的特点

(1) 焊缝质量高

这是因为埋弧焊的电弧被掩埋在颗粒状焊剂及其熔渣之下，电弧及熔池均处在渣相保护之中，保护效果较气渣保护的焊条电弧焊为好；同时埋弧焊大大降低了焊接过程对焊工操作技能的依赖程度，焊缝化学成分和力学性能的稳定性较好。

(2) 生产率高

这是因为埋弧焊时焊接电流和电流密度均较焊条电弧焊明显提高，使其电弧功率、熔透能力、焊丝熔化速度都相应增大。在特定条件下，可实现 10～20mm 钢板一次焊透双面成形。焊接速度已可达 60～150m/h；其次，埋弧焊焊剂和熔渣的隔热保护作用使电弧热辐射散失极小，飞溅损失也受到有效制约，电弧热效率大大提高。

(3) 劳动条件好

埋弧焊无弧光辐射，焊工的主要作用只是操作焊机，因此埋弧焊是电弧焊方法中操作条件较好的一种方法。

埋弧焊也存在一些缺点。如难以在空间位置施焊；难以焊接易氧化的金属材料；对焊件装配质量要求高；不适合焊接薄板和短焊缝。

3. 埋弧焊的应用范围

(1) 焊缝类型和焊件厚度

凡是焊缝可以保持在水平位置或倾斜度不大的焊件，不管是对接、角接和搭接接头，都可以用埋弧焊焊接，如平板的拼接缝、圆筒形焊件的纵缝和环缝、各种焊接结构中的角接缝和搭接缝等。

埋弧焊可焊接的焊件厚度范围很大。除了厚度在 5mm 以下的焊件由于容易烧穿，埋弧焊用得不多外，较厚的焊件都适用于埋弧焊焊接。目前，埋弧焊焊接的最大厚度已达 650mm。

(2) 焊接材料范围

材料焊接种类随着焊接冶金技术和焊接材料生产技术的发展，适合埋弧焊的材料已从碳素结构钢发展到低合金结构钢、不锈钢、耐热钢以及某些有色金属，如镍基合金、铜合金等。此外，埋弧焊还可在基体金属表面堆焊耐磨或耐腐蚀的合金层。铸铁一般不能用埋弧焊焊接，因为埋弧焊电弧功率大，产生的热收缩应力很大，铸铁焊后很容易形成裂纹。铝、钛及其合金由于还没有合适的焊剂，目前还不能使用埋弧焊焊接。铅、锌等低熔点金属材料也不适合用埋弧焊焊接。

可以看出，适宜于埋弧焊的范围是很广的。最能发挥埋弧焊快速、高效特点的生产领域是：造船、锅炉、压力容器、大型金属结构和工程机械等工业制造部门，因此，埋弧焊是当今焊接生产中使用最普遍的焊接方法之一。

埋弧焊还在不断发展之中，如多丝埋弧焊能达到厚板一次成形；窄间隙埋弧焊可使厚板焊接提高生产效率，降低成本；埋弧堆焊，能使焊件在满足使用要求的前提下节约贵重金属或提高使用寿命。这些新的、高效率的埋弧焊方法的出现，更进一步拓展了埋弧焊的应用范围。

（二）埋弧焊工艺

1. 焊前准备

埋弧焊的焊前准备包括焊件的坡口加工、焊件的清理与装配、焊丝表面清理及焊剂烘干、焊机检查与调整等工作。

（1）坡口的选择

由于埋弧焊可使用较大的电流焊接，电弧具有较强穿透力，所以当焊件厚度不太大时，一般不开坡口也能将焊件焊透。但随着焊件厚度的增加，不能无限地提高焊接电流，为了保证焊件焊透，并使焊缝有良好的成形，应在焊件上开坡口，坡口可用气割或机械加工方法制备。

埋弧焊焊缝坡口形式与尺寸可参考 GB 986《埋弧焊焊缝坡口基本形式与尺寸》选择。

（2）焊件的清理与装配

焊件装配前，应将坡口及附近区域表面上的锈、油污、氧化皮等污物清理干净。大范围清理可用喷丸处理方法；小范围清理可用手工清理，如用钢丝刷，风动、电动砂轮等进行清除；必要时还可用氧-乙炔火焰烘烤焊接部位，以烧掉焊件表面的污垢和油漆，并烘干水分。机械加工的坡口容易在坡口表面污染切削用油或其他油脂，焊前可用挥发性溶剂将污染部位清洗干净。

装配焊件时要保证间隙均匀、高低平整、错边量小，定位焊缝长度一般大于30mm，并且定位焊缝质量与主焊缝质量要求一致。必要时采用专用工装、卡具。直缝焊件的装配，在焊缝两端要加装引弧板和引出板，待焊后再割掉，其目的是使焊接接头的始端和末端获得正常尺寸的焊缝截面，而且还可除去引弧和收尾容易出现的缺陷。

（3）焊接材料的清理

焊接材料包括焊丝和焊剂。埋弧焊用的焊丝和焊剂对焊缝金属的成分、组织和性能影响极大，因此，焊前必须清除焊丝表面的氧化皮、锈和油污等污物。焊剂保存时要注意防潮，使用前必须按规定的温度进行烘干。

（4）焊机的检查与调试

焊前应检查接到焊机上的动力线、焊接电缆接头是否松动，接地线是否连接妥当。导电嘴是易损件，一定要检查其磨损情况并是否夹持可靠。焊机要做空车调试，检查仪表指针及各部分动作情况，并按要求调好预定的焊接参数。对于弧压反馈式埋弧焊机或在滚轮架上焊接的其他焊机，焊前应实测焊接速度。测量时标出 30s 或 60s 内焊车移动或工件转动过的距离，计算实际焊接速度。

启动焊机前应再次检查焊机和辅助装置的各种开关、旋钮等的位置是否正确无误，离合器是否可靠接合。检查无误后，再按焊机的操作顺序进行焊接操作。

2. 焊接工艺参数及其选择

埋弧焊的焊接工艺参数主要有：焊接电流、电弧电压、焊接速度、焊丝直径和焊丝伸出长度等。

（1）焊接工艺参数对焊缝成形及质量的影响

① 焊接电流。电流是决定熔深的主要因素，增大电流能提高生产率。但在一定焊速下，焊接电流过大会使热影响区增大，易产生焊瘤及焊件被烧穿等缺陷；焊接电流过小，则熔深不足，产生熔合不好、未焊透、夹渣等缺陷。

电流种类和极性对焊接过程和焊缝成形也有影响。当使用含氟焊剂时，焊接电弧阴极区产热量大于阳极区，因此采用直流正接比采用直流反接时焊丝获得的热量多，因而熔敷速度比反接时快，则焊缝的余高较大而熔深较浅；采用直流反接时，则焊缝的余高较低而熔深较深。因此从应用角度来看，直流正接适用于薄板焊接、堆焊及防止熔合比过大的场合；直流反接适合于厚板焊接。交流电源对熔深的影响介于直流正接与反接之间。

② 电弧电压。电弧电压是决定熔宽的主要因素。电弧电压过大时，焊剂熔化量增加，电弧不稳，严重时会产生咬边和气孔等缺陷。

提高电弧电压时弧长增加，电弧斑点的移动范围增大，熔宽增加。同时，焊缝余高和熔深略有减小，焊缝变得平坦。电弧斑点的移动范围增大后，使焊剂熔化量增多，因而向焊缝过渡的合金元素增多，可减小由焊件上的锈或氧化皮引起的气孔倾向。当装配间隙较大时，提高电弧电压有利于焊缝成形。如果电弧电压继续增加，电弧会突破焊剂的覆盖，使熔化的液态金属失去保护而与空气接触，造成密集气孔。降低电弧电压可增强电弧的刚直性，能改善焊缝熔深，并提高抗电弧偏吹的能力。但电弧电压过低时，会形成高而窄的焊缝，影响焊缝成形并使脱渣困难；在极端情况下，熔滴会使焊丝与熔池金属短路而造成飞溅。因此，埋弧焊时适当增加电弧电压，对改善焊缝形状、提高焊缝质量是有利的，但应与焊接电流相匹配，见表 11-1。

表 11-1 埋弧焊焊接电流与电弧电压的配合关系

焊接电流/A	520～620	600～700	700～850	850～1000	1000～1200
电弧电压/V	34～36	36～38	38～40	40～42	42～44

③ 焊接速度。焊接速度过快时，会产生咬边、未焊透、电弧偏吹和气孔等缺陷，以及焊缝余高大而窄，成形不好；焊接速度太慢，则焊缝余高过高，形成宽而浅的大熔池，焊缝表面粗糙，容易产生满溢、焊瘤或烧穿等缺陷；焊接速度太慢而且焊接电压又太高时，焊缝截面呈“蘑菇形”，容易产生裂纹。

④ 焊丝直径与焊丝伸出长度。焊接电流不变时，减小焊丝直径，因电流密度增加，熔深增大，焊缝成形系数减小。因此，焊丝直径要与焊接电流相匹配。见表 11-2。焊丝伸出长度增加时，熔敷速度和金属增加。

表 11-2 不同直径焊丝的焊接电流范围

焊丝直径/mm	2	3	4	5	6
电流密度/(A/mm^2)	63～125	50～85	40～63	35～50	28～42
焊接电流/A	200～400	350～600	500～800	500～800	800～1200

在焊丝伸出长度上存在一定电阻，埋弧焊的焊接电流很大，因而在这部分焊丝上产生的电阻热很大。焊丝受到电阻热的预热，熔化速度增大，焊丝直径越细、电阻率越大以及伸出长度越长时，这种预热作用的影响越大。所以，焊丝直径小于 3mm 或采用不锈钢焊丝等电阻率较大的材料时，要严格控制焊丝伸出长度；焊丝直径较粗时伸出长度的影响较小，但也应控制在合适的范围内，焊丝伸出长度一般应为焊丝直径的 6～10 倍。

其次，焊丝倾角、焊件位置、装配间隙与坡口角度、焊剂层厚度与粒度等都对焊缝成形有一定的影响。

(2) 焊接工艺参数的选择及匹配

① 选择方法。工艺参数的选择可以通过计算法、查表法和试验法进行。计算法是通过对焊接热循环的分析计算以确定主要工艺参数的方法。查表法是查阅与所焊产品类似焊接条件下所用的焊接各种工艺参数表格，从中找出所需参数的方法。试验法是将计算或查表所得的工艺参数，或人们根据经验初步估算的工艺参数，结合产品的实际状况进行试验，以确定

恰当的工艺参数的方法。但不论用哪种方法确定的工艺参数，都必须在实际生产中加以修正，最后确定出符合实际情况的工艺参数。

② 工艺参数之间的匹配。按上述方法选择工艺参数时，必须考虑各种工艺参数之间的匹配。通常要注意以下三方面。

a. 焊缝的成形系数。成形系数大的焊缝，其熔宽较熔深大；成形系数小的焊缝，熔宽相对熔深较小。焊缝成形系数过小，则焊缝深而窄，熔池凝固时柱状结晶从两侧向中心生长，低熔点杂质不易从熔池中浮出，积聚在结晶交界面上形成薄弱的结合面，在收缩应力和外界拘束力作用下很可能在焊缝中心产生结晶裂纹。因此，选择埋弧焊工艺参数时，要注意控制成形系数，一般以1.3～2为宜。

b. 熔合比。熔合比是指被熔化的母材金属在焊缝中所占的百分比。熔合比越大，焊缝的化学成分越接近母材本身的化学成分。所以在埋弧焊工艺中，特别是在焊接合金钢和有色金属时，调整焊缝的熔合比常常是控制焊缝化学成分、防止焊接缺陷和提高焊缝力学性能的主要手段。

埋弧焊的熔合比通常为30%～60%，单道焊或多层焊中的第一层焊缝熔合比较大，随焊接层数增加，熔合比逐渐减小。由于一般母材中碳的含量和硫、磷杂质的含量比焊丝高，所以熔合比大的焊缝，由母材带入焊缝的碳量及杂质量较多，对焊缝的塑性、韧性有一定影响。因此，对要求较高的多层焊焊缝应设法减小熔合比，以防止第一层焊缝熔入过多的母材而降低焊缝的抗裂性能。此外，埋弧堆焊时为了减少堆焊层数和保证堆焊层成分，也必须减小熔合比。

减小熔合比的措施主要有减小焊接电流；增大焊丝伸出长度；开坡口；采用下坡焊或焊丝前倾布置；用正接法焊接；用带极代替丝极堆焊等。

c. 热输入。焊接接头的性能除与母材和焊缝的化学成分有关外，还与焊接时的热输入有关。热输入增大时，热影响区增大，过热区明显增宽，晶粒变粗，使焊接接头的塑性和韧性下降。对于低合金钢，这种影响尤其显著。埋弧焊时如果用大热输入焊接不锈钢，会使近缝区在“敏化区”范围停留时间增长，降低焊接接头抗晶间腐蚀能力。焊接低温钢时，大热输入会造成焊接接头冲击韧度明显降低。

所以，埋弧焊时必须根据母材的性能特点和对焊接接头的要求选择合适的热输入。而热输入与焊接电流和电弧电压成正比，与焊接速度成反比。即焊接电流、电弧电压越高，热输入越大；焊接速度越大，热输入越小。由于埋弧焊的焊接电流和焊接速度能在较大范围内调节，故热输入的变化范围比焊条电弧焊大得多，能满足不同焊件对焊接热输入的要求。

二、气体保护焊

（一）钨极氩弧焊（TIG焊）

1. 钨极氩弧焊概述

（1）工作原理

钨极氩弧焊是使用纯钨或活性钨（钍钨、铈钨）作为电极的氩气保护焊，简称TIG焊。钨极本身不熔化，只起电子发射作用，故也称为非熔化极氩弧焊。钨极氩弧焊的焊接过程如图11-2所示。

焊接时，保护气体从焊枪的喷嘴中连续喷出，在电弧周围形成气体保护层隔绝空气，以防止其对钨极、熔池及热影响区的有害影响，从而为形成优质焊接接头提供了保障。

(2) 分类、特点及应用

① 分类。TIG 焊按操作方式分为手工焊和自动焊两种。

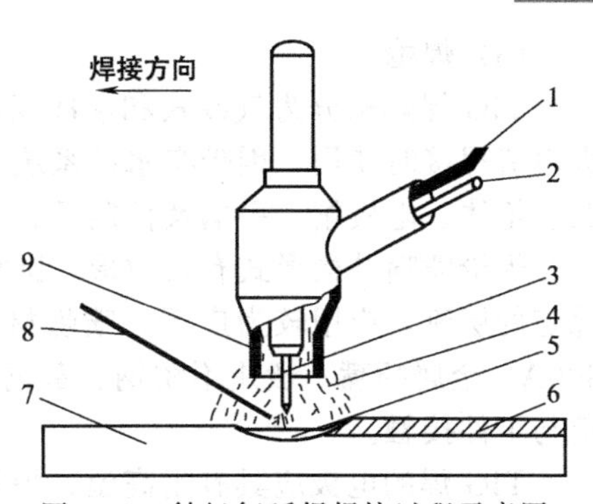

图 11-2　钨极氩弧焊焊接过程示意图

1—电缆；2—保护气导管；3—钨极；4—保护气体；5—熔池；6—焊缝；7—工件；8—填充焊丝；9—喷嘴

手工 TIG 焊焊接时焊丝的填加和焊枪的运动完全是靠手工操作来完成的；而自动 TIG 的焊枪运动和焊丝填充都是由机电系统按设计程序自动完成的。在实际生产中，手工 TIG 焊应用最广泛。

按电流种类 TIG 焊可分为直流 TIG 焊、交流 TIG 焊和脉冲 TIG 焊。

② 特点及应用

TIG 焊能获得较为纯净和高质量的焊缝；焊接变形和应力倾向小，特别适合于焊接很薄的材料，其可焊接的最小板厚为 0.1mm；几乎所有的金属材料都可进行 TIG 焊，通常主要用于铝、镁、钛、铜及其合金、低合金钢、不锈钢以及耐热钢等的焊接；TIG 焊属于明弧焊，便于观察和操作，尤其适用于全位置焊接，容易实现焊接的机械化和自动化。然而 TIG 焊由于氩气较贵，与其他焊接方法相比成本较高，因此主要用于质量要求较高产品的焊接。

2. TIG 焊设备

TIG 焊设备是由焊接电源、引弧及稳弧装置、焊枪、供气系统、水冷系统和焊接控制系统等部分组成。对于自动 TIG 焊还应增加小车行走机构和送丝装置。图 11-3 所示为手工 TIG 焊设备系统示意图，其中控制箱内包括了引弧及稳弧装置、焊接程序控制系统等。

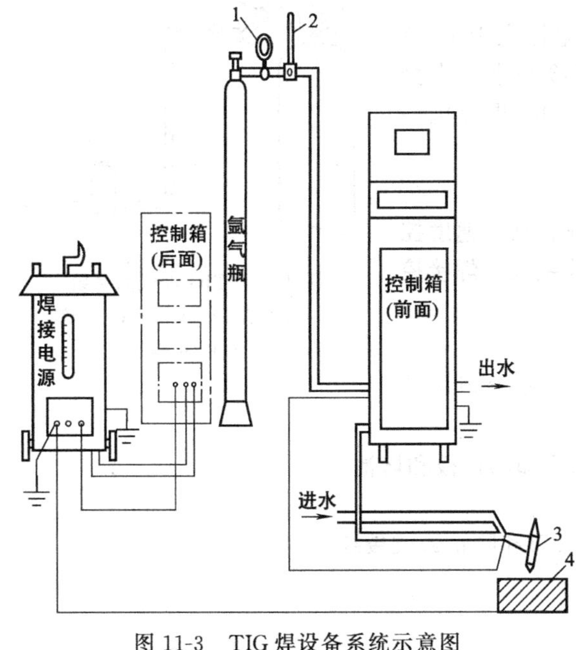

图 11-3　TIG 焊设备系统示意图

1—减压表；2—流量计；3—焊枪；4—工件

(1) 焊接电源

TIG 焊焊接电源按焊接电流的种类可分为直流、交流和脉冲电源三种形式，一般根据被焊材料的特点来进行选择。无论是交流还是直流，TIG 焊都要求采用具有陡降或恒流外特性的电源，以减小或排除因弧长变化而引起的焊接电流的波动，保证焊缝的熔深均匀。直流正接用于除铝、镁等易氧化金属以外的其他金属的焊接，直流反接用于铝、镁等易氧化金属薄件的焊接，在生产实践中焊接铝、镁及其合金一般采用交流电源。

(2) 引弧及稳弧装置

引弧和稳弧装置有两种：一种是高频震荡器，它能周期性地输出 150～260kHz、2400～3000V 的高频高压加在钨极和焊件之间，由于它的工作不够可靠（主要是相位关系不好保持），并且高频对电子仪器有干扰作用，现在应用较少。目前应用效果最好、最广泛的是高压脉冲引弧、稳弧器，它在电源负极性半周内、空载电压瞬时值为最高的相位角处，加一个 2000～3000V 左右的高压脉冲于钨极和焊件之间进行引弧；电弧引燃后，在负极性开始的一瞬间，2000～3000V 左右的高压脉冲于钨极和焊件之间进行稳弧。

(3) 焊枪

TIG焊焊枪分为气冷式和水冷式两种。前者用于小电流焊接（$I\leqslant150A$），后者主要供大电流焊接时使用，因带有水冷系统，所以结构复杂，焊枪较重。它们都是由喷嘴、电极夹头、枪体、电极帽、手柄及控制开关等组成。

焊枪喷嘴结构形式有收敛形、圆柱形、扩散形三种，其中圆柱形喷嘴易使保护气获得较稳定的层流，应用较为广泛。喷嘴材料有金属和陶瓷两种，陶瓷喷嘴的使用电流不能超过300A，金属喷嘴一般用不锈钢、黄铜等材料制成，其使用电流可高达500A，但在使用中避免与工件接触。

TIG焊的电极应具有耐高温、焊接中不易损耗；电子发射能力强；电流容量大等特点。常用的钨极分纯钨，钍钨及铈钨等，钍钨及铈钨是在纯钨中分别加入微量稀土元素钍或铈的氧化物制成。纯钨引弧性能及导电性能差，载流能力小。钍钨及铈钨导电性能好，载流能力强，有较好的引弧性能，同时钍和铈均为稀土元素，有一定的放射性，其中铈钨放射性较小。在焊接电流较小时，一般采用小直径的钨极并将其端部磨成尖锥角（约20°角）。大电流焊时要求钨极直径大，且端部磨成钝角（大于90°）或带有平顶的锥形。

(4) 供气和水冷系统

① 供气系统。供气系统主要由氩气瓶、减压阀、流量计和电磁气阀组成，如图11-4所示。

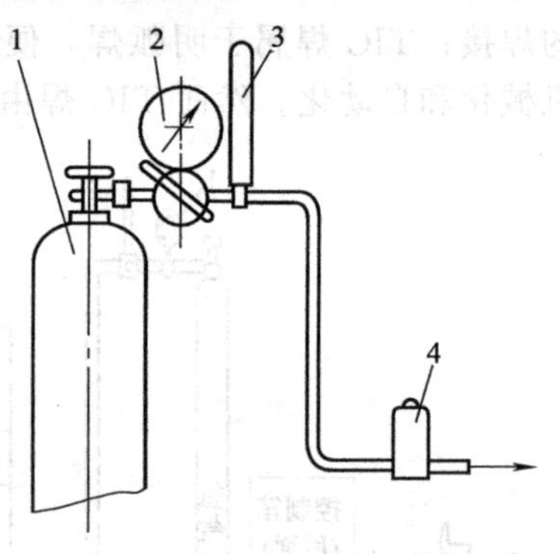

图11-4 TIG焊气路系统
1—氩气瓶；2—减压阀；3—流量计；4—电磁气阀

② 水冷系统。该系统主要用来在焊接电流大于150A时冷却焊接电缆、焊枪、钨棒。为了保证冷却水可靠接通，同时具有一定压力时才能启动焊机，TIG焊焊机中设有水压保护开关。

(5) 控制系统

控制系统由引弧器、稳弧器、行车（或转动）速度控制器、程序控制器、电磁气阀和水压开关等组成。焊接控制系统应满足如下要求。

① 控制电源的通断。

② 焊前提前1.5～4s输送保护气体，以驱除焊接区空气。

③ 焊后延迟5～10s停气，以保护尚未冷却的钨极和熔池。

④ 自动接通和切断引弧和稳弧电路。

⑤ 焊接结束前电流自动衰减，以消除火口和防止弧坑裂纹。

(二) 二氧化碳气体保护焊

二氧化碳气体保护电弧焊是利用CO_2作为保护气体的熔化极电弧焊方法，简称CO_2焊。由于CO_2是具有氧化性的活性气体，因此除了具备一般气体保护电弧焊的特点外，CO_2焊在熔滴过渡、冶金反应等方面与一般气体保护电弧焊有所不同。

1. CO_2焊的特点及应用

(1) CO_2焊的特点

CO_2焊其气流在电弧周围，有一定的冷却作用，使电弧热量更加集中，缩小了加热面积，从而使热影响区的宽度及残余变形都有所减小；CO_2焊对铁锈的敏感性较低，降低了对焊件清理的要求；选用较小的焊丝直径和较大的焊接电流，其焊接生产率明显提高；CO_2焊属于明弧焊，便于焊工观察焊接区的变化，可以及时发现焊接过程中出现的问题。

然而CO_2焊其保护气体容易受外界气流干扰，则保护效果恶化，因而不宜在户外施工；

其次焊接过程中飞溅比较严重，焊缝成形较差；还有 CO_2 焊设备比较复杂。

(2) CO_2 焊的应用

CO_2 焊由于具有成本低、抗氢气孔能力强、适合薄板焊接、易进行全位置焊等优点，所以，广泛应用于低碳钢和低合金钢等黑色金属材料的焊接。对于焊接不锈钢，因焊缝金属有增碳现象，影响抗晶间腐蚀性能，因此使用较少。对容易氧化的有色金属（如 Cu、Al、Ti 等），则不能应用 CO_2 焊。

2. CO_2 焊的焊接材料

CO_2 焊用的焊接材料，主要是指 CO_2 气体和焊丝。

(1) CO_2 气体

CO_2 焊可以采用由专业厂所提供的 CO_2 气体，也可以采用食品加工厂的副产品 CO_2 气体，但均应满足焊接对气体纯度的要求。CO_2 气体的纯度对焊缝金属的致密性和塑性有较大的影响，影响焊缝质量的主要有害杂质是水分和氮气。焊接时对焊缝质量要求越高。则对 CO_2 气体纯度要求越高。气体纯度高，获得的焊缝金属塑性就好。

供焊接用的 CO_2 气体，通常是以液态装于钢瓶中。液态 CO_2 是无色液体，其密度随温度变化而变化。当温度低于－11℃时，大于水在标准状态时的密度；反之，则小于水的标准密度。液态 CO_2 按重量计量，在 0℃，101.3kPa 气压时，1kg 液态 CO_2 可气化成 509L 的气态 CO_2。一般容量为 40L 的标准钢瓶，可以灌入 25kg 液态 CO_2。在上述的条件下，则可气化生成 12.7m^3 的气态 CO_2，若焊接时气体流量为 10L/min，则可连续使用约 24h，CO_2 气瓶漆成黑色，标有“CO_2”黄色字样。

(2) 焊丝

CO_2 焊根据焊接材料不同选用不同的焊丝。一般焊接低碳钢、低合金钢，可选用 H10MnSi、H08MnSi、H08MnSiA、H08Mn2SiA 等；焊接低合金高强度钢可选用 H04Mn2SiAlTiA、H10MnSiMo 等；焊接 1Cr18Ni9Ti 薄板，可选用 H1Cr18Ni9、H1Cr18Ni9Ti 等。

3. CO_2 焊设备

CO_2 焊设备由电源、控制系统、焊枪、送丝机构、供气系统和仪表组成。

CO_2 焊都采用整流电源。控制系统的主要作用是控制焊接程序，调整工艺参数并保持稳定。控制系统与电源组装成整体。

半自动焊枪的作用是导电、送丝与送气，做成弯管式或手枪式，弯管式应用较广。图 11-5 为弯管式半自动焊焊枪的内部构造。

CO_2 自动焊所用的焊枪其作用与半自动焊焊枪基本相同，但因自动焊所用的电流大，

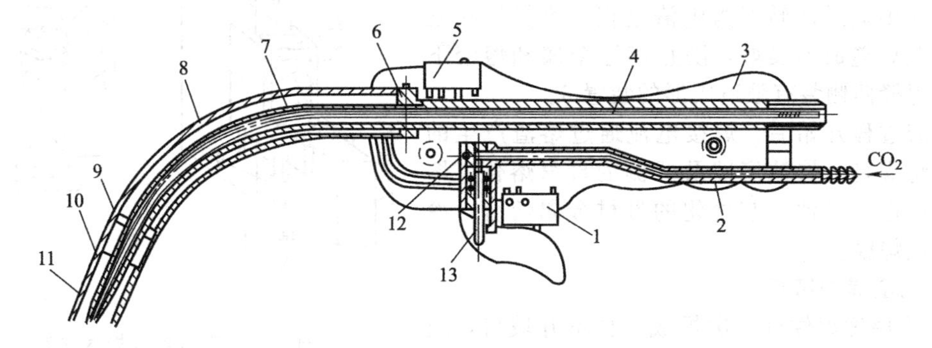

图 11-5　弯管式 CO_2 半自动焊焊枪

1,5—开关；2—进气管；3—手把；4—导电杆；6—绝缘套；7—导电管；8—外套；9—分流环；10—导电嘴；11—喷嘴；12—气阀；13—扳手

为防止焊接时温升过高而装有水冷装置。为完成焊枪沿焊缝的运动，通常将焊枪固定在电动机驱动的焊车上。

CO_2 半自动焊焊枪的送丝有推丝式、拉丝式和推拉丝式三种方式，如图 11-16 所示。推丝式的送丝机构与焊把分开，维修方便，但用细丝时送丝阻力大，工作不可靠；拉丝式的送丝电动机装在焊把上，克服了推丝的缺点，但焊枪重量增加，焊工的劳动强度大；推拉丝式综合了上述两者的优点，在推丝的基础上，焊枪上装了一个微型电动机，可以增加推丝软管的长度，但推拉丝式结构复杂，目前国内应用较少。

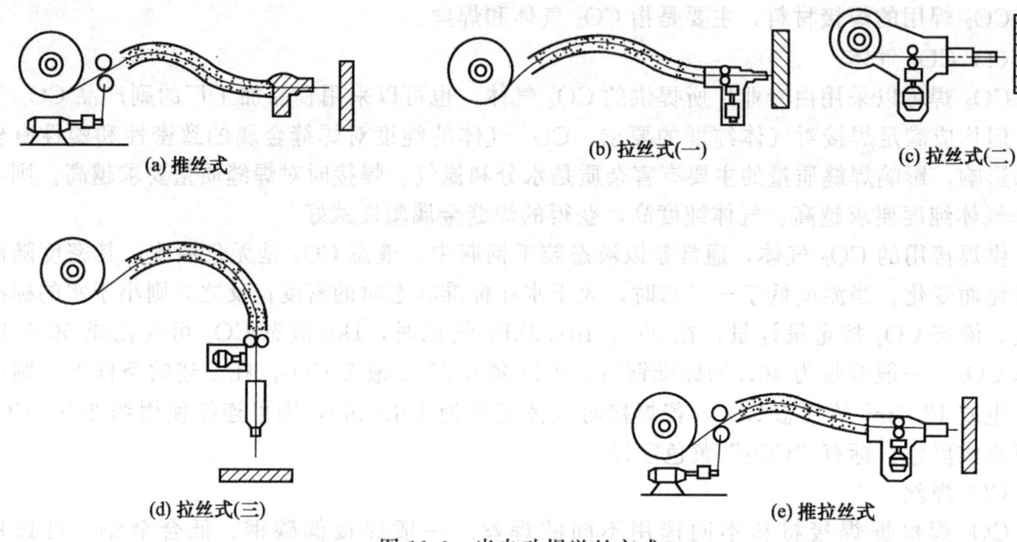

图 11-6 半自动焊送丝方式

三、电 渣 焊

(一) 电渣焊的过程及特点

1. 电渣焊的过程

图 11-7 所示为电渣焊的过程示意图。装配时将两焊件直立并留出一定的间隙后电弧熄灭，电流从渣池中通过而转变为电渣过程。为保证在立焊的位置焊缝成形良好，防止熔池金属和熔渣下流，在焊缝两侧装有强迫成形的装置 6。

电渣过程开始后，焊接电流通过熔渣产生的电阻热将焊丝、熔池底部及两侧的母材熔化，熔化的焊丝进入熔池后与熔化的母材金属熔合，冷却后形成焊缝。

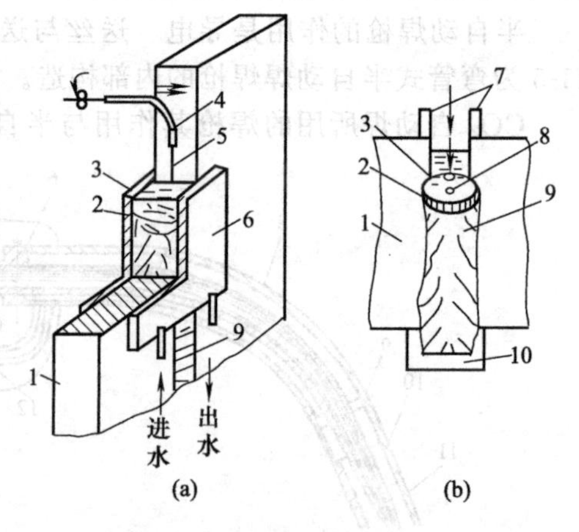

图 11-7 电渣焊过程示意图

1—工件；2—熔池；3—渣池；4—导电嘴；5—焊丝；6—成形装置；7—引出板；8—熔滴；9—焊缝；10—引弧板

2. 电渣焊的特点

① 大厚度焊件可一次焊成。且不开坡口，通常用于焊接 40～2000mm 厚度的焊件。

② 焊缝缺陷少。焊缝含氮量少，不易产生气孔、夹渣及裂纹等缺陷。

③ 成本低。焊丝与焊剂消耗量少，焊件越厚，成本相对越低。

④ 焊接接头晶粒粗大。这是电渣焊的主要缺点，焊缝和热影响区的晶粒粗大，从而降低了接头的塑性与冲击韧性。但是通过焊后热处理，可使晶粒细化，改善接头的力学性能。

（二）电渣焊用焊接材料

1. 焊剂

电渣焊焊剂用“HJ170”、“HJ360”，它具有稳定的电渣过程，并有一定的脱硫能力，主要用于低碳钢和低合金钢的焊接。此外，也可采用某些埋弧焊剂，如“HJ430”、“HJ431”。

2. 电极材料

电渣焊电极材料除起填充金属作用外，还起着向焊缝过渡合金元素的作用，以保证焊缝的力学性能和抗裂性能。

（三）各种电渣焊方法的工艺特点

（1）丝极电渣焊

可分为单丝或多丝电渣焊，通过摆动，以增加焊件的厚度。焊接时，焊丝不断熔化，作为填充金属。此方法一般适用于焊接板厚 40～450mm 的较长直焊缝或环焊缝（见图 11-7）。

（2）板极电渣焊

它是用一条或数条金属板条作为熔化电极（见图 11-8）。其特点是设备简单，不需要电极横向摆动和送丝机构，因此可利用边料作电极。生产率比丝极电渣焊高，但需要大功率焊接电源。同时要求板极长度约是焊缝长度的 3.5 倍，由于板极太长而造成操作不方便，因而使焊缝长度受到限制。此法多用于大断面而长度小于 1.5m 的短焊缝。

（3）熔嘴电渣焊

它是用焊丝与熔嘴作熔化电极的电渣焊（见图 11-9）。熔嘴是由一个或数个导丝管与板料组成，其形状与焊件断面形状相同，它不仅起导电嘴的作用，而且熔化后可作为填充金属的一部分。根据焊件厚度，可采用一只或多只熔嘴。此方法可焊接比板极电渣焊焊接面积更大的焊件，并且适宜焊接不太规则断面的焊件。

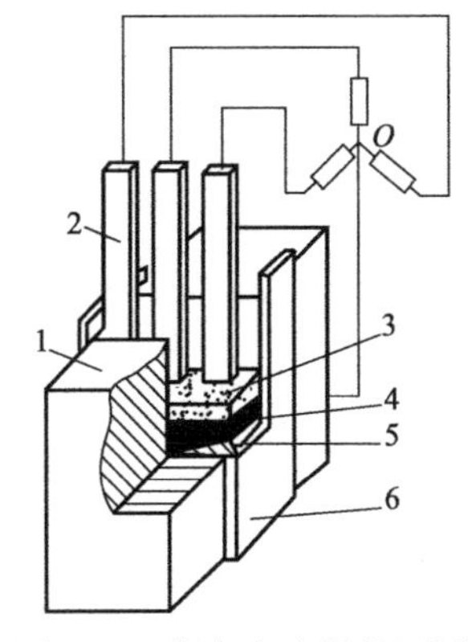

图 11-8　板极电渣焊装置图

1—焊件；2—板极；3—渣池；4—熔池；5—焊缝；6—成形装置

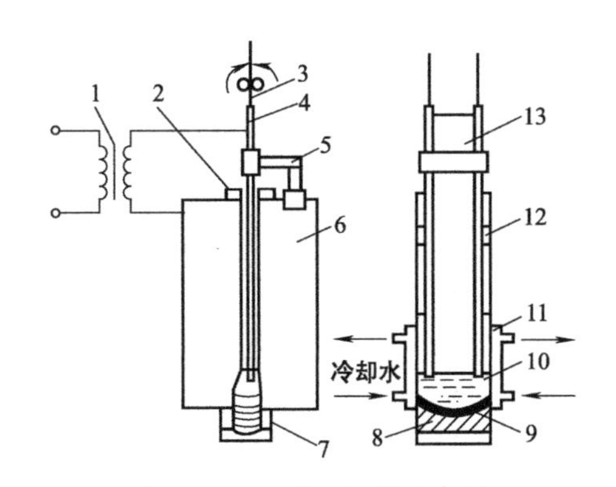

图 11-9　熔嘴电渣焊示意图

1—电源；2—引出板；3—焊丝；4—熔嘴管；5—熔嘴夹持装置；6—焊件；7—引弧板；8—焊缝；9—金属熔池；10—渣池；11—成形板；12—绝缘垫；13—熔嘴钢板

(4) 管状熔嘴电渣焊

与熔嘴电渣焊相似，不同的是熔嘴采用的是外表面带有涂料的厚壁无缝钢管。涂料除了起绝缘外，还可以起到补充熔渣及向焊缝过渡合金元素的作用。此方法适合于中等厚度(20～60mm) 焊件的焊接。

【思考题】

1. 埋弧自动焊有哪些特点？适用于什么场合？
2. 埋弧自动焊焊前要做哪些准备？
3. 埋弧自动焊的焊接工艺参数有哪些？焊接工艺参数对焊缝的成形有哪些影响？
4. 常用的气体保护焊有哪些方法？
5. 二氧化碳气体保护焊与钨极氩弧焊有什么区别？各适合什么场合？
6. 电渣焊焊接原理及特点是什么？焊接方法有哪些？主要用于什么材料的焊接？

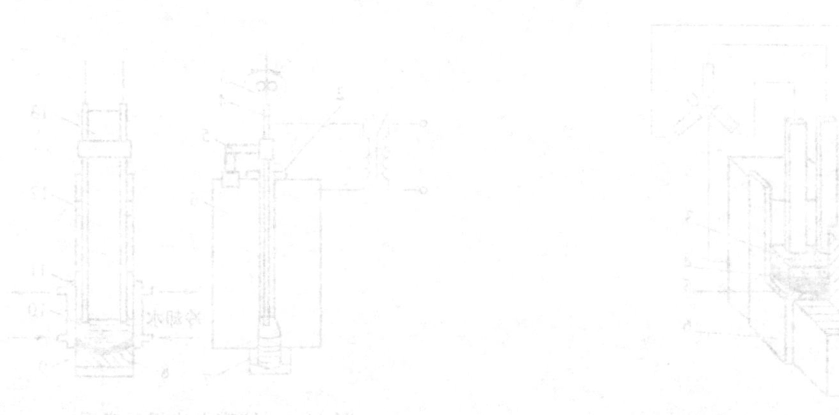

项目十二 设备质量检验

XIANGMUSHIER

【学习目标】 了解设备质量检验的基本要求及检验方式。掌握水压试验方法，熟知压力试验过程。

【知识点】 焊缝常见缺陷，压力容器的焊缝分类，焊接接头的破坏性检验，压力容器的水压试验及气密性试验。

容器制造质量检验贯穿于整个设备制造过程。包括原材料质量检验、各工序质量检验以及设备的整体质量检验。原材料的验收是保证制造质量的前提，工序质量检验是保证制造质量的关键。整体质量除作形状尺寸检测外，一般只作致密性试验以及强度试验。

一、质量检验的基本要求

（一）质量检验的重要性

质量检验是确保压力容器制造质量的重要措施，它对指导制造工艺及设备生产中的安全运行起着十分重要的作用。每个制造厂都建立了从原材料到制造过程以及最终水压试验的一系列检验制度，并设有专门的检验机构和人员负责。质量检验的目的主要有以下几点。

① 及时发现材料中或者焊接等工序中产生的缺陷，以便及时修补和报废，减少损失。

② 为制定工艺过程提供依据和评定工艺过程的合理性。如，采用新材料、新工艺时，产品施工前，须作工艺试验，对试件的质量进行鉴定，为产品施工工艺提供技术依据；对新产品的质量进行鉴定，以评定所选工艺是否恰当。

③ 作为评定产品质量优劣等级的依据。

（二）质量检验标准

在设备制造中，绝对的、无任何缺陷的要求是不可能实现的。比如，焊接过程，即便是严格按照焊接规范进行施焊，也难免会形成这样那样的缺陷。另外，某些缺陷，在某种设计条件下是无害的，而在另一种设计条件下却是有害的。因而，从不同的角度出发，可以制定出不同的允许缺陷的标准。设计规范中，为了对允许缺陷有一个统一的规定，把所有焊接缺陷都看成是削弱容器强度的安全隐患，且不考虑具体的使用差别，而单从制造和规范化的情况出发，将焊接缺陷尽可能降低到一个满足安全要求的最低限度，这就是设备质量检验的质量控制标准。目前我国制定的压力容器法规、标准和技术条件较多，除国家质量技术监督局颁布的《压力容器安全技术监察规程》外，主要标准还有材料标准、产品制造检验标准，以及其他有关零部件标准等。

（三）质量检验内容和方法

设备制造过程中的检验，包括原材料的检验、工序间的检验及压力试验。具体内容如下。

① 原材料和设备零件尺寸和几何形状的检验。

② 原材料和焊缝的化学成分分析、力学性能试验、金相组织检查，总称为破坏试验。

③ 原材料和焊缝内部缺陷的检验。其检验方法是无损检测，它包括射线检测、超声波检测、磁粉检测、渗透检测等。

④ 设备试压，包括水压试验、气压试验、气密试验等。

上述这些项目，对于某一设备而言，并不一定要求全部进行。压力容器制造中，焊缝检验是最重要的项目，而无损检测是检测焊缝中存在缺陷的主要手段，它甚至贯穿于整个设备的制造过程。

二、常见焊接缺陷

（一）焊缝外部缺陷

焊缝外部缺陷主要位于焊缝外表面，焊缝的熔渣清理以后，用肉眼或低倍放大镜可以发现。焊缝外部缺陷主要有以下几种。

1. 焊缝尺寸不符合要求

焊缝外表形状高低不平，焊波宽度不齐，尺寸过大或过小，角焊缝单边及焊角不符合要求等，均属焊缝尺寸不符合要求，如图 12-1 所示。焊缝尺寸不符合要求时，将影响焊接接头的质量。尺寸过小，使接头承载能力降低；尺寸过大，不仅浪费焊接材料，还会增加焊件变形；过高的焊缝会造成应力集中。

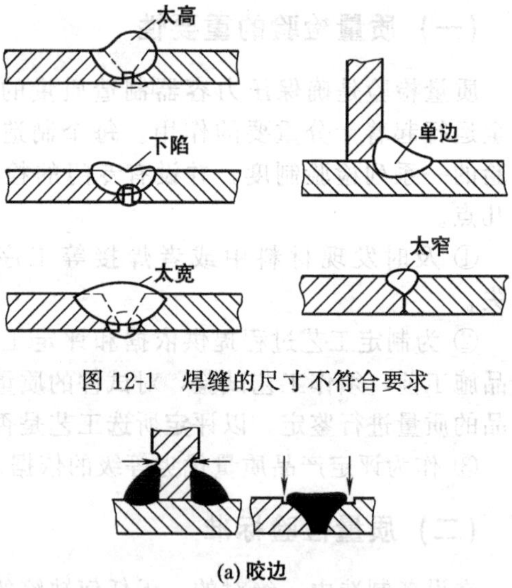

图 12-1 焊缝的尺寸不符合要求

2. 咬边

母材与焊缝边缘交界处的凹下沟槽称为咬边，如图 12-2（a）所示。咬边不但减少了基本金属的工作截面，降低了承载能力，还会产生应力集中。因此，对重要结构不允许存在咬边。

3. 弧坑

在焊缝收尾或焊缝接头处低于母材表面的凹坑称为弧坑，如图 12-2（b）所示。弧坑内常产生气孔、夹渣或裂纹。所以熄弧时应把弧坑填满。

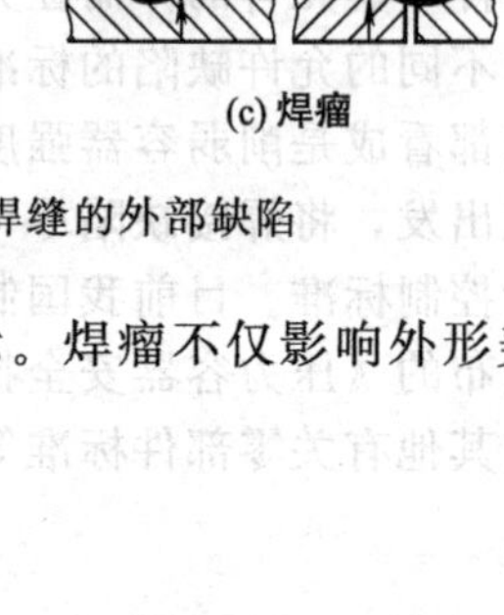

(a) 咬边　(b) 弧坑　(c) 焊瘤

图 12-2 焊缝的外部缺陷

4. 焊瘤

焊接时熔化金属流溢到加热不足的母材上，而未能和母材熔合在一起的堆积金属称为焊瘤，如图 12-2（c）所示。焊瘤不仅影响外形美观，而且在焊瘤下面常有未焊透存在。

(二) 焊缝内部缺陷

焊缝内部缺陷主要有气孔、夹渣、裂纹及未焊透等。这些缺陷要用射线检测、超声波检测、磁粉检测及渗透检测等来检查。

1. 气孔

焊接气孔存在于焊缝表面或内部。最常见的形状是圆形或椭圆形，且边缘光滑。它不仅使焊缝有效截面积减少，降低了强度和致密性，还会使焊缝塑性、冲击韧性降低。

焊接中常见的气孔有两种：一种是氢气孔；一种是一氧化碳气孔。氢气孔主要是熔池冷却过快，使之来不及逸出而留在焊缝内所形成的。一氧化碳气孔则是碳与氧或者碳与氧化铁反应后所生成的一氧化碳气体在焊缝冷凝时来不及逸出而形成的。

2. 裂纹

裂纹又称裂缝，这是最严重的焊接缺陷，降低了接头处的抗拉强度，直接影响设备的安全运行，化工设备不允许存在任何裂纹。

3. 夹渣

在焊接过程中，若金属冷却太快、熔渣浮起太慢，就会使熔渣夹入焊缝金属内而造成夹渣。熔渣密度过大或太稠，焊缝金属脱氧不足，电弧过长等也能造成夹渣。焊缝夹渣使强度、冲击韧性及冷弯性能均下降。

4. 未焊透、未熔合

焊缝未焊透是指焊接接头的局部未被焊缝金属完全充填的现象，多见于焊缝根部和X形坡口中心部位。未熔合指焊条金属与母材金属未完全熔合成一整体。由于未焊透削弱了焊缝的有效截面积，因此降低了焊缝的承载能力，使机械强度下降。未熔合间隙较小，类似于裂纹存在，易造成应力集中，危害性较大。

三、焊缝分类及检验要求

(一) 压力容器焊接接头的分类

按照GB 150中“制造、检验与验收”的有关规定，容器主要受压部分的焊接接头分为A、B、C、D四类，如图12-3所示。

① 圆筒部分的纵向接头（多层包扎容器层板层纵向接头除外）、球形封头与圆筒连接的环向接头、各类凸形封头中的所有拼焊接头以及嵌入式接管与壳体对接连接的接头，均属A类焊接接头。

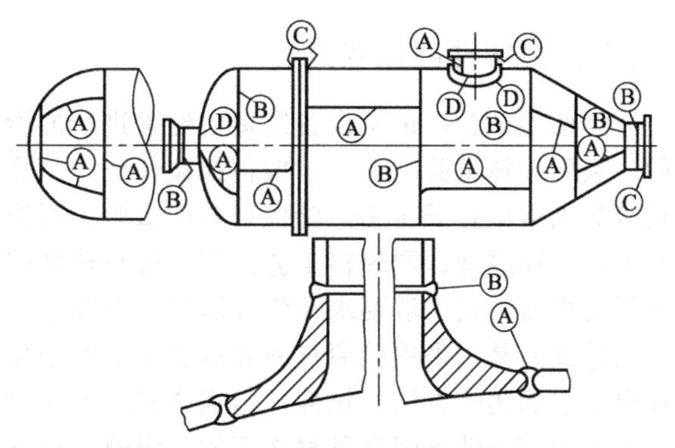

图12-3 压力容器焊接接头分类

② 壳体部分的环向接头、锥形封头小端与接管连接的接头、长颈法兰与接管连接的接头，均属B类焊接接头，但已规定为A、C、D类的焊接接头除外。

③ 平盖、管板与圆筒非对接连接的接头，法兰与壳体、接管连接的接头，内封头与圆

筒的搭接接头以及多层包扎容器层板层纵向接头，均属C类焊接接头。

④ 接管、人孔、凸缘、补强圈等与壳体连接的接头，均属D类焊接接头，但已规定为A，B类的焊接接头除外。

（二）焊缝无损检测的要求

对于不同类型的焊接接头，其焊接检验要求也各不相同。

凡符合下列条件之一的容器及受压元件，需要对A类、B类焊接接头进行100%无损检测。

① 钢材厚度大于30mm的碳素钢、Q345R（16MnR）。

② 钢材厚度大于25mm的15MnVR、15MnV、20MnMo和奥氏体不锈钢。

③ 标准抗拉强度下限值大于540MPa的钢材。

④ 钢材厚度大于16mm的12CrMo、15CrMoR、15CrMo，其他任意厚度的Cr-Mo低合金钢。

⑤ 进行气压试验的容器。

⑥ 图样注明盛装毒性为极度危害的和高度危害介质的容器。

⑦ 图样规定须进行100%检测的容器。

除以上规定及允许可以不进行无损检测的容器，对A类、B类焊接接头还可以进行局部无损检测，但检测长度不应小于每条焊缝的20%，且不小于250mm。

四、焊接接头的破坏性试验

（一）化学成分分析

钢材化学成分分析是设备制造、维修、事故分析中常用的实验分析方法。化学成分的分析不仅常用于原材料的检验上，还应用于焊缝和工艺评定中。化学成分分析按照GB 223—81《钢铁化学成分分析标准方法》进行。常规分析一般要求测定C、Si、Mn、S、P五大元素的成分应在相应的合格范围内。碳元素含量的高低对碳素钢和低合金钢的焊接质量影响很大，应严格控制。对于低合金钢，按照碳当量计算结果进行焊接工艺评定，并要求$C_e \leqslant 0.45\%$。对于奥氏体不锈钢，除常规元素外，还应对Cr、Ni、Mo等元素进行成分分析，为判定工艺条件提供依据。

（二）力学性能试验

力学性能试验，也是设备制造中经常进行的检验项目。是对原材料、焊接接头所必需进行的一系列破坏试验方法。一般包括拉伸试验、冷弯试验和常温冲击韧性试验等。对于管子焊接接头则多以管子压扁试验代替弯曲试验。用作焊接接头力学性能试验的试样，要求与材料同牌号、同厚度、同焊接工艺。产品进行热处理时，试板必须与产品一起进行热处理。对于容器的焊接试板一般要求在焊缝延长线上截取。

拉伸试验是用来检验原材料和焊缝金属的强度极限σ_b、屈服极限σ_s、延伸率δ_s是否符合规定要求的实验方法。拉伸试验通常按照GB 228—87《金属拉伸试验方法》进行。强度应不低于相应条件下焊件母材强度的下限值。试样如图12-4所示。

弯曲实验是将试样弯曲到一定角度后，观察其弯曲部位是否有裂纹产生，并以此判定其承受弯曲的能力是否符合规定的要求。试样一般在焊缝横向切取两个，分别作为面弯和背弯

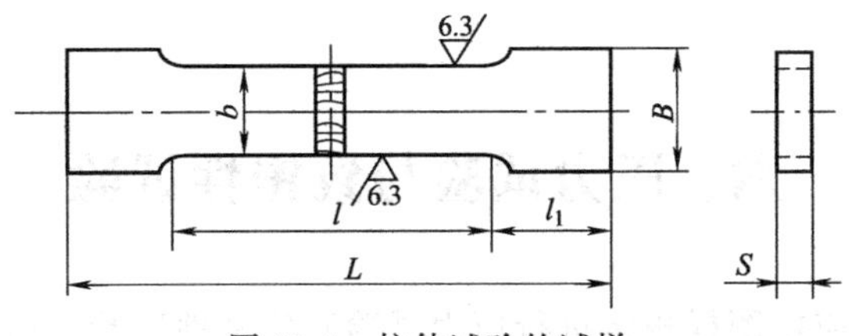

图 12-4 拉伸试验的试样

的试样。试验按照 GB 232—88《金属弯曲试验方法》进行。弯曲试样与试验如图 12-5 所示。

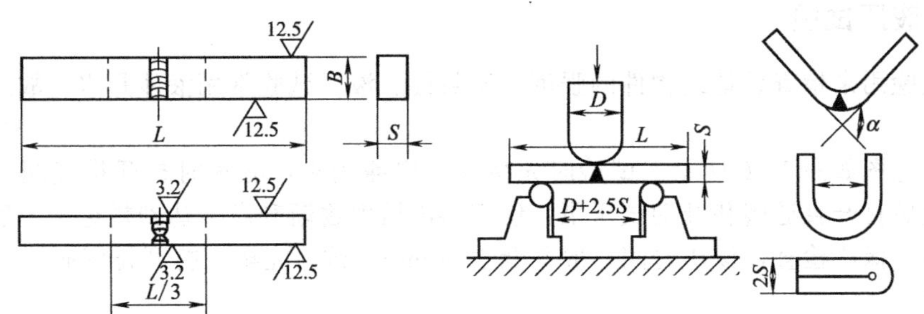

图 12-5 弯曲试样与试验示意图

常温冲击韧性试验是检验材料韧性和塑性变形能力的试验方法。试验方法按照 GB/T 229—94《金属夏比缺口冲击实验方法》进行。

压扁试验是对管子原材料和焊接接头力学性能的一种试验方法，主要用来检验塑性变形能力。管子压扁试验是按照 GB 246—82《金属管压扁试验法》进行。

（三）金相检验

金相检验是容器制造中焊接和热处理工艺评定以及设备事故分析所必需的检验程序。主要目的是检查钢材的金相组织及内部可能存在的显微缺陷。按照检查目的不同分为宏观检查和微观组织检查两种。

宏观检查即低倍组织检查，包括酸蚀和断口检查。宏观检查是将试样研磨至表面粗糙度为 R_a1.6 的断面，酸蚀处理后，用 5～10 倍放大镜检查断面的未焊透、未熔合、裂纹及组织偏析等焊接缺陷，并且测定其尺寸。断口的宏观检查，是评定冲击试样断口韧性的简易方法。试件断口全部呈暗灰色纤维状时，称为韧性端口；如果全部为闪烁的结晶状时，称为脆性断口。微观组织检查是用 50～150 倍金相显微镜观察其显微组织状态，并作出定性和定量分析等。

五、无损检测

前述的化学成分检验、力学性能检验以及金相组织检验都是对构件进行的破坏性试验，但在很多情况下是不允许在检验的过程中对构件造成任何的损坏。如对制作好的压力容器焊缝的检验，对在用压力容器壁厚以及焊缝的检验，都不允许进行破坏性试验，这就需要进行无损检测。

无损检验用于检查原材料及焊缝的表面和内部缺陷，是确保设备制造质量的重要环节之一和主要手段。它包括射线检测、超声波检测、磁粉检测、渗透检测等。射线检测和超声波检测主要用于内部缺陷的检查，磁粉检测主要用于表面和近表面缺陷的检查，渗透检测用于表面开口缺陷的检查。

六、压力试验与致密性试验

设备制造完毕后，应按图样规定进行压力试验和致密性试验。压力试验包括液压试验和气压试验。致密性试验主要有气密性试验和渗漏性试验，渗漏性试验则根据试验所用的介质不同分为煤油渗漏试验和氨渗透性试验。

(一) 液压试验

液压试验用来检查设备或构件的强度和密封性。液压试验常用液体是水，故通常称之为水压试验。

试验工艺图如图 12-6 所示。试验时先将容器内灌满水，灌水时打开排气阀，待气排完后关闭。然后打开直通阀和开动试压泵，使容器内压力逐渐升高，达到规定压力后，停泵并关闭直通阀，保压检查，保压时间一般不低于 30min。试验完毕，打开排气阀，再打开排水阀将水放净。

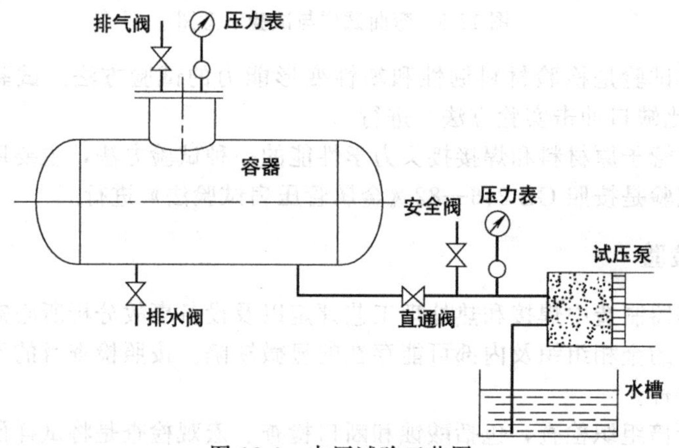

图 12-6 水压试验工艺图

试验的压力应符合设计图样的要求，试验压力按照表 12-1 选取。水压试验时应注意以下几点。

① 水压试验有一定的危险性，试验时应注意安全。试验压力应缓慢上升，有些需要逐级升压。达到规定压力后保压时间不低于 30min，然后将压力降至试验压力的 80%，保持足够长时间，并对所有焊缝和连接部位进行检查，以无渗漏和异常声音为合格。如有渗漏，修补后重新进行试验。

② 立式容器卧置水压试验时，试验压力应加上液柱静压。

③ 对于碳钢和一般低合金钢，试验液体的温度不应低于 5℃。对于新钢种，还应比材料脆性转变温度高 16℃。对于不锈钢容器，试验用水所含氯离子的浓度不超过 25×10^{-6}。

(二) 气压试验

气压试验也是用来检查各连接部位和焊缝的密封性的。只有设计结构上或者使用方面的原因不能用液压试验时，才采用气压试验。例如，设计的构件或基础未考虑试压时水的重量；使用时不允许有残留水分，而其内部又不便于干燥的设备。

试验的压力应符合设计图样的规定，或按照表 12-2 所规定的压力来控制。

表 12-1　液压试验压力表

容器种类	试验压力 P_T/MPa
内压容器	$P_T=1.25p\frac{[\sigma]}{[\sigma]^t}$
外压容器	$P_T=1.25p$
真空压力容器	$P_T=1.25p$

表 12-2　气压试验压力表

容器种类	试验压力 P_T/MPa
内压容器	$P_T=1.15p\frac{[\sigma]}{[\sigma]^t}$
外压容器	$P_T=1.15p$
真空压力容器	$P_T=1.15p$

注：p——设计压力，MPa；
P_T——试验压力，MPa；
$[\sigma]$——试验温度下材料许用应力，MPa；
$[\sigma]^t$——设计温度下材料许用应力，MPa；

试验时必须注意以下各点。

① 试验的介质为气体，由于气体的体积压缩比很大，气压试验的危险性很大，一旦发生爆炸，后果十分严重。所以试压时，须经主管部门同意，并在安全部门的监督下，按规定进行，并采取有效的安全措施。

② 气压试验的介质温度不低于 15℃。

③ 气压实验时，压力需缓慢上升，至规定压力的 10%。且不超过 0.05MPa 时保压 5min，检查所有焊缝以及连接部位，有渗漏时按规定返修。合格后，继续缓慢升压，至规定试验压力的 50%后，按照每级为规定试验压力的 10%的级差，逐级升至试验压力，保压 10min 后将压力降至规定试验压力的 87%，保持足够长时间，然后再进行检查，无渗漏为合格。有渗漏时，按照规定返修，重新试验至合格为止。

（三）致密性试验

1. 气密性试验

气密性试验的主要检查目的是检查连接部位的密封性能和焊缝可能产生的渗漏。由于气体比液体检漏的灵敏度高，因而用于密封性要求高的容器。进行气密性试验的设备，在试验前应进行水压试验，合格后方可进行。试验压力为设计压力的 1.15 倍。试验时，压力应缓慢上升，达到规定压力后保压 10min，再降至设计压力进行检查，以无渗漏为合格。

2. 氨渗透试验

氨渗透试验属于气密性试验。常用于检查压力较低，但密封性要求高的场合。如煤气管道等。氨渗透试验是将含氨体积比 1%的压缩空气通入容器内，在焊缝及连接部位贴上比焊缝宽 20mm 的试纸，达到试验压力后 5min，试纸未出现黑色或者红色为合格。使用酚酞试纸时，应注意将碱性溶液清除干净。

3. 煤油试验

煤油试验是利用煤油良好的渗透性，检查焊缝致密性的一种检测方法。检查时，将焊缝能够观察的一面清理干净，涂上白粉浆，晾干后，在焊缝的另一面涂上煤油，使表面得到足够的浸润，半小时后检查，以没有油渍为合格。

【思考题】

1. 为什么设备制造的质量检验要贯穿于制造全过程？
2. 压力容器制造的主要质量检验标准有哪些？
3. 水压试验后的容器应进行哪些检验项目？实际生产中是如何进行的？

【相关技能】

压力容器的水压试验

设备制造完毕后，应按图样规定进行压力试验和致密性试验。压力试验包括液压试验和气压试验。液压试验常用水为试压介质，称之为水压试验。

压力容器的水压试验训练可根据实训室具体情况确定水压试验对象，试验对象应有完整的设备制造施工图纸。实训时要求学生读懂图纸中质量验收标准以及水压试验技术参数，并对其进行核实，以明确图样对设备的水压试验的具体要求。

（一）实训的目的

① 掌握压力容器水压试验的基本方法。

② 掌握压力容器水压试验的基本操作流程。

③ 掌握压力容器水压试验的技术文件的填写。

④ 熟悉 GB 150—1998 压力试验的基本要求

（二）实训的要求

① 熟悉 GB 150—1998 对压力试验的基本要求。

② 根据 GB 150—1998 再次确认图样中的水压试压数据。

③ 熟悉水压试验基本设施，并掌握其使用方法。

（三）注意事项

严格遵守 GB 150—1998 中 10.9 条款之规定。试验须经过有关部门的批准。

① 试验压力表必须用两个量程相同的并经过校正的压力表；压力表的量程为试验压力的 2 倍左右，但不低于 1.5 倍且高于 4 倍试验压力；压力表的精度等级不低于 1.5 级。

② 奥氏体不锈钢设备水压试验时，氯离子含量不超过 25×10^{-6}。

③ 碳素钢、Q345R 等材质设备，试验水的温度不低于 5℃；其他低合金容器不低于 15℃。

（四）实训设备

① 电动（或手动）试压泵；

② 压力表、安全阀；

③ 相应管道；

④ 其他设备。

（五）实训的步骤

① 准备试压所用设备、仪器，安装好需要连接的管路。

② 核实图样水压试验压力数值。

③ 制定设备水压试验方案。

④ 水压试验。

⑤ 填写压力试验报告单

（六）成绩评定

① 安全守纪、文明施工，20％；
② 水压试验过程，50％；
③ 压力试验报告单填写，20％；
④ 团结协作意识等，10％。

容器水压试验任务单

项目编号	No. 10	项目名称	水压试验	训练对象	学生	学时	2
课程名称	《化工设备制造技术》	教材	《化工设备制造技术》				
目的	1. 掌握压力容器水压试验的基本方法。 2. 掌握压力容器水压试验的基本操作流程。 3. 掌握压力容器水压试验的技术文件的填写。 4. 熟悉 GB 150—1998 压力试验的基本要求。						

内　　容

一、任务

按照图中所示装置进行液压试验

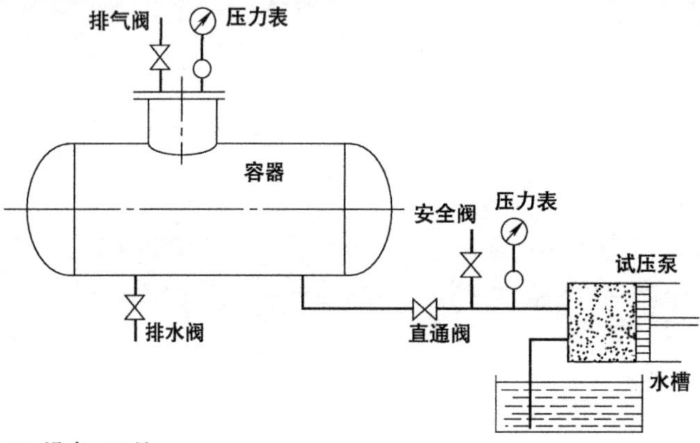

二、设备、工具

1. 电动(或手动)试压泵；
2. 压力表、安全阀；
3. 相应管道；
4. 其他设备。

三、步骤

1. 准备试压所用设备、仪器,安装好需要连接的管路。
2. 核实图样水压试验压力数值。
3. 制定设备水压试验方案。
4. 水压试验。
5. 填写压力试验报告单。

四、考核标准

1. 安全守纪、文明施工。(20%)
2. 水压试验过程。(50%)
3. 压力试验报告单填写。(20%)
4. 团结协作意识等。(10%)

思考题	1. 试验用压力表为什么要用两块？其量程如何确定？ 2. 对试验用水有何要求？为什么？

典型设备的制造与安装

【学习目标】 了解典型化工设备：球形容器、塔器、换热器的制造方法和工艺特点，熟悉它们的安装过程。

【知识点】 球形容器、塔器、换热器设备的结构特点及现场的安装方法。

球形容器（球罐）、换热器、塔器、反应釜的制造工艺与安装过程基本相同，但又各有其特点。球形容器一般是在制造厂将球瓣压制成形、开坡口、预组装后，分瓣运抵现场再组装焊接；换热器制造机加工量较大，主要是管板、折流板的加工，加工精度要求较高；塔器制造主要要保证塔体的直线度及安装的直线度和铅垂度，保证塔器内件的加工精度和塔盘安装的水平度；反应釜的制造难度主要在于搅拌系统的制造精度与安装的铅垂度、直线度。

一、球罐的制造与安装

球罐、立罐是炼油、化工企业的主要容器设备之一，用于储存具有压力、低温、常温、常压特点的油品、化工液体物料，以及气体物料等。这些设备一般都在现场组对、焊接安装而成，施工要求严格，工作量大，施工技术复杂，并已形成各自独特的现场安装工艺。

（一）球罐的结构特点

与圆筒形容器相比，在容积相同的情况下，球形容积的表面积最小；直径与壁厚相同、承受内压相同的情况下，球形容器的应力水平低；球形容器的钢材消耗比同样压力下的圆筒形容器少得多。另外，球形容器还具有占地面积少、基础工程量少及受风面积小等优点。

由于工艺装置的日益大型化，球形容器的直径也越来越大，目前已投入使用的最大直径已达 55m（容积为 $8700m^3$）。大型球形容器通常是在现场进行组焊。由于施工现场的条件和环境的限制，要求现场组焊应有更可靠的工艺和较高的技术水平，在运输条件许可的情况下，$200m^3$ 以内的球形容器也可在厂内制造。

球罐的构造包括本体、支柱以及平台梯子等附属设备，如图 13-1 所示。

球罐本体又称球体，由图 13-1 可知，它由上下极板、中带板拼装焊接而成，包括直接与球壳焊接在一起的接管与人孔。

球罐支座有支柱式（见图 13-1）、裙式、半埋式以及高架式几种形式。

附属设备有顶部操作平台、外部及内部的扶梯、保温或保冷层以及阀门、仪表等。

球形容器除了和其他的压力容器有相同的技术要求外，还有一些特有的、比较严格的技术要求。球形容器所用材料要求其强度等级在 400～500MPa；在使用温度下，不同强度级别的材料，有不同的韧性指标要求；所用材料的焊接性比其他类型压力容器用材料要求更高，比如 500MPa 级钢的碳当量 C_e 值不大于 0.44%，裂纹敏感指数 P_e 应不大于 0.30%。此外，钢板在使用前必须经过严格的检查，对材料应进行必要的化学成分和力学性能复验，

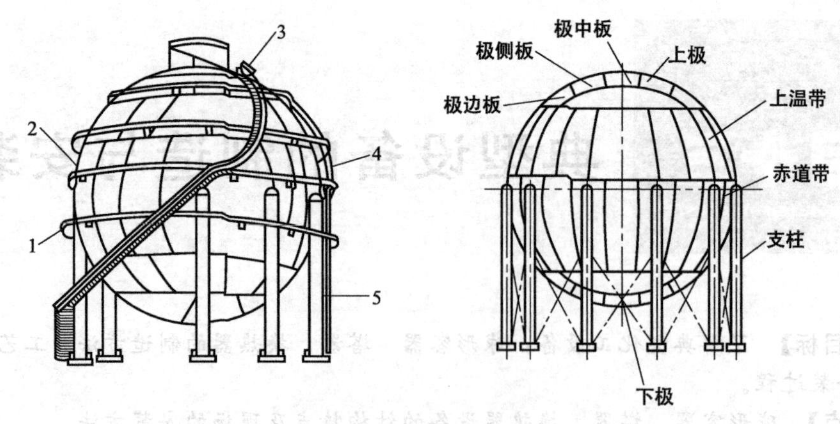

图 13-1　球罐的结构

1—喷淋装置；2—球体；3—平台扶梯；4—消防管；5—支柱

表面伤痕及局部凸凹深度不得超过板厚的7%，且不得大于3mm。

制造精度要求也较高，球瓣曲率及尺寸必须十分精确，才可能使组对成的球壳误差较小，符合制造要求，组对时焊缝间隙应均匀，坡口形状准确，以保证焊接质量。

(二) 球罐的现场制造工艺

1. 球片的制作工艺、检查与验收

(1) 球片的制作

① 展开放样。在球瓣展开前首先要解决分瓣排版问题。球罐分瓣方法有足球式、橘瓣式和足球与橘瓣混合式三种，如图 13-2 所示。

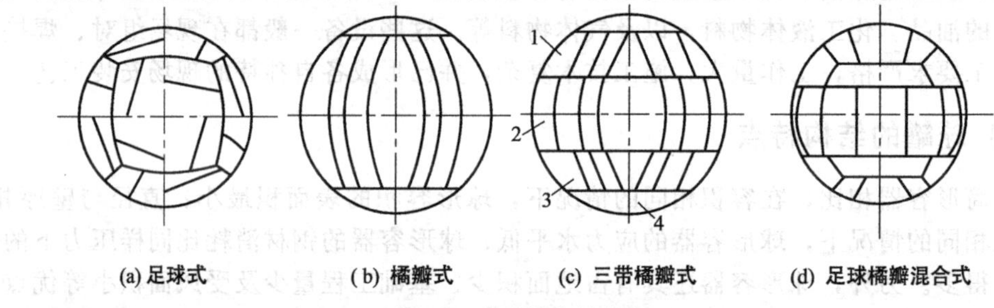

图 13-2　球罐分瓣方案

1—上温带；2—赤道带；3—下温带；4—球底

足球式分瓣法的优点是球瓣只有一种形状，制造较方便，材料利用率高，焊缝总长比较短。但由于焊缝布置较为复杂，现场组对和焊接不方便，特别是不便采用自动焊。所以目前国内很少采用。

我国目前常用的方法是橘瓣式分瓣法。根据球罐直径大小，可作成单环带、多环带，应用较多的是三环带。它的优点是焊缝只有水平和垂直两种，现场组焊方便，可利于自动焊。缺点是各带球瓣的形状和尺寸都不同，给制造工序增加很大工作量，而且互换性差、材料利用率低。

足球橘瓣混合式分瓣法，其赤道带是橘瓣形，南北极各有三块与赤道带不同的橘瓣片，温带为尺寸相同的足球瓣。它有四种规格的球瓣，制造较方便，板材利用率高，焊缝总长度较短，现场组焊工作量少，是一种值得提倡的分瓣方案。

球片展开放样方法很多，常用的是展开图法或球心角弧长计算法。展开图法是按等弧长的原则，采用多级截锥体展开原理进行的。

球心角弧长计算法是利用球心角来计算弧长值。球片上任意两点间球面弧长的计算公式为：

$$L=R\theta$$

式中 R——球面中心层或外壁半径，mm；

θ——两点间的球心角，rad。

球片上任意两点间球面中心层弧长值用于下料，而球片上任意两点间外球面弧长值用于检验。

② 下料样板制造。由于球片展开应用球心角弧长计算法，所以球片下料可用一次下料样板法。钢板下料是在平面状态下一次割准（即不留余量），样板的正确性要求较高。下料样板选用铝板或薄钢板等组成，具有制造方便，柔软性适中，精度高，容易保存等优点。

下料样板的修正：根据球心角计算法所得的各外弧长值，下两块相同的料，周边放余量20～30mm，标出各节点印记。取其中一块进行冷压，压时将印记置于球片外壁，压制成形后仍按其弧长值，在球片外壁上进行尺寸校验。由此，得出各节点经压延所产生的位移值，然后在另一块平料上，按其变量予以修正。为了可靠起见，可重复以上操作，确认准确后便可作为下料样板。

③ 下料。制造球片的钢板应逐张做超声波探伤检查，以符合容器用钢板超声波探伤的验收要求或根据设计要求选定。

球片下料采用氧-乙炔或氧丙烷切割。

球瓣的放样下料，一般是分两次进行。一次是在成形前对板坯进行平面划线，即用样板划出球瓣展开图，切割后成形；另一次是在成形后用球瓣样板进行二次划线，然后精切割。两次划线下料方法，能得到尺寸较精确的球瓣，但工序多，切割余量大（6～8mm），费材料。

一次下料法是在平板上进行，以气割操作比较有利，其缺点是对成形的料，几何尺寸要求高，加工中容易产生误差。

④ 成形。球瓣成型方法有模压法和卷制法两种，目前主要采用模压成形法。球瓣的模压成形是在压力机上完成的。根据压制前坯料是否加热可分为冷压和热压两种。

a. 冷压成形。冷压成形无需加热，而且可采用小模具点压成形，即将板坯放在模具上，往复移动，压力机每一行程冲压板坯的一部分，相继两次行程冲压范围要有一定重叠面积。一般要压两到三遍。第一遍不能压到底，必须按不同顺序进行逐点压制。如图13-3所示为加工顺序示意图。冷压成形的球瓣尺寸可以大型化，无氧化皮、成形美观；设备简单、劳动条件好；制造精度高、质量较好。因此，冷压成形已成为生产球瓣的主要方法。当采用高强度调质钢制造球罐时，为不破坏调质钢板的力学性能，只能用冷压成形法。

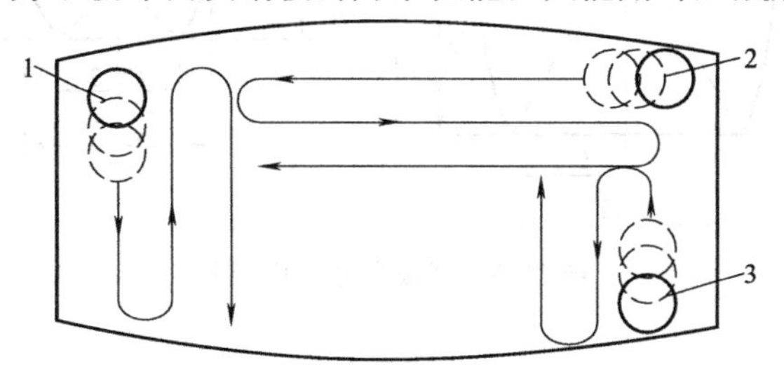

图13-3 点压成形加工顺序示意图

1—第一遍压延轨迹；2—第二遍压延轨迹；3—第三遍压延轨迹

b. 热压成形。先将坯料在炉内加热到950～1000℃，取出放到冲压机模具上冲压成形。热压成形具有速度快、效率高和冷作硬化少等优点，但其操作费用高、劳动条件差，所以只用于板厚太大，受压力机能力限制无法冷压时，才用热压成形。

球瓣成形后，即可进行检查校正，然后二次划线，精切割后同时切出坡口，然后进行球体的组装。

(2) 球片的检查与验收

组成球罐的球片，一般由制造厂商供货。提供的球片不得有裂纹、气泡、结疤、折叠和夹渣等缺陷；若有缺陷需进行修补。也有自己展开下料，冲压成形的。目前应对球片逐块进行材质、外观、弧度与几何尺寸及坡口等的严格检验，并对板面进行100%超声波检验；并要求对厚度测量，测厚可进行抽查，实测厚度不得小于名义厚度减去钢板负偏差。抽查数量应为球片数量的20%，且每带不应少于2块，上、下极不应少于1块；每张球片的检测不应少于5点。抽查若有不合格，应加倍抽查；若仍有不合格，应对球片逐张进行检查。检查球片弧度用专用样板。样板弧长不得小于球片弧长的2/3，而且样板与球片弧形之间的贴合应良好，局部间隙不应超过样板弧长的2/1000，超差时可退回，由现场返修时做好记录。

检查时要将球片放在特制的胎架上，避免由于球片自重而引起变形，影响球片的几何尺寸。一般规定，曲率允差：当球瓣弦长≥2000mm时，用弧长≥2000mm的样板检查，间隙≤3mm，如图13-4所示；几何尺寸允差：长度方向弦长允差≤±2.0mm，任意宽度方向弦长A、B、C允差≤±2mm，对角线弦长C允差≤±3mm，如图13-5所示。另外，相邻板厚相差如超过3mm或超过薄板厚度的1/4时，应将厚板削薄过渡处理。

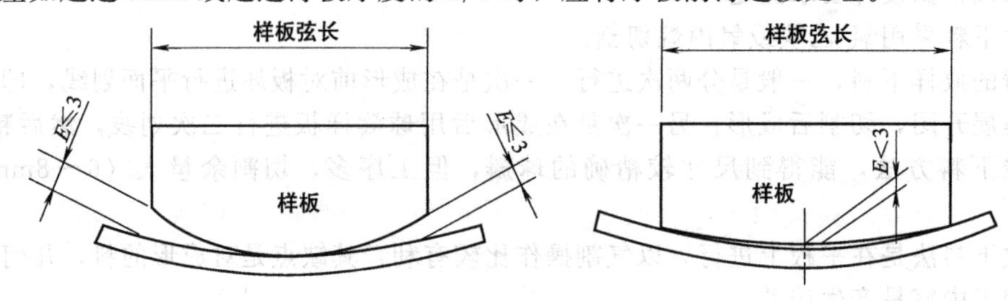

图13-4 球瓣曲率测量示意图

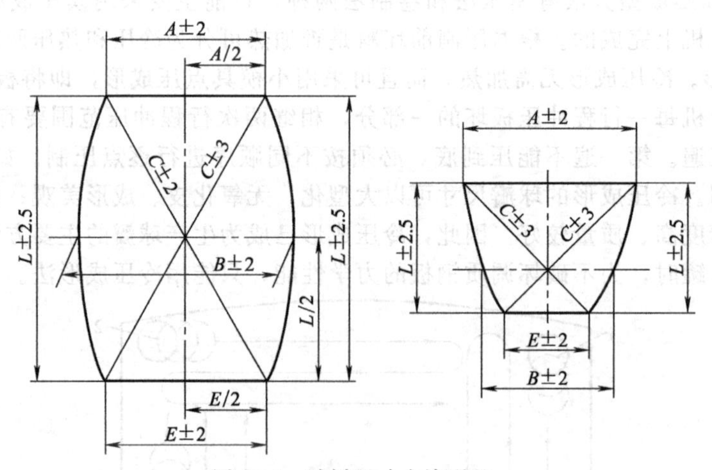

图13-5 球瓣尺寸允许误差

2. 球体的组装

球形储罐尺寸一般都很大，在制造厂只能完成球瓣和附件的制造，组装工作要在安装现场完成。球体的组装方法较多，常用的组装方法有三种，整体组装法、分段组装法和混合组装法。

(1) 整体组装

它是指在球罐支柱的基础上，把球瓣的单片或组片用工夹具逐一组装成球形。其安装过程可大致分为组装和焊接两个阶段。整体组装有较好的连接尺寸精度，可以节省大量的工装辅助材料，组装速度快。但有较多的高空作业，要求操作人员有较高的技术水平，注意高空作业的安全。

(2) 分段组装法

它是分别按赤道带、上下温带、上下极带在平台上组装成各自的环带，完成纵缝焊接后再叠装成球体的一种方法。由于这种方法需要有平台和起重机械，因此适宜于在制造厂内组装或焊接小型球罐。分段组装是把纵缝放置于平台上组焊的，又因部分高空作业变为地面上进行，组装精度易于保证，纵缝的焊接质量好。但是由于最后的叠装难于保证对口尺寸精度，而且环带的刚性大，环带间的组装较为困难。

(3) 混合组装法

它是综合了整体组装和分段组装的方法，以充分利用现场的现有条件，如平台、起重机械等，而采用的一种较为灵活的方法。它兼备了上述两种方法的优点，一般适宜于中小型球体的组装。

球罐分段组装的总装工艺流程如表13-1所示。

表 13-1　球罐的总装工艺流程

工序号	工作内容	要求
1	汇集全部构件和零部件	
2	清理球片及焊接区	
3	组装球带	分组组装，点固
4	球带纵缝焊接	预热、焊缝两端先焊100～150mm以保证两端焊缝质量，由两名焊工同时施焊
5	尺寸、形状及焊缝质量检验	形状尺寸精度影响组装精度，焊缝100%射线探伤按GB 3323—2005或JB 4730—2005规定Ⅱ级合格
6	安装底部平台	平台标高以下寒带的底面标高为基准确定
7	球体组装	下寒带吊装→下温带吊装→下部柱脚吊装→赤道带吊装→上温带吊装→上寒带吊装
8	焊接	焊缝100%射线探伤按GB 3323—2005或JB 4730—2005规定Ⅱ级合格
9	尺寸、形状质量检查	
10	组焊上下极板	拆除底部平台→下极板吊装→上极板吊装
11	划各接管的开孔线、割孔、修坡口	
12	组装焊接各人孔、接管及加强圈等	各焊缝表面探伤，加强圈按规定试压
13	组装焊接各平台、扶手等	
14	消除应力、整体热处理	
15	水压试验	按技术要求
16	气密性试验	按技术要求
17	表面处理	
18	装焊铭牌、油漆、包装	
19	总体检验、包扎、入库	

3. 球罐的焊接工艺

球罐安装的特点是焊接工作量大，焊接质量要求严格，焊接工艺复杂，难度高，包括平、立、横、仰各种位置上的施焊；质量要求非常高，要求100%拍片检查。

球罐上焊缝一般均为X形双面坡口，钝边控制在1～2mm左右，同时外侧坡口大，内侧坡口小，以减少罐内的焊接量。

每一带板上的数条立缝要由4～8名焊工对称施焊，而且每条环焊缝也要分成四段以上同时对称施焊，以减少焊接应力与变形。每段焊缝的焊接工作都应按除锈手工打底、分数遍施焊、清根、分数遍焊另一侧的步骤细致地进行。为了改善劳动条件，提高焊接质量，有条件时尽可能采用自动焊方式施焊。

（1）焊接技术要求

① 焊接应由经过使用同种焊条、在同样材质钢板上进行焊接考试合格的焊工担任。并应遵循：焊条电弧焊的焊条应符合现行国家标准《碳钢焊条》GB/T 5117和《低合金钢焊条》GB/T 5118的规定；药芯焊丝应符合《碳钢药芯焊丝》GB 10045的规定。埋弧焊使用的焊丝应符合《熔化焊用焊丝》GB/T 14957和《二氧化碳气体保护焊用焊丝》GB/T 8110的规定，使用的焊剂应符合《碳素钢埋弧焊用焊剂》GB 5293和《低合金钢埋弧用焊剂》GB 12470的规定。

保护用二氧化碳气体应符合现行国家标准《焊接用二氧化碳》GB/T 2537的规定；保护用氩气应符合现行国家标准《氩气》GB 4842的规定；二氧化碳气体使用前，宜将气瓶倒置24h，并将水放净。

符合《钢制压力容器焊接规程》（JB/T 4709—2000）的规定，选择合理的施焊方案与现场管理制度后才能焊接。

② 施工现场必须建立严格的焊条烘干和保温使用的管理制度。焊条一般要在250℃烘干箱中烘烤保温2h，再放到焊条桶内备用，做到烘多少，用多少，随烘随用。要防止使用未经烘干与药皮不全的焊条。

③ 焊好一侧后，必须在另一侧先做好清根工作，才能进行施焊。清根可采用碳弧气刨，清根后还要打磨表面的渗碳层，必要时需经着色探伤或磁粉探伤合格后才能继续焊接。

④ 焊接时要控制一定的线能量，即单位长度焊缝内的热输入量。一般线能量控制在12～45kJ/cm以内。

⑤ 组对时的点焊、工卡具与起重吊耳的焊接等，应采取与主焊缝相同的焊条与焊接工艺，点焊长度不小于50mm，焊肉高度不低于8mm，焊距不大于300mm。另外，工卡具与起重吊耳在使用后均应使用碳弧气刨去除，用砂轮磨光。

⑥ 凡要求焊接前预热的焊缝，其吊耳、工卡具的焊接也应预热。预热温度对Q345R钢板纵焊缝来说，无论外侧还是内侧施焊均为100～160℃，环缝预热到200℃左右；预热范围应达到焊接部位周边100mm以外；加热方法使用弧形加热器或远红外加热器，其长度为所焊纵缝长，每侧各装燃烧液体燃料或气体燃料；并且里侧加热外侧焊接；外侧加热里侧焊接；同时焊接开始后，只减少预热火焰，而不熄灭火焰。

⑦ 要求预热的焊缝，环境温度低于10℃时，焊后应后热缓冷。后热温度为200～250℃，保温不少于30min，然后熄掉加热器，用80～100mm的保温被盖上，使之缓慢冷却。

⑧ 施工现场遇有雨、雪和风速8m/s以上，环境温度−10℃以下，相对湿度在90%以上时，要采取有效的防护措施，才能施焊。

球片的对接焊缝以及直接与球片焊接的焊缝，必须选用低氢型药皮焊条，焊条和药芯焊丝应按批号进行扩散氢复验，方法应符合《电焊条熔敷金属中扩散氢测定方法》GB/T 3965

的规定。

球罐焊条电弧焊时，可采用直流碱性低氢型焊条（例如，以J507底层焊条手工打底，J507焊条进行焊接）。焊条直径可从ϕ3.2、ϕ4.0及ϕ5.0三种中选用。

球罐采用埋弧自动焊时，可选用H08A、H08MnA、H10Mn2和H10MnSi等牌号的焊丝，并选用HJ431作为焊剂。

焊接中一般使用直流反接法。并且以小电流、短电弧、连弧焊方法施焊，同时控制好焊接速度，以减少热影响区，提高焊缝质量。

(2) 焊缝质量检查与修补

① 球罐焊接完成后，其焊缝内外表面应成形良好，表面几何形状达到图纸要求，没有裂纹、气孔、夹渣等缺陷，同时局部咬边深度不得大于0.5mm，咬边长度不得大于100mm，每条焊缝两侧咬边长度之和不得大于该焊缝总长度的10%。

② 焊缝无损探伤量应为100%，并应在至少焊完24h以后进行。焊缝如采用超声波检查，球罐全部丁字接缝、十字接缝以及超声波有疑议的地方，均应以X射线复查。

③ 发现有不合格的缺陷时，首先应将缺陷清除，经着色检查合格后进行补焊，补焊长度不得小于50mm。焊缝同一部位返修不得超过2次。对于深度不小于0.5mm的表面缺陷，用砂轮磨出即可，补焊工艺应与主焊缝相同，但预热温度应比正式焊提高25%。

(3) 球罐的焊后热处理

球罐多用厚度较大的高强度碳钢或低合金钢板焊接而成，焊缝多而且复杂，焊后均存在有较大的焊接应力。因此，凡碳钢球罐壁厚大于34mm以及Q345R与15MnVR球罐，都应作焊后消除应力热处理。

球罐消除应力热处理的方法有整体高温退火处理、低温消除应力处理、局部处理及超压试验等。目前多采用整体高温退火处理，即在球罐内部布置若干燃烧喷嘴，燃烧气体或液体燃料（如液化气），罐外用保温材料进行保温，并在罐壁上安装若干热电偶控制及测量温度。

当球罐被加热到500～650℃，便按照保温2h、降温2h或一定的退火温度曲线进行整体退火热处理。

4. 球罐的试验与检验

球罐制成后，要根据《球形储罐施工及验收规范》(GB 50094—1998) 进行压力试验、气密性试验和检验。

(1) 球罐的水压试验

为了考核和检查球罐的强度和基础的承压能力、球罐装配和焊接质量，并起到一定的消除内应力的作用，在焊接、砂轮打磨、焊缝X射线透检和磁粉探伤表面裂纹合格后，应进行水压试验。

① 强度钢制球罐，必须在焊后至少72h后进行水压试验。

② 试验压力为工作压力的1.25倍，如有特殊要求，也可采用1.5倍工作压力进行。应注意此压力值是罐顶压力表读数。

③ 对高强度钢制球罐，试验用水应作水质分析，不得含有氯离子，以免产生应力腐蚀裂纹，试验水温最好在15℃以上，水温低于10℃时不得试压。

④ 水压试验前，必须先完成基础的二次灌浆及养护，并拧紧地脚螺栓。然后定出测量基准点，用水准仪测量并记录各支柱的标高，并分别在充水50%、充满水、放水后进行测量基础沉降量。充水和放水各阶段均停留一段时间。另外，升压前把支柱之间的斜拉杆松开，切勿拉紧，否则升压过程中可能因升压膨胀引起支柱及拉杆的破坏，造成重大损失。

⑤ 水压试验时，由于球罐的质量陡增，基础要下沉，为了使基础的沉降缓慢和稳定，应按比例50%、90%、100%进水，并放置一定时间，分别为15min、15min、30min，同时

进行基础沉降测定，以观察基础沉降情况。相邻基础沉降之差很大时应停止进水，这时放置时间应长一些，待基础的沉降自行调整到符合技术要求为止。

⑥ 沉降观测应在充水前，充水到球壳内直径的1/3到2/3，充满水，充满水24h，放水后等阶段进行。

⑦ 当水充满球罐，空气全部排出后，封闭上部人孔，开始升压。升压速度一般不超过每小时0.3MPa，不得敲击罐壁。压力升到0.2～0.3MPa时，暂时停止升压，检查法兰、焊缝等有无渗漏现象。允许在低于0.5MPa压力的情况下拧紧螺栓。确认无渗漏后，继续升压。当升压到50%、75%、90%时分别停压15min，进行渗漏检查，无异常则继续升压到试验压力，保持20min，并全面检查焊缝及其他各部位有无异常；确认一切正常后，即可按每小时1.0～1.5MPa的速度降压。压力降到0.2MPa以下时应在罐顶放空，并打开人孔，以免造成真空。

(2) 球罐的气密性试验

气密性试验一般在水压试验以后进行。主要是对球罐焊缝、接管、法兰及人孔等进行严密性试验。由于气体渗漏程度要比液体大得多，故必须对所有储存压力气体的球罐进行严格的气密性试验。试验介质一般为空气，但对盛装易燃物料的球罐必须以氮气进行气密性试验。此试验必须设置两个或两个以上安全阀和紧急放空阀。

① 试验前，球罐各附件应安装完毕，并符合设计要求，除气体进出口外，其余所有接管均应装好阀门，所用压力表、安全阀都需经过检验定压，罐内的焊条头、铁屑、药皮等污物必须全部清除干净，用水冲洗。球罐内、外壁也用水冲洗干净。不得留有杂物。

② 试验介质为空气，试验压力即工作压力。夏季试验需注意环境温度，防止超压。

③ 先用低压空气压缩机升压，待压力达到0.4MPa后，用高压空气压缩机逐级升压达到试验压力时，稳定30min，用肥皂水涂刷在所有焊缝和接口法兰处检查渗漏情况。

④ 降压应平稳缓慢，升压速度为每小时0.1～0.2MPa，降压速度为每小时1.0～1.5MPa。

(3) 球罐的测量检定

球罐的测量检定应在水压试验后，具有使用压力状态时进行。其项目包括：赤道线圆周长、外径、垂直大圆周长、罐板厚度以及内部总高等，其目的是测定球罐的总容积和不同高度上的液体容积。

二、塔设备的制造与安装

(一) 塔器的制造特点

1. 塔器及其结构特点

塔器是用来进行气相和液相传质的设备。与一般容器和热交换器除内部结构不同外，其长径比较大，绝大多数为直立设备。

塔器按其内件结构来分，可以分为两大类，即板式塔和填料塔。板式塔是在塔体内安装若干层塔板，以便于两传质相的层级分离。在石油化工设备中，板式塔的塔板主要是泡罩、筛板和浮阀结构。目前所广泛使用的浮阀塔，就是一种高效率的筛板塔与用途广泛的泡罩塔相结合的新结构。为了支承固定塔板以及溢流和抽取的需要，在板式塔的内壁上焊装有支承圈、降液板和受液盘等部件。板式塔内各部件相对位置的尺寸及塔板水平度直接影响到塔的分离效果和收率，因此板式塔内件的制造和安装，也是塔器制造的主要内容。

填料塔是内部堆积着一定高度填料层的塔器。在石油化学工业中，填料塔虽然不及板式塔那样使用广泛，但在许多装置上都有应用。填料可分为两大类，一类是颗粒实体填料，另一类是规则的网状填料。填料目前多由专业生产企业制造。

图 13-6 所示是常见的板式塔的结构示意图，图 13-7 所示为常见的填料塔结构示意图。

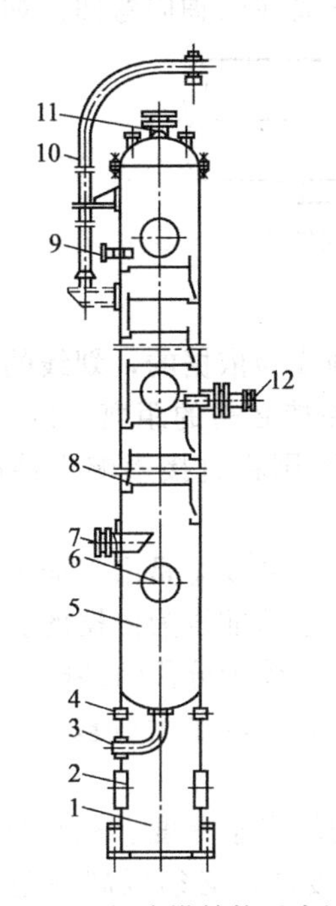

图 13-6　板式塔结构示意图

1—裙座；2—裙座人孔；3—塔底液体出口；4—裙座排气；5—塔体；6—人孔；7—蒸汽入口；8—塔盘；9—回流入口；10—吊柱；11—塔顶蒸汽出口；12—进料口

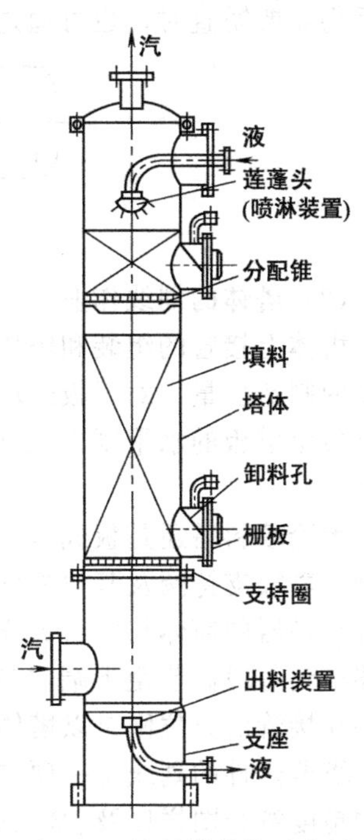

图 13-7　填料塔结构示意图

2. 塔体的制造工艺

(1) 塔体的分段组装

由于塔器一般均较长，(通常为 10～60m 以上)，所需筒节为十几节甚至几十节，因此必须从组装、焊接，乃至吊装、运输等诸多方面考虑其制造的合理性和可靠性。就其组装而言，几十米长的塔体不可能一次完成，而分段组装却又存在累积误差和焊接变形问题，所以从筒体的分段及下料开始，直到压力试验和运输等，都必须作统筹权衡之后，才能制订塔器的制造工艺文件。

塔体组装时，一般应满足以下规定。

① 塔器的总长度公差按 GB 1804—79《未注公差尺寸的极限偏差》执行。在进行筒节的划分和排版时，必须考虑焊缝收缩量的影响。

② 塔体的直线度允差 L 应符合以下规定（H—筒体长度，mm）。

$H\leqslant 20$m 时，$L\leqslant 2H/1000$，且 $L<20$mm；

$20<H\leqslant 30$m 时，$L\leqslant$H/1000；

$30<H<50$m 时，$L\leqslant 35$mm；

$50<H\leqslant 70$m 时，$L\leqslant 45$mm；

$70<H\leqslant 90$m 时，$L\leqslant 55$mm；

$H>90$m 时，$L\leqslant 65$mm。

塔体在组装和焊接过程中，应注意经常测量检查，以便采取相应的工艺措施。测量直线度的可以采用激光测定法、经纬仪测定法和拉线测定法等方法。经纬仪测定法和拉线测定法是较为常用的方法。对于直线度超差的筒体，若组装中已不便再行矫正，还可以利用焊接变形或焊缝的收缩来达到要求，例如先焊凸弯侧的环焊缝部分，再焊接其余环焊缝部分。若焊接后仍需要矫直时，也可通过安装人孔接管的办法，矫正筒体的轴向弯曲。如图 13-8 所示。

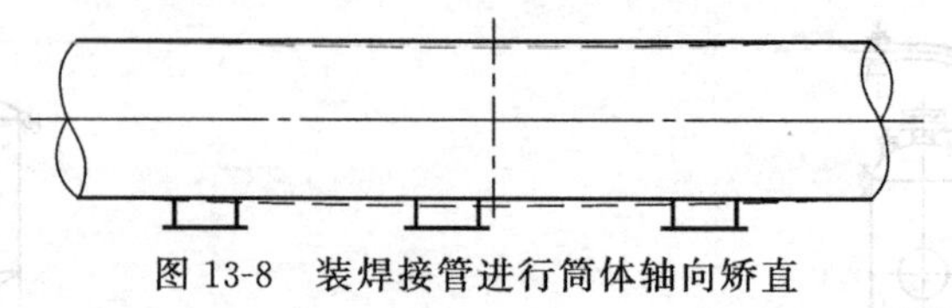

图 13-8 装焊接管进行筒体轴向矫直

(2) 塔体的划线作业

塔体上接管的组装和塔体内件的组装是以壳体上的划线为依据的，划线的精度直接影响塔体的制造质量。对于板式塔来说，不仅要求各塔板间保持必需的距离，以避免雾沫夹带，而且各层塔板的水平度也是必须控制的质量指标之一，否则将直接影响塔器的塔板效率和收率。

无论填料塔还是板式塔，是整体组装还是分段组装，其划线总是由下而上进行的。所有接管、塔板支持圈及其他内件的高度位置线，都是以同一条基准线为依据的。该基准线往往设置在塔器的筒体与底封头连接的环焊缝的中心线上。当塔体为分段组装时，该基准线可分散移植到各段筒节距下端口适当距离（如 50～100mm）处，以作为分段测量的参照基准。内件和接管的方位则是以塔体圆周的四等分线来确定的。

塔器内件的划线是一项非常繁琐而精细的工作，为使塔盘水平度、板间距及总体装配尺寸的精度符合图样以及 JB 1205—73《塔盘技术条件》的要求，必须以同一基准线为准划出每一层的安装位置线。

塔器壳体的焊后水压试验，可以在制造厂进行卧置式检验，也可在现场吊装就位后进行。卧置式检验时必须注意卧式支座的数量、间距及各支座的水平度对塔器壳壁的轴向弯矩的影响，必要时还需校核各截面的轴向弯曲应力，同时支座必须设置在安装有塔板支持圈的地方，以保证塔体接触处有足够的刚度。当立置式进行水压试验时，必须考虑充水重量对装置的基础有无影响，以及焊缝检验与返修的可行性。

当塔体按分段出厂运输时，如果必须在制造厂进行水压试验，则应在分段处的焊缝两侧，预先留出 50～100mm 的分段切割余量，以便水压试验后进行切割分段，去除原焊缝和热影响区的不良影响。

（二）塔设备的安装

各种塔设备是炼油、化工生产装置中的关键设备之一。它的特点是重、大、高，有相当严格的安装技术要求，并有一些特殊的安装工艺。

1. 塔设备的水压试验

多数塔设备，由于尺寸较大，特别是高度大而无法整体到货，一般需要现场组装。现场组装完成后需要再次进行水压试验，试验方法及过程与制造时基本相同。

塔设备可以通过盛水试漏和水压试验（或气压、气密试验），检验其强度和严密性以及焊接和连接部位有无异常现象。

2. 吊装前的准备工作

塔设备的就位一般要借助起重机具，具体的吊装也可以考虑简单的整体吊装和复杂的综合整体吊装。为做好吊装工作，必须做好以下的准备工作。

① 检查塔设备的基础，特别注意地脚螺栓的埋设和垫板的放置情况。

② 塔设备的二次运输与方位调整，一般情况下可以利用拖排运输，如图 13-9 所示；如管口方位有偏差，则应事先调整好，可借助千斤顶、滑轮组和钢丝绳等完成，具体如图 13-10 所示。

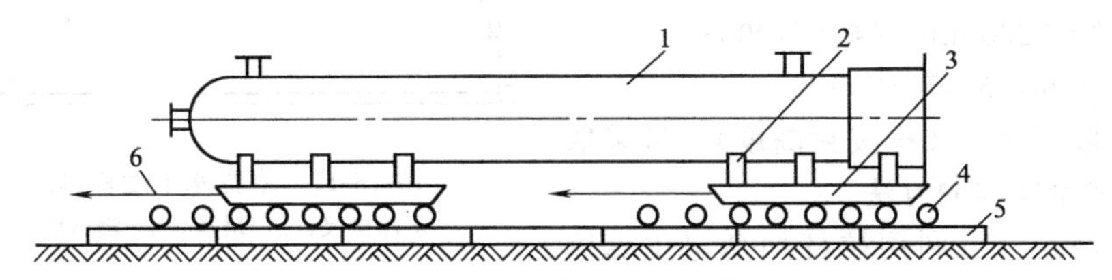

图 13-9　塔类设备的运输

1—塔体；2—垫木；3—托运架；4—滚杠；5—枕木；6—牵引索

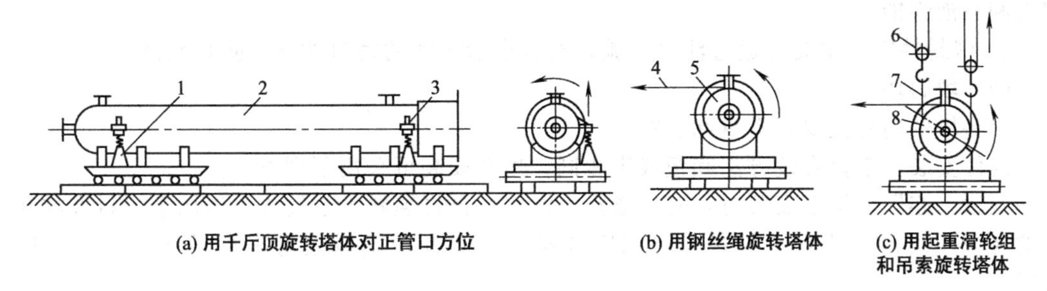

(a) 用千斤顶旋转塔体对正管口方位　(b) 用钢丝绳旋转塔体　(c) 用起重滑轮组和吊索旋转塔体

图 13-10　塔设备接管方位的调整

1—千斤顶；2—塔体；3—支脚；4—钢丝绳；5—塔体；6—起重滑轮组；7—吊索；8—塔体

③ 布置起重机具。如采用吊车吊装，要做好吊车站位；如采用桅杆吊装，则要布置好桅杆站位和卷扬机以及各个锚点位置。

④ 安装基础要铲麻面、放置垫板。

3. 塔设备的吊装

塔设备的吊装应依照编制好的吊装方案进行。一般分为预起吊和正式吊装两个步骤，预起吊是从启动起升卷扬机到张紧钢丝绳的阶段，此时被吊装设备只是开始抬头，其目的是检查绳索与机具的受力情况，是否安全可靠；正式吊装过程中，主要是保证各个工位的动作要服从统一指挥、协调一致，以保证设备吊装平稳、安全稳定地就位到基础上。

4. 塔设备的就位、找正和固定

塔设备就位时，应在悬空状况下能对准地脚螺栓，如果有偏差，则应采取相应的措施。对误差很小的情况，可以直接用麻绳、借助起重机具直接调整就位；对于误差较大的情况，可在基础上放置枕木，将设备先行就位到枕木上，再利用挂滑轮组移动设备，待全部地脚螺栓对齐后，再正式就位。

塔体的找正包括找标高和铅直度。标高检测主要是依据设备底座或者是有特殊要求的管口中心的标高来控制；找铅直可使用两台成 90°布置的经纬仪（或事先设置的吊线）来进行，再借助调整垫板调整。最后，便可按照地脚螺栓的拧紧要求，依次拧紧固定。

5. 塔内件的安装

（1）板式塔

板式塔内件主要有：塔盘（包括附件）、支承圈、定位拉杆、密封组件等。

内件安装：首先要检查塔盘及其附件的质量、规格和位号，然后自下而上地逐一安装，并保证其塔盘间距、可靠性、强度、密封性能等。

主要检查项目如下。

① 塔盘水平度。一般可用水深探尺测量，方法可参见图 13-11 所示。具体要求是：

D（塔径）≤1600mm，$\delta \leqslant 3/1000$；

D=1600～3200mm，$\delta \leqslant 4/1000$；

D>3200mm，$\delta \leqslant 5/1000$。

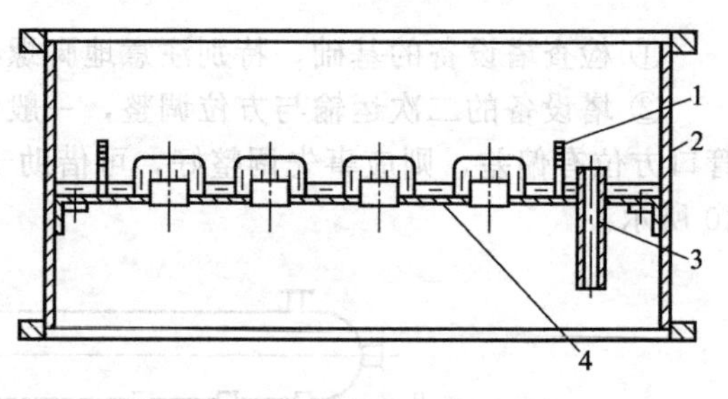

图 13-11　塔盘水平度检测示意图

1—水深探尺；2—塔圈；3—溢流管；4—塔板

② 溢流堰高度（又称液封高度）。可采取塔盘水平度测量同样的方法。

③ 塔盘间距。可利用拉杆加套定位套筒的方法解决。

④ 鼓泡性能。采用塔盘上注水、下方通入压缩空气，检验浮阀（或泡罩）的升降灵活程度和鼓泡性能

⑤ 密封性能。主要是通过注水试验，检查塔盘之间的密封性能，防止漏液。

(2) 填料塔

填料塔的内件主要是塔盘和填料。

内件安装：塔盘安装方法和板式塔相同，填料安装可采用下列方法。

湿法：亦即填料在安装时，先向塔盘上灌水，再将填料小心倒入。适用于填料堆放高度大的高塔，或者是填料本身是易碎的陶瓷材料，或者是填料数量很大，难以整齐排列的情况。

干法：干法则是直接倒入。适用于填料堆放高度小的塔，或者是填料本身是不易弄碎的材料，或者是在实验室里需要整齐排列填料的情况。

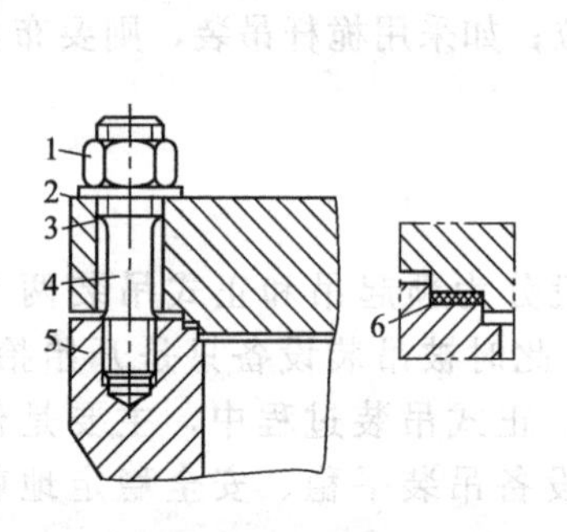

(a) 高压平垫密封结构示意(强制密封)

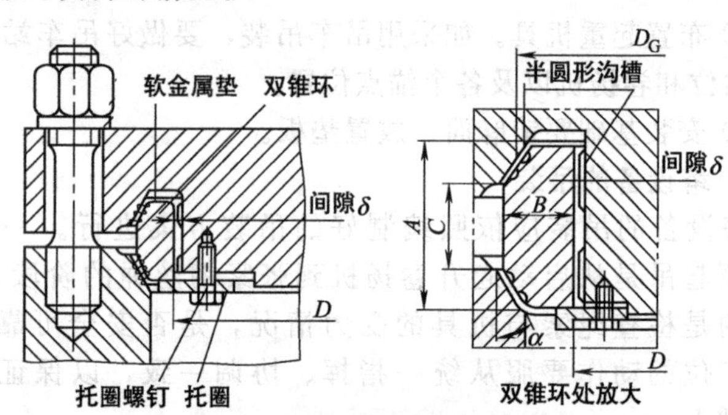

(b) 高压双锥垫密封结构示意(自紧密封)

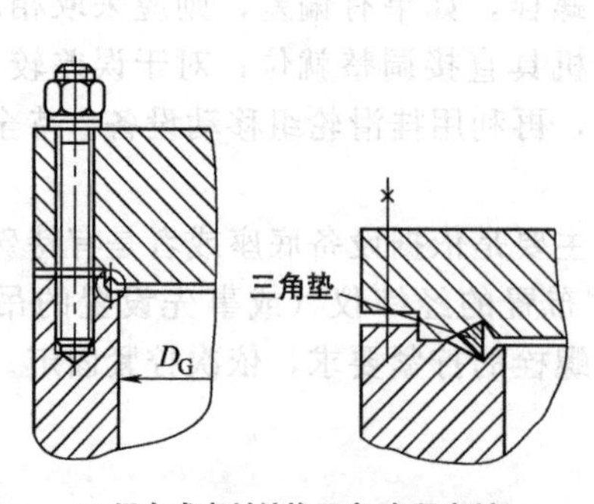

(c) 组合式密封结构示意(自紧密封)

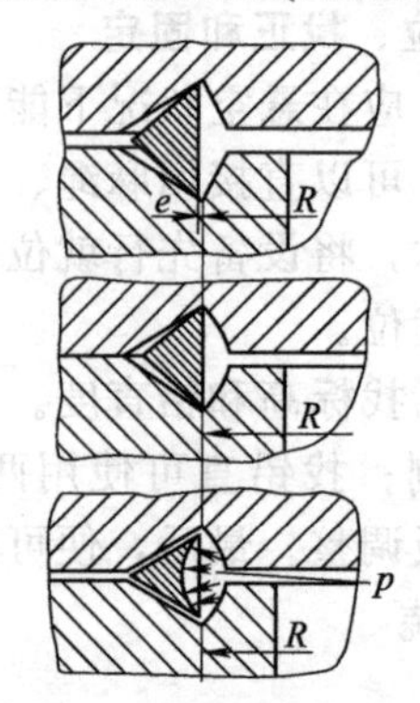

(d) 三角垫密封结构示意(自紧密封)

图 13-12　密封装置

1—主螺母；2—垫圈；3—平盖；4—主螺栓；5—筒体端部；6—平垫片

(3) 合成塔

合成塔的内件由催化剂筐、分气盒和换热器组合后填充保温层，再用薄板包裹成整体形成的内筒。

内件安装：先将催化剂筐、分气盒和换热器连成一体，分别检测各连接处的密封情况，用薄板包裹，组成整体后，进行气密性试验，再用 0.3～0.5MPa 的压缩空气吹净。

内件安装以后，就可以装入经过筛选的颗粒均匀、粒度合适的催化剂。装填时要尽量在短时间内进行，以防止催化剂在空气中暴露时间过长受潮或吸附其他有害气体而损害催化剂的活性，同时要防止碰碎，夹带其他杂质。

密封装置安装：合成塔是高压设备，密封装置比较特殊，是安装的一大要点。这类密封装置的主要类型有如图 13-12 所示的两大类别。一类是强制密封，如图 13-12 (a) 所示；另一类是自紧密封，如图 13-12 (b)、(c)、(d) 所示。

最后是两端封头盖的连接，在拧紧密封盖时，要特别注意密封垫的位置是否正确，务必使得各处接触均匀。

三、列管式固定管板换热器的制造与安装

(一) 列管式固定管板换热器的制造

1. 列管式固定管板换热器制造的工艺流程

固定管板式换热器制造流程图如图 13-13 所示。

2. 列管式固定管板换热器的结构特点

图 13-14 所示为一种固定管板列管式换热器。其结构基本上由容器和内部的管束组成，简单而坚固，造价低、适应性强；它的管外清洗困难，因而壳程内的介质应是清洁而不结垢的流体。

由图可见，壳体 5 是内径为 800mm、壁厚为 8mm 的圆筒，其两端分别焊有管板，两管板间有管束与管板 3 连接，壳体内还有定距管 4、拉杆 6 和折流板 7 等部件，壳体外焊有各种接管和支座 9；图左部与管板 3 用螺栓连接的是焊有接管 1 的封头 2；图右部与管板用螺栓连接的是焊有一些接管的管箱 8。

列管式固定管板换热器的筒体、封头与附件等零件的制造工艺均应满足 GB 151—89《钢制管壳式换热器》的要求。若不满足技术要求，将会出现一些问题，如壳体内径过大或圆度误差会引起壳程介质短路而降低换热效率。管板孔的允许偏差距离超过允许偏差及壳体的直线度误差超标会影响管束的抽装等。

3. 列管式固定管板换热器制造工艺

(1) 管板、折流板的加工

① 管板的材料。管板的作用是固定管子。一般采用 Q235-B、20 钢等碳素钢和 16Mn、15MnV 等低合金钢，以及 1Cr18Ni9Ti、316L、304、321 等不锈钢制成，可以用锻件或热轧厚钢板作坯料。管板为一圆形板，一般用整张钢板切割；但当尺寸较大而无法采用整张钢板切割时，也可用几块拼接，不过拼接管板的焊缝要 100％射线或超声波检测，并应作消除应力热处理。

② 折流板的加工。折流板应按整圆下料，待钻孔后拆开再切成弓形。为保证加工精度和效率，常将圆板坯以 8～10 块叠在一起点焊固定，进行钻孔和切削加工外圆后，再进行弓形切割。

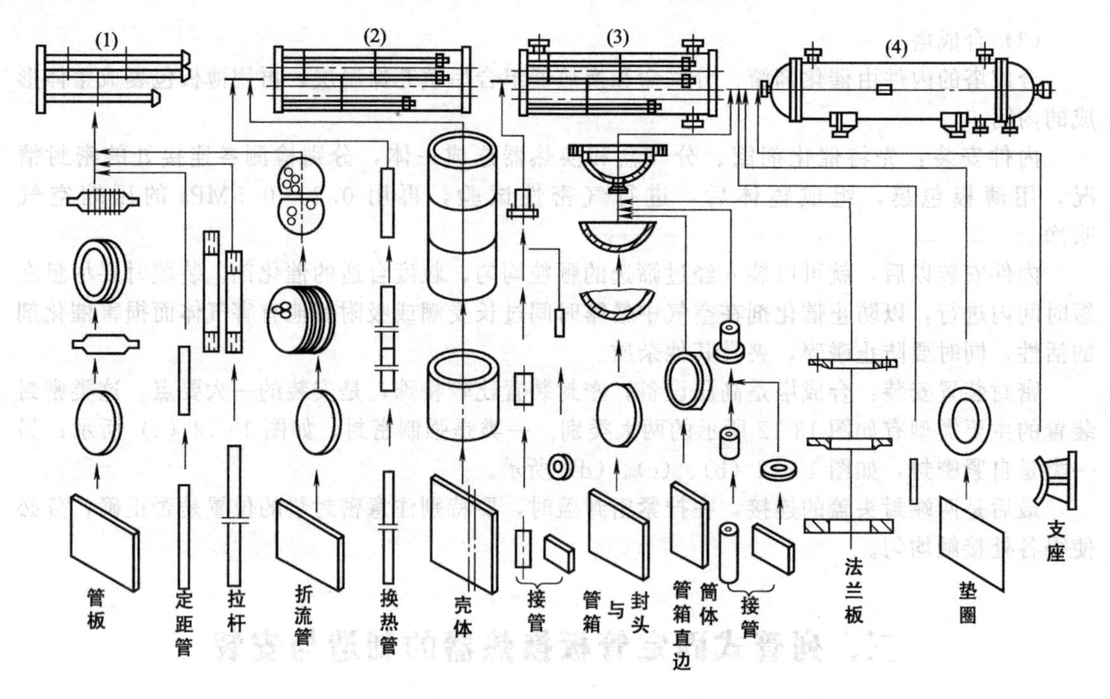

图 13-13　固定管板式换热器制造流程图

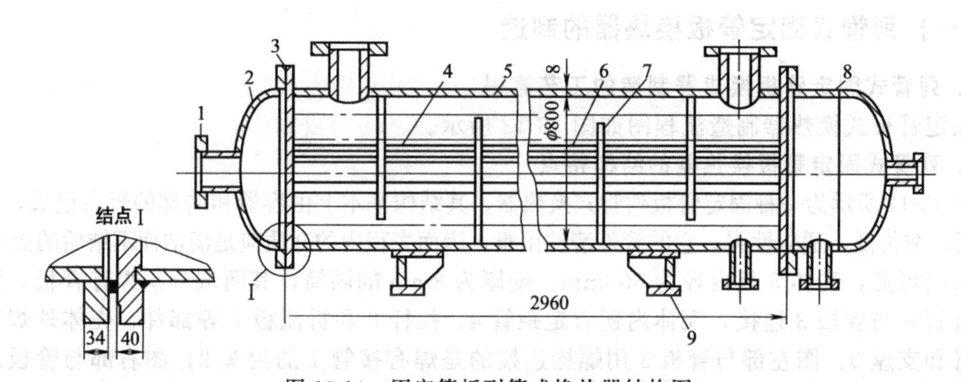

图 13-14　固定管板列管式换热器结构图

1—接管；2—封头；3—管板；4—定距管；5—壳体；6—拉杆；7—折流板；8—管箱；9—支座

③ 管板与折流板群孔的加工。管板、折流板是典型的群孔结构，单孔质量会影响管板的整体质量，所以孔加工方法的选择至为重要。群孔加工有下列方法：在摇臂钻上采用划线或钻模进行单孔钻削，由于管孔数量多，此法钻孔效率低，质量也不易保证；采用多头钻进行钻孔，效率较高，质量也有所提高；生产换热器的专业厂家，现已逐步采用先进的数控钻床加工管板孔，不但钻孔质量高、效率高，而且适应性很强。

④ 管板与折流板钻孔的几点工艺要求。

a. 配钻，即按照管板、折流板装配时空间相对位置关系叠在一起钻孔的方式。它是确保装配时穿管顺利进行的有效办法之一。

b. 采用胀接或者胀焊连接时，管板所钻的孔内需要开槽，可借助开槽器加工。一般为一至两道槽，以便胀管时管壁金属因塑性变形嵌于槽内。

(2) 换热管的制备

换热管的加工质量是保证换热器质量的重要因素之一。换热管加工应注意下列五个方面的问题：准确的长度尺寸，可以保证管子与管板的连接结构需要；切割后，管端需要打磨光滑，以保证焊接质量；换热管在装配前应逐根打压检查；一般情况下，用整根管，当现有管材的长度无法满足需要时，可考虑焊接对接，但应进行100%无损检查，并消除焊接应力；换热管的表面不得划伤，特别是奥氏体不锈钢材料。

(3) 管子与管板的连接

管子与管板的连接质量会影响换热器的使用和寿命。影响其连接质量的因素很多，其中最主要的影响因素是连接方法的选择。管子与管板的连接方式主要有胀接、焊接、爆炸连接及胀焊连接等。

① 胀接。胀接是利用胀管器伸入管口，并按顺时针旋转，对穿入管板孔内的管子端部胀大，使管子达到塑性变形，同时管板孔也被胀大，产生弹性变形。胀管器退出后，管板产生弹性恢复，使管子与管板的接触表面产生很大的挤压力，因而管子与管板牢固地结合在一起，达到既密封又能抗拉脱力两个目的。如图13-15所示，表示胀管前后管径增大和受力情况。胀管器的结构有多种，图13-16为斜柱式胀管器。主要由胀杆1、外壳2和三个锥形滚柱3三部分组成。

为了增加管子在管板上的胀接强度，提高抗拉脱力，可以采用胀槽，也可采用翻边胀管器，它在胀管的同时，将伸出管板孔外的管子端部，约3mm滚压成喇叭口，如图13-17所示，因而提高了抗拉脱力。为了保证胀接质量，胀接时应注意下列几点。

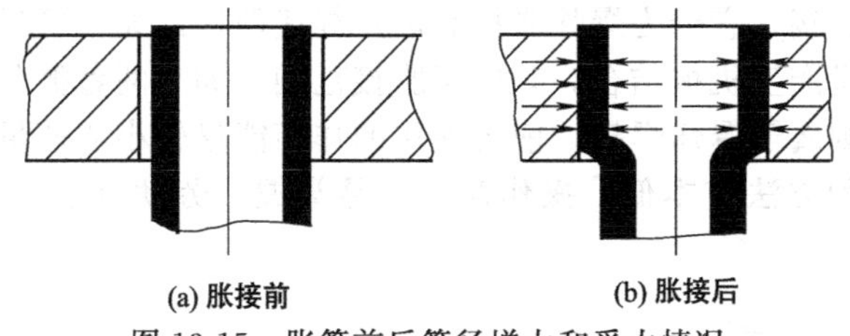

图13-15　胀管前后管径增大和受力情况

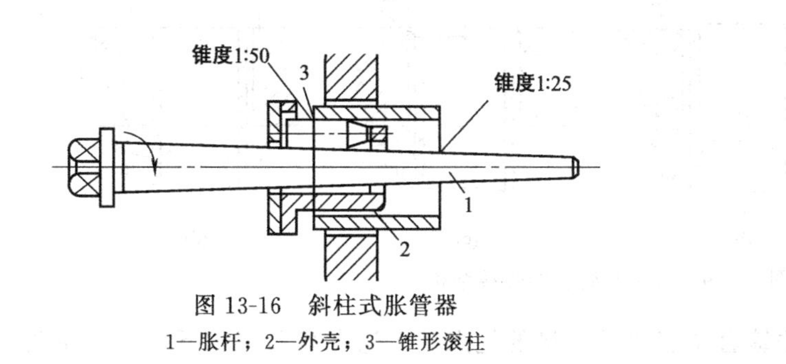

图13-16　斜柱式胀管器

1—胀杆；2—外壳；3—锥形滚柱

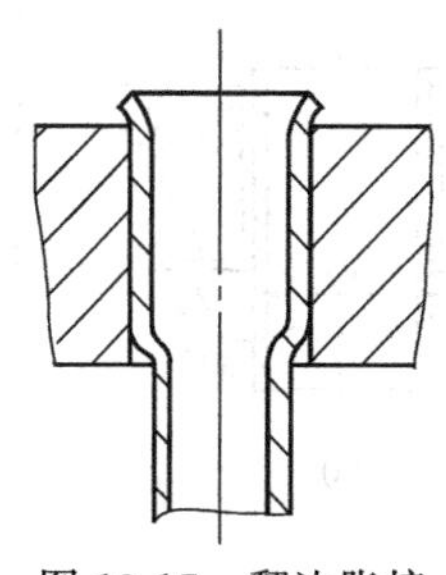

图13-17　翻边胀接

a. 胀管率应适当。胀管率又称胀紧度，它直接影响连接的拉脱力和密封性能，它与管子的材料和壁厚有关。管子直径大、壁薄，取小值；直径小、壁厚，取大值。在制造过程中，胀管率过小，称为欠胀，不能保证必要的连接强度和密封性；胀管率过大称为过胀，会使管壁减薄太大，加工硬化严重，甚至发生裂纹。

b. 管板的硬度应高于管端的硬度。除在选材时保证外，还可在胀管前对管端200～250mm长度内进行退火处理，以降低管端的硬度而增加塑性，保证胀管时不产生裂纹。

c. 管子与管板结合面必须清洁。管板孔及管端不得有油污、铁锈，胀管前须将管端除锈，除锈长度不小于管板厚度的两倍。

d. 胀接时操作温度不应低于－10℃。因为气温过低可能会影响材料的机械性能，不能保证胀接质量，甚至发生冷裂纹。

胀接气密性不如焊接，但在材料焊接性差时不得不采用胀接。在高温下，管壁与管板之间的挤压力降低，引起胀接处泄漏，因而胀接法一般用于压力低于4MPa和温度低于300℃，以及操作中无剧烈振动，无过大温度变化和无严重应力腐蚀的条件下。对于高温、高压以及易燃、易爆的流体，应采用焊接或胀焊并用的连接方法。

② 焊接。焊接法就是把管子直接焊在管板上，如图13-18所示。焊接法的优点是：连接可靠，高温下仍能保持密封性；对管板孔加工要求低，可用较薄的管板，施工简便等。其缺点是：由于焊缝处存在焊接应力而加剧局部腐蚀；管板孔与管壁之间存在一定的间隙，易造成间隙腐蚀；管子损坏以后，更换困难等。焊接法的结构形式如图13-19所示。

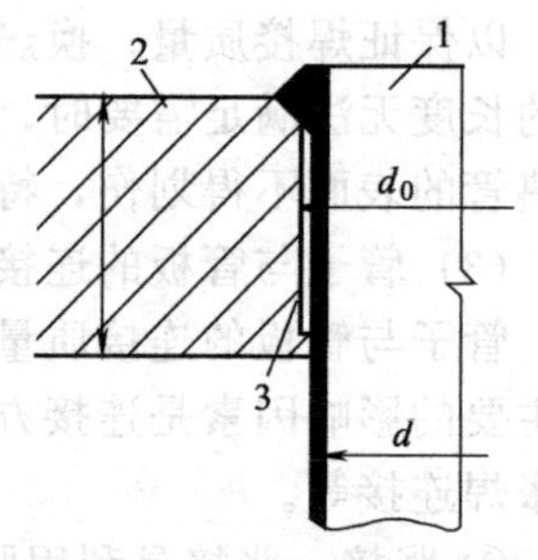

图 13-18 管子与管板的焊接

1—管子；2—管板；3—间隙

图13-19 (a) 型的连接强度较差，多用于压力不高或薄管板的焊接；图13-19 (b) 型结构属于开坡口的焊接，连接强度较高，是最常用的一种结构形式；图13-19 (c) 型焊接接头由于管端不伸出管板面，可减少管口处的压力损失而多用于立式换热器上；图13-19 (d) 型接头由于焊缝外圆开有缓冲槽而减少焊接应力，适用于薄壁管、有热裂倾向的材料和有色金属的连接。

③ 爆炸连接。它是利用炸药爆炸瞬间产生的高能量使管端发生高速变形，与管板孔壁结合的方法称为爆炸连接。它分为爆炸胀接和爆炸焊接两种。如果管板与管端之间只是因为弹塑性变形而彼此压紧产生机械结合，则属于胀接范围；如果两者彼此高速冲击时结合面熔化而形成冶金结合，则属于爆炸焊接。前者使用的炸药能量较小或药量小；后者使用的炸药能量大或药量多。这种方法成本低，操作简单，易掌握，劳动量小。但操作时必须十分小心，注意安全。

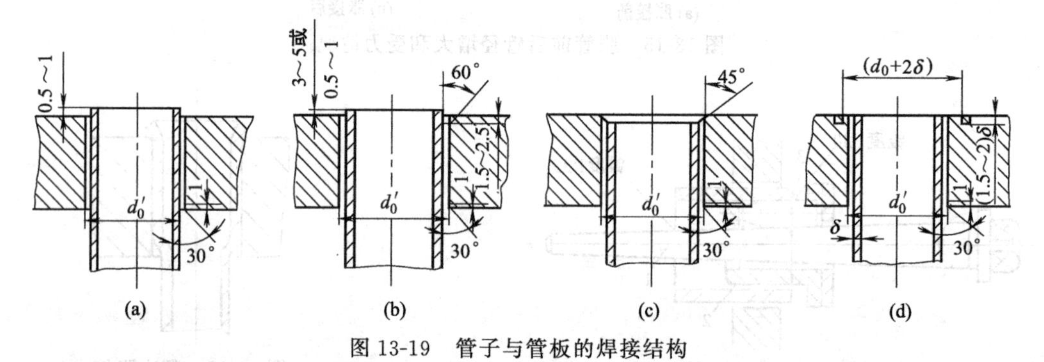

图 13-19 管子与管板的焊接结构

④ 胀焊连接。这种连接方法综合了胀接及焊接的优点。无论在高温高压下，还是在低温、热疲劳以及抗缝隙腐蚀方面，都比单独的胀接或焊接优越得多。

根据胀接和焊接的顺序，胀焊并用连接有两种形式，即先焊后胀和先胀后焊。这种胀焊并用的连接方法操作方便，制造费用低，还可以提高管子与管板的连接强度。

管子与管板各种连接方法的适用条件列于表13-2。

(4) 换热管的装配

换热管装配一般是将一端管板及各折流板用拉杆及定距管对正定位后放在专用的胎具上进行穿管，如图13-20所示。

拉杆是一根两端带有螺纹的长杆，其一端拧入管板，折流板就穿在拉杆上，用套在拉杆上的定距管来保持板间距离，最后一块折流板用螺母拧在拉杆上予以紧固。在管板和折流板孔中穿入全部换热管。穿管工作量大，劳动强度高。大型制造厂用穿管机穿管，不但可以减轻劳动强度，而且可大大提高穿管效率。

表 13-2　各种连接方法的适用条件

连接方法		适用条件		备注
		温度/℃	压力/MPa	
胀接	光孔	<200	<0.6	
	一槽孔		<2	
	二槽孔	<300	<4	
焊接		<350	<10	
焊接+贴胀		<350	<20	可用于有缝隙腐蚀的场合
焊接+胀接(二槽孔)		<480	<300	可用于苛刻条件

注：贴胀是指仅要求管壁紧贴管板孔壁而无间隙，目的是防止缝隙腐蚀。

将上述部件装入筒体内，装上另一端管板，将全部管子引入此管板孔内，并把管板焊接在壳体上，最后用焊接或胀接等方法把管子两端固定在管板上。列管式固定管板换热器制造的总装工艺流程见表 13-3。

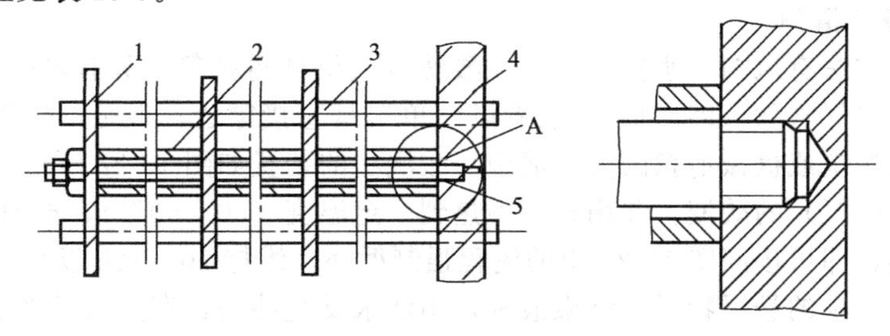

图 13-20　折流板的组装

1—折流板；2—定距管；3—管子；4—管板；5—拉杆

表 13-3　列管式固定管板换热器制造的总装工艺流程

序号	工序名称	工序内容及要求
1	准备	清点各零部件，并复查其主要几何尺寸；核实标志清楚、卡片齐全
2	穿管	将下管板作基准件，将拉杆拧紧在管板上，按图将定距管、折流板组装；穿入全部列管
3	组装	套入壳体，将上下管板与壳体组对点焊，引出列管，并将一端按图点固；焊接管板与壳体的环焊缝
4	管子的固定	先定位焊，然后按图及工艺守则焊至要求
5	组焊接管支座	划接管位置线，开孔切坡口，按图组焊接管；组焊支座
6	壳程压力试验	按图纸要求进行水压试验，合格后吹干；按图纸要求进行氨渗透试验，合格后吹净
7	组装	按图组装封头及管箱
8	管程压力试验	按图纸要求进行水压试验，合格后吹干
9	总检	总检；组装铭牌；汇总资料

（二）换热设备的安装

换热设备安装包括设备的安装、水压试验，对于已经使用过的旧设备还需清洗。

1. 换热设备的试压

由于换热设备的类型繁多，结构差异很大，试压的要求和程序也有所不同。下面以浮头式换热器为例，简要介绍试压装置和方法。

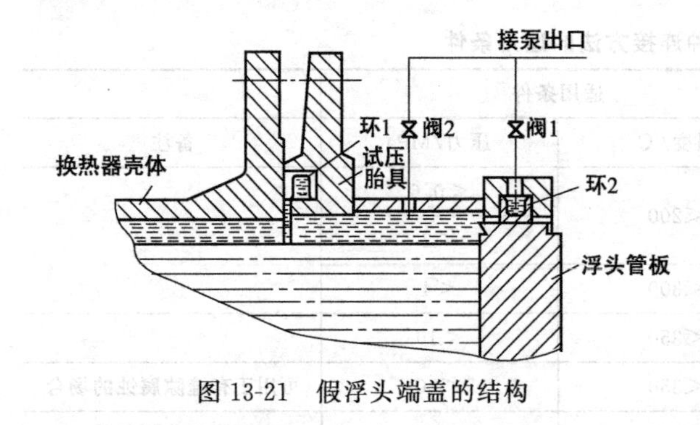

图 13-21　假浮头端盖的结构

首先，拆卸两端端头盖和小浮头，装上假浮头，先实施浮头端管板与壳体之间的密封，假浮头端盖结构可参见图 13-21 所示，再拆去固定端管箱，装上专用管圈保持管板与壳体之间的密封，向壳程灌水、加压升压，检查两端管板上的涨口处是否有泄漏现象。

接着进行管程试压，先拆去假头盖，装上小浮头，同时装上固定端管箱，然后向管程灌水、加压、升压，检查浮头连接处有无泄漏。

最后，装上浮头端盖，并通过中间壳体上的接口向壳程灌水，进行换热器的整体试压，这个过程中，主要检查两端法兰连接处是否有泄漏，当然可以根据换热器的具体情况，采取不同的试压方法，简单的只做整体试压即可。

2. 换热设备的清扫

常用的清扫方法有风扫、水扫、汽扫、酸洗以及机械清扫等。只有轻微积垢或堵塞的，一般都采用压缩空气吹除（即风扫），或者以简单工具直接穿透；但是，当积垢或堵塞较严重时，就必须用酸洗或机械清扫的方法清理。酸洗法的装置如图 13-22 所示。在酸槽中配制一定浓度（6%～8%）的酸液，并用蒸汽加热到一定温度（50～60℃），再加入一定量（1%左右）的缓蚀剂，即可按照图 13-22 中的流程强制循环，维持 10～12h 以后，直到返回的酸液中看不见或有很少的悬浮物时，结束酸洗，用清水反复冲洗，直至循环水呈中性为止。

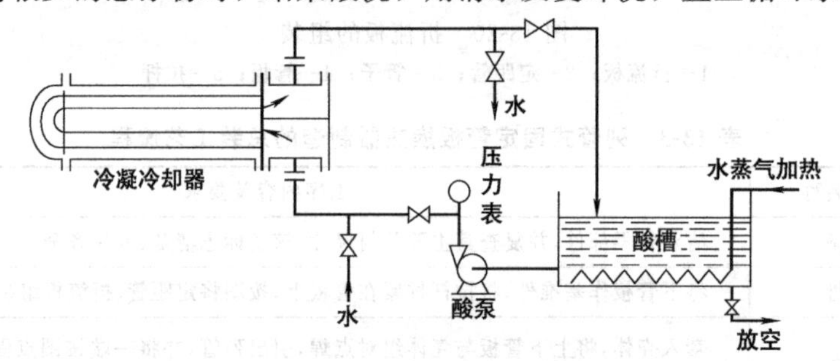

图 13-22　酸洗法流程装置

机械清扫是利用管式水钻或机械钻头，将堵塞的管道钻通。如无这样的机具，也可采用木钻上接圆钢，再按一定角度缠绕铁丝的方法替代。对于管子外面的污垢，可使用高压水冲洗或压缩空气吹净的方法进行清洗。

3. 换热器的安装

安装程序一般为：

① 吊装准备。对大型换热器，因直径大换热管多，起吊质量大。因此，起吊捆绑部位应选在壳体支座有加强垫板处，并在壳体两侧设方木用于保护壳体，以免起吊时被钢丝绳压瘪变形。

② 换热器基础上活动支座一侧应预埋滑板。设备找平以后，斜垫铁可和设备底座焊牢，但不得和下面的平垫铁或滑板焊死。垫铁必须光滑、平整，以确保活动支座自由伸缩。活动支座的地脚螺栓应装两个锁紧螺母，螺母与底板之间应留 1～3mm 的间隙，使底板能自由滑动。

③ 重叠式换热器安装时，重叠支座间的调整垫板应在压力试验合格后点焊于下面的换

热器支座上，并在重叠支座和调整垫板的外侧标注永久性标记，以备现场组装对中。

④ 换热器安装后的标高、垂直度、中心位移应在允许范围内。

⑤ 换热器压力试验见相关资料，注意对不同类型换热器，其试验方法略有不同。

⑥ 附件安装。

【思考题】

1. 球形容器与圆筒形容器相比有何特点？球形容器与圆筒形容器的制造工艺有何异同？
2. 板式塔有哪些内件，如何保证内件的安装精度？
3. 换热器的管子与管板有哪些连接方式？
4. 为了便于换热器穿管，除保证管孔的加工精度外，通常还采取哪些措施？
5. 简述换热器的安装要点。
6. 与筒形容器相比，塔设备的制造安装有什么特点？

射线检测

【学习目标】 了解射线检测的基本知识、原理及方法、检测工艺，掌握射线检测的操作要领。

【知识点】 射线检测原理，射线检测工艺，透照方式的选择。

压力容器无损检测的方法一般包括：射线（RT）、超声（UT）、磁粉（MT）、渗透（PT）和涡流（ET）等检测方法。其中射线检测是利用射线能够穿透可见光不能穿透的物质，在穿透物质的过程中有一定的衰减，并可以使照相底片感光，使某些荧光物质发光的特性进行探伤的。这些射线虽然不会像可见光那样凭肉眼就能直接察知，但可以用特殊的接收器来接收。

一、射线检测原理

（一）射线的特性

目前检测常用的射线是X射线和伽马射线，它们都是波长很短的电磁波。X射线和伽马射线都可以很轻易地穿透物体，但是在穿透物体的过程中受到吸收和散射，因此X射线穿透物体的强度和衰减程度与物体的厚度、密度、材料等因素有关。从本质上说X射线和无线电波、红外线、可见光、紫外线一样，都是电磁波，其区别仅在于各自的波长范围不同（见表14-1）。

表 14-1 各种电磁波波长范围

电磁波种类	无线电波	红外线	可见光	紫外线	X射线	γ射线
波长范围	30km～ 0.3mm	0.3mm～ 7800μm	7800μm～ 3900μm	3900μm～ 200μm	1019μm～ 0.006μm	1.13μm～ 0.003μm

不同波长的电磁波具有某些共性，如直线传播，不带电荷，不受磁场和电场的影响，有反射、折射和干涉现象等。各种不同波长的电磁波又具有某些不完全相同的特性，X射线与探伤有关的性质如下。

① 射线是直线传播并且不可见。由于射线的波长极短，它仅仅是可见光线波长的几千分之一。因此人的眼睛是无法观察到的。

② 射线对材料具有穿透能力（包括各种金属和非金属物质），射线波长越短，穿透物质的能力就越强；物质的密度越小，射线越容易穿过。众所周知，可见光不具有这种性质。

③ 在穿过不同物质时，总有一部分射线被吸收、散射。射线衰减的程度与穿过物质的密度和厚度以及射线的能量等因素有关。在其他条件相同的情况下，物质的密度愈大，衰减

愈严重。存在缺陷的部位，无论是哪一种形式，不外乎是非金属或气态间隙使金属内部造成不均匀和不连续，其密度总是小于金属材料，因此射线在穿过工件后，有缺陷的地方射线衰减得较少，该处射线的强度就比没有缺陷的地方高。

④ 射线能使照相胶片感光。胶片片基上涂有化学物质，射线能使这些物质产生光化学反应，这种反应进行的深度，在其他条件一定时，与接受到的射线强度有关。

⑤ 射线能使空气电离，产生生物效应，伤害及杀死生命细胞。

X射线是高速带电粒子撞击金属时，在金属原子核的库仑场作用下急剧减速而伴随发射的一种辐射。利用此原理制成的X射线管和加速器，就可以产生出射线照相检测用的X射线和高能X射线。X射线的强度与X射线管的管电压（kV）有关，管电压越大，X射线的强度就越大，其穿透能力也就越强。加速器的情况亦如此。简而言之，X射线的强度是可以控制的。

伽马射线（即 γ 射线）是放射性同位素自发衰变而伴随发射的一种辐射。射线照相检测用的伽马射线，主要来自于钴60（Co-60）、铯137（Cs-137）、铱192（Ir-192）、铥170（Tm-170）等放射性同位素源。伽马射线的强度与放射性同位素源的体积有关，源体积越大，伽马射线的强度就越大，其穿透能力也就越强。由于放射性同位素源的体积是随衰变而变化的，因此，伽马射线的强度是不能控制的。

射线检测几乎适用于所有材料，主要用于焊缝和铸件检测。射线检测对零件形状及表面粗糙度无严格要求，能直观显示缺陷影像，可以获得缺陷直观图像。便于对缺陷进行定位、定量、定性，检验缺陷准确可靠，检测结果有直接记录，且射线底片可长期保存，便于分析事故原因。对体积型缺陷（气孔、夹渣类）检出率高，对面积性缺陷（裂纹、未熔合类）如果照相角度不适当容易漏检；适宜检验厚度较薄的工件，不适宜检验较厚的工件；适宜检验对接焊缝，不适宜检验角焊缝以及板材、棒材和锻件等；对缺陷在工件中厚度方向的位置、尺寸（高度）的确定较困难。射线检测设备复杂，成本高，射线对人体有一定的危害。

（二）射线检测的基本原理

1. 射线检测的原理

射线检测是利用射线可穿透物质、材料对射线吸收、衰减以及射线能使胶片感光的特性来发现材料内部缺陷的一种检测方法。用射线照射工件时，由于工件完好部位与有缺陷部位对射线能量的吸收程度不同，因而用感光胶片记录透过工件的射线即可获得缺陷部位的阴影图像。X射线由装在玻璃管壳内X射线管产生，X射线管由阴极、阳极和真空玻璃泡组成，如图14-1所示。当阴极通过的电流而被加热后就放出电子并在高电压的作用下对电子进行加速，被加速的电子撞击在由钨极做成的阳极靶时，加速电子的动能就会转换成X射线。

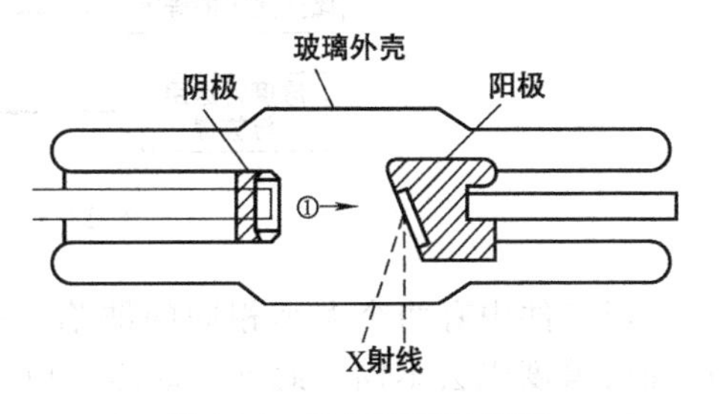

图14-1　X射线管结构图

在探伤时将装有X射线的射线发生器置于被测工件的一侧；装有照相胶片的暗盒置于工件的另一侧，如图14-2所示。从X光发射管发出的X射线，穿透工件并使工件另一侧暗盒中的照相胶片进行感光。由于金属内缺陷的密度比金属本身的密度低，如果金属中有气孔、裂纹、未焊透、夹渣等缺陷时，则这些有缺陷的部位吸收射线能量较少，也就是X射线对缺陷的穿透率大，对无缺陷金属的穿透率小，照相胶片就出现不同程度的感光，穿透率大的缺陷部分感光强烈，穿透率小的金属部分感光弱些。照相胶片经洗像处理后可以看到，相应焊件的焊缝部位是一条白的条纹，这是由于焊缝比基本金属较厚的缘故，如有裂缝、气孔、夹渣存在，就在白色条纹上出现一些黑色条纹或斑点，这样就基本上能确定缺陷的性质、部位与大小，但缺陷的深度位置不能确定，如能把工件翻转90°再透照一次，就可以确定缺陷的空间位置。

2. 射线检测的过程

射线检验的基本过程如图14-3所示。它是在一定的设备条件下，对被检物体进行透射，胶片曝光后进行暗室处理，并根据底片上的影像判断缺陷。由于二维投影像不能完全真实地反映工件内部的实际情况，因此，必须根据被检物的具体实际，选择最佳的几何因素、合适的胶片、像质计、射线强曝光条件等，从而提高检测的准确性。

（三）射线检测方法

目前，工业上主要有射线照相法、射线实时检测法和射线计算机断层扫描技术。

1. 射线照相法

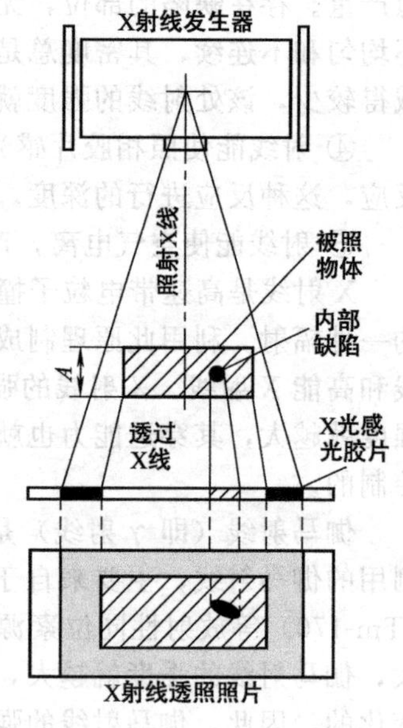

图14-2 射线照相法原理图

射线照相法是利用射线透过物体时，会发生吸收和散射这一特性，通过测量材料中因缺陷存在影响射线的吸收来探测缺陷的。将装有胶片的暗袋紧贴于工件背后，射线穿透工件，若工件中存在缺陷，则在缺陷部位射线穿透工件的实际厚度减少，使胶片接收透过的射线强度高于无缺陷部位，感光量大，如图14-2所示。把这种曝过光的胶片在暗室中经过显影、定影、水洗和干燥，再将干燥的底片放在观片灯上观察，根据底片上有缺陷部位与无缺陷部位的黑度图像不一样，来分析判断被检物中缺陷存在与否以及缺陷的种类、数量和位置。

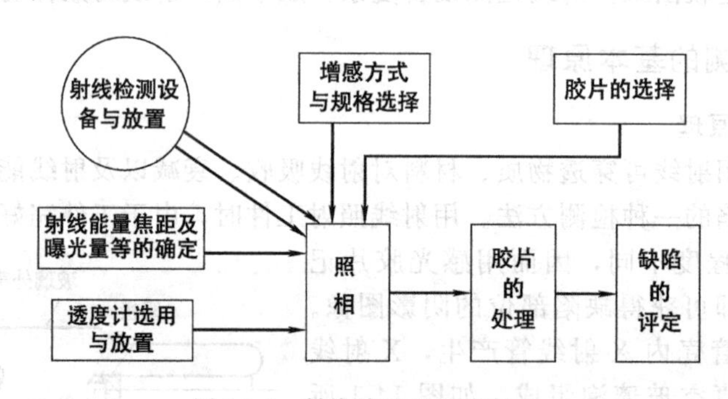

图14-3 射线检验的基本过程

若工件中有两个大小相同的缺陷，但它们对射线源的距离远近不同，它们在底片中影像的黑度也会不同。此外，缺陷在射线方向上的长度越大，其黑度就越大，否则就小。因此像裂纹这样的缺陷，如果其方向与射线方向平行，则容易被发现，如果垂直则不易发现，甚至显示不出来。故检测人员应掌握各类缺陷产生的机理和特征，以便正确选择透照方式。

2. 射线实时检测法

X射线检测实时成像及计算机图像及计算机图像处理技术（简写为XRTIP）是20世纪80年代中期以来国际上新兴的一项无损检测技术。它的工作原理是将光电转换技术和计算机数字图像处理技术相结合，把不可见的X射线图像经增强方法转换为可见的视频图像，再经计算机对图像进行数字化处理，使视频图像的对比度和清晰度达到X射线照相底片的影像质量，从而提高了探伤灵敏度和缺陷识别能力。探伤结果用计算机进行辅助评定，图像可长期保存在计算机磁带或光盘上，可代替射线照相的底片，从而实现了X射线探伤方法的电脑化和自动化。其工作原理如图14-4所示。

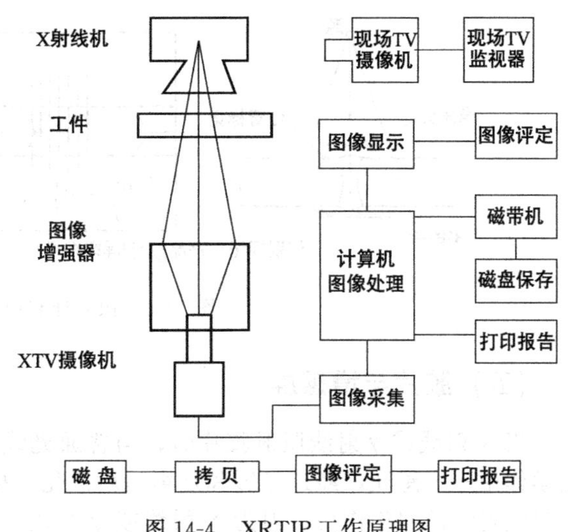

图14-4 XRTIP工作原理图

3. 射线计算机断层扫描技术

射线计算机断层扫描技术简称CT技术。工业CT技术涉及了核物理学、微电子学、光电子技术、仪器仪表、精密机械与控制、计算机图像处理与模式识别等多学科领域，是一个技术密集型的高科技产品。它能在对检测物体无损伤条件下，同步地对被检物体的某一断面进行联动扫描，一次扫描结束后机器转动一个角度对同一断面进行下一次扫描，如此反复下去即可采集到同一断面的若干组数据，这些数字信息经计算机处理后，在计算机的统一管理及应用软件支持下，以二维断层图像或三维立体图像的形式，清晰、准确、直观地展示被检测物体内部的结构、组成、材质及缺损状况，被誉为当今最佳无损检测技术。

(四) 灵敏度与像质计

1. 灵敏度

射线照相检验的灵敏度反映检验质量高低，是指显示最小缺陷的程度。分为绝对灵敏度和相对灵敏度。绝对灵敏度是指在X射线底片上能发现的沿透照方向上的最小缺陷尺寸；对薄工件可发现小缺陷，但对厚工件能发现相对大一点的缺陷，因此它不能真实反映透照质量高低。相对灵敏度是以能够发现的最小缺陷尺寸与透照方向上工件厚度之比，一般所说的检测灵敏度都是指相对灵敏度。

实际操作中，没办法确定缺陷的实际最小尺寸，而采用线型像质计（又称透度计）来衡量灵敏度高低。

2. 像质计

我国主要采用金属线型像质计。其型号与规格应符合JB/T 4730.2《承压设备无损检测》附录F的规定。如图14-5所示。

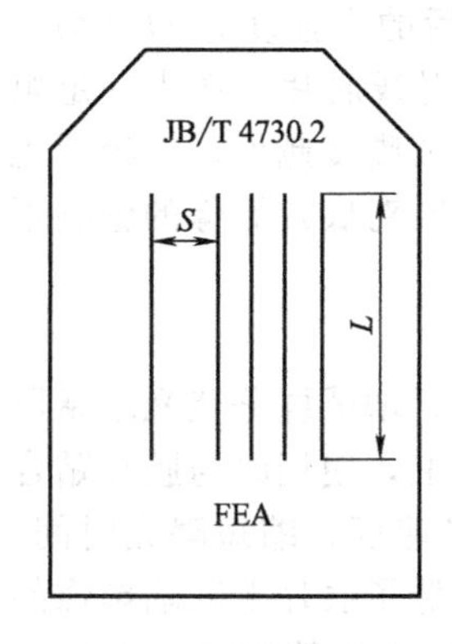

图14-5 线型像质计

JB/T 4730.2《承压设备无损检测》规定按照透照厚度和像质计所需要达到的像质指数，选用R10系列的像质计；用像质指数作为使用像质计衡量透照技术和胶片处理质量的数值，等于底片上能识别出的最细钢丝的线编号。线型像质计应放在射线源一侧的工件表面上被检焊缝区的一端（被检区长度的1/4部位）。钢丝应横跨焊缝并与焊缝方向垂直，细钢丝置于外侧。当射线源一侧无法放置像质计时，也可放在胶片一侧的工件表面上，但应进行对比试验，使实际像质指数值达到规定的要求。像质计和识别系统的布置如图14-6所示。采用射线源置于圆心位置的周向曝光技术时，像质计应放在内壁，每隔90°放一个。

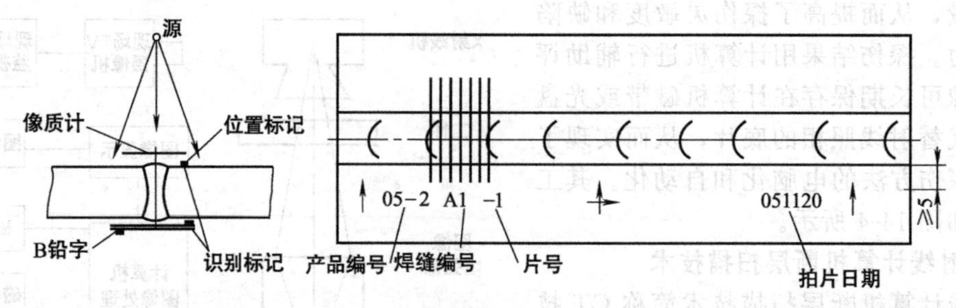

图 14-6 像质计和识别系统的布置

（五）胶片与增感屏

当X射线或γ射线照射胶片时，与普通光线一样，能使胶片乳剂层中的卤化银发生光化学作用——感光，经过显影和定影后就黑化，接收射线越多的部位黑化程度越高，这个作用叫做射线的照相作用。因为X射线或γ射线使卤化银感光的作用比普通光线小很多，所以必须使用特殊的X射线胶片，这种胶片的两面都涂敷了较厚的乳胶，此外，还使用一种能加强感光作用的增感屏，增感屏通常用铅箔做成。

1. 胶片

胶片按GB/T 19384.1—2003分为四类即T1、T2、T3和T4类。T1胶片粒度细、速度低、反差高，为最高类别；T4类胶片粒度粗、速度快、反差低，为最低类别。因此，如需缩短曝光时间则用号数大的胶片；如需提高射线透照的胶片质量，则用号数小的胶片。胶片系统的特性指标见表14-2。

表 14-2 胶片系统的主要性能指标

胶片系统类别	感光速度	特性曲线平均梯度	感光乳剂粒度	梯度最小值 G_{min}		粒度最大值 σ_{max}	(梯度/粒度)最小值 $(G/\sigma_D)_{min}$
				$D=2.0$	$D=4.0$	$D=2.0$	$D=2.0$
T1	低	高	微粒	4.3	7.4	0.018	270
T2	较低	较高	细粒	4.1	6.8	0.028	150
T3	中	中	中粒	3.8	6.4	0.032	120
T4	高	低	粗粒	3.5	5.0	0.039	100

注：表中的黑度D不包括灰雾度的净黑度。

曝光后的胶片经显影、定影等暗室处理后，得到具有不同黑化程度（即黑度）影像称为底片。在观片灯前观察，若照射到底片上的光强度为H_o，透过底片后的光强度为H（均不是射线强度），则H_o/H的常用对数定义为底片的黑度D。一般把在射线底片上产生一定黑度所需要的曝光量的倒数定义为感光度。胶片的感光度越高，底片的清晰度越低。未经曝光的胶片显影后也会有一定黑度，此黑度称为灰雾度。灰雾度小于0.2时对底片影像的影响不大，灰雾度过大则会影响对比度和清晰度，降低灵敏度。

2. 增感屏

为了增加底片的感光速度，缩短曝光时间，照相时可采用增感屏。增感屏分荧光增感屏和金属增感屏两类。荧光增感屏是以荧光物质（如钨酸钙）涂于纸板上，使用时与胶片贴合在一起，射线照射后荧光物质被激发发出荧光，从而提高胶片的感光速度，缩短曝光时间。荧光增感屏增感作用强，但由于荧光是以散射的形式发出的，大大降低了底片上缺陷影像的清晰度，目前一般不采用。金属增感屏常用厚0.01～0.03mm的铅箔、铜箔制成，由于其粒度细，又可吸收散乱射线，因而可获得高清晰度和灵敏度的底片，可适用于检出较小的缺陷。射线检测一般应使用金属增感屏或不用增感屏。金属增感屏的选用按 JB/T 4730.2—2005 标准。

二、射线检测工艺

射线照相时一般将射线探伤机放在离设备需检部位 0.5～1m 处，按射线穿透厚度为最小的方向放置，将胶片盒紧贴在工件背面，用 X 射线或 γ 射线对胶片曝光，曝光后的胶片在暗室里显影、定影、水洗和干燥。再将干燥的底片放在亮度较高的观片灯上观察，根据底片的黑度和图像判断缺陷的种类、大小和数量，最后按标准进行缺陷的等级分类。射线照相探伤的一般步骤如下。

1. 底片与工件的标记

在工件和暗盒上作标记，工件表面应作出永久性标记，尤其对焊缝，以便必要时作为每张底片重新定位的依据。永久性标志常用打钢印的方法。为了准确地对各探伤部位进行质量判定，照相底片上也应留有一定的标志，底片上的标志有两种：一是定位标记，包括表明透照部位中心的中心标记（✢）和较长焊缝透照时两张片子重叠部位的搭接标记（↑）；另一是识别标志，包括能表明透照的工件编号、焊缝编号和部位编号、透照日期，返修透照部位还应有返修标记 R1、R2、……（数字指返修次数）。各种标志均用铅质字符或数字构成。

2. 透照方式的选择

应根据工件特点和技术条件的要求选择适宜的透照方式。在可以实施的情况下应选用单壁透照方式，在单壁透照不能实施时才允许采用双壁透照方式。典型的透照方式如下（JB/T 4730.2—2005）。

① 纵、环焊焊接头。射线源在外单壁透照方式，如图 14-7 所示。

② 纵、环焊焊接头。射线源在内单壁透照方式，如图 14-8 所示。

③ 纵、环焊焊接头。射线源在中心周向透照方式，图 14-9 所示。

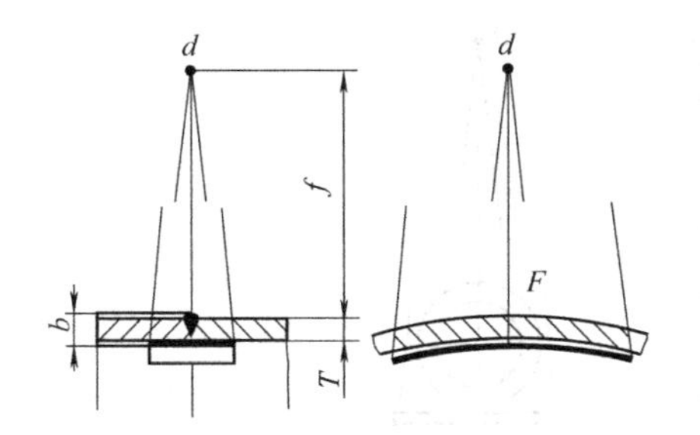

图 14-7 纵、环焊焊接头源在外单壁透照方式

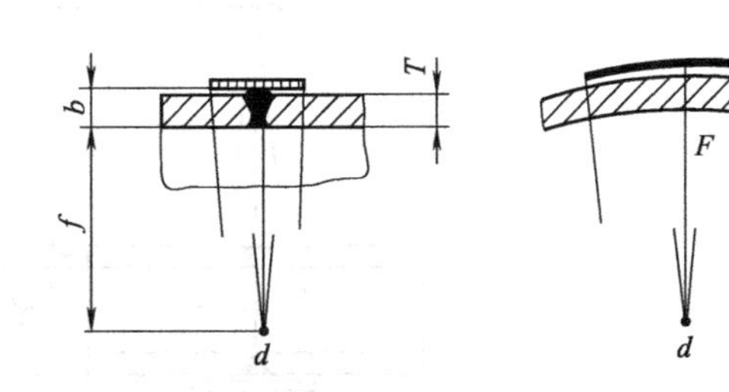

图 14-8 纵、环焊焊接头源在内单壁透照方式

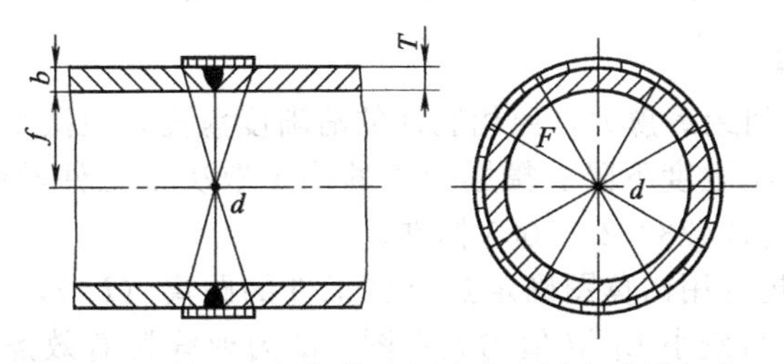

图 14-9 纵、环焊焊接头源在中心周向透照方式

④ 环向焊接接头。射线源在外双壁单影透照方式，如图 14-10 所示。

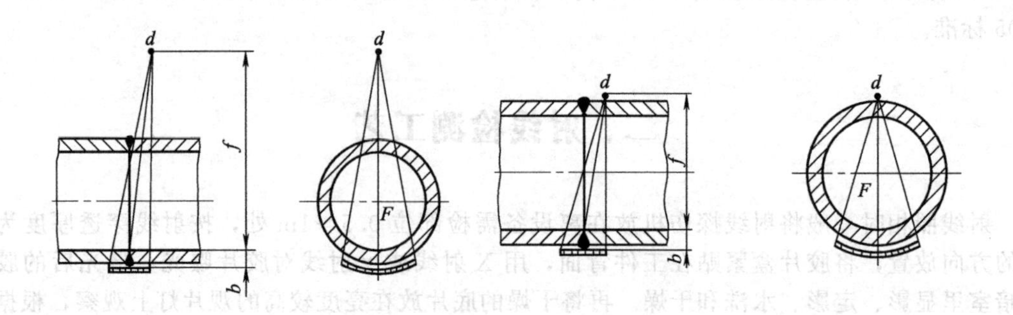

图 14-10 环向焊接接头源在外双壁单影透照方式

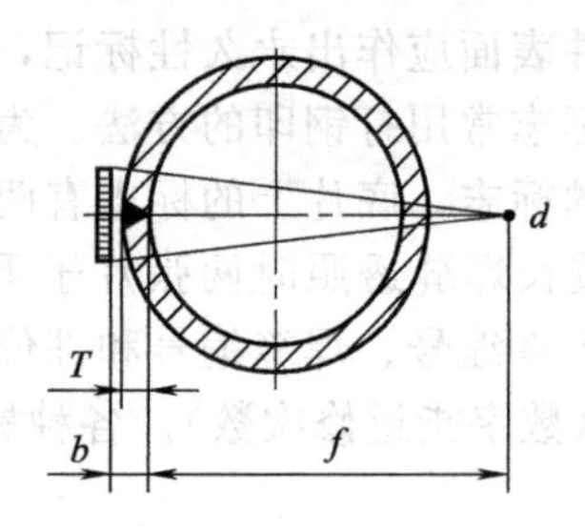

图 14-11 纵向焊接接头源在外双壁单影透照方式

⑤ 纵向焊接接头。射线源在外双壁单影透照方式，如图 14-11 所示。

⑥ 环向焊接接头。双壁双影透照方式，如图 14-12 所示。透照时射线束中心一般应垂直指向透照区中心，需要时也可选用有利于发现缺陷的方向透照。

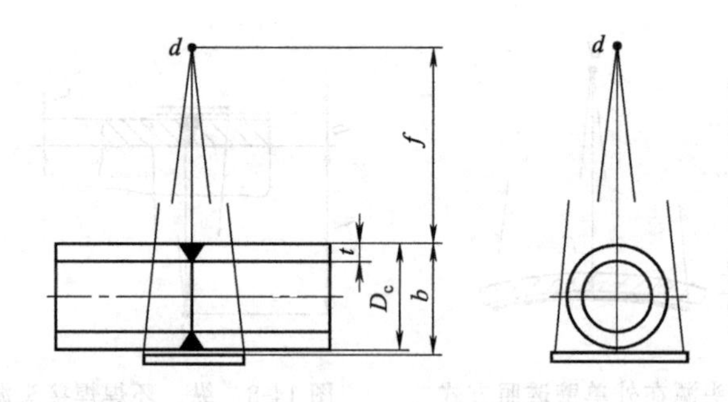

图 14-12 环向焊接接头双壁双影透照方式

3. 摄影距离的选择

射线源与工件表面间距离愈大，照相底片的清晰度愈高，但摄影距离过大，工件受到的射线强度会显著降低使灵敏度下降。摄影距离的确定取决于工件透照厚度和射线源焦点尺寸，三者之间的关系见 JB 4730.2—2005 标准。

JB 4730.2—2005 规定用诺莫图确定焦点至工件的距离（L_1），并提供了诺莫图及工件表面至胶片距离（L_2）与最小 L_1/d 值的关系图（d 为射线源有效焦点尺寸）。可通过 X 射线管辐射角改变射线的有效焦点尺寸。

4. 射线能量的选择

射线能量愈高，则穿透力愈强。X 射线能量的控制是通过调节射线管上的管电压来实现的，管电压高，射线波长短，能量大，射线能量的选择取决于透照工件厚度及材料种类，有时也根据设备条件而定。通常情况下，随着射线能量的减低，透照图像的对比度增加，因此，在保证能够穿透工件的前提下，应尽量采用较低的射线能量。透照不同厚度材料允许使用的最高 X 射线管电压如图 14-13 所示。

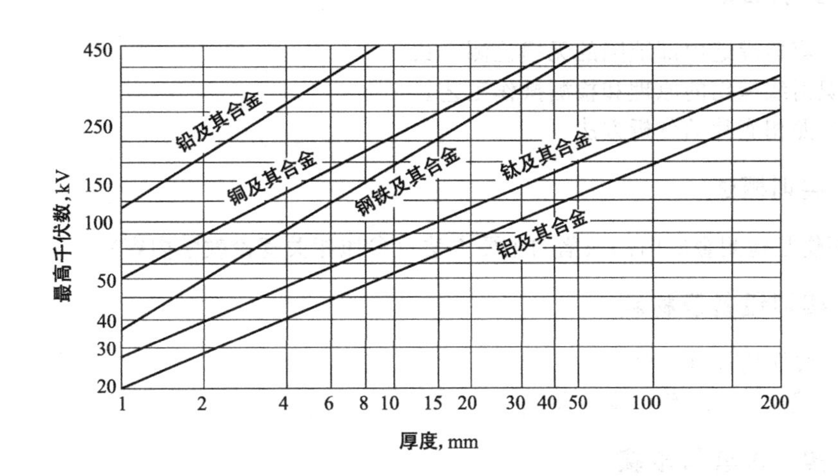

图 14-13 透照不同厚度材料时允许使用的最高 X 射线管电压

5. 曝光及胶片的暗室处理

要获得高质量的底片，选择适当的曝光工艺参数（管电压、管电流、曝光时间等）十分重要。曝光工艺参数一般根据工件厚度来决定。但底片质量除了与曝光工艺参数有关外，还与设备性能、胶片类别、增感方式、暗室处理等多项因素有关。这些繁多的因素全部作为被选择的参数是不可能的，因此通常在一定的机型、胶片型号、增感方式、透照焦距、被透照工件的材质，暗室处理条件（显影液、定影液，显影、定影的温度和时间）下，讨论工件厚度、管电压与曝光量之间的关系，生产中常常利用与被透照工件材质相同的材料制成的阶梯状试块制作工件厚度、管电压、曝光量三者之间的关系曲线称作曝光曲线，根据该曲线确定曝光规范。胶片曝光后在暗室经过显影、冲洗、定影、水洗和干燥后得到具有影像的底片。显影、定影要精确控制时间和温度，显影定影后要经过充分的水洗和洗涤剂处理，以保证底片可长期保存而不发黄和防止产生水迹。底片的干燥可自然干燥，也可在干燥箱内烘干。

【思考题】

1. 常规无损检测的方法有哪些？哪几种用于检测内部缺陷？哪几种用于检测表面缺陷？
2. 射线检测的用途和特点有哪些？
3. 简述射线照相法的基本过程？
4. 说明射线照相法的像质计和增感屏的作用？
5. 射线检测的透照方式有哪些？如何选择？

【相关技能】

X 射线检验实训

（一）实训目的

① 认识容器焊缝内部缺陷的无损检测方法。
② 认识射线探伤的原理和检测操作工艺。
③ 学习照相底片的分析方法。

（二）实训概述

射线探伤是检测金属内部缺陷的主要方法（参照相关理论教学内容）。

（三）实训设备及材料

① X 射线探伤仪（一台）。
② 实训试样：3 块/组（共 6 组）。

（四）实训内容与步骤

① 学生分 6 个小组，按组领取实训试样。
② 每组学生对试样进行缺陷检测。
a. 连接 X 射线探伤仪，进行参数调整；
b. 用标准试样进行测试；
c. 检测待测量试样，摄照完毕后分析缺陷大小、位置。

（五）注意事项

① 学生在实训中要有所分工，各负其责。
② 实训中认真作好记录。
③ 检测前必须用砂纸将试样表面的氧化皮除去并磨光。每个试样应在不同方位测定。
④ 实训中应注意安全操作。

（六）实训报告内容

① 实训目的。
② 简述你了解的检测设备名称及用途。
③ 讨论 X 射线检测的实训方法。
④ 画出缺陷组织示意图，指出其大小、位置。
⑤ 综合实训分析。
a. 常用的材料内部缺陷检测方法有哪些？说明各自的特点及应用范围。
b. 钢中内部缺陷类别不同时对缺陷图像及检测灵敏度有何影响？

焊缝试板射线照相实训任务单

<table>
<tr><td>项目编号</td><td>No. 11</td><td>项目名称</td><td>焊缝试板射线照相实训</td><td>训练对象</td><td>学生</td><td>学时</td><td>4</td></tr>
<tr><td>课程名称</td><td colspan="3">《化工设备制造技术》</td><td>教材</td><td colspan="3">《化工设备制造技术》</td></tr>
<tr><td>目的</td><td colspan="7">通过焊缝板射线照相试训，了解和掌握射线照相的全过程，建立感性认识，帮助理解理论课学到的有关知识。</td></tr>
<tr><td colspan="8">内　　容
一、设备、工具
1. 额定管电压为 250kV，管电流为 5mA 的工业 X 射线机一台。
2. 黑度计。精度优于 0.05D 的黑度计一台。
3. 由学生自己焊透的双面对接焊缝两块，母材厚度分别为 12mm 和 20mm。
4. 可用于观察黑度值为 3.5 的底片的观片灯一台。
5. 像质计（Ⅱ#、Ⅲ#各一个），铅字号码若干。
二、步骤
1. 设置安全警示灯和警示标志，隔离闲杂人员。
2. 确定固定的曝光条件。
①胶片。
②增感条件：利用铝箔增感，前屏厚度 0.02mm，后屏厚度 0.10mm。
③焦距 600mm。
④管电流 5mA。
⑤曝光时间 5min。
3. 曝光。
4. 暗室处理：用标准暗室处理条件将曝光的胶片同时一次进行暗室处理后，待测。
5. 评片：按 JB/T 4730.2—2005《钢熔化焊对接接头射线照相和质量分级》对底片作出评定。
三、考核标准
1. 实训过程评价。（20%）
2. 器材的使用和实训操作的熟练程度。（50%）
3. 实训报告和思考题的完成情况。（30%）</td></tr>
<tr><td>思考题</td><td colspan="7">1. 射线照相的主要参数是怎样选定的？
2. 射线照相法的检测步骤有哪些？
3. 射线照相的底片如何评定？</td></tr>
</table>

项目十五 超声波检测

XIANGMUSHIWU

【学习目标】 了解超声波检测的基本知识、原理及方法；学会焊缝超声波检测的操作过程。

【知识点】 超声波检测原理及特点，超声波检测方法及检测工艺。

一、超声波检测原理与特点

（一）超声波的产生和特性

超声波是超声振动在介质中的传播，它的实质是以波动形式在弹性介质中传播的机械振动。超声波的振动频率大于20kHz以上的，超出了人耳听觉的上限，人们将这种听不见的声波叫做超声波。超声波和可闻声波本质上是一致的，它们的共同点都是一种机械振动。通常以纵波的方式在弹性介质内传播，是一种能量的传播形式，其不同点是超声频率高，波长短，在一定距离内沿直线传播，具有良好的束射性和方向性。超声波具有如下特性。

① 超声波的声束能集中在特定的方向上，在介质中沿直线传播，具有良好的指向性；

② 超声波在介质中的传播过程中，会发生衰减和散射；

③ 超声波在异种介质的界面上将产生反射、折射和波形转换。利用这些特性，可以获得从缺陷界面反射回来的反射波，从而达到探测缺陷的目的；

④ 超声波的能量比声波大得多，对各种材料的穿透力较强；

⑤ 超声波在固体中的传输损失小，探测深度大。

由于超声波在异质界面上会发生反射、折射等现象，尤其不能通过气体与固体的界面。如果金属中有气孔、裂纹、分层之类的缺陷（缺陷中有气体）或夹渣之类的缺陷（缺陷中有异种介质），超声波传播到金属与缺陷的界面处，就会全部或部分被反射。反射回来的超声波被探头接收，通过仪器内部的电路处理，在仪器的荧光屏上就显示出不同高度和有一定间距的波形。探伤人员则根据波形的变化特征，判断缺陷在工件中的深度、大小和类型。能够产生超声波的方法很多，常用的有压电效应方法、磁致伸缩效应方法、静电效应方法和电磁效应方法等。某些固体物质，在压力（或拉力）的作用下产生变形，从而使物质本身极化，在物体相对的表面出现正、负束缚电荷，这一效应称为压电效应。利用压电材料的压电效应实现超声波的发射和接收。

（二）超声波检测原理

超声波检测是利用超声波能穿透金属材料的内部，并由一种界面进入另一种界面时，在界面边缘发生反射的特点来检查焊缝中缺陷的一种方法。探伤用超声波频率一般在0.5～25MHz之间。利用晶体的压电效应做成超声波探头，探头的作用是发射和接收反射回来的超声波。探头通过耦合剂（一般为机油）与需探测的工件表面紧密接触，并在工件上按一定路线移动。探头接线与超声波探伤仪相连，探伤仪是一套电子仪器装置，其中的高频脉冲发生器产生的高频振荡，由探头中的压电晶片转换成超声波向工件发射，在传播过程中，除在工件表面和底面产生反射外，如工件内部有缺陷时也要产生反射波。所有反射回来的超声波，再经探头中的压电晶片反向转换为电脉冲，该电脉冲通过放大器放大后，显示于探伤仪的荧光屏上为间断的脉冲波形，如图 15-1 所示。左侧波峰为始波，是由工件表面反射回来的，中间波峰为工件里面的缺陷反射回来的缺陷波，右侧波峰是由工件底面反射回来的底面波。缺陷波与表面波及底面波的距离等于缺陷与工件两表面之间距离，用半波高度法确定缺陷的大小。

超声波检测探头又称换能器。探伤用的探头有直探头、斜探头和双晶探头。直探头发射的超声波方向与工件表面垂直，可发射和接受纵波。斜探头发射超声波方向与工件表面垂线成一定角度，如图 15-2 所示，此角度称探头的角度（或超声波入射角），用于发射和接收横波（一般成对使用）。双晶探头内含两个晶片，分别为发射、接收超声波，中间用隔声层隔开。

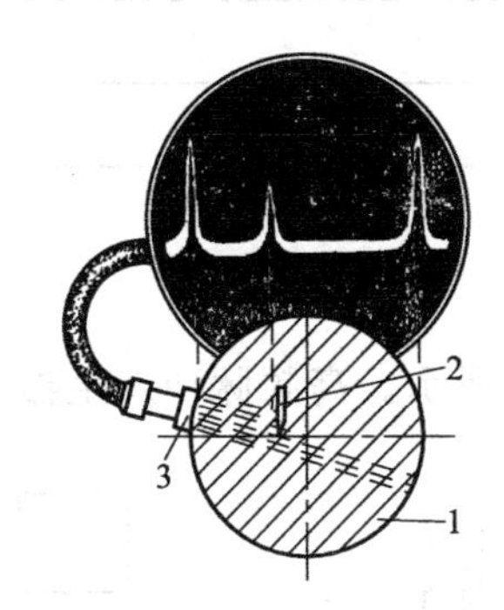

图 15-1　超声波检测示意图
1—工件；2—缺陷；3—探头

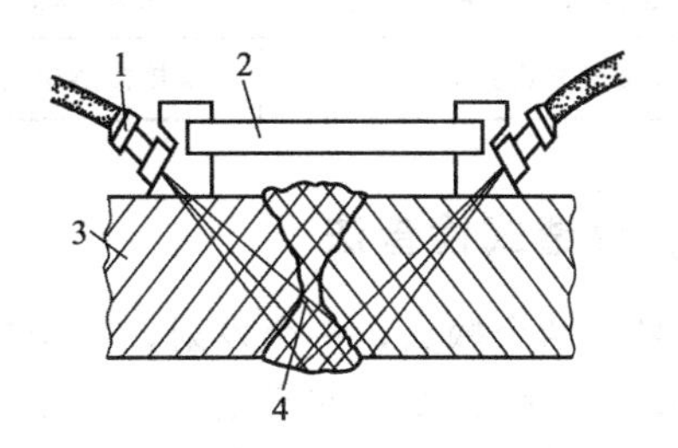

图 15-2　两个探头同时发射和接收
1—斜探头；2—固定卡；3—工件；
4—缺陷

（三）超声波检测特点

与射线检测相比，超声波检测具有灵敏度高、探测速度快、成本低、操作方便、检测厚度大、对人体和环境无害，特别对裂纹、未熔合等危险性缺陷检测灵敏高等优点。但也存在缺陷评定不直观、定性定量与操作者的水平和经验有关、存档困难等缺点。在检测中，常与射线检测配合使用，提高检测结果的可靠性。超声波检测主要用于对锻件、焊缝和型材的检测。

超声波检测用于锻件、轧制件、焊缝及铸件等的检验，最易于检出长度方向与超声波束方向垂直的缺陷。用于焊缝内部检测，可检测气孔、夹杂、裂纹、缩孔及未焊透等缺陷。它不能直接观察到缺陷的形状及大小，只能通过波形幅度、形状、分布及其变化情况等来分析缺陷的形状和大小，而波形幅度与缺陷之间又不存在普遍关系，为此常采用半波高度的方法来确定缺陷的大小。

二、超声波检测方法

在超声波检测中，由于使用的波形和传播方式、发射和接收方法、信号显示方式、探头与工件耦合方式的不同，可有不同的分类。如按显示方式可分为 A 型显示、B 型显示和 C 型显示；按自动化程度可以分为自动化探伤、半自动化探伤和手工探伤；按探伤原理可以分为穿透法、反射法和共振法。A 型显示是一种波形显示，探伤仪荧光屏的横坐标代表声波的传播时间（或距离），纵坐标代表反射波的幅度，由反射波的位置可以确定缺陷位置，由反射波的幅度可以估算缺陷大小。B 型显示是一种图像显示，探伤仪荧光屏的横坐标是靠机械扫描来代表探头的扫查轨迹，纵坐标是靠电子扫描来代表声波的传播时间（或距离），因而可直观地显示出被检工件任一纵截面上缺陷的分布及缺陷的深度。C型显示也是一种图像显示，探伤仪荧光屏的横坐标和纵坐标都是靠机械扫描来代表探头在工件表面的位置。探头接收信号幅度以光点辉度表示，因而，当探头在工件表面移动时，荧光屏上便显示出工件内部缺陷的平面图像，但不能显示缺陷的深度。表15-1为超声波探伤按不同方式分类简表。A型脉冲反射法探伤是目前使用的主要方法。

表15-1 超声波探伤分类简表

按原理分类	连续探伤(共振式、调频式及穿透式)与脉冲探伤
按显示方式分类	声响显示与光电显示(A型、B型、C型与3D型)
按探头数分类	单探头、双探头及多探头探伤
按接触方式分类	直接接触法与水浸法探伤

(一) 穿透式检查法

此法是由两个探头，一个发射，一个接收，如图15-3所示。高频脉冲发生器1产生的高频振荡，通过探头2中的压电晶片转换成超声波向工件3内部发射。如工件内部没有缺陷，超声波穿透工件，被探头4接收，转变成电脉冲并在指示器5上出现信号。如果有缺陷存在，超声波就全部或大部反射回来，而使接收探头在该处接收的超声波很微弱甚至没有。这样就可根据荧光屏上有无出现缺陷波来判断是否有缺陷存在。这种方法适用于工件两面都很平，用于探测大厚度钢板的夹层和非金属材料。不适于管道及结构复杂的零件。

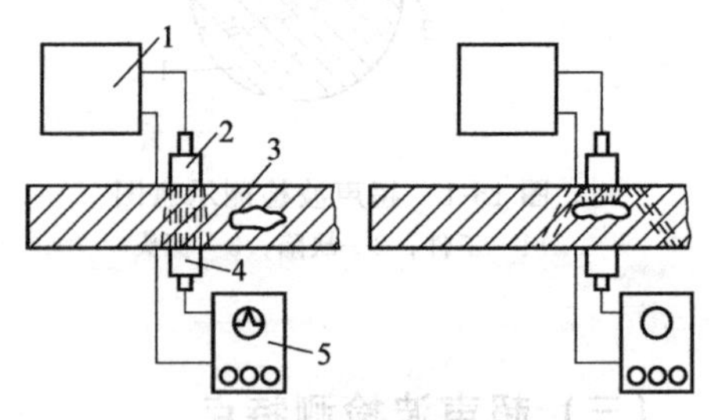

图15-3 穿透式超声波探伤法

1—高频脉冲发生器；2—发射探头；3—工件；4—接受探头；5—指示器

(二) 反射式检查法

此法可用一个探头，既作发射又作接收，如图15-1所示。也可以在同一面用两个探头同时分别发射和接收超声波，如图15-2所示。

探伤时，工件表面应平滑，以防磨损探头。为了使发射的超声波能很好地进入工件，在探头与工件表面之间要加变压器油、机油等作为耦合剂，以排除接触面间的空气，避免超声波在空气层界面上反射。这种方法简单灵活，但探头容易磨损，如工件与探头接触不良，则容易漏检，探伤速度较低。

(1) 直探头一次反射法

在探伤过程中只要观察始脉冲与底脉冲之间是否有不允许的伤脉冲存在即可，如图15-4所示，它多用于钢板、锻件的探伤。

(2) 直探头多次反射法

如图15-5所示，当工件无缺陷时，在荧光屏上出现底脉冲的多次反射脉冲，即超声波从探头发生，通过探头与工件接触的界面进入工件中，在工件的底面超声波几乎100%反射。当反射波回到探头与工件的界面时，一部分被探头接收，在荧光屏上显示；另一部分又反射回去，可以重复多次。由于多次反射和钢对超声波的吸收，能量逐渐减少，因此在荧光屏上脉冲波幅的能量是逐渐减小的。

当工件中有缺陷时，超声波被吸收很多，加上缺陷的界面一般是不规则的，造成超声波的散射，所以使超声波的能量衰减很严重，荧光屏上只出现一至二次底脉冲波形，有时还会出现一些伤波和杂波，如图 15-6 所示。

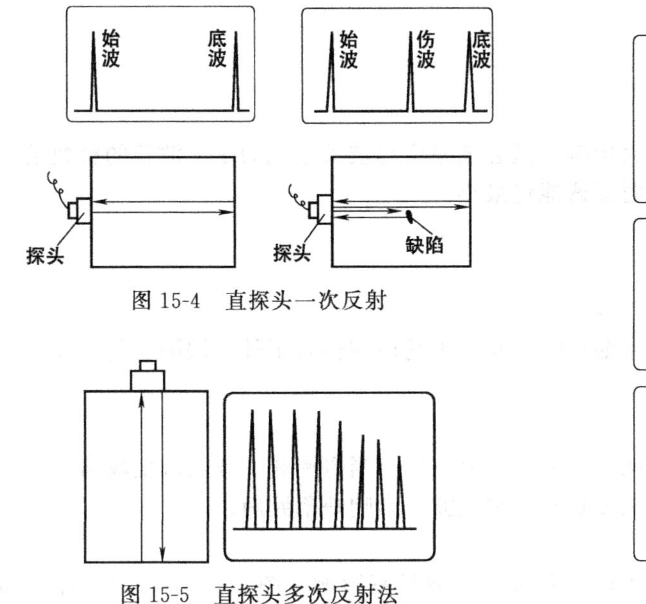

图 15-4　直探头一次反射

图 15-5　直探头多次反射法

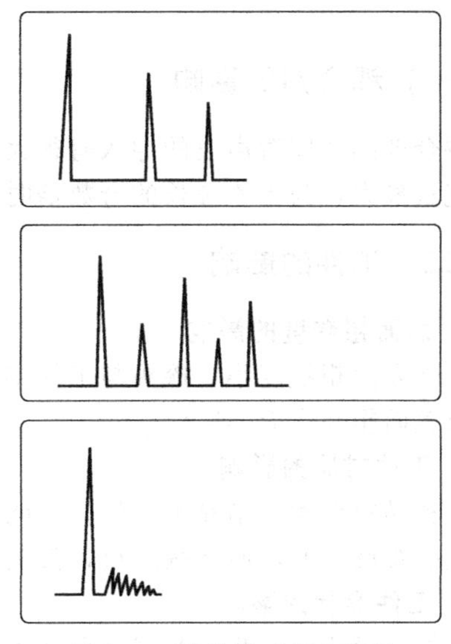

图 15-6　有缺陷时多次反射

荧光屏上出现的底脉冲波形反射次数越少，说明超声波的衰减越严重，因而缺陷也就越大。这种方法多用于铸钢件的探伤。

(3) 斜探头法

斜探头法如图 15-7 所示，是很常用的一种超声波探伤法，也是焊缝探伤的主要方法，由于超声波是和工件表面或一定角度入射，所以可检查直探头无法检查的缺陷。超声波在工件中所走的是一条“W”形路线。此路线从超声波在钢板表面的入射点传播到第一次反射点的波程称为一次声程，传播到第二次反射点的波程称为二次声程，二次声程是一次声程的 2 倍，如图 15-8 所示。由于能量衰减的原因，实际用于焊缝探伤的只是一次和二次声程。一次声程可探焊缝的下半部。二次声程可探焊缝的上半部。根据声波在示波器上出现的伤脉冲讯号可判断有缺陷存在。如果焊缝没有缺陷，钢板的上下表面又较平整，则斜探头就接收不到任何反射讯号。

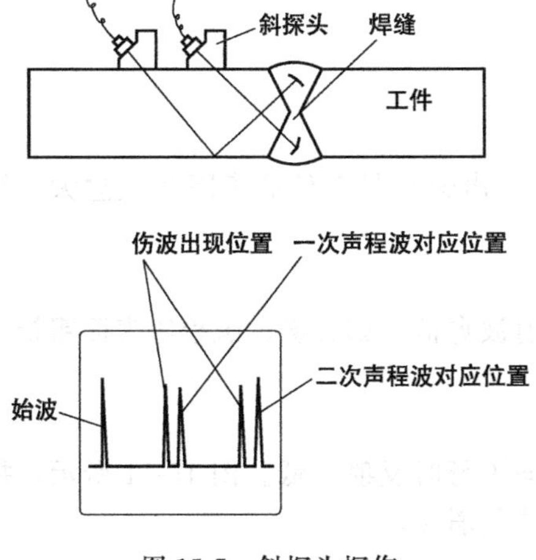

图 15-7　斜探头探伤

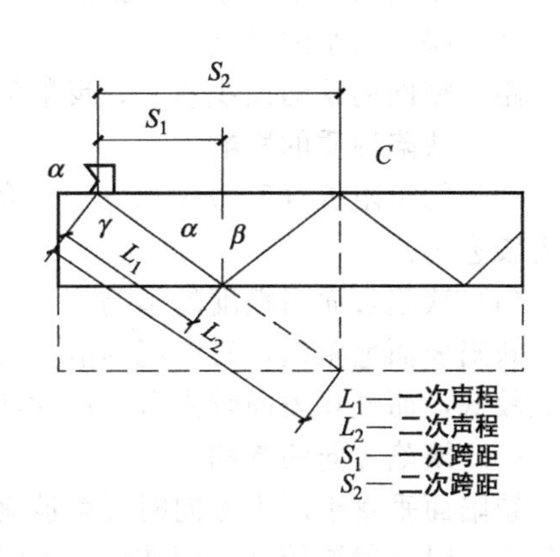

图 15-8　声程与探头折射角、板厚的关系

三、影响显示波形的因素

（一）耦合剂的影响

耦合剂的厚度对声波的导入有很大影响，耦合剂厚度与波长之比为 1/2 波长的整数倍时穿透能量最大，为 1/4 波长的奇数倍时穿透能量最小。

（二）工件的影响

1. 表面粗糙度的影响

工件表面粗糙度小，探头与工件接触良好，有利于超声波传入工件，缺陷反射波高。一般要求表面粗糙度 R_a 达 3.2μm。

2. 工件材质的影响

材料晶粒粗大、结晶不均匀，声能衰减大、反射波低。当探测频率或灵敏度较高时，还会产生晶粒反射波，使衰减严重，甚至无缺陷波和底波而影响缺陷判断。

3. 工件形状的影响

工件的探测面、侧面及底面形状不同，对反射波波形有影响，图 15-9 所示为工件侧面的影响，超声波经侧面的多次反射产生迟到波而影响缺陷判断。图 15-10 所示为工件底面的影响，底面为凹面，有聚集作用使底波增强，底面为凸面具有发散作用，使底波降低。

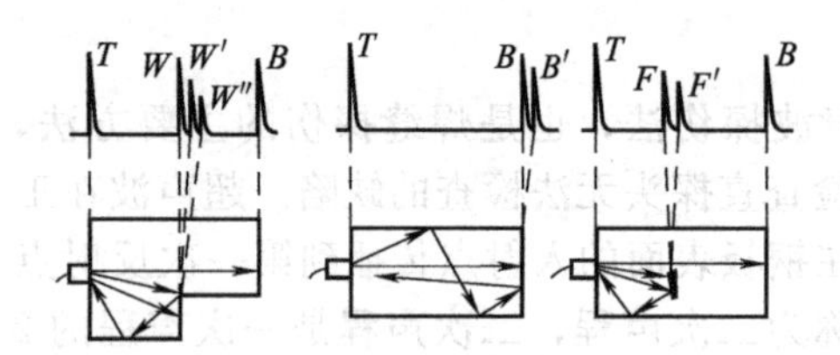

图 15-9　迟到波表示符号

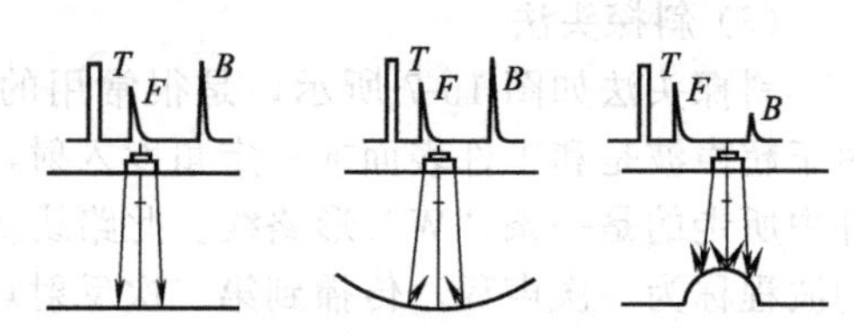

图 15-10　底面形状不同时底波高度的变化

（三）缺陷的影响

（1）缺陷位置的影响

大小相同的缺陷，距探测面愈近，反射波愈高。

（2）缺陷大小的影响

距离相同的缺陷面积愈大，反射波愈高。

（3）缺陷性质的影响

缺陷的声阻抗（$Z=\rho \cdot c$，ρ——介质密度，c——声速）与工件的声阻相差愈大，缺陷反射波愈高。

（4）缺陷表面粗糙度的影响

缺陷表面愈粗糙，对声能的散射衰减愈大，反射波愈低。如夹渣、疏松等表面粗糙，反射波较低，而气孔表面较光滑，反射波高。

（5）缺陷方向的影响

缺陷面垂直于声束方向时反射波高，与声束方向平行时反射波低。图 15-11 所示，探头在位置 a 时反射波较高，而在位置 b 时反射波低，甚至消失。

（6）缺陷形状的影响

设缺陷直径为 D_f，探头直径为 D，两者之比为 $T=D_f/D$，当缺陷较小时（如 $T=0.1$），圆柱状缺陷反射波最高，圆板状次之，球状最低；当缺陷较大时（如 $T>0.2$），则圆板状缺陷反射波最高，圆柱状次之，球状最小。

(7) 缺陷波指向性的影响

缺陷波的指向性与探头的指向性相似，缺陷与波长的比值愈大，指向性愈好。缺陷直径大于波长（2～3）倍时，缺陷波有好的指向性，反射波亦高；反之则指向性差，反射波低。

此外，仪器和探头性能等对探伤波形均有影响。

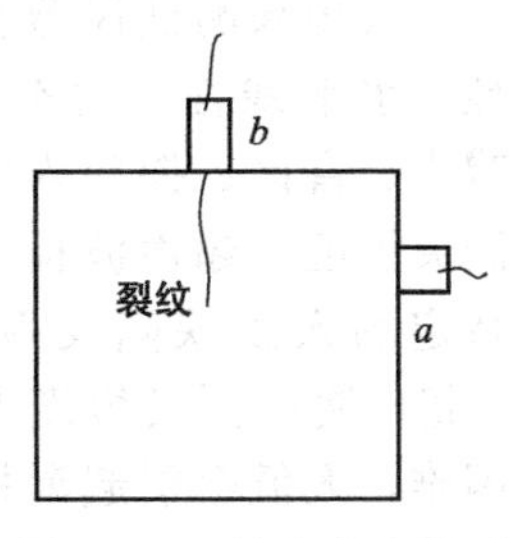

图 15-11 探头位置的不同对反射波的影响

四、焊缝的超声波检测工艺

三氧化硫蒸发器根据标准的规定，所用钢板应逐张作 100%超声波检验，探伤标准为《ZBJ2400 压力容器用钢板超声波探伤》，质量等级应达到Ⅲ级的要求；焊接部位在 A、B 焊缝进行 20%超声波检测。

在进行超声波探伤之前，被探伤工件表面必须加工净化，并涂上层耦合剂（黏性物质，如机油）使探头与工件表面紧密接触，不得有空气膜，否则超声波将全部被空气膜反射，不能射入工件内部。另外，工件表面的锈蚀，污垢等会影响探伤的灵敏度和准确度。焊缝的超声波检测采用斜探头，在焊缝边缘母材处向焊缝内部探伤。

（一）准备工作

准备工作一般指探伤仪器、探头、耦合和扫描方式的确定，实际工作中一般根据工件的结构形状、加工工艺和技术要求来选择探测条件。正确选择探测条件对有效发现缺陷、准确进行缺陷定位、定量、定性至关重要。

1. 探伤仪的选择

探伤仪种类繁多，性能各异，探伤前应根据场地、工件大小、结构特点、检验要求及相关标准，从水平线性、垂直线性、衰减、灵敏度、分辨力、盲区大小、抗干扰等方面合理选择。目前，检测中广泛使用的超声波探伤仪，如 CTS-22、CTS-26、JTS-1、CTS-3、CTS-7 等均为 A 型显示脉冲反射式单通道超声波探伤仪。

2. 探头的选择

超声波的发射和接收都是通过探头来实现的，探头性能优劣直接关系到检测的准确性，探伤前应根据工件形状、衰减和技术要求选择探头。常用的探头形式有直探头和斜探头。直探头用于发射和接收纵波，故又称为纵波探头。直探头主要用于探测与探测面平行的缺陷。直探头由压电晶片、保护膜、吸收块、电缆接头和外壳等部分组成。斜探头又可分为纵波斜探头，横波斜探头和表面波斜探头。横波斜探头是利用横波检测与探测面垂直或成一定角度的缺陷。

一般根据工件的形状和可能出现缺陷的部位、方向等条件来选择探头的形式，使声束轴线尽量与缺陷垂直。通常锻件、钢板的探测用直探头，焊缝探测用斜探头，近表面缺陷探测用双晶探头，大厚度工件或粗晶材料用大直径探头，晶粒细小、较薄工件或表面曲率较大的工件检测宜用小直径探头。

3. 试块的选择

试块应选择按一定用途设计制作的具有简单几何形状的人工缺陷反射体的试块。

试块用来测试仪器和探头的性能如垂直线性、水平线性、动态范围、灵敏度余量、分辨力、盲区、探头入射点、K值等；确定检测灵敏度，超声波检测前，常用试块上某一特定的人工缺陷反射体来调整检测灵敏度。超声波检测灵敏度太高杂波多，判断缺陷困难，太低会引起漏检；利用试块可以调整仪器示波屏上水平刻度值与实际声程之间的比例关系，即扫描速度，以便对缺陷进行定位；利用某些试块绘出的距离-波幅-当量曲线（即实用AVG）来给缺陷定量是目前常用的定量方法之一。

焊缝的超声波检测一般采用的标准试块为CSK-ⅠA，CSK-ⅡA和CSK-ⅢA。其形状和尺寸应分别符合图15-12、图15-13和图15-14。

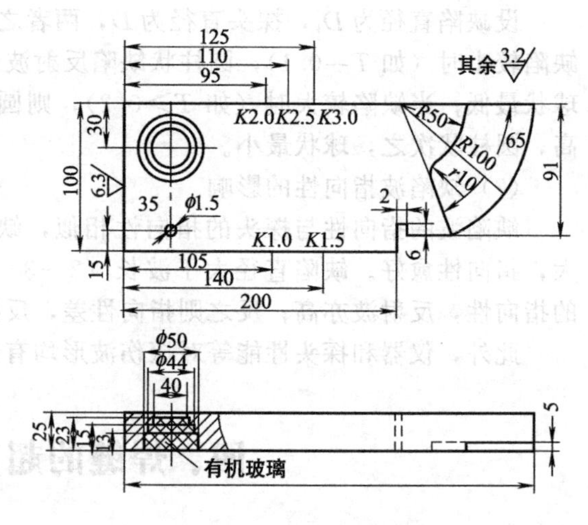

图 15-12 CSK-ⅠA试块

CSK-ⅠA，CSK-ⅡA和CSK-ⅢA试块适用于壁厚为8～120mm的焊接接头的检测。在满足检测灵敏度要求时，也可采用其他形式的等效试块。

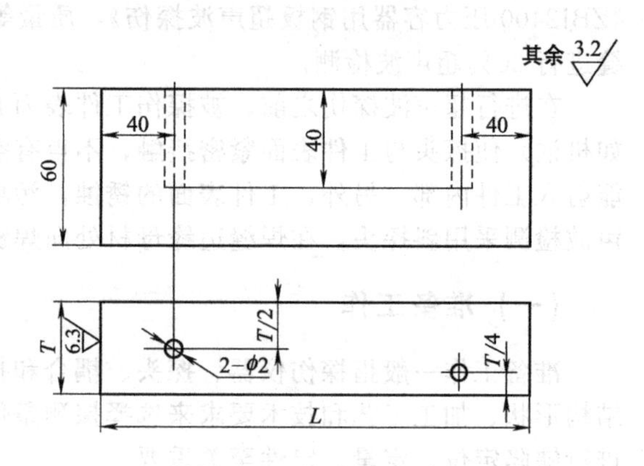

图 15-13 CSK-ⅡA试块

检测曲面工件时，如受检面曲率半径R小于或等于$W^2/4$（W为探头接触面宽度，环缝检测时为探头宽度，纵缝检测时为探头长度）时，应采用与检测面曲率相同或相近的对比试块，反射孔的位置可参照标准试块确定。一个曲面的对比试块可检测是该曲率半径0.9～1.5倍的曲面工件。试块宽度b一般应满足：

$$b \geqslant \lambda S/D_0$$

式中 b——试块宽度，mm；

λ——超声波波长，mm；

S——声程，mm；

D_0——声源有效直径，mm。

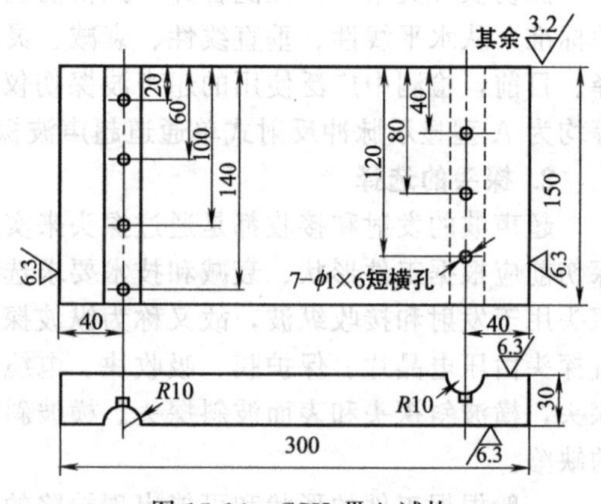

图 15-14 CSK-ⅢA试块

4. 检测面的确定

检测面一般按母材公称厚度T而定：T小于或等于46mm时为焊缝的单面双侧，T大于46mm时为双面双侧。如受几何条件限制，也可在对接接头的双面单侧或单面双侧采用两种K值探头进行检测。

（1）检测区

检测区的宽度应是焊缝本身和焊缝两侧各相当于母材厚度30%的一段区域，这个区域最小为5mm，最大为10mm。

（2）探头移动区

探头移动区应清除焊接飞溅、铁屑、油垢及其他杂质。检测表面应平整，便于探头的扫查。其表面粗糙度 R_a 应小于或等于 6.3μm，一般应进行打磨。

① 采用一次反射法检测时，探头移动区应不小于 1.25P。

$$P=2TK$$

式中　P——跨距，mm；

T——母材公称厚度，mm；

K——探头 K 值。

② 采用直射法检测时，探头移动区应不小于 0.75P。

③ 如果焊缝表面有咬边、较大的隆起和凹陷等也应进行适当的修磨，并作圆滑过渡以免影响检测结果的评定。

焊缝两侧探伤面的修整宽度一般大于等于 $2KT+50$mm（K 为探头 K 值，T 为工件厚度）。根据焊件母材选择 K 值为 2.5 探头。例如：待测工件母材厚度为 10mm，那么就应在焊缝两侧各修磨 100mm。

5. 探头K值（角度）和频率

① 斜探头的 K 值选取可参照表 15-2 的规定。条件允许时，应尽量采用较大的 K 值探头。

表 15-2　推荐应用的斜探头 K 值

板厚 T/mm	8～25	＞25～46	＞46～120
K 值	3.0～2.0 (72°～60°)	2.5～1.5 (68°～56°)	2.0～1.0 (60°～45°)

注：对于 $T\leqslant 16$mm 的薄板对接接头，宜选用高频率、大 K 值、小晶片和短前沿的斜探头。选择探头的原则是按 T 和焊缝宽度，使直射法扫查焊缝截面的中下部，反射法扫查焊缝截面的中上部。

② 探头频率一般为 2～5MHz。

6. 耦合剂的选择

耦合剂应有较高声阻抗，对人体无害、对工件无腐蚀、易于清洗等。可用的耦合剂有机油、变压器油、甘油、浆糊、水及水玻璃等，生产中多采用机油、浆糊和甘油。

（二）扫描速度和灵敏度的调节

1. 扫描速度的确定

仪器示波屏上时基扫描线的水平刻度值与实际声程的比例称为扫描速度或时基扫描线比例。扫描速度的调节是根据探测范围利用两个不同声程的反射体或同一反射体的一、二次反射波，将其分别调至示波屏上相对应的位置。分为纵波扫描速度的调节和横波扫描速度的调节。

横波扫描速度的调节分为：

① 声程法，使示波屏水平刻度值直接显示反射体的实际声程；

② 水平法，使示波屏水平刻度值直接显示反射体的水平投影距离；

③ 深度法，使示波屏水平刻度值直接显示反射体的垂直深度。

实际探伤中，水平法常用于中薄板缺陷定位，深度法用于厚板的定位。焊缝探伤中，经常使示波屏水平刻度值直接显示反射体的水平投影距离。一般板厚小于 20mm 采用水平定位法来调节仪器的扫描速度。

2. 灵敏度调节

探伤灵敏度是指“在规定范围内对最小缺陷的检出能力，用规定范围内的标准反射值及衰减余量表示”。通常以带有人工缺陷的标准试块调节灵敏度，扫查灵敏度不得低于基准灵敏度。

① 单直探头基准灵敏度的确定。

当被检部位的厚度大于或等于探头的3倍近场区长度，且探测面与底面平行时，原则上可采用底波计算法确定灵敏度。对由于几何形状所限，不能获得底波或壁厚小于探头的3倍近场区时，可直接采用CSⅠ标准试块确定基准灵敏度。

② 双晶直探头基准灵敏度的确定。

使用CSⅡ试块，依次测试一组不同检测距离的ϕ3mm平底孔（至少三个）。调节衰减器，作出双晶直探头的距离-波幅曲线，并以此作为基准灵敏度。

③ 扫查灵敏度一般不得低于最大检测距离处ϕ2mm平底孔当量直径。

（三）距离—波幅曲线的绘制

1. 距离—波幅曲线绘制

按所用探头和仪器在试块上实测的数据绘制而成。该曲线簇由评定线、定量线和判废线组成。评定线与定量线之间（包括评定线）为Ⅰ区，定量线与判废线之间（包括定量线）为Ⅱ区，判废线及其以上区域为Ⅲ区，如图15-15所示。如果距离—波幅曲线绘制在荧光屏上，则在检测范围内不低于荧光屏满刻度的20%，否则应分段制作。

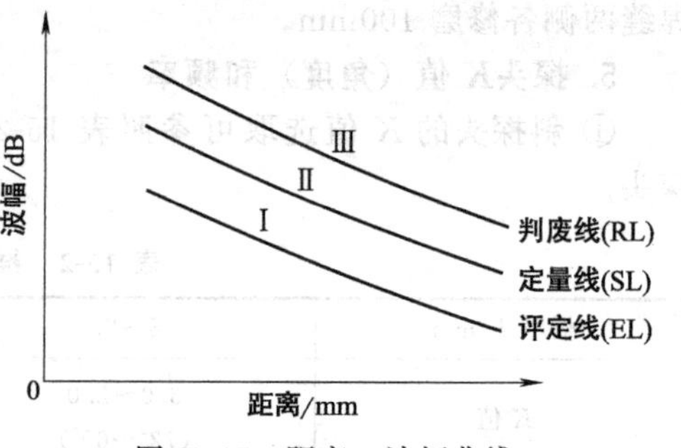

图15-15 距离—波幅曲线

2. 距离—波幅曲线的灵敏度选择

① 壁厚为8～120mm的对接接头。其距离—波幅曲线灵敏度按表15-3的规定。

表15-3 距离—波幅曲线的灵敏度

试块形式	板厚/mm	评定线	定量线	判废线
CKS-ⅡA	8～46	ϕ2×40−18dB	ϕ2×40−12dB	ϕ2×40−4dB
	>46～120	ϕ2×40−14dB	ϕ2×40−8dB	ϕ2×40+2dB
CKS-ⅢA	8～15	ϕ1×6−12dB	ϕ1×6−6dB	ϕ1×6+2dB
	>15～46	ϕ1×6−9dB	ϕ1×6−3dB	ϕ1×6+2dB
	>46～120	ϕ1×6−6dB	ϕ1×6	ϕ1×6+10dB

② 检测横向缺陷时。应将各线灵敏度均提高6dB。

③ 检测面曲率半径R小于或等于$W^2/4$时，距离—波幅曲线的绘制应在与被检测面曲率相同或相近的对比试块上进行。

④ 扫查灵敏度不低于最大声程处的评定线灵敏度。

⑤ 工件的表面声能损失差应计入距离—波幅曲线

（四）检测方法

1. 平板对接接头的检测

① 为检测纵向缺陷，原则上采用一种K值探头在对接接头的单面双侧进行检测。母材厚度大于46mm时，采用双面双侧检测。如受几何条件限制，也可在对接接头双面单侧或单面双侧采用两种K值探头进行检测。斜探头应垂直于焊缝中心线放置在检测面上。作锯齿形扫查（见图15-16）。探头前后移动的范围应保证扫查到全部对接接头截面。在保持探头垂直焊缝作前后移动的同时，还应作10°～15°的左右转动。

② 为检测焊缝及热影响区的横向缺陷，应进行平行和斜平行扫查。检测时，可在对接接

头两侧边缘使探头与焊缝中心线成10°～20°角作两个方向的斜平行扫查（见图15-17）。对接接头余高磨平时，可将探头放在焊缝及热影响区上作两个方向的平行扫查（见图15-18）。

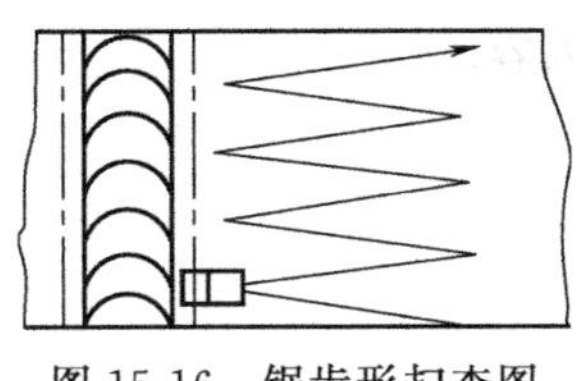
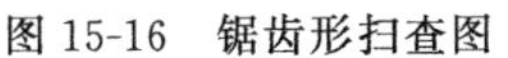

图15-16　锯齿形扫查图

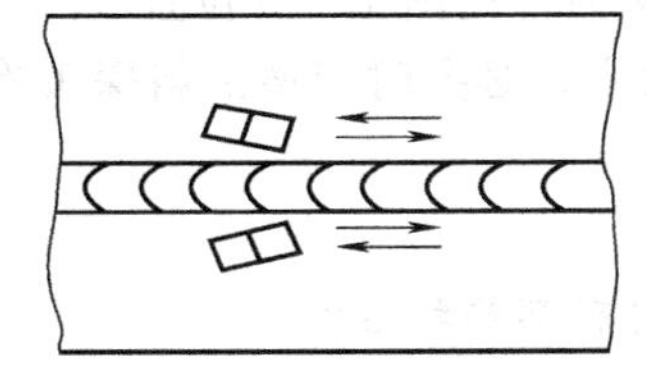

图15-17　斜平行扫查

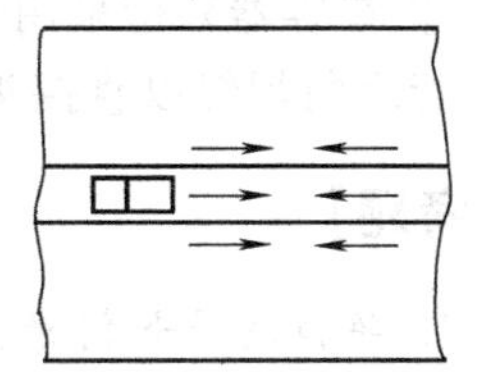

图15-18　平行扫查

③ 确定缺陷的位置、方向和形状，观察缺陷动态波形和区分缺陷信号或伪缺陷信号，可采用前后、左右、转角、环绕等四种探头基本扫查方式，如图15-19所示。

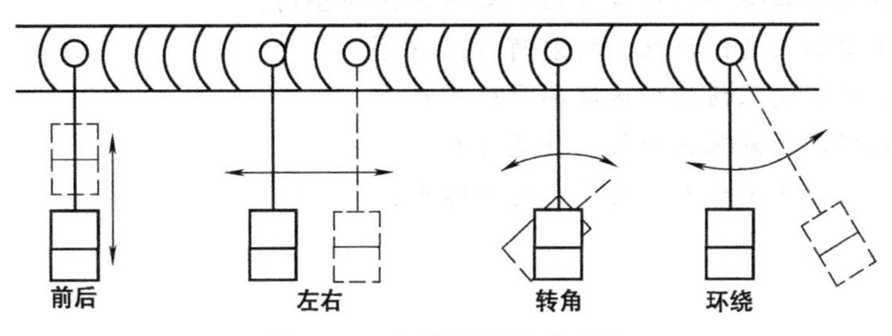

图15-19　四种基本扫查方法

2. 曲面工件对接接头的检测

① 环缝检测面为曲面时，加工外径大于600mm，可按平板对接接头的检测方法进行检测。当工件外径小于或等于600mm时，可采用SY/T4109-2005-组SGB试块，此试块既可作距离—波幅曲线，又可测定探头参数。

② 纵缝检测时，按CSK-ⅡA的形式应作成曲面试块，其曲率半径与检测面曲率半径之差小于10%。

3. 管座角焊缝的检测

在选择检测面和探头时应考虑到各种类型缺陷的可能性，并使声束尽可能垂直于该焊接接头结构的主要缺陷。

根据结构形式，管座角焊缝的检测有如下五种检测方式。可选择其中一种或几种方式组合实施检测。检测方式的选择应由合同双方商定，并应考虑主要检测对象和几何条件的限制。

① 在接管内壁采用直探头检测，见图15-20位置1。

② 在容器内壁采用直探头检测，见图15-21位置1。在容器内壁采用斜探头检测，见图15-20位置4。

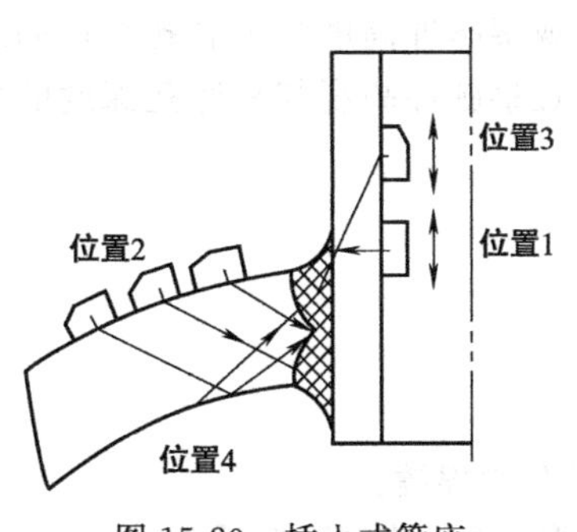

图15-20　插入式管座

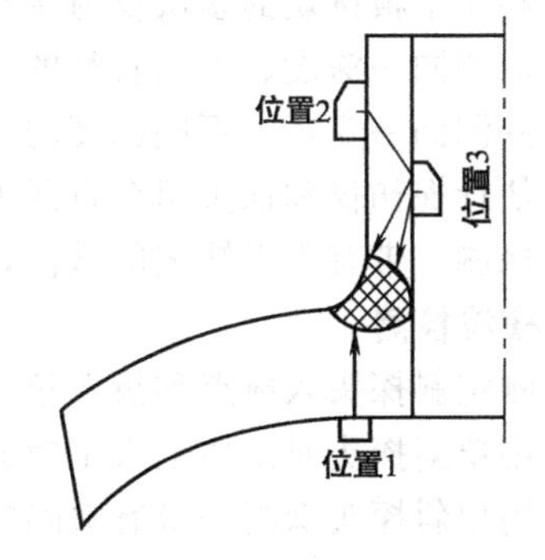

图15-21　安放式管座

③ 在接管外壁采用斜探头检测，见图 15-21 位置 2。

④ 在接管内壁采用斜探头检测，见图 15-20 位置 3 和图 15-21 位置 3。

⑤ 在容器外壁采用斜探头检测，见图 15-20 位置 2。

管座角焊缝以直探头检测为主，必要时应增加斜探头检测的内容。

【思考题】

1. 超声波是如何产生的，它有哪些特性？
2. 超声波为什么能够检测出材料的内部缺陷？
3. 超声波检测分几种方法，各有何特点？
4. 超声波检测中探头有何作用，如何选择？
5. 超声波检测中耦合剂起什么作用？如何选择耦合剂？
6. 焊缝探伤中如何选择斜探头折射角（或 K 值)？
7. 如何调节超声波探伤扫描速度和灵敏度？
8. 如何确定焊缝两侧探伤面的修整宽度？
9. 距离—波幅曲线是如何绘制的，有何作用？

【相关技能】

容器焊缝超声波检测技能训练

（一）实训目的

① 了解超声波探伤的基本原理和方法。

② 了解超声波探伤仪的主要性能和调节方法。

③ 练习纵波、横波探伤的基本操作方法。

④ 了解各种试块的用处。

（二）实训内容

1. 纵波检测

① 测试一块无缺陷平板，探测该板两个坐标方向的厚度，观察其始波和底波之间距离与试件厚度的关系。

② 利用平板试块的多次反射调整水平线性。

③ 探测同一深度、不同直径的平底孔圆柱试块，观察脉冲高度与平底孔直径的关系。

④ 探测同一直径、不同深度的平底孔圆柱试块，观察脉冲高度与平底孔深度的关系。

⑤ 估计探伤仪和探头组合盲区大小。

⑥ 探测一带有人工缺陷的试件，对缺陷进行定位。

2. 横波检测

① 测定斜探头入射点和折射角。

② 用单斜探头对试块上人工横通孔缺陷进行定位。

③ 用单斜探头探测一带有缺陷的单面焊 V 形坡口对接焊缝。

④ 用单斜探头在 CSK-ⅢA 试块上实测数据绘制“距离—波幅”曲线。

3. 实训要求

① 学生分 4 个小组，按组领取实训试样。

② 每组学生用超声波检测对试样进行缺陷检测。

a. 连接探伤仪，进行参数调整；

b. 用标准试样进行测试；

c. 检测待测量试样，并手绘出波形，计算缺陷大小、位置。

（三）实训设备及材料

① 超声波分析仪（4 台）。

② 探头：直探头、斜探头各四组。

③ 实训试样：3 块/组（共 4 组）。

（四）实训步骤

1. 仪器的调整与使用

① 接通电源，打开开关，这时电源指示器的指针稳定地指在红区中段，表示正常。这时可听到仪器内部有约 2kHz 的微弱的电流声音，说明仪器的直流变换器工作正常，约一分钟后荧光屏上会出现扫描基线。

② 装上直探头，使接线与“发”插座相接，这时在荧光屏上出现始波。调水平旋钮，使始波前沿与荧光屏上刻度“0”对齐，这时就可以进行测量了。

2. 探头“盲区”的测定

① 准备好验证的“盲区试块”，涂上耦合剂；

② 接好电源线及直探头；

③ 开机并调整好探伤机，测量开始；

④ 作好实训记录，画出图示脉冲波位置，确定“盲区”大小。

3. 探测轴类试件的缺陷

确定缺陷位置（人造孔的深度）。

① 准备好“轴”试件，记下编号。除去待测件表面上的污物，涂上耦合剂。

② 选择直探头，用水平旋钮把始波前沿调到刻度“0”，用微调旋钮定底波位置（整数位置）。波峰的高、低可用衰减旋钮和增益旋钮控制。

③ 寻找观察缺陷波的位置。注意缺陷波的高度，找出缺陷波最高时的位置，记录位置数据。

4. 对接焊缝的探伤

① 准备好焊件，除去待测表面的污物，涂上耦合剂。

② 选择适合的斜探头。参考前面相关教学内容。

③ 初步判断焊接接头处缺陷的大概情况。

④ 测定斜探头的前沿长度及 K 值。

利用 CSK-ⅠA 试块上 $R100$ 圆弧测量前沿长度；利用 CSK-ⅢA 试块上的短横孔测量 K 值。

⑤ 实际探伤。把斜探头对准焊缝一侧。移动斜探头（注意不要把探头移到焊缝区上面），找出焊缝下部的缺陷波。

（五）注意事项

① 学生在实训中要有所分工，各负其责。

② 实训中认真作好记录。

③ 检测前必须用砂纸将试样表面的氧化皮除去并磨光。每个试样，应在不同方位测定。

④ 实训中应注意安全操作。

(六) 实训报告内容

① 实训目的。

② 简述你了解的检测设备名称及用途。

③ 讨论超声波检测的实训方法。

④ 画出缺陷组织示意图，指出其大小、位置。

⑤ 综合实训分析。

a. 如何进行扫描速度和灵敏度的调节？

b. 对接焊缝的探伤过程如何进行？应注意的问题有哪些？

焊缝超声波检测实训任务单

<table>
<tr><td>项目
编号</td><td>No. 12</td><td>项目
名称</td><td colspan="2">对接焊缝超声波探伤实训</td><td>训练
对象</td><td>学生</td><td>学时</td><td>2</td></tr>
<tr><td>课程
名称</td><td colspan="3">《化工设备制造技术》</td><td>教材</td><td colspan="4">《化工设备制造技术》</td></tr>
<tr><td>目的</td><td colspan="8">通过焊缝试板超声波实训，了解和掌握超声波探伤实训全过程，建立感性认识，帮助理解理论课学到的有关知识。</td></tr>
<tr><td colspan="9">内　　容
一、设备、工具
1. 超声波分析仪(4 台)；
2. 探头:直探头、斜探头各四组；
3. 实训试样：3 块/组(共 4 组)。
二、步骤
1. 学生分 4 个小组，按组领取实训试样。
2. 每组学生用超声波检测对试样进行缺陷检测。
要求:按使用说明书操作，并经实训教师考核同意方可进行。
(1)联接探伤仪，进行参数调整；
(2)用标准试样进行测试；
(3)检测待测量试样，并手绘出波形，计算缺陷大小、位置。
三、注意事项
1. 学生在实训中要有所分工，各负其责。
2. 实训中认真作好记录。
3. 检测前必须用砂纸将试样表面的氧化皮除去并磨光。每个试样，应在不同方位测定。
4. 实训中应注意安全操作。
四、考核标准
1. 实训过程评价。(20%)
2. 器材的使用和实训操作的熟练程度。(50%)
3. 实训报告和思考题的完成情况。(30%)</td></tr>
<tr><td>思考题</td><td colspan="8">1. 材料内部缺陷检测方法有哪些？说明各自的特点及应用范围？
2. 超声波检测内部缺陷类别不同时对缺陷图像及检测灵敏度有何影响？</td></tr>
</table>

磁粉检测

【学习目标】 了解磁粉检测的原理、方法及应用范围。学会磁粉检测操作方法。

【知识点】 磁粉检测过程、磁化方法、检验标准。

一、磁粉检测的原理和特点

磁粉检测用来检查磁性材料零件或焊缝的表面和接近表面的缺陷，如表面的裂纹或未焊透等。通常用铁磁粉末来显示缺陷，所以称为磁粉探伤。奥氏体钢或其他非磁性材料零件不能用磁力探伤法检查缺陷。

（一）磁粉检测的原理

磁粉检测是建立在漏磁原理基础上的一种磁力检测方法。当磁力线穿过铁磁材料及其制品时，在其（磁性）不连续处将产生漏磁场，形成磁极。此时撒上干磁粉或浇上磁悬液，磁极就会吸附磁粉，产生用肉眼能直接观察的明显磁痕。因此，可借助于该磁痕来显示铁磁材料及其制品的缺陷情况。磁粉检测法可探测露出表面，用肉眼或借助于放大镜也不能直接观察到的微小缺陷，也可探测未露出表面，而是埋藏在表面下几毫米的近表面缺陷。用这种方法虽然也能探查气孔、夹杂、未焊透等体积型缺陷。但对面积型缺陷更灵敏，更适于检查因淬火、轧制、锻造、铸造、焊接、电镀、磨削、疲劳等引起的裂纹。

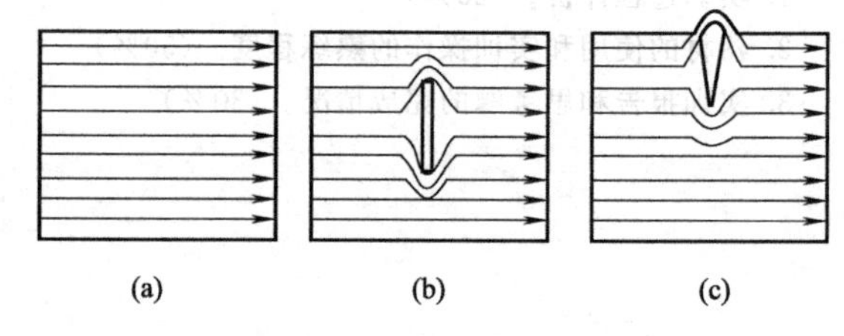

图 16-1　磁粉检测原理图

图 16-1 所示为磁粉检测原理图。如果组织均匀，没有任何缺陷，则各处的导磁率相等，磁力线在零件中是相互平行均匀分布，如图（a）所示。如内部或表面有缺陷（如裂纹或气孔等），缺陷处的导磁率就比其他处小，即磁阻大，于是磁力线将绕过缺陷而发生弯曲，此处磁力线不均匀且不平行。如果缺陷是在金属内部，在缺陷垂直于磁力线的两端，出现磁力线聚集的现象，如图（b）所示。如果缺陷在金属表面，则将有一部分磁力线泄漏到外面的空间里，如图（c）所示，此即所谓漏磁现象。

（二）磁粉检测的特点

① 适宜铁磁材料探伤，不能用于非铁磁材料检验。

② 可以检出表面和近表面缺陷，不能用于检查内部缺陷。可检出的缺陷埋藏深度与工件状况、缺陷状况以及工艺条件有关，一般为 1～2mm，较深者可达 3～5mm。

③ 检测灵敏度很高，可以发现极细小的裂纹以及其他缺陷。

④ 检测成本很低，速度快。

⑤ 工件的形状和尺寸有时对探伤有影响，因其难以磁化而无法探伤。

二、磁粉检测的方法

(一) 分类

磁粉检测方法很多，按检测所用磁粉配制的不同，分为干粉法和湿粉法两种；按零件磁化方向的不同，可分为纵向磁化、横向磁化和联合磁化法三种；按采用磁化电流不同，又可分为直流电磁化法和交流电磁化法两种。

干法检查时，是在零件表面撒上一层干的磁粉（即 Fe_3O_4），再根据铁粉聚集现象进行检查。湿法检查是在零件表面浇上一层磁粉悬浮液，或把小件浸在悬浮液里，然后再拿出来进行检查。

(二) 磁化的方法

零件的磁化可以用磁铁、螺旋管线圈或用导线直接绕在工件上等方法进行。磁化所用的电流，可以用直流电，也可以用交流电。用直流电磁化的优点是磁场强度大，最大可以发现距表面 6～7mm 深的缺陷。但需用直流发电机或整流器，断电后有剩磁。用交流电磁化的优点是发现表面缺陷特别灵敏，不需用直流装置，而且断电退磁。缺点是交流电有集肤作用，其产生的磁场强度都集中在零件表面，因而不能检验出零件深处的缺陷，一般只能发现 1～1.5mm 深的缺陷。泄漏磁通的大小，不仅与缺陷本身磁阻大小有关，而且和缺陷最长部分与磁力线的夹角大小有关，互相垂直的对磁力线的通过阻碍最大，泄漏磁通也就最大，检查时磁粉聚集现象最明显，如图 16-2 (c) 所示，对缺陷的显示也最明显；反之，如果缺陷最长部分与磁力线互相平行或夹角不大，如图 16-2 (a)、(b) 所示，其对缺陷显示能力也就较差。所以，为了使磁力线与缺陷最长部分的夹角最有利于显示缺陷，就必须正确选择零件的磁化方向。

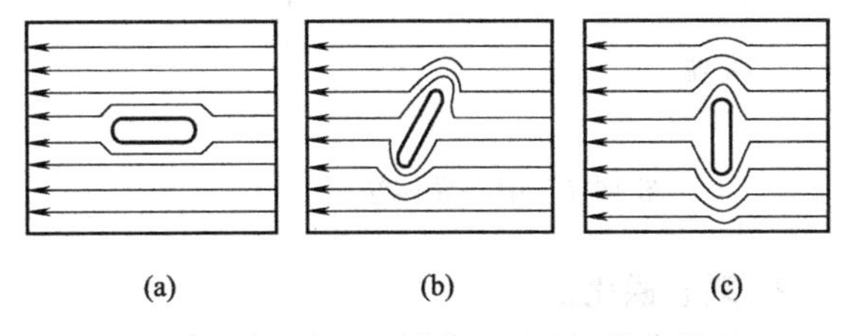

图 16-2 缺陷在不同位置时磁通分布情况

常用的磁化方法有纵向磁化、周向磁化和联合磁化，实际工作中可根据试件的情况选择适当的磁化方法。

1. 纵向磁化

检测与工件轴线方向垂直或夹角大于 45°的缺陷时，应使用纵向磁化法。纵向磁化可用下列方法获得：

① 线圈法（见图 16-3）；

② 磁轭法（见图 16-4）。

2. 周向磁化

检测与工件轴线方向平行或夹角小于 45°的缺陷时，应使用周向磁化方法。周向磁化可用下列方法获得：

① 轴向通电法（见图 16-5）；

② 触头法（见图 16-6）；

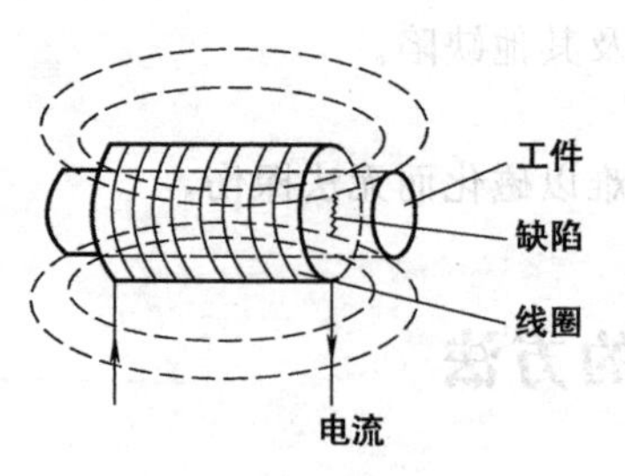

图 16-3 线圈法

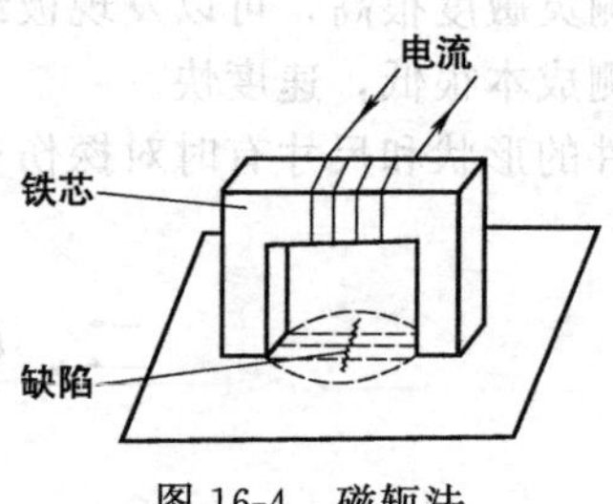

图 16-4 磁轭法

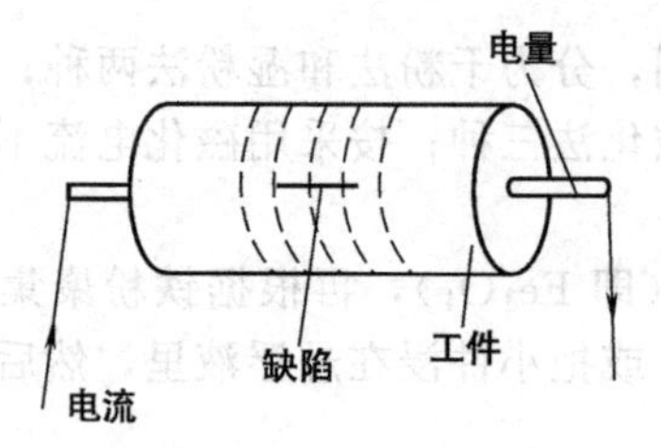

图 16-5 轴向通电法

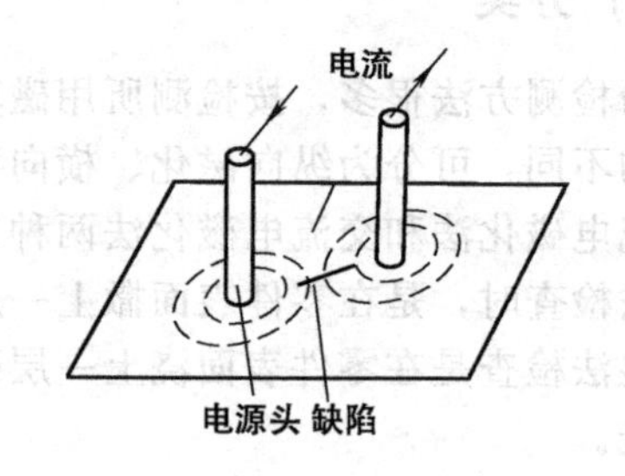

图 16-6 触头法

③ 中心导体法（见图 16-7）；
④ 平行电缆法（见图 16-8）。

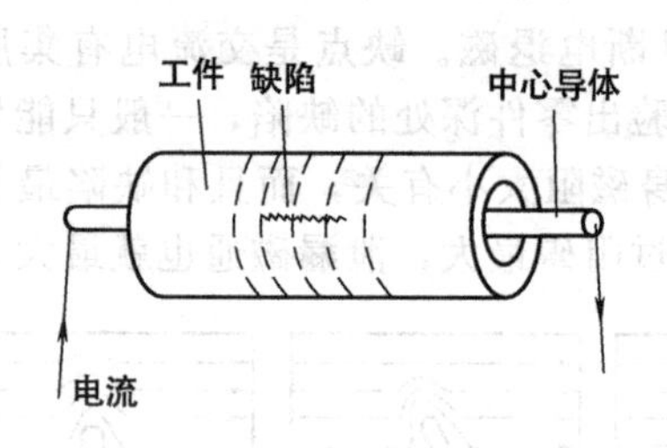

图 16-7 中心导体法

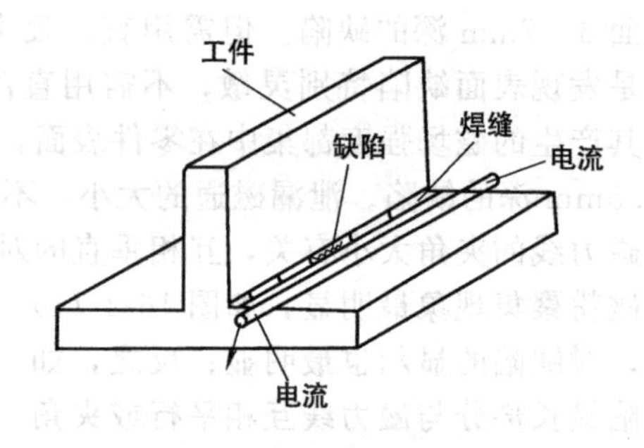

图 16-8 平行电缆法

3. 联合磁化法

联合磁化是上述二者的综合，如图 16-9 所示。一次磁化就可以检查出零件上横向和纵向存在的缺陷。此法效率高，但设备复杂。

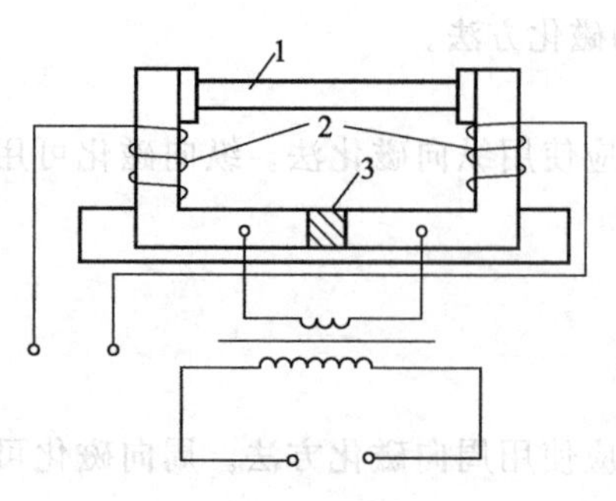

图 16-9 联合磁化法
1—被测工件；2—通电线圈；3—绝缘片

零件的磁化方向和电流大小的选择，决定于零件材料的磁性、形状、尺寸，以及缺陷的性质和可能的位置等。

磁力探伤后，零件上的剩磁对某些零件在精加工或使用过程中会有不利的影响。机械运转部分（特别是摩擦部分）的零件、仪表零件以及其他不允许有磁性的零件，在探伤后须进行退磁。退磁方法，可以把零件逐渐退出交流电场或逐渐减少交流电的强度。也可以用反向磁化法或用小锤轻敲带有剩磁粉的零件进行退磁。退磁效果应经过检查，检查方法可用磁粉撒于零件上或用磁针移近零件，如不吸射就说明无剩磁了。

三、焊缝的磁粉检验

1. 工件的预处理

将被检工件表面油脂、涂料及铁锈等去掉，以免影响探伤效果。用干磁粉时要求试件表面干燥。如果前次磁化的残留剩磁可能影响磁痕的分布，则在磁粉探伤过程两次连续操作之间应对零件进行退磁。探伤后不允许有剩磁的零件也必须退磁。探伤后须经奥氏体化热处理的零件可不退磁。退磁方法与电流种类有关。

（1）直流电

反复换向并逐渐减小磁化电流至零。退磁所用初始磁场强度大于或等于原来磁化力。对于大型零件，推荐使用直流退磁。

（2）交流电

以较小的分挡或连续减少磁化电流至很低的值。

2. 磁化方法

按照被检工件形状和预计的缺陷选择磁化方法。当缺陷长度与磁场方向平行时，可能检测不到缺陷。一般说来，因为缺陷方向难以预料，故应对工件分别进行周向磁化和纵向磁化，以免漏检。可以采用能取得互相垂直磁场的复合磁化方法。

采用旋转磁场探伤仪时，工件被旋转磁场磁化，磁化方向随时间变化而旋转，可检测工件各个方向的缺陷。旋转磁场磁化法主要用于焊缝和大型铸钢件的磁粉探伤。

3. 探伤灵敏度

磁粉探伤灵敏度是指可发现表面或近表面缺陷的最小尺寸，即绝对灵敏度。不同磁化方法，其灵敏度见表 16-1。

表 16-1　探伤灵敏度

磁化方法	裂纹与未焊透等		发　　纹	
	埋藏深度/mm	宽度/mm	埋藏深度/mm	尺寸/mm
直流电磁铁	≤2.5	0.01～0.2	≤1	宽 0.04～0.3；深 0.05～0.7
交流电磁铁	≤1.5		≤0.5	宽 0.04～0.03；深 0.05～0.7
交流电磁铁(剩磁法)	≤3		≤0.3	宽 0.4～0.3；深 0.05～0.7

磁粉探伤灵敏度取决于磁粉或磁悬液的性质、磁化方法与规范、金属磁特性及缺陷的位置等。对于不同工件，相应的标准提出了不同的探伤灵敏度要求。实际探伤中，可采用示灵敏度试片验证被测工件是否达到要求的探伤灵敏度。用灵敏度试片时，应将试片无人工缺陷的面朝外，为使试片与被检面接触良好，可用透明胶带将其平整粘贴在被检面上，并注意胶带不能覆盖试片上的人工缺陷。

4. 磁痕分析

表 16-2 为各种缺陷磁痕的一般特征，表 16-3 为伪磁痕（非缺陷磁痕）的鉴别要点。

表 16-2　缺陷磁痕的一般特征

缺陷名称	磁痕一般特征
裂纹	清晰而浓密的曲折线状
锻造裂纹	磁痕聚集较浓，呈方向不定的曲线状或锯齿状；近表面锻裂产生不规则弥漫状磁痕，出现部位与工艺有关
热处理裂纹	磁痕明显、浓度较高、呈线状、棱角较多且尾部尖细，多出现在棱角、凹槽、变截面等应力集中部位
磨削裂纹	一般与磨削方向垂直，且成群出现，成网状或细平行线状
铸造裂纹	在应力最大的裂开部位较宽后变细
疲劳裂纹	按中间大、两边对称延伸的线状曲线分布，大多垂直于零件受力方向
焊接裂纹	多弯曲，两端有鱼尾状。焊缝下(近表面)裂纹形成较宽的弥漫状磁痕
白点	在圆的横断面上等圆周部位呈无规则分布，短柱线状
夹杂(与气孔)	单个或密集点状或片状，与缺陷具体形状相似
发纹	金属流线方向垂直线或微弯曲线状分布。表面发纹磁痕非常细小但轮廓明显，正表面发纹图像不清晰

表 16-3　伪磁痕

伪磁痕成因	伪磁痕一般特征
局部冷作硬化	一般呈聚集带状，线性度较差
截面急剧变化	宽而模糊，分布不紧凑
流线	沿流线方向成群的平行磁痕，呈不大连续散状，往往因磁化电流过大而致
碳化物层状组织	短、散、宽带状分布
焊缝边缘	吸附不紧密、边缘不清晰
无规则的局部磁化	无规则的局部磁化——“磁写”痕迹，模糊，退磁后可去掉

四、磁粉检测操作

磁粉检测是指工件的表面制备、磁化、施加磁粉、磁痕观察分析、退磁和后处理的全过程。

(一) 表面制备

表面不平（不均匀）会掩饰缺陷的显示，则这些地方要通过打磨或机加工进行表面制备。在磁粉检验之前，被检验的表面及其附近至少 25mm 的区域内应干燥，并且没有任何污垢、纤维屑、锈皮、焊剂和焊接飞溅、油污或其他能妨碍检验的外来物。可使用去污剂、有机溶剂、除锈剂、除锈液、去漆剂、蒸汽除油、喷沙或超声波清洗等方法达到清洁的目的。零件上的小开口、槽或孔，应在检验前堵塞好以防磁粉进入。

(二) 工件磁化

可采用直流的、交流的电磁轭或永久磁轭来磁化一个局部区域，形成一个纵向磁场。

1. 磁化方向

每一区域应至少进行两次分别检验。在第二次检验中，磁通线的方向应大致与第一次检验区域所采用的方向相垂直。

2. 范围

受检区域应限制在两磁极连线的双侧，相当于1/4最大磁极间距的范围内，磁极间距每次至少有1英寸（约25mm）的搭接。

3. 磁化方法

根据选定的磁化规范进行磁化，分连续法和剩磁法两种。连续法指在外加磁场磁化的同时，将磁粉或磁悬液施加到工件表面进行检测的方法。剩磁法指停止磁化后，将磁粉或磁悬液施加到工件表面进行检测的方法。连续法检测灵敏度高，但效率较低，可用于干法和湿法检测；剩磁法检测灵敏度略低，但效率较高，只适用于对剩磁大的工件进行湿法检测。

（三）施加磁粉

采用干法检测需将磁粉均匀撒在工件表面，用微弱气流或轻轻抖动工件，除去多余的磁粉。用湿法检测应将磁悬液充分搅拌，使磁粉悬浮，浇洒磁悬液时流速不能过快和直接冲刷，以免磁痕被冲掉。

磁悬液浓度应按制造厂推荐，用沉淀量值验证，务使日常浓度一定。浓度不当，会大大影响探伤结果。假如磁悬液中磁粉浓度太低，加足够量的磁粉以获得所需浓度；假如磁悬液中磁粉浓度太高，则加足够的液体介质以获得所需浓度。假如沉淀磁粉表现为松散的团块，而不是紧密的敷层，则应作第二次取样试验，如果还是团块，说明磁粉可能已被磁化，这时需更换悬浮液。

（四）磁痕观察分析

磁化终止后，磁粉保留一段时间会显示出磁线，用肉眼观察或借助放大镜观察，对磁痕进行分析，判断是缺陷磁痕还是伪缺陷磁痕。并不是所有显示出来的都是缺陷，因受检表面粗糙（如在热影响区边缘），导磁发生变化等原因，会产生类似于缺陷的显示。只有被确认为机械缺陷的显示，且显示的尺寸大于1.6mm时才被认为有效显示。

（五）退磁及后处理

工件经磁粉检测后会产生剩磁，剩磁的存在会影响仪表的精度；运转零件的剩磁会吸附铁屑和磁粉，加快磨损；管路的剩磁会吸附铁屑和磁粉，影响管路畅通。这些情况下就要消除工件的剩磁，使工件的剩磁回零的过程叫退磁。

交流退磁法是将需退磁的工件从通电的磁化线圈中缓慢移出，直至工件离开线圈1m以上时切断电流。或将工件放入通电的磁化线圈内，将电流逐减小到零。直流退磁法是将需退磁的工件放入直流电场中，不断改变电流方向，并逐渐减小电流至零。工件退磁后应测量剩磁，可采用剩磁测量仪测量，实际工作中常用一小段未磁化的钢丝或铁丝（如大头针）去靠近零件的端部，若零件有剩磁，钢丝或铁丝将被吸附，以此来检查退磁效果。

工件的后处理是指某些表面要求较高的工件检测完毕，应清除残留在被探表面的磁悬液。磁粉材料会妨碍后继加工或使用时，检验后应进行清理。对采用油基磁悬液检测时，检测后应用汽油或其他溶剂进行清洗，水基磁悬液则用水清洗。清洗干燥后，如有必要可涂上防锈剂。

（六）记录与报告

对确认为缺陷的部位，操作员必须记录检验详情和结果，必要时要用胶带纸、照相或其他方法作永久性记录。

检测工作完毕，检验人员应对检验条件及检验结果作出详细记录并发放检验报告。

【思考题】

1. 简述磁粉检测的基本原理和磁粉检测的特点。
2. 工件磁化方法有哪些？分别用于何种缺陷的检测？
3. 磁痕显示如何分类？都有何特点？
4. 磁痕显示如何记录和保存？
5. 简述磁粉检测的操作过程。
6. 什么是退磁？退磁方法有哪些？

【相关技能】

磁粉检验技能实训

（一）实训目的

① 学习和认识材料的表层缺陷检测方法；

② 了解和认识磁粉探伤的原理与过程。

（二）实训设备及材料

① 磁粉探伤仪一台。

② 实训试样：带有裂纹的焊接试板或其他焊接件若干。

（三）实训要求及步骤

1. 学生分组

① 学生分小组，按组领取实训试样；

② 每组学生对试样进行缺陷检测。

2. 实训要求

① 用标准试样进行测试，进行参数调整；

② 检测待测量试样，手绘缺陷大小、位置。

3. 实训步骤

① 清除探测试件表面上影响电磁感应的杂物。

② 将磁轭放在磁力称量试板上，调节磁化电流（或可动关节）使磁轭的提升力达到JB 3968—85标准所规定的值。

③ 将磁轭放在试板上，灵敏度试片上刻槽的一面，紧贴在被检试件焊缝边缘平坦表面上。

④ 施加磁化场和磁悬液，正确掌握通电时间、次数和操作程序。

⑤ 检测分析试件的磁痕形态，并作好记录。

⑥ 在试件的同区域以近似相垂的方向再进行磁化检查，分析磁痕之特征，并注意比较垂直方向上时所得的结果。

（四）注意事项

① 学生在实训中要有所分工，各负其责。实训中认真作好记录。
② 检测前必须用砂纸将试样表面的氧化皮除去并磨光。
③ 实训中应注意安全操作。

（五）实训报告内容

① 实训目的；
② 简述你了解的检测设备名称及用途；
③ 讨论磁粉探伤检测的实训方法；
④ 画出缺陷组织示意图，指出其大小、位置。
⑤ 综合实训分析。

焊缝磁粉检测实训任务单

<table>
<tr><td>项目编号</td><td>No. 13</td><td>项目名称</td><td colspan="2">焊缝磁粉探伤试训</td><td>训练对象</td><td>学生</td><td>学时</td><td>2</td></tr>
<tr><td>课程名称</td><td colspan="3">《化工设备制造技术》</td><td>教材</td><td colspan="4">《化工设备制造技术》</td></tr>
<tr><td>目的</td><td colspan="8">通过磁粉探伤实训，了解和掌握磁粉探伤的全过程，建立感性认识，帮助理解理论课学到的有关知识。</td></tr>
</table>

内　　容

一、设备、工具

1. 磁粉探伤仪一台。
2. 实训试样：带有裂纹的焊接试板或其他焊接件若干。

二、步骤

1. 学生分小组，按组领取实训试样。
2. 每组学生对试样进行缺陷检测(用磁粉探伤仪检测)。

(1)用标准试样进行测试，进行参数调整；

(2)检测待测量试样，手绘缺陷大小、位置。

要求：按使用说明书操作，并经实训教师考核同意方可进行。

三、注意事项

1. 学生在实训中要有所分工，各负其责。
2. 实训中认真作好记录。
3. 检测前必须用砂纸将试样表面的氧化皮除去并磨光。
4. 实训中应注意安全操作。

四、考核标准

1. 实训过程评价。(20%)
2. 器材的使用和实训操作的熟练程度。(50%)
3. 实训报告和思考题的完成情况。(30%)

<table>
<tr><td>思考题</td><td>1. 为什么进行工件预处理？如何进行处理？
2. 磁痕缺陷有哪些特征？</td></tr>
</table>

渗透检测

【学习目标】 了解渗透检测的基本知识、原理及方法、检测工艺；掌握渗透检测的操作方法。

【知识点】 渗透检测原理，检测工艺。

一、渗透检测原理、方法及特点

渗透检测是一种以毛细管作用原理为基础的检查表面开口缺陷的无损检测方法，主要用于金属材料和致密非金属材料的检测，是常规无损检测方法之一。

（一）渗透检测原理

渗透检测是利用毛细现象来进行探伤的方法。对于表面光滑而清洁的零部件，用一种带色（常为红色）或带有荧光的、渗透性很强的液体，涂覆于待探零部件的表面。若表面有肉眼不能直接察知的微裂纹，由于该液体的渗透性很强，它将沿着裂纹渗透到其根部。然后将表面的渗透液洗去，再涂上对比度较大的显示液（常为白色）。放置片刻后，由于裂纹很窄，毛细现象作用显著，原渗透到裂纹内的渗透液将上升到表面并扩散，在白色的衬底上显出较粗的红线，从而显示出裂纹露于表面的形状，因此，常称为着色探伤。若渗透液采用的是带荧光的液体，由毛细现象上升到表面的液体，则会在紫外灯照射下发出荧光，从而更能显示出裂纹露于表面的形状，故常常又将此时的渗透检测直接称为荧光探伤。图 17-1 所示为其原理图。

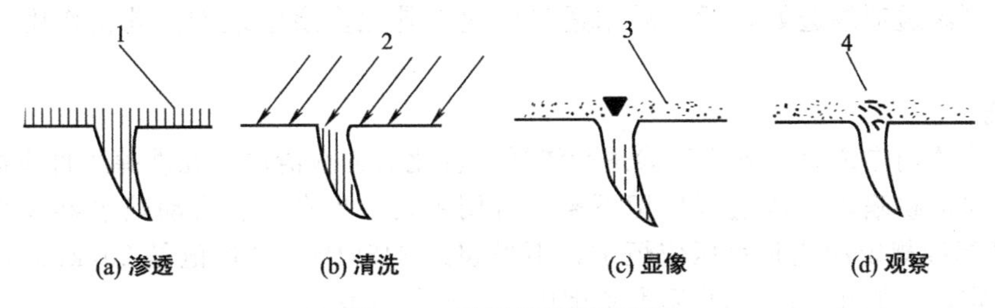

图 17-1　渗透检测原理图

（二）渗透检测方法

渗透检测方法分为荧光探伤和着色探伤。具体可分为后乳化型荧光探伤、溶剂去除型荧光探伤、水洗型荧光探伤、溶剂去除型着色探伤及水洗型着色探伤。

各种方法探伤灵敏度按上述顺序逐渐减小、费用顺序降低。水洗型及后乳化型均需水源。溶剂去除型可用于用水不便的场所，但要注意渗透剂的去除问题。着色探伤比荧光探伤灵敏度低，但不需在荧光灯下检验，克服了场所的限制。

（三）渗透检测的应用范围及特点

1. 应用范围

渗透检测是常用的一种表面开口缺陷检测方法。适用于大部分的非多孔材料的检测。如各种金属非金属材料裂纹、气孔、夹杂物、疏松及针孔等缺陷检测。但只限于检出表面开口缺陷，不适应于多孔型材料的表面检测。

2. 特点

渗透检测设备简单、操作简便、显示缺陷直观、应用广泛。不受被检物的形状、大小、组织结构、化学成分和缺陷方向的限制，一次检测可以检测出被检测物表面各方向的开口缺陷。渗透检测缺陷显示直观，检测灵敏度高，可检测出工件表面微米尺寸的缺陷。

渗透检测不能判断缺陷的深度和缺陷在工件内部的走向，对表面过于粗糙或多孔型材料无法检测。操作方法虽简单，但难以定量控制，操作者的熟练程度对检测结果影响很大。

其使用的探伤液剂有较大气味，常有一定毒性。

二、渗透检测工艺

（一）渗透检测操作步骤

渗透检测的基本步骤为：预处理、渗透和乳化、清洗、干燥、显像、观察与后处理。

1. 预处理

施加渗透剂前必须将所有可能影响探伤的杂质、污物清洗干净。预处理可采用碱洗、酸洗、蒸气清洗、洗涤剂清洗及超声清洗等方法。机械清洗可能堵塞表面缺陷的开口、降低探伤效果，如锉、抛光、喷砂、喷丸等不宜采用。

预清洗后整个工件干燥。

2. 渗透和乳化

施加渗透剂可采用液浸、刷涂、喷淋或喷涂等方法。渗透探伤时温度应在15～35℃范围内，不应超过52℃。工作温度为15℃时，渗透时间为5～30min。施加渗透剂后应进行排液处理。

后乳化型渗透剂渗透处理后，采用适量乳化剂乳化多余渗透剂。乳化作用时间一般取0.5～3min。

3. 清洗

水洗型渗透剂渗透后及乳化型渗透剂渗透并乳化后的水清洗，在洗掉工件表面多余渗透剂的同时要保证缺陷内的渗透剂保留下来。可用手动、半自动、自动喷水器或水浸装置清洗。ASTM标准规定冲洗时水压应恒定，不得超过345kPa（平均值是207kPa），建议冲洗水温相对恒定，一般在16～43℃温度范围内，清洗较为有效。

施加溶剂去除型渗透剂后，用蘸有溶剂不起毛材料将渗透剂擦净；应避免使用过量溶剂，禁止用溶剂冲洗表面。

4. 干燥

干燥处理目的是除去零件表面附着的水分，但不可使缺陷内的渗透剂蒸发。可采用热风循环、热风鼓风机或置于室温环境中干燥，最好恒温循环热风干燥器中进行，应注意工件温度不得高于52℃。

5. 显像

显像是从缺陷中吸出渗透剂的过程。

施加湿式显像剂可采用喷涂、喷淋、液浸等法，显像剂应在清除多余渗透剂后立即施加，并在干燥的同时显现。

干式显像剂应在工件干燥后施加，可将工件埋入显像剂容器或流动床身中，也可用手动喷粉装置或喷枪。显像剂使用前应充分搅拌、晃动均匀，显像剂喷涂要薄而均匀。显像时间取决于显像剂种类、缺陷大小及被检工件温度，一般不少于7min。

6. 观察与后处理

（1）观察显示迹痕

应在显像剂施加后7～60min内进行，观察时非荧光渗透检测工件表面可见光照度应大于500lx，荧光渗透检测时，暗处的可见光亮度不大于20lx，当出现显示迹痕时，必须确定迹痕是真缺陷还是假缺陷，必要时用5～10倍放大镜进行观察或进行复验。

当出现下列情况之一时，需进行复检，并按上述程序进行。

① 检测结束时，用对比试块验证渗透剂已失效。

② 发现检测过程中操作方法有误或技术条件改变时。

③ 合同各方有争议或认为有必要时。

④ 经返修后的部位。

（2）后处理

检测结束后，为防止残留的显像剂腐蚀被检工件表面或影响其使用，应清除残余显像剂，清除方法可用刷洗、水洗、布或纸擦除等方法。图17-2所示为渗透检测程序。

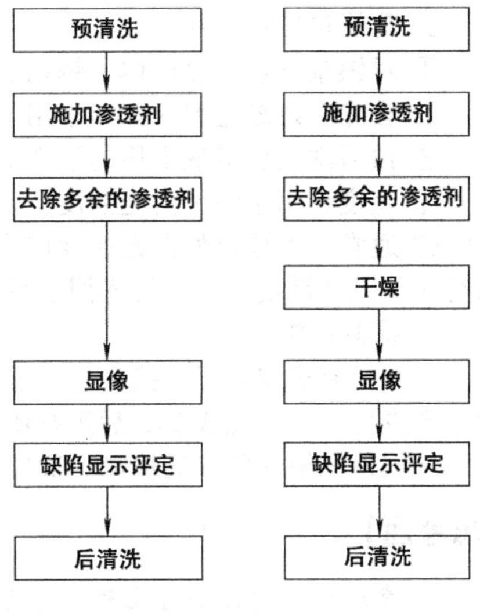

图17-2　渗透检测程序

（二）焊缝渗透检测通用工艺

1. 设备、工具和材料

（1）渗透检测剂

单位内使用的渗透检测剂应注明制造厂、型号、牌号等。渗透检测剂由渗透剂、显像剂和清洗剂组成，现使用的渗透剂见表17-1。

（2）渗透检测剂的鉴定

① 生产厂应对每批渗透检测剂的灵敏度和主要性能进行试验，出具合格证，标明生产日期和有效期。进厂的渗透检测剂应在低温避光处存放。

② 对镍基合金材料检测时，应有生产厂提供的一定量渗透检测剂蒸发后残渣中硫元素含量的质量百分数不超过1%的合格证明。对奥氏体钢、钛及钛合金材料检测时，应有生产厂提供的一定量渗透检测剂蒸发后残渣中氯、氟元素含量的质量百分数不超过1%的证明。

表17-1　使用的渗透检测剂

制　造　厂	渗透检测剂牌号			备注
	渗透剂	清洗剂	显像剂	
上海沪东船厂探伤分厂	HD-RS	HD-BX	HD-EV	船牌
上海日化制罐厂	GE-PL	GE-WL	GE-DL	金晴牌
苏州美柯达器材厂	DPT	DPT	DPT	美柯达

2. 试块

（1）铝合金试块（A型对比试块）

铝合金试块尺寸如图 17-3 所示，试块由同一试块剖开后具有相同大小的两部分组成，并打上相同序号，分别标以 A、B 记号，A、B 试块上均应具有细密相对称的裂纹图形。主要用于：

① 在标准温度使用的情况下。检验渗透检测剂能否满足要求，以及比较两种渗透检测剂性能的优劣。

② 对非标准温度下使用，确定检测工艺参数。

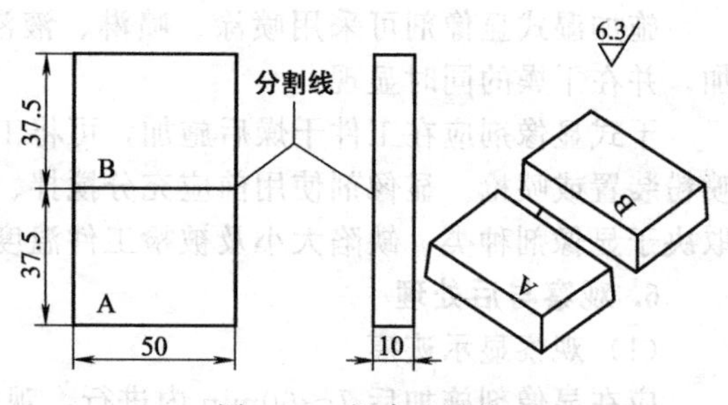

图 17-3 铝合金试块

(2) 镀铬试块（B 型试块）

将一块尺寸为 130mm×40mm×4mm、材料为 0Cr18Ni9Ti 或其他不锈钢材料的试块上单面镀铬。用布氏硬度法在其背面施加不同负荷形成 3 个辐射状裂纹区，按大小顺序排列区位号分别为 1、2、3，其位置、间隔及其他要求应符合 JB/T 6064 B 型试块相关规定。裂纹尺寸分别对应 JB/T 6064 B 型试块上的裂纹区位号 2、3、4。

主要用于检验操作系统渗透检测灵敏度（中级灵敏应显示裂纹区位号为 2～3）及操作工艺的正确性。

(3) 试块的清洗和保存

试块使用后要进行彻底清洗。清洗通常用丙酮仔细擦洗后再放入装有丙酮和无水酒精的混合液（混合比 1∶1）密闭容器中保存，或用其他有效方法保存。

3. 其他材料和工具

① 对镍基合金、奥氏体不锈钢、钛及钛合金检测时，清理金属表面时需用不锈钢刷子。

② 去除多余渗透剂的抹布采用干净的棉布、无毛棉纱或吸水纸。

③ 预清洗或后清洗采用的清洗剂除按表 17-1 选用外，还可用丙酮。

④ 照度计用于测量白光照度。

⑤ 通常工件被检处白光照度应大于或等于 1000lx；当现场采用便携式设备检测，由于条件所限无法满足时，可见光照度可以适当降低，但不得低于 500lx。

4. 检测时机

除非另有规定，焊接接头的渗透检测应在焊接工序完成后进行。对有延迟裂纹倾向的材料，至少应在焊接完成 24h 后进行渗透检测。

紧固件和锻件的渗透检测一般应以最终热处理后的检测结果为准。

【思考题】

1. 渗透检测的方法有几种？各有哪些优、缺点？
2. 简述渗透检测原理及应用范围。
3. 说明渗透检测的操作过程及注意事项。
4. 说明渗透检测中渗透剂、清洗剂和显像剂的作用。

【相关技能】

渗透检测技能训练

(一) 实验目的

① 学习和认识材料的表层缺陷检测方法；

② 了解和认识渗透探伤的原理与过程；
③ 了解渗透探伤的操作步骤。

（二）实验内容

任选一带裂纹或其他表面缺陷的焊接试板进行着色或荧光探伤检查。

（三）实验设备及材料

① 渗透剂、显像剂、清洗剂若干套。
② 实验试样：若干。

（四）实验步骤

用渗透探伤仪进行缺陷检测：
① 仔细进行待测试样表面清洗、刷涂；
② 向待测试样施加渗透剂，测量缺陷大小、位置；
③ 用水或煤油彻底清洗掉渗透剂；
④ 用压缩空气吹干；
⑤ 在热的三氯乙烯液体中浸泡至少 15min；
⑥ 冷却后，在黑光灯下检验；
⑦ 如果仍有渗透剂残余则重复 1～4 工序；
⑧ 清洗后，将试片和试件放在三氯乙烷、丙酮或无水酒精中保存；
⑨ 用水洗型渗透剂的试件、试片，不推荐直接用三氯乙烯蒸汽除油，因为三氯乙烯只能将缺陷中渗透剂的油基有机溶剂溶解掉，而将渗透剂中的乳化剂残留在缺陷中，这种试片需用水进行长时间清洗后，再用溶剂清洗。

（五）注意事项

① 学生在实验中要有所分工，各负其责。
② 实验中认真作好记录。
③ 检测前必须用砂纸将试样表面的氧化皮除。
④ 实验中应注意安全操作。

（六）实验报告内容

① 实验目的。
② 简述你了解的检测设备名称及用途。
③ 讨论渗透探伤检测的实验方法。
④ 画出缺陷组织示意图，指出其大小、位置。
⑤ 综合实验分析：
a. 常用的材料表层缺陷检测方法有哪些？说明各自的特点及应用范围？
b. 钢中表层缺陷类别、分布不同时对缺陷图像及检测灵敏度有何影响？

焊缝渗透检测实训任务单

项目编号	No. 14	项目名称	焊缝渗透检测实训	训练对象	学生	学时	2
课程名称	《化工设备制造技术》			教材	《化工设备制造技术》		
目的	通过焊缝渗透探伤检测实训，了解和掌握渗透探伤检测的全过程，建立感性认识，帮助理解理论课学到的有关知识。						

内　　容

一、设备、工具

1. 渗透剂、显像剂、清洗剂若干套；
2. 实训试样：若干。

二、步骤

1. 学生分组；
2. 按组领取实训试样；
3. 每组学生对试样进行缺陷检测。

三、注意事项

1. 学生在实验中要有所分工，各负其责；
2. 实训中认真作好记录；
3. 检测前必须用砂纸将试样表面的氧化皮除去并磨光；
4. 实训中应注意安全操作。

四、考核标准

1. 实训过程评价。(20%)
2. 器材的使用和实训操作的熟练程度。(50%)
3. 实训报告和思考题的完成情况。(30%)

思考题	1. 比较常用渗透检测方法，说明各自的特点及应用范围？ 2. 说明如何观察判定显示痕迹？

压力容器的质量管理和质量保证体系

【学习目标】 了解压力容器质量管理体系建立的原则和基本要求，掌握建立压力容器质量管理和质量保证体系的标准、法规依据和各主要控制环节的具体要求。

【知识点】 压力容器质量体系建立的法规体系框架；压力容器质量保证体系中主要控制要素的控制环节、控制点的具体要求内容。

一、我国的压力容器法规体系框架

压力容器是一种应用广泛且具有爆炸危害、危险的特殊设备，我国将其归纳入特种设备实施管理，所以也可以称之为特种设备。早在 1982 年我国就积极借鉴包括美国、日本、德国、法国在内的一些发达国家对压力容器实施管理的先进方法和经验，制定出了适合我国国情的压力容器法规体系，对压力容器的设计、制造、检验、安装、使用、维修、改造、监督检验等全过程采取行政许可的办法，实施强制监督检验的管理制度，收到了良好的效果。

我国压力容器法规体系框架的层次是"宪法→法律→行政法规、地方性法规→部门规章制度→规范性文件→标准"。压力容器法规体系表述了压力容器安全监察法规体系的构架和基本内容，规划出了"国家法律→行政法规→部门法规→安全技术规范→实施标准"的五个层次的法规体系结构，逐步建立和完善了压力容器安全技术监察法规体系。其实现的目标是：反映市场经济的要求，促进资源优化配置的市场趋向；反映科技进步要求，代表科技进步水平；反映境内外统一的要求，与国际通行的做法接轨，统一国内外压力容器制造许可监督管理与安全性能检验工作。

（一）国家法律

凡从事压力容器的设计、制造、检验、安装、使用、维修、改造等全过程的企业，都必须满足下列中国的法律要求：

①《中华人民共和国行政许可法》；

②《中华人民共和国产品质量法》；

③《中华人民共和国计量法》；

④《中华人民共和国标准化法》；

⑤《中华人民共和国安全生产法》；

⑥《中华人民共和国民法》；

⑦《中华人民共和国刑法》。

（二）行政法规

《特种设备安全监察条例》（以下简称《条例》）是国务院发布的行政法规，是从事压力容器相关业者的最高法规。该《条例》的实施，对于加强特种设备的安全监察，防止和减少安全事故的发生，保障人民生命和财产安全，促进经济发展具有非常重要的意义，对特种设备实施管理提供了法律依据。

《条例》所指的特种设备是涉及人身安全，危险性较大的锅炉、压力容器（含气瓶）、压力管道、电梯、起重机械、客运索道、大型游乐设施。从事特种设备的生产（含设计、制造、安装、改造、维修）、使用、检验检测及其监督检查单位或企业，应当遵守本《条例》的规定，但另有条例规定的除外。

（三）部门规章

1.《锅炉压力容器制造监督管理办法》

国家质量监督检验检疫总局依据《条例》有关规定，为加强对锅炉压力容器制造的监督管理，对中华人民共和国境内制造、使用的锅炉压力容器，实行制造资格许可制度和产品安全性能强制监督检验制度，国家质量监督检验检疫总局公布了《锅炉压力容器制造监督管理办法》（以下简称《管理办法》），《管理办法》规定，国内制造锅炉压力容器制造企业必须取得相应级别的“中华人民共和国锅炉压力容器制造许可证”（以下简称“制造许可证”），未取得“制造许可证”的企业其产品不得在境内销售、使用。

《管理办法》中将锅炉压力容器实行分级管理，其中压力容器制造许可划分为A、B、C、D四个级别。

为了规范锅炉压力容器的制造监督管理工作，国家质量监督检验检疫总局又制定了与《管理办法》相配套的《锅炉压力容器制造许可条件》、《锅炉压力容器制造许可工作程序》和《锅炉压力容器产品安全性能监督检验规则》三个文件。上述三个文件的实施对锅炉压力容器的制造许可条件及工作程序和压力容器的监督检验实施作了明确的规定，具有较强的可操作性。

2.《锅炉压力容器制造许可条件》

《锅炉压力容器制造许可条件》适用于《管理办法》中规定的锅炉压力容器产品制造企业。制造许可条件由锅炉压力容器制造许可资源条件要求、质量管理体系要求、锅炉压力容器产品安全质量要求三部分构成。资源条件包括基本条件、专项条件，基本条件是制造各级别锅炉压力容器产品的通用要求，专项条件是制造相关级别锅炉压力容器产品专项要求，企业应同时满足基本条件和相应的专项条件，方可具备申请获得压力容器制造许可证。

压力容器制造企业必须建立与制造锅炉压力容器产品相适应的质量管理体系，并保证连续有效运转。企业应有持续制造锅炉压力容器产品的业绩，以验证锅炉压力容器产品质量体系的控制能力。

许可条件规定企业的无损检测、热处理和理化性能检验工作，可由本企业承担，也可与具备相应资格或能力的企业签订分包协议，分包协议应向发证机构备案。所委托的工作由被委托企业出具相应报告，所委托工作的质量控制应由委托方负责，并纳入本企业锅炉压力容器质量保证体系控制范围。专项条件要求具备的内容企业不得分包。

企业必须有独立完成锅炉压力容器产品的主体制造的能力，不得将锅炉压力容器的所有受压部件都进行分包。

压力容器制造许可资源条件中基本条件要求企业应具备独立法人资格或营业执照，取得当地政府相关部门的注册登记。企业应具有与所制造压力容器产品相适应的具备相关专业知识和一定资历的质量控制系统责任人员、专业技术人员、专业作业人员（如焊工、组装人员、无损检测人员、起重人员等），具备适合压力容器制造所需要的制造场地、加工设备、成形设备、切割设备、焊接设备、起重设备和必要工装等。

压力容器制造许可资源条件中专项条件要求各制造许可级别的企业应具备的卷板额定能力、起重能力、机加工能力和检测手段等。对质量管理体系的基本要求中规定了企业应具有的管理职责、质量体系的总体要求，以及质量体系中文件和资料控制、设计控制、采购与材料控制、工艺控制、焊接控制、热处理控制、无损检测控制、理化检验、压力试验控制、其他检验控制、计量与设备控制、不合格品控制、质量改进、人员培训等各控制系统的要求。

3.《锅炉压力容器制造许可工作程序》

锅炉压力容器制造许可工作程序是指锅炉压力容器及安全附件制造许可申请、受理、审查、证书的批准颁发及有效期满时的换证程序。

锅炉压力容器制造许可证的有效期为四年。申请换证的制造企业必须在制造许可证有效期满六个月以前，向发证部门的安全监察机构提出书面换证申请，经审查合格后，由发证部门换发制造许可证。

国家质量监督检验检疫总局特种设备安全监察机构设制造许可办公室，负责办理制造许可的日常事务。

4.《锅炉压力容器产品安全性能监督检验规则》

为了加强锅炉压力容器产品安全性能监督检验工作，保证监督检验工作的质量，根据《管理办法》的规定，制定本规则。

本规则适用于《管理办法》所规定的锅炉压力容器产品及其部件的安全性能监督检验。

国内锅炉压力容器制造企业的锅炉压力容器产品及其部件的安全性能监督检验工作，由企业所在地的省级安全监察机构授权有相应资格的检验单位承担；检验单位所监督检验的产品，应当符合其资格认可批准的范围。

监督检验单位的监检依据是《压力容器安全技术监察规程》、《蒸汽锅炉安全技术监察规程》和《超高压容器安全技术监察规程》等规程和国家现行的相关标准、技术条件及设计图样等设计文件。

监督检验单位的监检内容是对锅炉压力容器制造过程中涉及安全性能的项目进行监督检验和对受监企业锅炉压力容器制造质量体系运转情况的监督检查。

（四）安全技术规范

1.《压力容器安全技术监察规程》

《压力容器安全技术监察规程》（以下简称《容规》）是由原国家质量技术监督局制定的属于贯彻《条例》的安全技术规范之一，是强制性的。《容规》对压力容器的设计、制造（组焊）、安装、使用、检验、修理和改造等环节及安全附件作出了具体的规定，并从安全技术方面提出了最基本的要求，是政府主管部门进行安全技术监督和检查的依据。

《容规》是压力容器质量监督和安全监察的基本要求，有关压力容器的技术标准、部门规章、企事业单位规定等，如果与本规程的规定相抵触时应以本规程为准。

2.《蒸汽锅炉安全技术监察规程》（以下简称《蒸规》）

《蒸规》是由原国家质量技术监督局制定的属于贯彻《条例》的安全技术规范之一，是强制性的。从事蒸汽锅炉设计、制造（组焊）、安装、使用、检验、修理和改造等环节的及安全附件的企业必须遵循本规程的规定，是政府主管部门进行安全技术监督和检查的依据。

3.《超高压容器安全技术监察规程》

《超高压容器安全技术监察规程》是超高压容器安全的基本要求。超高压容器的设计、制造、使用、检验、修理和改造等环节的单位必须满足本规程的要求。

此外，国家还对医用氧仓、各种气瓶、气体罐车特种设备的设计、制造、使用、检验、修理和改造等环节的单位制定了类似上述规程的专业技术法规，是强制执行的，从事相关业者都必须遵循上述法规的规定。

（五）压力容器标准

压力容器现行标准主要有 GB 150《钢制压力容器》、GB 151《管壳式换热器》、GB 12337《钢制球形储罐》、JB 4708《钢制压力容器焊接工艺评定》、JB 4709《钢制压力容器焊接工艺规程》、JB 4710《钢制塔式容器》、JB 4730《承压容器无损检测》、JB 4731《钢制卧式容器》等国家标准和行业标准。此外还有涉及到压力容器的设计、结构、材料、焊接、热处理、无损检测、过程检验和零部件等方面的标准。压力容器标准大多为强制性标准，是压力容器设计、制造业者必须遵循的。

企业在遵循国家标准和行业标准的同时，可结合本企业压力容器产品的特点制定企业标准，但企业标准的技术要求不得低于国家标准和行业标准和法规的要求。

二、压力容器的质量管理和质量保证体系的建立

（一）压力容器制造质量管理体系的基本要素

根据多年来我国压力容器的管理经验，国家质检局在《锅炉压力容器制造许可条件》中，明确规定了十七个质量控制的基本要素。它们是：管理职责、质量体系、文件和资料控制、设计控制、采购与材料控制、工艺控制、焊接控制、热处理控制、无损检测控制、理化检验、压力试验控制、其他检验控制、计量与设备控制、不合格品控制、质量改进、人员培训、执行中国锅炉压力容器制造许可制度的规定。

上述十七个基本要素大致分为两大类，管理职责、质量体系、文件和资料控制、计量与设备控制、质量改进、人员培训、执行中国锅炉压力容器制造许可的制度为公共管理要素，其余为过程控制要素。十七个基本要素集中体现了压力容器制造管理的根本特点，如果压力容器制造企业将基本要素全部都落实到了实处，可以说该企业压力容器产品的制造质量就有了保证。

（二）质量保证体系的建立

1. 质量保证体系的结构

压力容器是一种安全可靠性要求非常高的特种设备。多年来，国家要求压力容器制造企业必须达到规定的产品质量、质量管理、人员素质、技术装备等四大方面的条件，实施定期审查、随时监督、按期换证的管理模式。这样既对产品质量进行了检查，同时还对保持持久稳定产品质量的质量保证体系进行评审，并对质量保证体系进行评审过程存在的问题提出具体的整改意见，责成企业限期进行整改。

结合压力容器制造行业的特点，我国压力容器制造质量保证体系采用质量体系、控制系统、控制环节、控制点的思路，依照 GB/T 19000：ISO 9000《质量管理体系》族质量体系标准要求实施质量管理，建立压力容器制造质量保证体系的目的就是严格控制压力容器产品制造过程中各环节的质量，确保产品满足国家标准、规范和设计图样的要求。

(1) 质量控制系统

GB/T 19000：ISO 9000《质量管理体系》族标准对系统和过程的定义是没有尺度界限的。系统是指相互关联或相互作用的一组要素；过程是指一组将输入转化为输出的相互关联或相互作用的活动。压力容器制造单位的质量保证体系是由若干个质量控制系统组成的。企

业通常主要有设计、工艺、材料、焊接、热处理、检验、无损件检测、理化试验、压力试验、设备、计量质量控制系统组成，设置质量控制系统的数量和职责要根据国家压力容器法规要求并结合本企业所制造的压力容器产品特点及实际情况确定。

(2) 质量控制环节

组成质量控制系统的多个过程中需要控制的重点过程，又称之为质量控制环节。对质量控制环节的确定也要考虑企业的具体情况和产品制造过程的特点。控制环节的确定可采用系统流程图展开的方法。

(3) 质量控制点

质量控制环节中需要控制的重点活动，称之为质量控制点。控制点按其在生产过程中重要作用和控制程度的不同，可分为以下几类。

① 检查点（E点），也称检验点，是指产品制造过程中的主要工序、工步、工位或主要质量项目，必须由专职检验员进行检查的控制点。控制点的确定是对产品质量有较大影响或质量波动较大的项目才被列为检查点。

② 审核点（R点）也称确认点、审阅点。其含义是指质量保证体系运转过程中，完成某项较为主要的活动或过程后，除执行（或操作）者进行自查符合有关规定外，还应由质量保证体系中有关人员（职责高于执行者）进行确认。

③ 停止点（H点）也称停止检查点。其含义是指当压力容器产品制造到对质量有重大影响的工序时，制造单位应暂时停止下一道工序施工，在驻厂监督检验员或业主派遣的驻厂监造代表在场的情况下，由企业专职检查责任人员进行检查，检查结果应得到驻厂监督检验员或业主派遣的驻厂监造代表的书面签字确认后，方可进行下道工序的实施。

④ 见证点（W点）也称之为检查点。其含义是指顾客、监造单位对某压力容器重要要求所指定的控制点，当产品制造达到此点时，制造单位应通知约定者到现场见证。

2. 质量保证体系组织机构

厂长（经理）对质量负总责，履行制定的质量方针和质量目标及质量管理职责，并在管理层中任命一名质量保证工程师，明确其对质量体系的建立、实施、保持和改进的管理职责和权限。这是质量管理体系组织的高层。图18-1所示为质量保证体系组织机构。

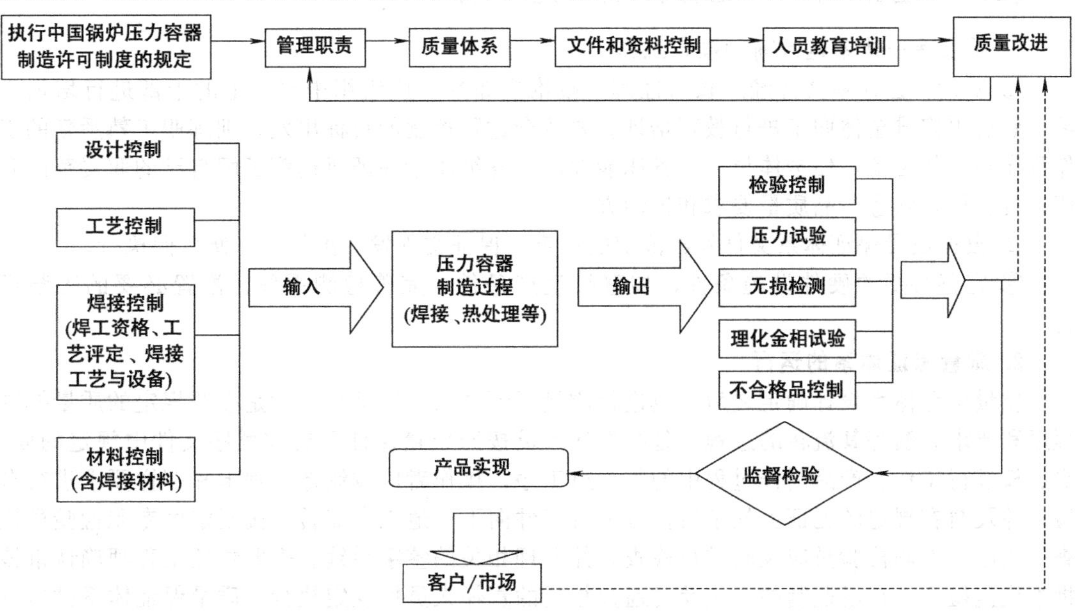

图18-1　质量保证体系组织机构

质量保证体系各级质量控制系统都应配备相应专业的责任人员，直接从事质量控制和质量保证活动。

质量保证工程师是质量保证体系的日常管理工作的主要负责人，各级质量控制系统的责任人员，通常称之为“质量责任工程师”，由各专业责任工程或技术负责人担任。各质量控制环节和控制点的责任人员就由各专业责任工程或技术负责人担任。

质量保证工程师和各专业责任工程师均由厂长（经理）行文正式任命。

质量责任人员担负着质量实施和质量监督的双重职能，既是质量控制者，又是质量实施的责任人。其工作关系是上级对下级提供服务和控制，下级对上级负责和提供保证的关系。

3. 质量体系文件化

质量体系文件化就是对企业的质量体系进行总体策划和设计后，将组织质量体系中采用的过程（或要素）、要求和规定，以政策及程序的形式有系统、有条理地编写成能为企业员工所理解且可操作的文件。文件力求能够沟通意图，统一行动，有助于：

① 满足顾客要求和质量改进；

② 提供适宜的培训；

③ 具有重复性和可追溯性；

④ 提供客观证据；

⑤ 评价质量保证体系的有效性、持续性和适宜性。

质量保证体系文件结构通常由以下类型的文件组成：

① 形成文件的质量方针和质量目标；

② 质量保证手册；

③ 形成文件的程序；

④ 组织为确保其过程有效地策划、运行和控制所需的文件，通常指质量计划、生产计划、流程图、联络单等文件；

⑤ 质量记录表格。

（三）质量保证体系的运行和自我完善机制

1. 质量保证体系运行前的准备工作

① 质量保证体系文件经厂长（经理）批准发布后，应组织中层以上的干部进行培训学习，然后再安排全体职工进行教育培训。要从全过程控制的目标出发，训练职工熟悉新的工作程序和工作见证，使全体员工、各职能部门、各级质量保证机构都了解自己的职责范围和职、责、权，熟悉产品质量要求和控制方法。

② 根据质量保证体系文件发放范围的规定，保证文件发放到位，以便贯彻执行。

③ 完善必要的硬件设施条件，如整顿生产条件、完善检测手段、添置必要的工装设备等。

2. 质量保证体系的运行

质量保证体系设计确定之后，应进行质量保证体系的试运行，就是按照规定的质量控制程序和要求，演练其流转的过程，各级责任人员按照质量保证手册和程序文件中规定的职、责、权进行工作。产品制作过程中的每一道工序，操作者应按制造过程卡和图样要求进行自检，并及时在规定的见证上签字后，方可将工件向下一道工序流转。按规定由专职检验员检查的工序，专职检验员应及时进行检查，并办理相关的签字手续。需要责任工程师确认审核批准或监检人员在场监制的，应及时通知相应的责任人员按规定执行。质量保证体系试运行完成一个循环周期后，应及时进行总结，评定试运行产品的最终质量和质量控制的完善程度，以便安排下一步运行的计划。

质量责任人员职责到位，认真执法，是质量保证体系正常运行的关键。质量保证工程是应根据自己的职责，有效而严密地组织好质量管理工作；各专业责任工程应按规定做好本岗位的质量控制；质量检验员要秉公执法、一丝不苟、认真负责；操作者应严格按图样、工艺过程卡、作业指导书等文件规定进行操作，并做好“监督上道工序质量，做好下道工序的质量”。

质量保证体系运行有效的标志是：

① 厂长（经理）制定的质量方针和质量目标为全体员工所理解熟悉，并得到贯彻和坚持；

② 压力容器制造法规、标准和各质量控制系统的要求及各项体系文件均得到落实和贯彻实施，任何工作和生产活动均具有可追溯性。

③ 质量监督、检查验证系统有充分明确并具有独立行使其职责的权力，不受任何干扰行使质量否决的权利；

④ 高效、灵敏地对不合格事项和不合格品质量信息进行反馈和处理，并记录报告；

⑤ 有严格和明确的工艺纪律，做到“有法可依，有法必依，执法必严，违法必究”。员工教育有素，安全生产井井有条，环境清洁文明；

⑥ 定期进行质量分析、内部质量审核和管理评审，并有完善的质量记录报告；

⑦ 企业资源条件符合国家法规的规定；

⑧ 产品质量持久稳定，没有因制造质量问题发生安全质量事故；

⑨ 拥有完整、正确、有效的质量体系文件（质量保证手册、管理标准、技术标准、程序文件、质量记录样表、压力容器现行标准目录、工厂必备的资源条件和综合情况汇总表等）。

⑩ 各质量控制系统有充分明确的质量职能分配及各自有效或协同实施的职责和权限。

3. 质量保证体系的自我完善机制

质量保证体系需要采取自我完善的机制，才能保证不退步。自我完善的主要措施如下。

(1) 制定和实施纠正措施和预防措施

纠正措施是针对已发生的不合格品而言，预防措施是针对潜在的不合格而言。制定的措施要跟踪验证是否真实有效。

(2) 内部审核

内部审核是由组织或以组织的名义，为获得质量体系审核的证据，并对其进行客观的评价，已确定满足审核准则的程度所进行的系统的、独立的，并形成文件的过程。

(3) 管理评审

管理评审由厂长（经理）主持，至少每年一次评审质量管理体系的统一性、充分性和有效性。评审应包括评价质量管理体系的改进和变更的需要，包括质量方针和质量目标。

（四）质量保证手册的编写和实施

1. 质量保证手册及其管理

质量保证手册是规定企业质量保证体系的法规性文件。它是指令性文件，它反映出企业对质量保证体系的全面要求。为了适应企业的规模和复杂程度，质量保证手册遵守文件管理的规定，在编制、批准、发放、修改、回收、保管等方面受控。质量保证手册的内容一般应包含以下几方面的内容：

① 质量保证体系的范围；

② 质量保证手册应包括引用质量保证体系程序，并概述质量体系文件的结构；

③ 包含质量控制的基本要素；

④ 质量保证手册规定的表格应标准化、文件化。

2. 质量保证手册的编写步骤

① 由企业质量管理部门组建质量保证手册编写组制定编写大纲；

② 由厂长（经理）主持，质量管理部门等有关部门参加策划会，确定质量保证体系框架、职责、文件结构及编写组成员等；

③ 组织编写成员在质量保证工程师的组织下，学习国家法规和有关部门对压力容器制造许可的相关规定，并结合本企业的实际情况进行讨论，修改和充实质量管理部门提出的手册编写提纲；

④ 质量保证工程师根据编写组成员专业分工，给每人分配编写章节，规定要求完成的时限；

⑤ 质量保证工程师组织统稿并进行最终审核；

⑥ 厂长（经理）审查批准。

三、质量保证体系的主要控制系统

质量保证体系是以质量保证机构作为组织措施，各级质量责任人员作为执行者，以质量保证手册和各有关规章制度作为依据，对压力容器生产的各个环节和工序实行质量控制与监督，其目的在于确保压力容器的产品特性，特别是安全可靠性符合要求，为达到上述目的，就必须对以下各主要系统进行控制。

压力容器生产的各个环节和工序的主要系统有：材料质量控制系统、焊接质量控制系统、工艺质量控制系统、无损检测控制系统、检验质量控制系统、理化质量控制系统、热处理质量控制系统、计量质量控制系统、设备质量控制系统、压力试验质量控制系统等。下面就主要的几个控制系统进行介绍。

（一）材料质量控制系统

1. 材料质量控制系统的构成

材料质量控制系统一般设合格供方评审、采购订货、验收入库、材料保管、材料代用、材料发放和材料使用六个控制环节和若干个控制点。每个控制环节都规定了控制的目的、要求和围绕这些控制环节要进行的质量活动。为保证材料质量控制系统正常运转进而对材料质量进行有效控制，应建立并完善材料方面的控制程序（如材料采购订货控制程序）、岗位职责（如材料保管员岗位职责）等，这些构成材料质量控制的程序文件和支持性文件。

材料质量控制系统中还要运用相关表、卡、单，如原材料入库检验通知单、材料领用单等质量文件，作为质量体系的证实性文件即为材料控制过程中各控制点满足要求，质量体系运行的有效性提供客观证据。也可为“证实、可追溯性、预防和纠正措施”提供依据。

《质量保证手册》中确立材料控制系统的主管部门和配合部门及他们之间的协作关系，落实各级材料人员的岗位职责，系统的控制环节和控制点；材料方面的程序文件和支持性文件及材料控制用的表、卡、单等证实性文件就构成了材料质量控制文件系统。

2. 材料质量控制系统的建立

质量保证手册中明确管理职责，确定主管部门和配合部门及他们之间的协作关系，确定本系统的控制环节和控制点。对压力容器产品使用的原材料、外协外购件的采购、验收、保管与发放、材料代用、材料标记及移植等控制程序、基本要求作出规定。

控制程序（管理制度）是以各控制环节为出发点对各控制点材料质量控制提出具体控制要求，这是保证材料质量控制系统正常运转，从而对材料质量进行有效控制的基本措施和手段。制定内容应符合本企业实际情况切实可行，满足材料规范对材料的规定要求，并能对材料质量进行全面的系统管理。一般应制订以下几个方面的材料质量控制程序，也就是我们经常说的管理制度。

① 材料采购订货控制程序。根据采购方式的不同，分别提出材料采购有关人员（材料责任工程师、采购人员等）的职责、范围、方法、依据和程序；合同评审；明确采购合同所应包含的主要内容，执行合同存在问题的处理及采购订货中应注意的事项；采购文件编制的依据、审批及管理；合格供方的选择等。

② 材料验收入库控制程序。该程序中应包括材料到货后验收程序、验收条件、内容、方法及验收标准；材料检查、补项、复验的规定；不合格材料的处理；材料代号的编制、标记；有关验收入库材料的资料管理。

③ 材料代用控制程序。明确材料代用的原则和材料代用审批程序。

④ 材料保管、发放控制程序（管理制度）。说明对库内或露天料场存放的材料根据其类别及特性的不同，分别提出存放、保管条件、保管要求；明确材料发放的依据、凭证、要求；规定需随料提供的材料质量证明文件。

⑤ 材料使用控制程序（管理制度）。该程序中应明确在材料使用前和使用过程中，为确保材料满足设计图样及标准规范要求所应采取的管理方法、措施及程序。如对材料质量证明文件、规格、表面质量的核查，切割下料标记移植及确认，材料加工时的注意事项，对不一致品材料的处理及材料质量反馈等。

按《压力容器安全技术监察规程》、GB 150 等的要求规范材料系统的表、卡、单，力求证实性文件内容齐全，可追溯性强。

3. 材料质量控制系统的运行

材料质量控制系统一经建立起来，作为材料系统控制责任人员就要保证它的正常运行。为了保证正常运行，材料责任工程师要做好以下几件事。

① 首先要对本系统有关人员的工作进行检查和考核，并向质保工程师报告本系统的运行情况。

② 定期组织本系统有关人员学习有关压力容器法规、标准对材料方面的要求，贯彻《质量保证手册》中材料系统的有关内容。指导有关人员正确执行压力容器法规、标准和《质量保证手册》的有关规定。

③ 对不合格品及时提出处理意见，反馈质量信息。

④ 协调本系统和有关部门、系统的关系。

⑤ 同质保体系有关人员修订《质量保证手册》中有关材料系统的局部或重大改动问题。

⑥ 定期检查本系统的质量记录表、卡、单的归档管理。

4. 材料质量控制系统的要求

为了确保压力容器产品的质量，必须对材料进行必要的质量控制，使之满足法规相应的控制要求。具体的要求如下。

① 审核设计所用的材料，其牌号、规格及应用范围是否符合国家或行业有关标准、技术条件的规定要求，发现问题应及时与有关责任人员或部门反馈。

② 严格实施对材料从采购订货、验收入库、保管发放的全过程控制。

③ 压力容器受压元件材料检验入库，应有材料生产厂提供的并经厂家质量检验部门盖章确认的质量证明书。质量证明书的内容及实物标志应符合相应材料产品标准的规定和订货合同的要求。

a. 应根据材料验收合格后的入库顺序、类别和炉号的不同以及企业材料管理有关制度的规定标志代号，通过材料代号标记、标记移植及容器资料中的反映，实现对材料的质量追踪。

b. 凡材料质量证明书中所缺的检验项目，法规、标准要求增加或复验的项目，均应及时进行补项检验或复验，合格后方可使用。

c. 材料代用必须符合相应材料产品标准的规定和订货合同要求。

d. 自觉接受并积极配合压力容器安全监察机构的监督、检查和指导。对检查中发现的问题应及时进行整改。

5. 材料质量控制的方法

基于以上材料质量控制的要求，必须制定一系列控制的方法，以保证实施对材料的控制。具体方法如下。

① 严格实施对材料控制的各项基本要求，按照本企业材料质量控制系统所设置的控制环节、对各控制点进行重点控制。

② 对控制环节、对各控制点均应明确控制人员及控制点的控制形式。在制度中落实其具体的工作内容及职责，在执行过程中对所发现的问题及时妥善处理。

③ 及时做好材料质量控制的各项记录及其他见证资料的整理和保管工作。

④ 对材料控制系统的运转情况及质控人员的工作质量经常进行检查，防止质控人员脱岗和管理工作的混乱。

6. 材料质量控制系统的控制环节和控制点

从控制要求和方法可以看出，合理设置控制环节和控制点，明确控制人员的职责和控制形式，是对材料进行质量控制的必要途径。各压力容器制造单位可根据自身的具体情况来设置控制环节和控制点，现作一般性介绍。材料质量控制系统由供应（采购）部门归口管理，生产部门、设计部门、工艺部门和检验部门配合，并对该系统各有关环节的工作负责。材料质量控制按图 18-2“材料质量控制程序图”执行，一般设采购订货、验收入库、材料保管、材料代用、材料发放、材料使用六个控制环节和若干个控制点。

7. 程序文件及质量记录

（1）程序文件

① 合格供方评定规定；

② 原材料（板材、管材、锻件、螺栓）采购、验收、入库、代用、发放、回收、标记管理规定/验收技术要求；

③ 焊接材料（焊条、焊丝、焊剂、气体）采购、验收、入库、代用、发放、回收、标记管理规定/验收技术要求；

④ 外协/外购件/安全附件采购、验收复验、保管、代用、发放、回收、标记管理规定/验收技术要求。

（2）质量记录

① 主要受压元件使用材料（包括焊接材料）一览表（按压力容器安全技术监察规程附件三）；

② 主要受压元件（锻件）产品质量证明书/合格证/质量检验报告；

③ 主要受压元件（封头）产品质量证明书/合格证/质量检验报告；

④ 供方评审记录/合格供方名单；

⑤ 材料申请/采购/运输单；

⑥ 焊接材料库温湿度；

⑦ 原材料/焊接材料检验或复验审批记录报告；

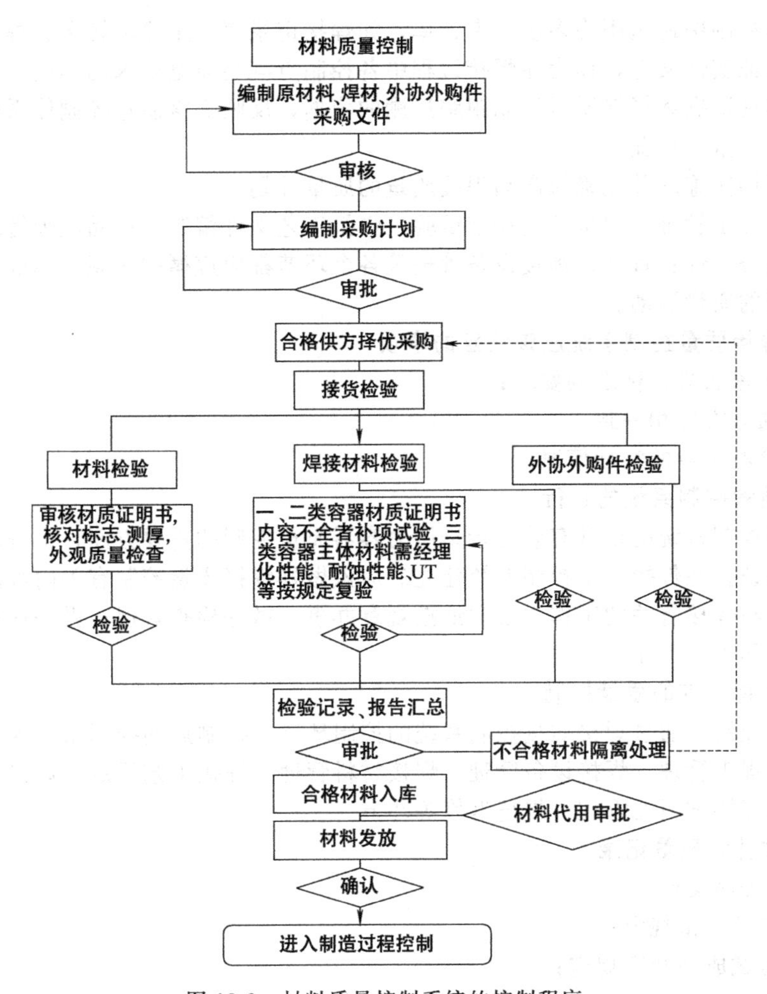

图 18-2　材料质量控制系统的控制程序

⑧ 材料代用申请。

材料质量控制系统的控制程序如图 18-2 所示。

(二) 焊接质量系统的构成和建立

1. 焊接质量控制系统的内容

(1) 质量保证手册中焊接质量控制系统的规定

焊接质量控制系统是整个压力容器制造质量控制系统中的一个重要的子系统。企业的质量保证手册中规定了有关焊接质量控制的目的、范围和总体要求，焊接控制系统的组织机构、焊接责任人员的职、责、权，规定焊接质量控制系统与其他系统的配合协作关系，规定各项质量活动之间接口的控制和协调措施。

(2) 焊接质量控制的程序文件

按焊接质量系统的要求，建立并完善焊接方面的企业管理标准和管理制度，构成焊接质量控制的与质量方针相一致的程序文件，使焊接质量控制具体化。

(3) 焊接质量控制中支持性文件和证实性文件

支持性文件和证实性文件是焊接质量控制的程序文件的进一步细化和具体化。焊接支持性文件包括技术标准、规程、守则等，支持性文件规定了焊接工作的具体要求和实施细节，是焊接质量控制系统运行的基础。

焊接质量控制中还运用许多表、卡、单，如焊接记录表、工序流转卡、焊材领用单等作为质量体系的证实性文件，作为在焊接过程中各控制点满足质量要求的程度、质量体系运行的有效性的客观证据和焊接质量控制跟踪追溯的依据，反映焊接质量控制体系的运行情况和压力容器焊接质量的情况。

(4) 可贯彻实施的并能确保产品焊接质量的质量计划

应该规定焊工管理、焊接工艺评定试验、焊接工艺文件编制、产品施焊管理、产品焊接试板、焊缝返修、焊材管理、焊接设备管理等各个环节都应遵循的法规、标准，规定围绕这些环节要进行的质量活动。

2. 建立焊接质量控制系统应该注意的事项

① 符合国家法规、标准的要求；

② 要与质量方针相一致；

③ 要切合本企业的实际情况。

3. 焊接质量控制系统的运行

焊接质量控制系统的正常有效运行是压力容器质量控制的重要方面，也是压力容器制造质量的根本保证。在焊接质量控制系统建立后应该做好焊接质量控制有关内容的宣传贯彻学习；要在所有与焊接有关的工作中自觉地按规章办事，做好检查督促；做好焊接质量控制系统的内部评审和完善工作。

4. 焊接质量系统的质量控制

焊接质量控制是通过焊接质量控制系统的控制环节、控制点的控制来实现。焊接质量控制系统一般设焊工管理、焊接设备管理、焊接材料管理、焊接工艺评定、焊接工艺编制、焊接施工、产品焊接试板的管理、焊缝返修等环节。

5. 程序文件和质量记录

(1) 控制程序文件

① 焊接培训考试规定；

② 焊工考试成绩档案规定；

③ 焊接工艺评定规定；

④ 焊接工艺过程卡编制规定；

⑤ 焊接材料管理规定；

⑥ 焊接设备管理规定；

⑦ 焊接试板、试样的制备与检验；

⑧ 焊接工艺纪律、禁焊条件、监督检查；

⑨ 焊缝返修控制；

⑩ 焊接通用工艺规程。

(2) 质量记录

① 产品力学性能报告（容规附件三）；

② 焊工考试记录表；

③ 持证焊工项目一览表；

④ 焊工焊接质量考核表；

⑤ 焊接工艺评定任务书；

⑥ 材料焊接工艺性能试验记录报告；

⑦ 焊接工艺指导书；

⑧ 焊接工艺评定试验记录；

⑨ 焊接工艺评定试件交检委托单；

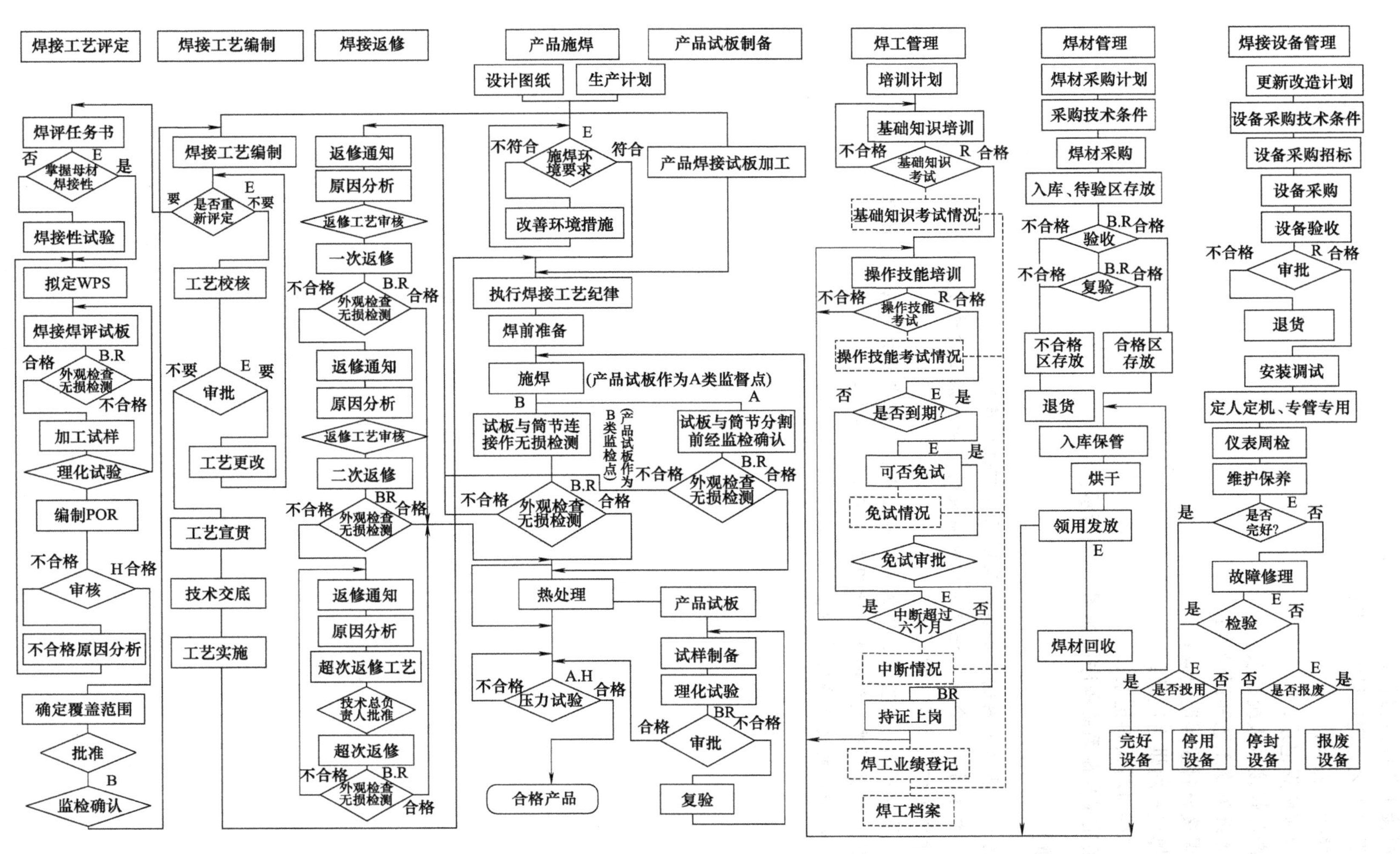

图 18-3　焊接质量控制系统程序图

⑩ 焊接工艺评定报告；
⑪ 焊接工艺评定项目汇总表；
⑫ 焊接工艺卡；
⑬ 焊接施焊记录；
⑭ 产品焊接试板统计表；
⑮ 焊缝返修工艺和记录表；
⑯ 焊接材料温湿度记录；
⑰ 焊接材料烘烤记录；
⑱ 焊接材料领料记录。

焊接质量控制系统程序图如图 18-3 所示。

【思考题】

1. 为什么压力容器制造要实施强制的许可证制度？
2. 压力容器制造企业实施质量控制系统的十七个基本要素是什么？
3. 什么是控制环节、控制点？
4. 质量控制点、检查点、审核点、停止点、见证点其分别含义是什么？
5. 压力容器制造主要的国家法规与技术标准有哪些？
6. 质保手册的具体内容有哪些？

参考文献

[1] 闻立言，江子明，王春林主编. 化工设备制造与吊装. 北京：中国石化出版社，1994.
[2] 压力容器技术丛书编写委员会主编. 压力容器制造和修理. 北京：化学工业出版社，2003.
[3] 王林征主编. 炼厂设备制造工艺学. 北京：石油工业出版社，1989.
[4] 朱方鸣主编. 化工机械制造技术. 北京：化学工业出版社，2005.
[5] 英若采主编. 焊接生产基础. 北京：机械工业出版社，1995.
[6] 邵泽波主编. 无损检测技术. 北京：化学工业出版社，2003.
[7] 原学礼主编. 化工机械维修管钳工艺. 北京：化学工业出版社，2006.
[8] 炼油厂设备检修手册编写组主编. 炼油厂设备检修手册. 北京. 石油工业出版社. 1979.
[9] 王菲，林英主编. 化工设备用钢. 北京：化学工业出版社，2004.
[10] 大庆石油焊接研究与培训中心主编. 最新手工电弧焊技术培训. 北京：机械工业出版社，1995.
[11] 雒庆桐主编. 电焊工入门. 北京：机械工业出版社，2001.
[12] 史耀武主编. 焊接技术手册. 福州：福建科学技术出版社，2005.
[13] 简明焊接手册编写组主编. 简明焊接手册. 北京：机械工业出版社，2000.
[14] 姚慧珠主编. 化工机械制造. 北京：化学工业出版社，1990.
[15] 高忠民主编. 实用电焊技术. 北京：金盾出版社，2003.
[16] 赵玉奇主编. 焊条电弧焊实训. 北京：化学工业出版社，2002.
[17] 斯重遥主编. 焊接手册：第 2 卷. 北京：机械工业出版社，1992.
[18] 袁筱麟主编. 钣金展开——计算机放样应用. 北京：机械工业出版社，2001.
[19] 林志民主编. 钢制容器和结构件应用下料手册. 北京：机械工业出版社，1997.
[20] 翟洪绪主编. 实用铆工手册. 北京：化学工业出版社，1998.
[21] 王敏，罗永和主编. 钣金展开图画法及应用实例. 北京：化学工业出版社，2007.